A+U高校建筑学与城市规划专业教材

城乡规划导论

华南理工大学建筑学院城市规划系　编

中国建筑工业出版社

图书在版编目（CIP）数据

城乡规划导论/华南理工大学建筑学院城市规划系编.
北京：中国建筑工业出版社，2011.9
A+U 高校建筑学与城市规划专业教材
ISBN 978-7-112-13528-8

Ⅰ.①城… Ⅱ.①华… Ⅲ.①城乡规划 Ⅳ.①TU984

中国版本图书馆CIP数据核字（2011）第177275号

　　本书内容包括：总论，城市建设发展的历史，规划理论的发展与规划技术，中国现行城乡规划体系，区域规划和城市发展战略规划，城市总体规划，城市详细规划，村镇规划，城市交通规划，城市工程系统规划，可持续发展与生态城市，居住区规划，城市设计，城市遗产保护与城市更新，英美规划体系简介。

　　本书适用于建筑学，风景园林学、城乡规划学专业的学生使用，同时也可供房地产、地理、国土规划等相关专业的学生以及社会从业人员参考使用。

责任编辑：杨　虹
责任设计：董建平
责任校对：王誉欣　刘　钰

A+U 高校建筑学与城市规划专业教材
城乡规划导论
华南理工大学建筑学院城市规划系　编
＊
中国建筑工业出版社出版、发行（北京西郊百万庄）
各地新华书店、建筑书店经销
北京嘉泰利德公司制版
北京京华铭诚工贸有限公司印刷
＊
开本：787×1092毫米　1/16　印张：25¼　字数：580千字
2012 年 8 月第一版　2019 年 6 月第九次印刷
定价：49.00 元
ISBN 978-7-112-13528-8
　　　（21300）

主　编：汤黎明

成　员：王世福　周剑云　刘玉亭　俞礼军　许自力　刘　晖
　　　　戚冬瑾　魏立华　黄　铎　叶　红　费　彦　邓昭华
　　　　魏　成　张智敏　董　慰

参加编写的各章分工执笔作者如下：

第1章　总论　汤黎明

第2章　城市建设发展的历史　张智敏

第3章　规划理论的发展与规划技术　邓昭华　周剑云

第4章　中国现行城乡规划体系　周剑云　戚冬瑾

第5章　区域规划和城市发展战略规划　刘玉亭　魏立华

第6章　城市总体规划　魏成　汤黎明

第7章　城市详细规划　汤黎明　魏成

第8章　村镇规划　叶红　魏成

第9章　城市交通规划　俞礼军

第10章　城市工程系统规划　黄铎

第11章　可持续发展与生态城市　许自力

第12章　居住区规划　汤黎明　费彦　董慰

第13章　城市设计　王世福　邓昭华　董慰

第14章　城市遗产保护与城市更新　刘晖

第15章　英美规划体系简介　周剑云　戚冬瑾

前　言

随着我国城市化进程的不断深化，城市规划学科也呈现出更强的综合性，诸多专业都与城市规划密切相关。我们编写这本《城乡规划导论》，适用于建筑学、景观设计、国土规划与房地产开发、经济地理、旅游规划等专业，作为面向高等学校城市规划相关专业的普适性教材。

所谓"导论"（introduction），是指对涉及内容很广的学科做概括性论述，并对学科的历史和未来进行精简扼要的介绍，从而使读者对该学科有较为整体和系统的把握。我们之所以采用"导论"来命名这本普适性教材，主要是基于以下三个编写原则：

1. "全面一点"，本书系统全面地介绍了城乡规划的基本概念、基本原则、基本规律与基本方法，对相关专业的学生进行城乡规划学科的全面启蒙。

2. "薄一点"，本书篇幅控制在 32 万字左右，对相关知识的论述旨在简明扼要。我们有意引入了大量参考文献，学生可根据自身对于相关知识在深度和广度上的需求，以参考文献为索引进行拓展性阅读。

3. "好读一点"，本书插入大量图表，尽量做到版面图文并茂、文字通俗易懂。我们还在各章结尾提出了抛砖引玉的思考题，以启发学生联系实际对规划问题进行思考。

参加编写的各章分工执笔作者如下：
第 1 章　总论　汤黎明；
第 2 章　城市建设发展的历史　张智敏；

第 3 章　规划理论的发展与规划技术　邓昭华　周剑云；

第 4 章　中国现行城乡规划体系　周剑云　戚冬瑾；

第 5 章　区域规划和城市发展战略规划　刘玉亭　魏立华；

第 6 章　城市总体规划　魏成　汤黎明；

第 7 章　城市详细规划　汤黎明　魏成；

第 8 章　村镇规划　叶红　魏成；

第 9 章　城市交通规划　俞礼军；

第 10 章　城市工程系统规划　黄铎；

第 11 章　可持续发展与生态城市　许自力；

第 12 章　居住区规划　汤黎明　费彦　董慰；

第 13 章　城市设计　王世福　邓昭华　董慰；

第 14 章　城市遗产保护与城市更新　刘晖；

第 15 章　英美规划体系简介　周剑云　戚冬瑾

由于涉及内容庞大，本教材中难免存在问题与不足之处，敬请广大读者指正，以利进一步完善。

华南理工大学：汤黎明

2011 年 8 月于广州

目　录

第 1 章 总 论

第1节 城市规划学科的发展回顾

城市规划学科从城市产生起就开始萌芽，现代城市规划则是为了解决 18 世纪末工业革命所产生的一系列城市问题而不断发展壮大的。城市规划学科是沿着怎样的脉络发展的？又产生了哪些重要的规划思想？本节将主要针对以上问题进行简要梳理。

1 城市的形成及古代城市规划思想的萌芽

1.1 城市是如何形成的？

在漫长的原始社会，人类的经济生活完全依赖于自然采集，主要采用穴居、树居等群居形式。进入旧石器时代，人类开始使用简单的工具，生产力不断提高。到了新石器时期，农业逐渐成为主要生产方式，形成了人类历史上第一次劳动分工，农业和牧业分离，开始形成一些以农为主的居民点——原始村落。

随着生产力的进一步提高，产生了剩余产品，开始出现专门从事商品交易的商人和商品生产的手工业者。商业与手工业从农业中分离出来，形成了人类社会的第二次劳动大分工，从而使固定的居民点分化成为以农业为主的农村和具有商业及手工业职能的城市。

城市居民点远异于农村居民点，首先，由于私有制和阶级的产生，贵族需要用"城"来保护私有财产；其次，由于商业、手工业与农业的分离，需要固定的交易场所"市"。"筑城以卫君，造郭以守民"、"日中而市，致天下之民，聚天下之货，交易而退，各得其所"就集中反映了城市这些最基本的功能。

1.2 古代城市规划思想

1.2.1 中国古代城市规划思想

城市规划学科可以说从城市产生起就开始萌芽，成书于春秋战国之际的《周礼·考工记》按照社会等级制度和宗教礼法关系对周代王城建设的空间布局作了明确的规定（图 1-1-1）。周代的城制成为此后封建社会城市建设的基本制度，对中国数千年的古代城市规划实践活动产生了深远的影响。

此外，春秋战国时期的"诸子百家"也留下了大量城市建设和规划的思想，打破了城市单一的周制布局模式。其中《管子》从城市功能出发的理性思维和与自然和谐的准则对后世的影响极其深远。

1.2.2 西方古代城市规划思想

在西方，公元前 500 年的古希腊城邦时期，提出了城市建设的希波丹姆（Hippodamus）模式，这种模式试图寻求几何图形与数字之间的和谐与秩序的美，以方格网为道路骨架，以城市广场为中心的布局模式反映了古希腊时期的市民民主文化。这种思想在米利都（Milet）城的规划中得到了完整的体现。

公元前 300 年间，古罗马成为地中海的霸主，出于军事控制的目的，建造了大量

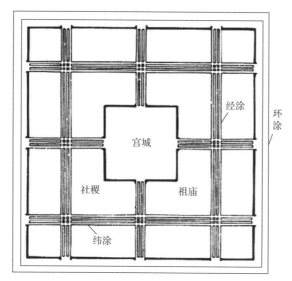

图 1-1-1　周王城复原想象图

（资料来源：董鉴泓 . 中国城市建设史（第三版）[M]. 北京：中国建筑工业出版社，2004）

的营寨城。欧洲的许多大城市都是从古罗马营寨城发展而来的，如巴黎、伦敦等。

公元前 1 世纪，古罗马建筑师维特鲁威（Vitruvius）发表了著作《建筑十书》（De Architecture），其中有大量关于城市选址、城市形态、建筑工程、市政建设等的精辟见解。

2　城市化及现代城市规划学科的产生与发展

2.1　工业革命与城市化

2.1.1　工业化是如何推动城市发展的

通常把农业的生产称为第一次产业革命，使人类社会出现了固定的居民点；而近代的工业革命，也称为第二次产业革命，将城市的发展推向一个新的阶段。

一般把英国人瓦特在 1784 年发明蒸汽机作为工业革命开始的标志，人工能源的产生使工业生产能够集中于城市。工业化的发展要求资本、人力、资源和技术等生产要素在有限的城市空间进行高度整合，并随之带动商贸的发展，城市人口的迅速膨胀，正如马克思所说："人口也像资本一样集中起来"。因此，工业化启动了城市化的进程，城市化的快速发展成为历史的趋势。

2.1.2　什么是城市化

城市化（城镇化）作为工业革命后的重要现象，包括两个方面的含义：

（1）"有形"的城市化，即物质形态上的城市化：①非农业人口的集中。农业人口不断转化为非农业人口，并向城镇居民点集中，城镇的数量不断增加，规模不断扩大。②空间形态的改变。农业用地转化为非农用地，点状的、低密度的土地利用形式转化为成片的、较高密度的土地利用形式，接近自然的空间环境转化为以人工为主的空间环境。③经济结构的变化。工业不断发展，第二、第三产业的比重不断提高，第一产

3

业的比重不断下降，工业化所带来的农业现代化进一步使农村剩余劳动力转向城市的第二、第三产业。

（2）"无形"的城市化，即精神意识上的城市化，生活方式的城市化：①城市生活方式的扩散。②农村的意识、行为方式转化为城市的意识、行为方式。③农村的乡土式生活态度转向城市的生活态度。

总而言之，城市化是一个动态的过程，是一个农业人口转化为非农业人口、农村地域转化为城市地域、农业活动转化为非农业活动的过程，同时也是城市文化和生活方式在农村的扩散过程。

按照国际通例，常将城市常住人口占区域总人口的比重——"城市化水平"或"城市化率"作为反映城市化过程的最主要指标。但我们在实际工作中不能只停留在城市化发展的数量水平，而更应该关注于城市化发展的质量水平。

纵观世界的城市化历程，城市化大体分为三个阶段：

初期阶段——生产力水平较低，城市化速度缓慢，经过较长时期城市人口才能占到总人口的 30% 左右。

中期阶段——工业革命加快城镇化进程，在不长的时间内，城市人口就占到总人口的 60% 或以上。

稳定阶段——农业现代化已基本完成，农村的剩余劳动力已基本转化为城市人口，城市当中随着产业结构的调整升级，一部分工业人口又转向第三产业（图1-1-2）。

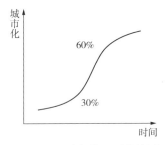

图 1-1-2　城市化 S 形曲线图
（资料来源：本书编写组自绘）

根据联合国人居署的统计数据，1970 年的世界城市化水平只有 37%，到 2000 年上时为 47%，在 2008 年，世界城市人口首次超过了世界农村人口。预测到 2030 年，全球将会有 60% 的人居住在城市中。

从时间上讲，城市化的发展历程在各个国家存在着极大的不平衡。英国在 19 世纪末进入稳定期，美国在经历了 20 世纪的高速发展后，现已进入稳定期。当前发展中国家是城市增长速度最快的地区，在 1990 年代，发展中国家平均每年的城市化增长率为 2.5%。根据联合国人居署的预测，到 2050 年，发展中国家的城镇人口将达到 53 亿人，仅亚洲就将容纳 60% 的世界城市人口，而非洲将容纳世界城市人口的近 25%。

2.2　现代城市规划学科的产生与发展

2.2.1　现代城市规划学科是如何产生的

P·霍尔指出"现代城市规划和区域规划的出现，是为了解决 18 世纪末产业革命所引起的特定的社会和经济问题"。工业革命大大推进了城市化的进程，但同时也使城市中的矛盾日益尖锐，产生了种种城市问题。城市人口的急剧增长，造成交通拥堵、环境恶化、疾病流行，比如 19 世纪三四十年代蔓延于英国和欧洲大陆的霍乱。于是，19 世纪晚期的工业城市被称之为"暗夜城市"（the city of dreadful night）。正是城市无计划的蔓延所带来的城市问题使城市规划作为一门专门的职业应运而生。

在空想社会主义思想的影响下，一些学者企图通过城市规划的手段来解决这些经济问题、社会问题。其中最为典型的就是 1898 年英国人霍华德（Ebenezer Howard）出版的《明天：一条通向真正改革的和平道路》（Tomorrow：A Peaceful Path Towards Real Reform）一书，其中提出了田园城市的规划思想。这部具有划时代意义的著作象征着现代城市规划学科的创立，这充分说明了城市规划学科源于解决城市问题的探索，它深深地扎根于社会、经济的土壤之中。

2.2.2　现代城市规划学科沿着怎样的脉络发展

这些伟大的城市规划思想最终是要落地的，由于建筑和规划犹如一对孪生兄弟，于是在 20 世纪二三十年代，一些具有宏观思维和雄心壮志的建筑大师便开始着手描绘理想的城市，如勒·柯布西耶（Le Corbusier）的"光辉城市"和赖特（F.Wright）的"广亩城市"方案。柯布西耶在 1931 年提出的"光辉城市"的规划方案中，认为城市必须集中才有生命力，而集中所带来的城市问题完全可以通过技术手段来解决；而赖特的"广亩城市"则恰恰相反，认为只有靠分散才能最终解决城市问题。

随着"现代建筑以功能主义为旗帜向古典建筑学派提出挑战，城市规划也开始从古典的轴线放射，圆形广场一类形式主义的桎梏中解放出来"，1933 年的国际现代建筑协会（CIAM）以城市规划为主题，并制定了《雅典宪章》，确立了现代城市规划的功能分区原则。《雅典宪章》提出，城市要与其周围影响地区作为一个整体来研究，城市规划的目的是解决居住、工作、游憩与交通四大城市功能的正常进行。

《雅典宪章》所确立的功能分区原则在当时具有一定的现实意义和历史意义，在工业化发展过程中不断扩张发展的城市中，工业和居住混杂，污染严重，交通拥挤，居住环境恶化，功能分区的原则确实可以在某种程度上改变这种混乱的状况，使城市能"适应其中广大居民在生理上及心理上的最基本需求"。因此，在二战之后的城市建设实践中，功能分区作为城市空间组织的最基本原则得到了广泛的运用，如勒·柯布西耶主持规划的印度昌迪加尔（图 1-1-3）和巴西建筑师考斯塔（L.Costa）规划的巴西首都巴西利亚（图 1-1-4）等。但是由于在实践中过于强调纯粹的功能分区，从而产生了一系列新的问题。

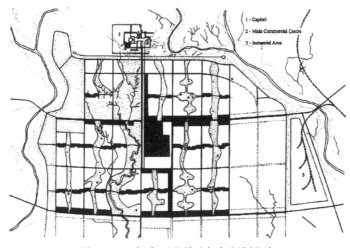

图 1-1-3　柯布西耶昌迪加尔规划方案
（资料来源：http://arch-lxxuia.spaces.live.com/）

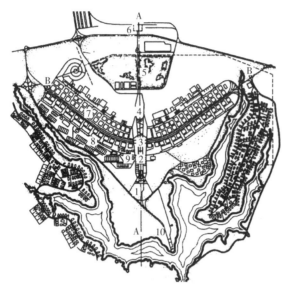

图 1-1-4 巴西利亚平面图

（资料来源：沈玉麟. 外国城市建设史 [M]. 北京：中国建筑工业出版社，1989：12）

随着城市化的不断发展，理性主义的《雅典宪章》逐渐暴露出片面性，于是 1977 年国际建筑师协会在秘鲁利马的马丘比丘山上通过了《马丘比丘宪章》，指出《雅典宪章》所崇尚的功能分区"没有考虑城市居民人与人之间的关系，结果是城市患了贫血症，在那些城市里建筑成了孤立的单元，否认了人类活动要求流动的、连续的空间这一事实"。它强调了人与人之间的相对关系对于城市和城市规划的重要性，认为"必须去努力创造一个综合的、多功能的环境"。同时，《马丘比丘宪章》还认为城市是一个动态的系统，应改变过去将城市规划视作对终极状态进行描述的观点，更加强调城市规划的过程性和动态性。

第 2 节　城市规划的本质特征

什么是城市规划？它有哪些主要特点？发挥了哪些重要作用？基本价值观是什么？城市规划与建筑设计、规划师与建筑师之间有着怎样的关系？本节将主要针对这些基本问题进行介绍。

1　什么是城市规划

1.1　规划

"规划"这一术语已经越来越广泛地被用在各个场合，规划行为是一种无处不在的人类活动。根据 Hans Blumenfeld 的研究显示，制订规划是人类区别于动物的基本属性之一，人类的有意识活动都是目标导向的，而规划必然是以某项目标为前提的，同时目标的实现又受制于一系列相关决策的作出。一般来说，规划就是一种有意识的系统分析和决策过程，规划者通过增进对问题各方面的理解以提高决策的质量，并通过一系列决策保证既定目标（desired goals）在未来能够实现。

其实，规划者可以是个人、家庭、企业，也可以是国家甚至国际组织，不同领域的规划者有着不同的目标导向，他们对"规划"的理解也不尽相同，但我们仍然可以确定"规划"的几条基本属性：第一，既定目标，即规划必定是基于既定的目标；

第二，决策集合或序列，即规划必定包括一系列对于实现目标有贡献的决策；第三，这些决策具有向后传递的内在逻辑，即上一项决策将引发下一项决策，环环相扣，最终导致既定目标的实现。

1.2　城市规划

规划行为遍布于各个行业和领域，在城市发展领域，我们需要通过城市规划来实现城市发展的总体目标。

城市规划学科脱胎于建筑科学，从一个分支科学，发展到一门独立的单一学科，进而发展到跨学科、多学科和交叉学科。《城市规划基本术语标准》把它定义为"对一定时期内城市的经济和社会发展、土地利用、空间布局以及各项建设的综合部署、具体安排和实施管理"。这是就城市规划作为一种抽象的概念而言的。其实在日常工作中，我们说"城市规划"可能是指一项工作，指一个部门，也可能指一个行业，指一门学科，比如，我们说"一切建设活动应该符合城市规划"，这里的城市规划指的是规划原则（principle）、规划程序（procedure）或者是法定规划方案（plan）等；我们说"提高城市规划的科学性"，是指城市规划学科（discipline）或者是城市规划工作（work）；我们说"做好城市规划工作"，这里的城市规划是具体的规划编制（drafting）、规划管理（administration）等；我们说"公众参与城市规划"，指的是城市规划的全部过程（process）、全部领域（domain）；我们说"推进城市规划改革"，这里的城市规划是指规划体系（system）。所以很难用一种概括的提法来对城市规划进行准确的定义。

随着时代的进步，我们对于城市发展的要求也正在发生着变化。从片面追求数量扩张转向更加注重质量提高；从单纯考虑物质需求转向满足全面需求；从片面追求经济效益转向建设三个文明；从城市本位转向城乡和区域协调；从大量消耗资源、污染环境转向可持续发展；从传统体制转向适应市场经济要求的体制。所以，在这种背景下我们应该重新思考到底什么是城市规划。

但是我们还应当清楚地认识到有些东西并没有改变。首先，城市规划是面向未来的，具有战略性，如果把城市规划局限在仅仅是对现状问题的处理和解决，而没有长远的考虑和设想，那么这个行业就会萎缩；再次，发展的过程中遇到重重矛盾是必然的，处理矛盾的基点是全面与综合，因此城市规划是一种综合的部署。

2001 年 7 月，时任国务院副总理温家宝同志在市长协会讲话时提出，城市规划是城市建设和发展的蓝图，是建设和管理城市的基本依据，是一项全局性、综合性、战略性的工作，涉及政治、经济、文化和社会生活等各个领域，强调了规划的综合性和政策性。既然我们越来越强调城市规划的公共政策属性，将其作为政府宏观调控的重要手段，那我们首先必须清楚城市规划调节的对象、调节的手段以及调节的重点。

从目前的工作来说，城市规划调节的对象是"城市发展"这个综合的概念，而不仅仅是城市建设，这包括两个层次的内涵：基于一定制约下的城市发展目标和实现这一目标的途径。这种目标必须是综合的目标，包括社会经济发展和人居环境改善；必须是可实现的目标，要考虑资源制约和市场竞争；必须是共识的目标，所以规划是一种社会契约。而要实现这个目标，必须通过控制、引导、鼓励等多种手段并用，重点对城市土地与空间资源的合理利用进行综合调节。

综上所述，城市规划是一种关于城市发展的公共政策，是为了实现城市发展的总体目标，通过控制、引导、鼓励等手段，对城市经济和社会发展、土地利用、空间布局以及各项建设所进行的各项综合部署和具体安排的统称。

2 城市规划有哪些主要特点

2.1 综合性

在城市规划与建设中，自古以来就有着"匠人营国"的思想，自二战结束以后，建筑师主导了大量的城市建设活动。但是无数的历史经验教训都说明规划不是单纯的工程技术问题，例如二战以后的城市建设以《雅典宪章》为准则，过分强调物质空间决定论，以技术手段来解决城市问题，却产生了一系列新的经济、社会问题。

我们必须清楚地认识到，城市规划学科的重要特征是在于它的综合性。规划最本质的核心是城市土地利用和空间组织，然而这些物质规划必须建立在可靠的社会、经济以及技术可能性的基础上。而城市的社会、经济、环境和技术发展等各项要素，既互为依据，又相互制约，城市规划需要对城市的各项要素进行统筹安排，使之各得其所、协调发展。这种综合性在各个层次、各个领域以及各项具体工作中都会得到体现。

随着社会的更进一步发展，城市问题越趋复杂，城市成为"开放的复杂巨系统"（钱学森），它涉及社会、经济、政治、法律、人口、地理……许多相关学科已转向城市规划，这种多学科的交融，正符合城市规划学科发展的趋势，必然导致城市规划学科包括的领域越来越大。因而对于规划师除了要求有建筑和工程基础外，还要具有地理学、社会学、经济学、生态学、环境工程学、行为心理学、美学、法学、史学、系统工程学等知识（图1-2-1），才有可能把握城市这一复杂的大系统，担负起综合的责任，当然这些领域关系疏密是有层次的。

图 1-2-1 华昌宜教授规划知识体系饼状图

（资料来源：华昌宜. 美国城市规划专业范围的变迁 [J]. 城市规划汇刊，1982（6））

2.2　动态性

《马丘比丘宪章》认为城市是一个动态系统，要求"城市规划师和政策制定人必须把城市看做为在连续发展与变化过程中的一个结构体系"，提出"区域与城市规划是个动态过程，不仅要包括规划的制订，也要包括规划的实施。这一过程应当能适应城市这个有机体的物质和文化的不断变化"。在这样的意义上，城市规划就是一个不断模拟、实践、反馈、重新模拟……的循环过程，只有通过这样不间断的连续过程才能更有效地与城市系统相协调。

因此，城市规划不仅是对未来城市的一个完整勾画（plan），而且也是将为实现未来目标所进行的引导、控制作为一个完整的规划过程（planning）。如果只有对城市未来目标的确立，而没有对达到目标的过程的控制，那么目标也只能是"墙上挂挂"。作为一个动态的过程，城市规划需要充分考虑近期的需要和远期的发展，保障经济社会的协调发展。

2.3　政策性

城市发展的目标要通过引导和控制的手段来实现，所谓引导和控制就是要通过立法、制定法规条例、制定政策来鼓励、约束和监督，"城市规划通过政策的制定和引导而得到完善，乃至将城市规划本身转化为城市政策的一部分，因而更加具有实践的意义。这样，政策科学、政策分析的思想和方法就成为城市规划中的重要内容。"

因此，城市规划一方面必须充分反映国家的相关政策，是国家宏观政策实施的工具；另一方面，城市规划必须充分地协调经济效率和社会公正之间的关系。

2.4　实践性

城市规划学科的另一重要特征是它的实践性。城市规划固然有其"未来学"一类的理论范畴，但其主体仍属于应用学科，应当服务于现实，服务于社会、经济建设，从这一点出发，城市规划是一项在城市发展过程中起作用的社会实践。

因此，城市规划需要以城市的实际状况和能力为出发点，以解决城市发展中的实际问题为落脚点，因地制宜，保证城市持续有序地发展。

2.5　民主性

在高度集中的计划经济时代，经济发展计划是国家意志的最集中体现，计划决定了一切资源的配置，而城市规划必定只能从属于经济计划，成为实现计划的工具和手段。随着社会主义市场经济的建立，城市规划涉及城市发展和社会公共资源的配置，需要代表公众的利益，要树立规划的正确价值导向，寻求公共资源的公平配置，推进公众参与规划的制度安排，使城市规划能够充分反映城市居民的利益诉求和意愿，保障社会经济协调发展。

3　城市规划发挥了哪些重要作用

3.1　宏观经济调控的重要手段

在市场经济条件下，市场是进行资源配置的基本手段，但是如果只按照市场机制进行运作，又会出现"市场失效"的现象。因此，政府必须利用公权力对市场行为进行干预，实现整体利益的最大化。这种手段是多种多样的，既有财政手段（税收、利率等），也有行政手段（行政命令、政府投资等），而城市规划正是通过对城市土地和空间使用的控制，以实现对城市建设和发展中的市场行为进行干预，从而保证城市的全面协调可持续发展。

城市建设和发展之所以需要公共干预，首先在于各项城市建设活动具有极强的外部性。而在没有外部干预的情况下，活动者往往为了自身利益的最大化而不断提高活动的效率，从而产生了消极的外部性，这种消极的外部性对活动本身并不构成危害，却会推给社会，对周边地区造成不利的影响。城市规划就是要对各类开发行为进行控制，消除或抑制消极的外部性，增进积极的外部性，从而保证整体的利益。

其次，城市是人口高度集聚的地区，出于公共利益的要求，需要提供大量的"公共物品"。这些公共物品具有"非排他性"和"非竞争性"的特征，即每一个人都可以使用，每一个人都能够从中获益。但是提供公共物品需要大量的资金投入，而且回报率低或者回报周期较长，这与追求最大利益的市场原则并不一致，因此市场机制本身并不能够自觉地提供公共物品。而城市规划就是要通过对土地使用的安排为公共物品的供给提供基础。例如在居住区中，需要根据人口的分布以及服务半径等要求，对学校、医院等公共设施进行合理布局，既满足居民的生活需要和使用方便，又能保证公共设施运营的经济性。

再次，城市的发展是出于长远目标的，而单纯的市场行为往往为了追求短期利益而对自然、环境资源过度利用，从而危害了长远目标。城市规划就是要坚守永续发展的价值观，通过开发控制来协调长期利益和短期利益，保证公共利益不受到损害。例如对于生态环境敏感的地区，需要通过空间管制等手段进行保护和控制，满足城市长远发展的需求。

3.2 协调社会利益，维护公平正义

城市土地是各项社会经济活动的载体，土地和空间的使用直接规定了各项社会经济活动未来发展的可能和前景。城市规划正是通过对土地资源的配置和对土地使用的开发控制各种复杂的社会利益，维护社会的公平。

首先，城市中聚集着大量不同诉求的利益群体，它们为了自身的生存和发展，都希望谋求到对自己最为有利的发展空间，相互之间会产生激烈的竞争。在市场经济条件下，政府需要承担起居中调停的责任来协调相关利益。因此，城市规划需要以公共利益为基点，本着公平的原则，通过在具体建设行为之前预先安排的方式对不同类型的用地进行安排，满足各类群体的发展需要。同时，通过公共空间的供给，为各群体之间的相互作用提供场所。

其次，在市场经济条件下，某一地块的价值不仅取决于本身，往往还会受到周边地块的使用性质、开发强度、使用方式等的影响，特别是不仅会受到现在的土地使用情况的影响，还会受到未来的使用情况的影响。例如，周边地块的过高强度的开发会导致该地块的环境品质的下降，从而造成地块的贬值；而地块周边即将修建的地铁站点将会导致地块的价值提升。因此，城市规划需要通过预先的协调，提供未来发展的确定性，使任何开发行为都能确定周边的发展情况，并且通过开发控制来保证其实施，使新的开发建设行为不会对周边地块造成不利的影响，从而协调了特定的建设项目与周边项目的利益关系，维护了社会的公平。

3.3　改善人居环境

随着社会经济的不断发展，人们的生活水平不断提高，同时也对人居环境提出了更高的要求。城市规划通过综合考虑城市经济、社会、环境发展的各个方面，合理配置土地资源，完善各项配套设施，同时从公共利益的角度出发进行空间管制，保证公共安全，保护自然生态和历史文化资源，构建有序的、高品质的城乡环境，从而改善人居环境。的地块，通过公共空间的感激

4　城市规划的基本价值观是什么

4.1　价值观如何影响城市规划

4.1.1　价值观

价值观是指个人对客观事物（包括人、物、事）及对自己的行为结果的意义、作用、效果和重要性的总体评价，通俗地讲，就是人对什么是好的，什么是应该的总体看法。它反映了人对客观事物的是非及重要性的评价，是推动并指引人进行决策的原则和标准，是人的个性心理结构的核心因素之一。

价值观体现了人和动物的区别，动物只能被动地适应环境，而人不仅能够认识世界，还能对其进行评价，从而发现事物对自己的意义，知道应该做什么、选择什么，确定并实现奋斗目标。

4.1.2　价值观的影响

价值观使人的行为带有稳定的倾向性，人正是在某种价值观的导向下，对未来的不确定性作出分析和判断，从而勾画未来可能的情景，并对当前的行动作出决策。

对于城市规划，任何工作都不可能是中立的、脱离价值观而存在的，价值观关乎目标的确立和决策的走向。城市规划作为一项社会实践，价值观对于目标的确立、执行、调整和评估都具有重要意义，它的影响贯穿于规划立法、规划编制、开发控制和项目实施等所有的环节和阶段。

4.2　可持续发展作为城市规划的基本价值观

近 20 多年来，可持续发展正逐渐成为城市规划的基本价值观，永续发展的概念最初应用于生态学，如今，这一概念已被广泛应用于社会经济的各个领域。

1987 年，世界环境与发展委员会在《我们共同的未来》（Our Common Future）中，对"可持续发展"（sustainable development）的理念进行了定义："既满足当代人的需要，又不对后代人满足其需要的能力构成危害的发展"。此外，"可持续发展包括两个重要概念：①'需要'的概念，尤其是世界上贫困人们的基本需要，应将此放在特别优先的地位来考虑；②'限制'的概念，技术状况和社会组织对环境满足眼前和将来需要的能力施加的限制"。

第二次世界大战后，高速的经济增长和城市化发展造成了全球环境的急剧恶化：温室效应、冰川消融、臭氧空洞、雨林消退……面对这种发展的困境，人们开始更多地反思增长与发展的关系，可持续发展的思想正是产生于这样的反思之中。对于这种思想的形式过程，本书将在第 11 章中进行详细论述。

根据联合国人居署的统计，在 2008 年的某一天，世界城镇化的水平首次超过了

50%，在未来的 20 年，世界城镇化水平将超过 60%。也就是说世界已进入城市时代，城市的前途将决定人类的前途，城市必须走向可持续发展，使其从威胁地球生存的问题来源转化为解决全球问题的答案所在。因此，可持续发展已确立为城市规划专业发展的基本价值观。

5　规划师与建筑师的关系如何

5.1　城市规划与建筑设计之间的关系

城市规划专业脱胎于建筑学，直到工业革命之前，城市规划与建设也都是建筑师的职责，在二战之后，建筑师也主导了大量的城市建设实践。然而建筑师出于自身专业的本能，往往更加关注的是城市物质形态、空间的创造，把城市当作扩大的建筑，认为建筑师设计单幢房屋，规划师设计建筑群，而淡薄了它们深层的社会、经济的背景，对于城市的开发、管理和控制更缺乏把握的能力。

随着城市的不断发展，城市问题日趋复杂，城市规划也越来越体现出综合性，早已超出了建筑学的范围。在 1996 年国际建筑师协会第 19 届大会的主题报告《现在与未来，城市中的建筑学》中，开宗明义地宣告"在当代条件下，建筑继续存在于城市之中，是城市的一部分，使城市生活的某些空间得以物质化。然而今天更胜过去者，就是我们意识到，城市要多出它的建筑物和建筑学。所有这些，都不仅是完全超出建筑日常职业实践的范围，而且我们习以为常的分析手段和建设项目都无能对这些条件提供答案"。建筑和规划显然已成为相互联系又彼此独立的学科，这样也有利于越来越复杂的城市问题的解决。

其实在发达国家的大学教育中，从 20 世纪 50 年代初就已经将城市规划从建筑学中分离出去，将物质规划和非物质规划综合起来，完全成为一门独立的专业。1974 年联合国教科文组织确定了仅有的 29 个专业目录，其中建筑学和城市规划两专业是并存的。城市规划主要表现为一种资源配置的过程，它是对土地利用、交通和市政设施网络的组织，使城市更加有效地运转并且创造宜人而有序的人居环境；而建筑学是关于建筑设计和建造的学科，作为一种职业它有特定的业主、特定的基地，而且实施的周期较短。

而至今我国的城市规划专业建筑学的胎痕还很重，这除了历史原因外，也有其现实依据。目前我国还处在城市化的快速增长阶段，大量新区还在建设，各地首先需要的是大量能着手进行物质性规划的人才，要求规划师要有较强的建筑和市政工程的功底。因此，当前我国城市规划工作和教育存在着明显的重设计、轻管理的倾向，更加偏重于微观技术层面。这与西方后城市化的发展阶段存在着很大区别，对于发达国家，已基本没有大规模的城市开发与建设活动，城市规划的主要任务是对原有城市环境的提升与改善，因此更加强调对城市建设和发展的导控，对政策研究、经济分析、协调管理、执法意识乃至于社会调查、统计分析等方面十分重视。

我们应该清楚地看到西方发达国家的城市规划专业的发展具有普遍的规律性。城市规划是一个动态的过程，城市规划管理是城市规划设计的延伸，除了必须具备规划设计的能力外，还要具备政策理论素养、组织协调能力、维护公众利益的职业道德以及强烈的社会责任心。只有大量规划人才进入城市规划管理领域，动态规划和管理才能得到保证。

5.2 规划师与建筑师之间的关系

注册城市规划师与注册建筑师一样，是一个独立的行业。两者分工、职责范围、工作对象与性质明显区别。这种区别，形象的表达，可以体现在 plan 和 planning 上。建筑师的思维是把规划看做"建筑图观念的放大，似乎建设城市和建造房屋一样，可以预先设计好，再逐步实现。事实上，城市和建筑完全不同，建筑物可以很快完工，但城市则是不断发展的过程，不可能有完工的一天"，因为"人类对世界的认识从来是做一段，再回顾总结，再做、再总结这样一个反复过程（planning），不可能事先把每件事情都安排好了再去做"。所以，如果说建筑师擅长于三维空间的形象思维，那么规划师则注重四维空间的抽象思维，不仅要绘制城市发展的蓝图，还要控制城市发展的过程。

就我国目前的体制而言，规划师和建筑师虽然同样是城市建设过程中的规划设计者，但是规划师的服务对象是城市行政主管部门，而建筑师的服务对象则是业主、开发商、投资商等。两者服务对象的不同，直接导致了他们行为性质上的差异，城市规划会在相当程度上演化为政府行为，规划师更多的是代表政府维护整体的利益，对城市各项建设实施整体的控制；建筑设计则转化为生产性行为，建筑师更多的是在符合规划要求的前提下，按照业主的要求从事建设项目的具体设计。因此，在规划师与建筑师之间，由于政府和业主的介入而造成了现实状态下的相对脱节，可见在规划师与建筑师之间建立一种联系双方的契合机制是非常必要的。

为了改变这种规划师与建筑师之间的脱节现象，人们已经作了种种努力，其中最具权威性并为人们普遍接受的可以说是城市设计的提出。城市设计处在城市规划和建筑学两个学科的交叉点上，建筑师也有机会能够参与到城市的整体设计之中，这为规划师和建筑师提

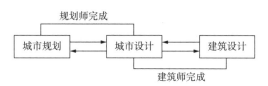

图 1-2-2 规划师与建筑师分工示意图
（资料来源：本书编写组自绘）

供了一个平等对话与沟通的平台。在共同关注城市整体形象的基础上，规划师以城市规划的眼光，从宏观走向微观，建筑师以建筑设计的眼光，从微观走向宏观，这样既保证了城市规划的原则性，又提供了具体建筑设计的灵活性。二者彼此协调，互为补充，为城市的健康发展而共同努力（图 1-2-2）。

■ 本章小结

人类第一次劳动大分工产生了固定居民点，第二次劳动大分工形成了城市，从城市产生起，就已开始了古代城市规划思想的萌芽。此后漫长的岁月中，城市一直缓慢地发展着，直到工业革命的爆发，城市化的快速发展成为了历史的趋势。但是工业革命和快速城市化带来了城市问题的激增，于是为了化解城市的矛盾与危机，在 19 世纪末产生了现代城市规划学科。随着城市经济社会的发展，城市问题也越来越复杂与

多样，但城市规划学科始终以增进公共利益作为基本指针。

随着学科的不断发展，城市规划越来越表现出综合性的特征，它不仅包括了物质性规划的内容，还包括了更多非物质性规划的内容。作为城市规划师，不仅要有较强的形态设计和市政工程的功底，还需要加强政策研究、经济分析、协调管理、执法意识乃至于社会调查、统计分析等方面的素养。建筑师和规划师同样作为城市的规划设计者，前者更侧重于微观层面，后者更侧重于宏观层面，二者分工合作，互为补充，共同承担起创造更优的人居环境的重任。

■ 主要参考文献

[1] 董鉴弘 . 中国城市建设史 [M]. 第三版 . 北京：中国建筑工业出版社，2004.

[2] 李德华 . 城市规划原理 [M]. 第三版 . 北京：中国建筑工业出版社，2001.

[3] 全国城市规划执业制度管理委员会 . 城市规划原理 [M]. 北京：中国计划出版社，2009.

[4] 陈秉钊 . 世纪之交对中国城市规划学科及规划教育的回顾和展望 [J]. 城市规划汇刊，1999（1）.

[5] 孙施文 . 现代城市规划理论 [M]. 北京：中国建筑工业出版社，2007.

[6] 吴志强，李德华 . 城市规划原理 [M]. 第四版 . 北京：中国建筑工业出版社，2010.

[7] 邹德慈 . 什么是城市规划 [J]. 城市规划，2005（11）.

[8] 华昌宜 . 美国城市规划专业范围的变迁 [J]. 城市规划汇刊，1982（6）.

[9] WCED.Our Common Future[M].Oxford：Open University Press，1987.

[10] 李建军，陈清 . 城市规划亚层次结构的探索——关于规划师与建筑师的契合机制 [J]. 南方建筑，1996（3）.

■ 思考题

1. 城市化有哪些基本规律？城市化发展产生了哪些城市问题？

2. 哪些城市规划理论深刻影响了城市的发展？

3. 作为城市规划师，应掌握怎样的知识体系？作为建筑师，应如何与规划师分工协作，共同对城市进行规划设计？

第 2 章 城市建设发展的历史

第1节　城市的起源与发展概述

在人类漫长的历史当中，城市产生的原点在哪里？它是如何产生的？早期城市发展的动力是什么？本节将针对以上问题进行阐述。

1　城市的开始

1.1　原始聚落

原始聚落是城市产生的原点。人类之所以选择聚居这么一种居处方式，基本目的在于寻求一种在大自然中更有把握和更有能力的生存方式。

西安半坡村遗址和临潼姜寨遗址很能代表当时聚落布局的一般特征。相对稳定的、按氏族血缘关系形成的"聚落"是原始自然经济的生产与生活相结合的社会组织基本单位，也是组织定居点的基本居住单元。

1.2　从群居到定居

群居是生物的一种普遍现象，尤其是对于个体力量相对弱小的生物来讲更是如此。对于动物物种而言，它们当中的许多天然存在着要求定居栖息的倾向，"要求回归到安全而又能提供丰富食料的有利地点；而且，正如卡尔·欧·索尔所说，贮藏和定居这种癖性本身大约就是原始人类特性的一种"。

城市生活的某些功能远在城市的任何形式产生之前，就可能已经存在了。在旧石器时代，狩猎和采集的生产方式中，每平方英里土地供养力不足 10 人。为了确保生存，人类必须扩大自己的活动范围，到处游动，没有固定的居住地点。直到大约15000 年前，也就是中石器时代，人类开始了最早的农业开垦和畜牧养殖，有了较为充足和稳定的食物供给，建立了最早的永久性的聚落。到新石器时代，大约距今10000 年或 12000 年前，人类开始系统地播种某些禾本类植物及驯养家畜，技术的发展使得农业和牧业分离开，产生第一次社会大分工。这场伟大的农业革命使人类进入了永久的定居生活。

之前，人基本上为自然所奴役，面对异己的自然，生活力极其微弱。定居方式的实现，意味着人与自然关系的一次重大改变，人类初步具备了改造自然的能力。

2　王权与城市

城市在根本上讲是生产力发展、社会进步的产物，但在它集聚、生成以及之后相当长的一段时间内朝着一定的方向定型的具体过程中，总是要受控于一些具体的力量。

一面是生活的自然需求，一面是王权的意志，这是概括了的城市在初始阶段所遵循的全部主客观原因，它们共同决定了城市的物质要素及其结合方式。

相比之下，作为主观原因的王权意志表现得更为活跃，正是它的种种表现使得城市同以往的村落有了本质的差异。应该说，村落过去所有的功能和要素基本上都被城市所承继，但在王权的介入下，一切又有了新的变化。

现在，人们将分散和集中作为区别村落和城市的基本特征，但集中不仅是物质要素在空间上的简单聚拢，更重要的是在于集体力量的凝结和统一意志的形成，而这种状态是在王权的驯服下才得以实现的。因此，城市的诞生充满着激烈的冲突和残酷的斗争，文明往往要用不文明的形式来创造。

剩余的人力、剩余的粮食及其他物资，虽然村庄为城市生活准备了充分的条件，并且在物质和精神两方面蕴涵着城市的胚胎构造，但它不会自动转化，向更高的形式迈进。村庄在经过几千年的发展达到了这么一种限度后，因循与守旧等保守成分成为它的主要品质，很难有内在动力去争取进一步的发展。每个村庄实际上都自成一个世界，老子所说的"甘其食，美其服，安其居，乐其俗，邻国相望，鸡犬之声相闻，使民至老死不相往来"，生动地描述了这个世界里村民生活理想的状态。如果没有什么惊扰，这种自满自足、墨守成规的村庄生活会几千年不变地继续下去。刘易斯·芒福德形象地把原始村庄比作一个未受精的卵，而不是已经开始发育的胚盘，它还有待于一个雄性亲本向它补给一套染色体才能进一步分化，发育成更高、更繁复的文明形式。

新的活力来自阶级的分化。剩余价值的产生带来了所有权的问题，诱发了争斗，部落首领在竞争和冲突的过程中，凭借有利的地位，以暴力手段掌握了政治、经济、宗教权力，形成集权局面，开始了少数人统治大群人的单方面的统治关系。逐渐地，这种集权形势把粗野的原始酋长改造成了令人敬畏的国王，阶级分化从此产生了。

我们知道，城市的兴起是在一个有限的地域环境内将此前处于自发分散和无组织状态的许多社会功能聚拢，形成一个复合体。如果没有统一的号令，这样聚拢的顺利实现是很难想象的。在王权制度形成以后，出于自身利益的需要，具体说来，就是为了对内维护自己的统治地位，对外进行防御或攻击，有必要建立一个力量据点。在这种动机下，统治者以强制的手段将长期以来处于相互分离、各自为政的社会因子、社会权力动员起来并束集在由城墙封围而成的"城市"这么一个大容器中，形成以政治、军事或宗教为核心元素的城堡，控制着辖区之内的社会组织并对其活动发出统一的号令。这是人类文明的第一次大发展时典型的社会运动现象，是城市形成的直接促动因素。

刘易斯·芒福德明确肯定了王权制度在城市诞生过程中的重大作用，他说："从分散的村落经济向高度组织化的城市经济进化过程中，最重要的参变因素是国王，或者说，是王权制度。我们现今所熟知的与城市发展密切相关的工业化和商业化，在几个世纪的时间里都还只是一种附属现象，而且出现的时间可能还要晚些……在城市的集中聚合的过程中，国王占据中心位置，他是城市磁体的磁极，把一切新兴力量统统吸引到城市文明的心腹地区来，并置于诸宫廷和庙宇的控制下。国王有时兴建一些新城，有时则将亘古以来只是一群建筑物的乡村小镇改建为城市，并向这些地方派出行政官去代他管辖，不论在新建的城市或改建的城市中，国王的统治使这些地区的城市，从形式到内容，都发生了决定性的变化。"

国内对城市起源的探讨，多着眼于经济学的原因。其实社会大分工对城市的起源属于前提性的作用，只是提供了必要的背景条件。社会大分工促进了生产力的发展，产生了剩余价值，在对剩余价值的争夺中阶级分化，造就了王权，城市在"王权"这只手的直接操作下才得以成型。分析近20年来的考古研究成果，愈发证实了这样的结论。城市与阶级、国家的产生不可割断的关系是这个结论最好的注脚。

从《吕氏春秋》和《淮南子》来看，战国至汉初，人们认定夏鲧为作城的创始人。也有筑城始于禹之说，《艺文类聚》卷六三引《博物志》曰："禹作城，强者攻，弱者守，敌者战，城郭自禹始也。"当代学界也一般以夏代为我国城市的起源时期。至于筑城的目的，《吴越春秋》"筑城以卫君，造郭以守民"之说已成共识，再一次佐证了王权是城市起源的关键因素。

马克斯·韦伯在谈到中西城市的差异时，认为关键的一点是中国城市缺乏西方城市那样独立的政治自治地位，是作为附属依赖于皇室，故而中国城市的发展，主要并不是靠城市居民在经济与政治上的有所作为，而是有赖于皇室统辖的功效，因而中国城市在形式上明显显示出理性管辖的特征。

其实，西方城市也只是在中世纪之后，市民阶级兴起，城市才逐渐摆脱了封建王者的统治，取得独立的政治地位，表现出新的形式。在它初始的时期和发展的历程中，都经历有受王权的支配而呈现一种特殊的理性形式的阶段，其组织方式主要是为了满足统治阶级的利益，因而贯穿着他们的意志。除古代埃及、日本和英国外，高大的宫殿、庙宇居中，环以坚固的城墙，是世界上绝大多数地区早期城市的典型模式，对内对外展示着王权至高无上的地位和震慑力。这种以实体形式传达威势信息的方式成为所有专制主义地区和时代城市建设原理中最重要的一条。世界城市的古典时期大都是以此为特征的，尽管具体的手法有种种的相同和不同。

有充分的理由认为，王权作为最重要的参变因素在城市的产生中起了不可替代的作用。它的介入触发了远古村落的细胞分裂，生成城市这个新的生命有机体，并且像基因一样主导着城市机体的生长过程及功能和形态特征，构成城市的第一个起步台阶。

3 商业与城市

城市是作为统治的工具出现的，但如果它的作用不曾突破此囿，那么它也就不成其为今日意义上的城市了。在人类文明史上，城市代表了整整一个阶段。在我们看来，如果以城市为标志，将文明史划分为"前城市时期"、"城市时期"和"后城市时期"也是有充分的论据的。

相比于前后城市时期，文明的"城市时期"的所有成果和特征来源于人和物在空间上的集聚效应，以"城市"这种形式集其大成。从发展的趋势看，城市很可能会解体，而被一种关系紧密但空间上分散的网状结构所代替，这样的状态实际上是全球一体的集聚的最高形式，是后城市时期的"地球村"情形。

就城市自己的生命过程来讲，基本上是统治中心、商业交换中心和生产中心三大功能逐一参加复合的过程，并在此基础上派生出相应或连带的其他功能，日趋演化为复杂的综合体，成为一种文明的铸模。它以人和物在空间上的集聚为诞生，以人和物在空间上的解体为消亡，集聚是它的基本特征。

集聚使城市像一只攥紧的拳头成为统治力量的中心所在，这种性质使其在外表上呈现出封闭的形式。但是，与外表上的静止和封闭恰恰相反，集聚给城市必然带来的发展趋势不仅是内部分化、协作、交流的强化，而且是对外交往和联系的强化。

战争和贸易，城市以这么两种寻常和不寻常的接触方式大大扩展了对外社会交流的领域。如果说在开始的时候城市的对外关系主要是战争的话，那么商业贸易逐渐取而代之，成为城市对外关系的主流，变为城市的基本标准和固有活力，是挡不住的历史潮流。

早先贵族统治者往往对商人采取敌视和压制的态度，因为商人大都是来自另一个阶级的人，通过商业掌握了雄厚的财富，从而形成可能颠覆其统治的潜在势力。在中外城市历史上都有过排斥商业的情形。

即使在不太有利的环境下，商业还是顽强地植根于城市中，并一天天地长大起来了。西方历史上，公元前 7 世纪以后，随着金银铸币作为新的交换媒介问世，商业贸易便成为城市生活中更为重要的因素了。在中世纪黑暗时代，特别是加洛林王朝以及后加洛林王朝时代，城市式微，"西欧已经变成一个几乎是完全意义上的农业社会，城市生活在这个社会中所起的作用，或许比它在任何处于同等文明阶段的其他社会中所起的作用更小。但是从 12 世纪往后，中世纪世界再一次成为城市的世界，其中城市生活与市民精神几乎与希腊罗马的古典时期同样重要"。这次城市复兴改变了西欧的经济与社会生活，和骑士制度的发展一样，代表了中世纪西方文化复兴的一个方面。中世纪城市自己"也不再是先前消失了的事物的翻版，而是一次新的创举。它不像古代的城市或者近现代的城市，并与同一时期在东方发现的城市类型不一样，尽管其差别程度较小。"

对于中世纪城市的发展和文明化进程，皮隆尼认为直接的起因是商业复兴。而刘易斯·芒福德却认为事实与皮隆尼的解释正好相反，首先是有了城镇的复兴，然后才促进了商业的发展。撇开因果的顺序不谈，中世纪城市与商业千丝万缕的联系倒是的的确确的。在当时动荡不安和充满战争的世界中，城市同修道院一样是一片安全而和平的绿洲，每周一次定期的市场交易是城市最大的经济利益。商人因为获得庇护而在此永久地居住下来，并发展成一个新生的阶级，成为中世纪城市生活的独特成分。

商人阶级的兴起，并"成为城市自治机构的永久性成员之后，一个新的时代便开始了，这个时代推动了陆上和水上各条重要通路的重新开通"。各地区的城市成为商品大军前进的踏脚石，在广泛的区域内形成了商品的大流通。中世纪的城市实现了商业的自由。

商业给中世纪城市带来的变化是巨大而深刻的。商人们在共同的利益下结为社团，逐渐地，这种自由自愿的商人社团演变为古典城市不曾有的，可以脱离封建国家常设机构而独立存在的完善的自给自足的组织。随着势力的增长，他们先是以拥有财富的形式在经济上分享了权力，随后又在政治、军事以及宗教、司法等方面对现行统治者提出了权力要求。中世纪最伟大的社会创举之一——自治联盟，就是以这种方式兴起的。

自治联盟不只是商人的联盟，而是扩大到一个城镇所有的居民。它的兴起标志着中世纪城市社会的分化重组和权力转移，最终实现城市自治。封建统治原有政治秩序下的控制与归顺的关系让位于一种对立的关系。资本主义作为对立面悄然出现在了地平线上，你死我活的阶级斗争就要拉开序幕。这么一种状态既不存在于建立在奴隶制基础上的古代世界的城市文化中，也不存在于在很大程度上是通过强者吞食弱者而建立起来的封建农业社会中。从种植了资产阶级萌芽这个意义上说，对中世纪城市商业怎样的评价都不显得过分，单从这一点，就不难窥出它对城市发展的伟大意义。

商业成为西方城市发展的主要驱动力是在17世纪。这时资本主义已改变了整个力量的平衡。"就资本主义对城市的关系来说，它从一开始就是反历史的"，这就是说商业作为革命性因素全面渗入城市之后，对城市旧有的体系首先予以否定和消解，然后在新的原则基础上重组。从性质上来讲，城市发生了根本性的转变，由政治中心变为经济中心，由少数人的统治工具变为大众谋求金钱与利润的场所。对外关系由封闭对抗转为开放交流，内部秩序特征从追求永恒的静态形式转为追求功利效益的动态运行和新陈代谢。具体表现为：

（1）市场无孔不入的扩大与多元化。凡是能够赚钱的地方都有市场的滋生繁荣，并且林林总总，有形与无形，它们综合在一起，像城市的触角，远近不等地伸出，在城市与辐射地区之间建立起紧密的关系。

（2）商业性城市中心的形成。中心往往是权威的位置，城市中心历来为神权和君权所把持，商业立足城市中心充分表明自己左右城市的走向的强大实力。

（3）街道规划和土地划分强调土地的利用率，以满足日益扩大的商业活动的需要，并提高土地价格。在这个目标下产生的标准化、单元化的棋盘格式规划，是商业城市典型的功利主义平面。地形、景观、人的活动和需要等因素被置于次要的地位。

（4）城市突破城墙随机发展，失去人为塑造的形态。

（5）空间和时间一样是金钱，高密度的开发造成普遍的拥挤，以至于公园、绿地等休憩场地的丧失。

（6）城市建设不追求永久的形式，在资金流动周转的催促下，城市更新的速度加快。

（7）自由、竞争、流动、周转等动态作用缺乏统一的规范，城市相应显得杂乱无序。

（8）城市新的建筑类型及新的功能要素大量增加，以支持新的城市目的。比如功利性建筑类型和数量比重的加大并占据更为主要的地段，交通运输等流通设施在手段和技术上都发展到一个更高的水平。

到19世纪工业革命给城市带来新的推动之前，商业在城市舞台上充当主角约200年之久。这是西方城市发展的第二个台阶。

第2节　原始城市起源

世界上原始文明与原始城市有哪些？本节将对这些原始文明与原始城市进行

简介。

公元前 3500~3000 年间，先是在尼罗河流域，然后是两河流域，出现了人类历史上的最早一批城市。公元前 3000 年左右，埃及形成统一的王国，定都在提尼斯，以后又建新都孟菲斯。公元前 3000~2500 年，两河流域的苏美尔地区开始了最初国家的形成过程，出现了很多城市国家，重要的有埃利都、乌尔、乌鲁克、拉伽什等。这些早期城市国家是由几个地区围绕一个中心城市联合而成的。在尼罗河和两河流域文明共同影响之下，公元前 2000 年左右，在小亚细亚的赫梯和地中海东部沿岸的腓尼基也开始出现城市。公元前 19 世纪与 18 世纪之交，赫梯人已建有设防城市，以库萨尔、涅萨和察尔帕为最重要。腓尼基则与两河流域相似，出现很多城市国家，最重要的有乌加里特、阿瓦尔德、毕布勒、西顿、推罗等。腓尼基诸城有发达的手工业和商业，与埃及、克里特等地发生商业往来。约在同时，东地中海上的克里特岛上也开始出现城市文明。

印度河流域是人类文明的又一发源地。1922 年，先是在信德地区的摩亨卓达罗，后在西旁遮普的哈拉帕发现古城遗址，它们统称为哈拉帕文化。哈拉帕文化的存在时期，估计为公元前 2500~ 前 1500 年，但也有一说上推至公元前 3500 年，从而使这两个城市成为世界上已知最早的城市。哈拉帕时期的居民主要从事农业，但手工业和商业也相当发达。城市有又高又厚的城墙，并占据相当大的面积，如摩亨卓达罗占地达 260hm^2。在公元前 2000 年前后，这两个城市进入繁荣期，人口估计为 2 万人左右，是当时世界上最大的城市之一。

中国也是世界城市文明的发源地之一，约公元前 2500~ 前 2000 年，出现城市的雏形，公元前 2000~ 前 1600 年间出现城市，我们将在第 3 节详细介绍。美洲和非洲作为另两个城市发源地，城市的出现略晚一些。在危地马拉热带丛林中发现的一座玛雅人城市埃尔麦雷多，其兴盛年代是公元前 300 年，产生的年代则应更早一些。在非洲，特别是在津巴布韦、尼日利亚、苏丹等地都发现了城市遗址，其中一些至少在公元 1 世纪就存在了。

综上所述，公元前 3000~ 前 1500 年，是世界上城市产生的主要时期。从此，在亚欧非大陆上，从西部到东部，城市文明蓬勃地兴盛起来。从埃及、苏美尔、中国等地城市兴起原因看，王权制度确实起到了重要作用，但在腓尼基、希腊等地城市兴起的因素中，商业的作用更大一些。因此，各个地方城市起源的主要因素有所不同。

第 3 节　古代城市发展

古代城市发展的主线有哪些？它们各自是如何发展的？有什么特点？本节将对这些问题进行梳理。

1 古希腊和古罗马的城市

1.1 古希腊的城市

古希腊的发展主要经历了以下四个时期：

（1）荷马时代。公元前12世纪至公元前8世纪，这一时期开始使用铁器，属于军事民主制文化。

（2）古风时期。公元前7世纪至公元前6世纪，这一时期是希腊城邦形成的时期。

（3）古典时期。公元前5世纪至公元前4世纪，这是希腊奴隶制城邦的极盛时期。

（4）希腊化时期。公元前3世纪至公元前2世纪，这是人类历史上第一个伟大的科学时代。

古希腊史是以"爱琴文明"即克里特（Crete）与迈锡尼（Mycenae）文化为其开端的，其本土文化是从公元前12世纪发展起来的，其中古典时期是古希腊文化与城市建设的黄金时期。

公元前8~前6世纪，希腊各地社会生产力有了很大发展。生产力发展的一个主导因素是铁矿的开采。而后，随着与地中海沿岸各国的贸易往来，商业也大大发展起来。希腊人建立了一个以城市为中心，周围有村落的国家，称为城邦。这些因素促进了希腊奴隶制关系和阶级分化的发展，城邦国家也一个接一个地出现。在最初兴起的希腊城邦中，尤以米利都、卡尔希斯、科林斯等最为繁盛。雅典和斯巴达则是后来两个最大的城邦。希腊城邦发展中还通过移民在希腊以外地方建立移民城邦，将城市文明扩散到地中海西部和黑海地区。在新建立的移民城邦中，包括意大利的那不勒斯、叙拉古，高卢南部的马赛利亚，黑海南岸的西诺普等，它们都是重要的工商业中心。公元前479年取得了波希战争的胜利以后，以雅典为首的希腊城邦建立了奴隶制的民主政治（图2-3-1）。

图 2-3-1 古希腊

（资料来源：Gardner's Art through the Ages 7th Edition）

1.1.1　雅典（Athens）

雅典位于希腊东南沿海的阿提卡平原上，这里有肥沃的农田、大片的黏土（用以制造陶器）、丰富的银矿和曲折的海岸线。这种良好的地理条件使雅典的人口、权力和威望大大发展起来。雅典的人口超过了 40 万人，其贸易往来远达埃及、南俄罗斯、利比亚、意大利和法国南部沿海地区（图 2-3-2）。

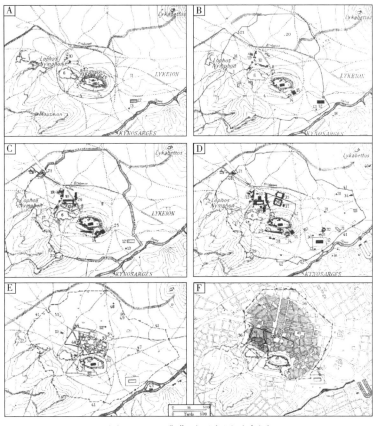

图 2-3-2　雅典平面变迁示意图

（资料来源：（意）L. 贝纳沃罗 . 世界城市史 [M]. 北京：科学出版社，2000）

雅典作为古希腊最重要的城市代表，体现出了古希腊城市的新特征，表现为下列四个方面：

（1）统一性。城市形成统一的整体，城内既无封闭的区域也无独立的区域。每幢住宅都按照同样的模式来建造，只是规模不同。

（2）内部开放性。城市可分为三个部分：建有住宅的私人区，建有神庙的宗教区以及进行政治集会、商业、演出和运动会等活动的公共区。

（3）与大自然的平衡状态。城市以其整体来表现它的人工构成，这种构成又被引入周边的自然环境，两者很少相互干扰。

（4）自觉地控制城市发展。城市中的空隙地带随着时间的推移而发展，并在一定时间达到稳定，居民不愿以局部的改变来破坏这种稳定。人口的增长不会导致城市不断扩展，因为人口一旦超过确定的数量就会选择在附近建设新城。

1.1.2 米利都城（Miletus）

希波丹姆是公元前 5 世纪希腊古典时期的规划建筑师，他在希波战争后的希腊城镇建设当中采用了一种几何形状的，以棋盘式路网为城市骨架的规划结构形式。其被亚里士多德评价为一种政治理论的创造者："他确定了国家的居民数为 1 万人，并将居民分为三部分，第一部分是手工业者；第二部分为农民；第三部分为战争的持枪者。他把土地也分成三部分，一部分用于文化；一部分为公共活动所有；一部分为私有财产。"可以看出希波丹姆斯将城市结合社会体制、宗教及公共生活，分成了圣地、公共建筑及私人住宅三部分。

米利都城是在公元前 5 世纪由希波丹姆规划的，城市分为南北两个居住区，中间为"L"形公共活动区，在公共活动区南北侧设置了圣地。公共活动区有两个大的长方形广场，周围有敞廊，设置了商业、码头、集会等功能。每个住宅团约为 100 英尺 × 175 英尺（图 2-3-3）。

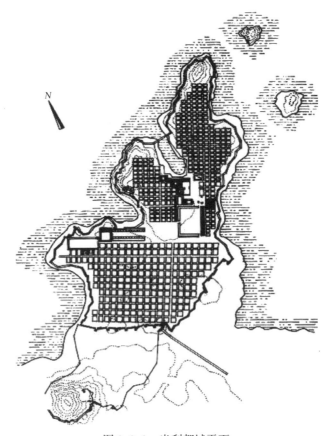

图 2-3-3　米利都城平面

（资料来源：（意）L. 贝纳沃罗. 世界城市史 [M]. 北京：科学出版社，2000）

自公元前 5 世纪以后，古希腊的城市几乎都按照这种模式来建造，特别是希腊化时期古希腊的殖民城市。这其中的代表有普南城（Priene）（图 2-3-4）、帕埃斯图姆（Paestum）。

图 2-3-4　普南城复原模型

（资料来源：（意）L.贝纳沃罗.世界城市史 [M].北京：科学出版社，2000）

1.2　古罗马的城市

当希腊文明逐渐衰弱之时，亚平宁半岛上的罗马开始强大起来，古罗马的发展主要经历了伊达拉里亚时期、罗马共和时期和罗马帝国时期。公元 395 年，罗马分裂为东、西罗马。公元 476 年西罗马帝国灭亡；东罗马建立了拜占庭帝国，建都于君士坦丁堡（图 2-3-5）。

图 2-3-5　古罗马

（资料来源：Gardner's Art through the Ages 7th Edition）

1.2.1　古罗马城（Rome）

公元前 3 世纪至公元前 1 世纪，罗马控制了地中海和西欧的大部分地区。罗马的统治者不断进行军事征服，为这一目的建立了公路系统，正是这种公路系统，使罗马人在欧洲内陆建立了各种各样的市场、行政中心和军事基地，现今欧洲一些著名城市，如伦敦、巴黎、科隆、维也纳等均始兴于这一时期。罗马的城市建设也取得了很高的成就，环绕整个古罗马城修建了长达数百英里的排水道，还有一些高达 35m 的建筑物。至今，罗马还保存着规模巨大的浴池、斗兽场、宫殿寺庙等遗迹。但是，在罗马城极其富丽堂皇的另一面则是极度的奢侈糜烂。罗马是一个寄生城市，后来又发展为一个病态城市。芒福德称古希腊文化是讲求体魄强壮而又精神健康，而古罗马文化基本上是四肢发达头脑简单，讲求满足物欲，靠自己的权势过着寄生生活。公元 5 世纪，罗马的城市文明与罗马帝国一起消亡（图 2-3-6、图 2-3-7）。

图 2-3-6 罗马城平面

（资料来源：（意）L. 贝纳沃罗 . 世界城市史 [M]. 北京：科学出版社，2000）

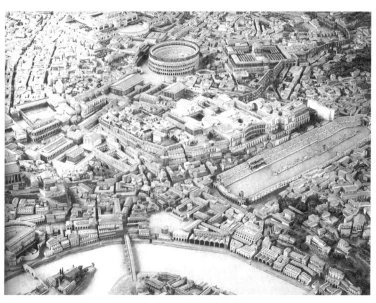

图 2-3-7 罗马城鸟瞰

（资料来源：Gardner's Art through the Ages 7th Edition）

1.2.2　提姆加德（Timgad）

提姆加德是位于北非，由罗马帝国按照营寨城的模式建立起来的城市，它的规划布局以古罗马营寨设计作为原型，有方正的城墙，城市平面接近正方形，中间的十字交叉形道路通向方城的东南西北四个城门，在道路的交叉处建造神庙或广场（图2-3-8、图2-3-9）。几乎所有的罗马城市都是按照坐标系的原则将城市结构和道路系统设计成直角相交并按照城市的尺度来建造的，这种原则构成了简单而标准的模式，而这种模式随着罗马帝国的统治成为欧洲很多新城建设的原型。这些城市在罗马帝国衰落以后，作为防御基地或居住中心而继续存在，所以几乎所有的意大利大城市和一些起源于罗马营寨城的欧洲城市，如巴黎、伦敦、维也纳、科隆，至今仍然存在着古代街道网络的纵横轴线的痕迹。

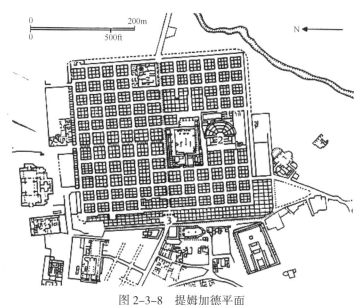

图 2-3-8　提姆加德平面

（资料来源：（意）L. 贝纳沃罗 . 世界城市史 [M]. 北京：科学出版社，2000）

图 2-3-9　提姆加德鸟瞰

（资料来源：（意）L. 贝纳沃罗 . 世界城市史 [M]. 北京：科学出版社，2000）

2 中国古代城市

2.1 中国的"城"与"市"

现在我们把目光转向中国古代城市，中国城市诞生的公式：

"城——王权"＋"市——商业"＝"城市"。

中国古代城市，就性质而言，始终不曾脱离政治堡垒的特征，纯粹商业性的城市从不曾占到主流地位。政治地位是城市的根本命脉，城市经济淹没在小农经济的汪洋大海中，无关乎整个国计民生。长期以来，商业不是一种目的，而是维持政治性城市自身生命活动的一个条件，一种需要，在这个意义上，中国古代商业可以看做是整个国家统治机器上不可或缺的一个部分。但由于商品经济与封建统治者赖以立足的自然经济之间天敌般不可调和的矛盾，它又始终得不到长足的发展。其实，中国古代的商业与城市不论在产生的时间还是空间上都有着如影随形般的关系。

2.2 先秦的城市

《史记·五帝纪》："舜一年而所居成聚，二年成邑，三年成都"。这句话暗含了中国城市起源的线索。一方面在时间上中国城市的雏形大概产生在父系社会的后期，由原始社会向奴隶社会转变的时期。另一方面远古城市是在聚、邑的基础上演进而来。

传说中的尧舜时代，已是我国古代从氏族制度向奴隶制度转变的时代。随着社会的分工，生产力的发展，剩余产品出现，私有制产生，氏族内部分化裂变，部落联盟相互征战，在诸多相互关联的时代因素的综合作用下，新的社会秩序开始建构，君主、阶级进而国家诞生了。华夏文明由原始社会进入奴隶社会。

以三河地带为中心的中原地区为中国最早的城市密集地区，秦汉以前三河指河内（黄河以北的华北平原）、河东（今山西西南部）和河南（黄河以南的华北平原）。从当前公认的我国城市的起源时期夏朝开始，古人就在这一带建城设邑。

在考古学上表现为大型夯土建筑基址的宗庙宫殿遗存是宗法制度和国家权力的最高体现，因而成为国家权力中心——城市的最核心内涵和决定性标志物。

这一时期的城市总体布局较为松散，并且缺乏统一规划，这与城市经济结构上农业尚占很大比重，政治结构上尚保留着氏族宗族组织有密切关系。最具特色的是地缘政治并未伴随文明时代的到来而立即出现，城市居民仍聚族而居。

城垣的有无尚未形成定制，城垣并非构成夏商西周三代都邑的必要条件；三代都邑的城垣建筑都具有"卫君"（含统治阶层）的性质而不是为了保卫邦国中全体成员的安全而修建的。见于东周时代的"守民"之郭在此时期尚未出现。

从周代开始，经历了春秋时期的诸子百家、战国时期的群雄并起，各国的城市建设和学说流派，对中国古代的城市规划产生了深远的影响，从中主要可以归纳成以下三种思想体系。

2.2.1 体现礼制的思想体系

"礼"是一种伦理政治，提倡的是君惠臣忠、父慈子孝、兄友弟恭、夫义妇顺、朋友有信的社会秩序和人伦和谐。其主要内容为正名分、别尊卑，其精神为秩序与和谐，其内核为宗法和等级制度。

《周礼·考工记》的《匠人》营国制度规定："匠人营国，方九里，旁三门。国中九经九纬，经涂九轨。左祖右社，面朝后市。市朝一夫。"

这是王城的形制。《匠人》将城邑分为三级：王城、诸侯城和作为宗室、卿大夫采邑的"都"，对各自的规模、规划形制、城邑数量、布局都作了严格的规定。

然而，至今仍未发现中国古代都城有完全符合《匠人》营国制度的例子。这说明它只是影响古代都邑规划的因素之一。

2.2.2　重环境求实用的思想体系

管仲（？～公元前 645 年）是春秋时齐国的政治家、思想家。《管子》是由战国、秦汉的人汇编而成的，其中记录了管仲的言行，体现了与礼制不同的规划思想。

《管子·乘马》云："凡立国都，非于大山之下，必于广川之上。高毋近旱，而水用足，下毋近水，而沟防省。因天材，就地利，故城郭不必中规矩，道路不必中准绳。"

齐都临淄城的规划建设，就是《管子》规划思想的具体体现。

2.2.3　追求天地人和谐统一的哲学思想体系

中国古代哲学包括太极一元论、阴阳二元论、五行说和天人合一说等，都对城市规划产生了深刻的影响。

2.3　秦汉时代的城市

秦帝国的建立，结束了战国时期的战乱，颁布了促进全国统一、生产发展及社会进步的措施，如："税同率，币同值，车同轨，书同文，度同长短，量同大小，衡同轻重，政令统一"，这些对工商业的繁荣及城市的发展有很大作用，秦建立了强大的中央集权及郡县制度，建立了通往全国的驰道。这些对中国的政治、经济、文化都有着深远的影响。秦代定都于咸阳，秦咸阳有如下的特点：以宫廷为核心；以水系为骨架；象天法地；京畿一体。

取代短暂秦王朝的是汉，文景之治使得经历秦末战争的经济迅速恢复，汉武帝对外的征讨，通往西域的国际商路的开辟和海上贸易的繁荣，使得全国政治统一、国力强盛，出现了很多新兴的商业都会，如武威、酒泉、敦煌等。东汉的迁都使得长江流域及其以南地区与中原的联系日益紧密，这一带的城市也有了很大发展，如会稽、豫章、荆襄、广州等。

2.4　三国至隋唐的城市

东汉末年至南北朝，中国经历了大约 400 年的分裂局面。在这期间，城市建设和发展停滞，不少城市在战争中受到破坏。但在个别条件下，也出现了曹魏邺城这样的杰作。

曹魏邺城在规划上的突出特点，对后世产生了深远影响：一条横贯东西的干道，通向东西城门，把全城分为南北两部分。北部为皇宫、禁苑和贵族居住区，南部为官衙和居民区，形成明确的分区。从宫城端门通往邺城正南门的干道，又形成一条宽阔笔直的中轴线，与东西干道构成丁字骨架。依托着丁字骨架，派生出纵横交错的道路网，分割出井然有序的里坊。邺城的布局方式，可以认为是"城"、"郭"区分结合的继承与发展。

由于中原的战乱，中原的汉民族纷纷南迁至江淮流域及闽粤一带，使得这些地区从较落后的地区发展成为中国的经济文化中心，如建康成为南中国的政治、军事、文化中心。其他如杭州、扬州、福州、广州等城市都有了较大发展。中国经济中心的南移，使得江淮地区的经济中心与关中平原的政治、军事中心分离，隋唐时期的大运河就是为了解决这一问题而开凿的。沿运河的四大都市"淮安、扬州、苏州、杭州"，黄河与汴河交汇处的开封都是当时发展迅速的大都市。

隋大兴与唐长安的兴建，体现了当时的国力强大、商路通畅和经济繁荣，将中国古代的城市发展推向了高潮。其严整的里坊式规划布局，在城市史上产生了深远的影响。

2.5 宋元时代的城市

公元 979 年，北宋结束了五代十国的分裂局面，实行了有利于发展生产的措施，采用了更先进的耕作方法和灌溉技术。耕地与人口的增加，带来了商业和手工业的发展，纺织、造纸、瓷器、冶炼等技术进步促使城市更加繁荣。唐代 10 万户以上的城市只有 10 多个，北宋时增加到 40 个。宋代的城市变革是中国古代城市承上启下的阶段，标志着从封闭型的封建城市向开放型的城市转变。这些表现为：

（1）随着手工业的发展，在一些交通要道出现了定期进行商品交换的集市，称为"草市"、"墟"等，有些集市逐渐发展成为市镇，成为中国古代城市中的新类型；

（2）商业的发展突破了原来的里坊和集中的市肆，在城内外沿江河地区码头、渡口形成商业区，手工业出现了行会组织，往往会集中在同一街道上形成专业街市，街巷制取代了之前的坊市制；

（3）许多城市都扩建商业、手工业，城市布局出现了突破方城的情况，呈不规则状。

此外，火药的发明和攻城技术的提高，对城墙所形成的军事防御体系提出了更高的要求。在这一时期开始普及砖石加砌的城墙，并修建瓮城和箭楼，开挖深广的壕沟。

随着宗教的不断兴盛，城市中的宗教建筑也特别发达，佛教、道教、伊斯兰教、喇嘛教等寺院在许多城市都有分布，对城市布局产生了一定的影响。

2.6 明清时代的城市

明清时期的社会经济达到了我国封建社会的顶峰。城市的人口规模扩大，许多重要的政治商业中心城市，人口都突破了百万人。明清城市延续了宋元时期的城市特征，经济职能不断增强，表现为：从事商业、手工业的人口比例升高；专门的工商业城市不断兴起；城外的关厢和集市成为城市发展的重要组成部分，往往当城外的关厢发展到一定规模时，统治者为了便于管理和防护会加建城垣，成为城市不规则的一部分，带有很强的自发性。

明清时期的城市一般都有规划，各级行政统治中心城市都严格按照礼制修建城墙、宫殿官署和宗教文化建筑，使得中国封建城市的传统礼制、等级制度有了更进一步的体现，代表城市是明清北京。

明清时期因为军事技术的进一步提高和财力物力的增强，曾兴起过一次大规模的筑城高潮，大部分城市的城墙都加砌了砖石。今天保留下来的很多旧城垣都是明初加建或改建的。

此外，城市园林的建设突破了由帝王及少数贵族兴建的格局。明清以来，随着城市经济的发展，新兴的缙绅富商阶层在城市中大量修建私家园林，如江南私家园林。

3　中世纪的城市

　　罗马帝国的覆灭，导致其西北部即意大利、高卢、日耳曼、大不列颠，出现了很多蛮族王国，与古典文明世界隔绝（图 2-3-10）。城市处于衰退状态，部分城市甚至完全消失，商业贸易的减少、手工业的萧条、农业生产的自然经济使得城市发展在中世纪初期（5~10 世纪）几乎停滞。在以封建制度为基础的农业社会中，生活中心转入乡村，古罗马的城市转变为封建领主的军事堡垒，或是教会的中心，或是封建国家的行政中心，大部分的城市建设活动集中于教堂建筑和军事城堡。

图 2-3-10　中世纪早期的欧洲
（资料来源：Gardner's Art through the Ages 7th Edition）

　　传统见解认为，中世纪是欧洲的黑暗时期，城市文明几乎消失殆尽。确实，罗马帝国的消亡使很多城市遭到严重破坏，而南下的日耳曼人以农业耕作为主，对城市的依赖程度轻，加上频繁的战争使商路断绝，手工业、商业萧条，人们的生活重心转入乡村，这些因素使欧洲很多城市衰落，如罗马城由近百万人减至 4 万人。但是，欧洲的城市传统并没有完全消亡，中世纪的后半期，约从 11 世纪以后，城市在整个欧洲再次出现，因此，笼统地说中世纪是"黑暗时期"是不确切的。

　　直至 9~10 世纪，西欧城市才逐步兴起（图 2-3-11）。海岸城市如威尼斯、热那亚等与其他地中海城市始终保持国际贸易，促进了内地的城市贸易。大量的手工业者和商人的出现，使得城市的发展自意大利逐渐扩展至西欧大部分区域。

　　11~12 世纪，不断增加的生活在城郊的手工业者和商人逐渐成为居民中的主要成

图 2-3-11　哥特时期的欧洲
（资料来源：Gardner's Art through the Ages 7th Edition）

分，他们成立了行会，不愿再屈服于封建领主，通过斗争获得个人的自由权利、自己的行政机构、税收制度、审判机构，即一定意义上的自治。这使得部分城市转变成为某种意义上的集体领主，有些城市实际成为相对独立的城市共和国。

　　这些中世纪西欧的城镇一般来说有三种基本布局，它们的布局形式与它们的历史起源、地理特点和发展方式相关联。第一种为罗马时代遗留下来的城镇，保留着罗马营寨城的方形、匀质体系，只是新加入了城堡和修道院、教堂。第二种为从一个修道院或城堡周围的村落发展起来的，它们更加符合地形，只是缓慢和偶然地发展和扩张。第三种城市属于新建的城镇，它们常常是棋盘形的规划，中间会空出一块为建设市场和公共集会的用地。

　　自发形成发展起来的中世纪城市，并没有古典时期统一的城市面貌和建筑形式。城市的发展体现了对自然环境和历史条件的适应性和自由性。而在这些城市中，教堂往往占据中心地位，高度上统领整个城市，教堂建筑也成为城市里最辉煌的建筑，教堂的广场成为城市最重要的中心，部分城市还有市政广场和市场。城市的道路以这些为中心呈放射状或环绕状，城市的外围总是设有防御外来侵略的城墙。中世纪的代表性城市包括锡耶纳（图 2-3-12）、威尼斯（图 2-3-13）等。

图 2-3-12　锡耶纳坎波广场鸟瞰
（资料来源：Gardner's Art through the Ages 7th Edition）

图 2-3-13　威尼斯城市肌理
（资料来源：（美）阿兰·B·雅各布斯.伟大的街道 [M].北京：
中国建筑工业出版社，2005）

4　文艺复兴时期的城市

文艺复兴：来自法语 Renaissance，"复活"、"再生"之意。作为历史时代，始于 14 世纪，延续至 17 世纪；作为一场文化运动，它诞生于意大利，而后蔓延到西欧。在文艺复兴时期，航海大发现和 1453 年东罗马帝国的灭亡，使得古典精神和文化重新回到意大利，加之科学技术的突飞猛进，古典文化中的科学理性、人文主义取代了教会的神学和经院哲学。新兴的资本主义在意大利萌芽，文艺复兴为资本主义建立统治地位铺平了道路。

文艺复兴时期，思想文化各个领域的空前发展，特别是在艺术的各个方面如绘画、雕塑、文学、设计方面取得了辉煌的成就，特别是伯鲁涅列斯基（Fillippo Brunelleschi）在佛罗伦萨大教堂穹顶设计中开创了一套新的建筑学方法和关注因素：

（1）比例。即均衡的单体与整体的美学关系。

（2）尺度。即韵律、准确的尺度。

（3）物质因素。即表面的质感、颜色、硬度。

以上三者都能通过透视法的方式得到完美的展现。这种设计和创作的方法被广泛应用于艺术的各个门类，但基于中世纪时期发展起来的城市面貌没有发生本质的变化，由画家和建筑师设计的新的城市类型只是一个个雄心勃勃的理想城市（Ideal City），往往因为过于铺张和理想化而无法实施。艺术家只是从事单体设计，城市的真正统治者贵族和国王们并没有为城市彻底和持续的更新提供足够的动力支持。严格意义上说，不存在文艺复兴时期的城市，但是存在着一些文艺复兴时期的柱式、广场，它们美化了中世纪的城市。

第4节 近现代城市发展

近现代的城市发展分为几个阶段？有什么特点？中国城市的发展受哪些因素影响？又有什么特点？本节将对以上问题进行阐述。

1 近代资本主义城市的产生

中世纪末期，即15世纪至17世纪初，资本主义在欧洲一些国家开始发展起来。当时欧洲发生了两件重大事件，一件是文艺复兴运动，另一件是新航线的开辟。新航线的开辟使资本主义的发展中心从意大利转移到北海沿岸的尼德兰、英国等国，在那里逐步兴起很多新兴工商业城市。

18世纪中叶，随着工业革命的兴起，迎来了城市发展史上一个崭新的时期。在工业革命的浪潮中，城市发展之快、变化之巨，超过了以往任何时期。

工业革命结束了城市中小手工业的生产形式，代之以机器大工业的生产形式，使城市中经济活动的社会化、生产的专业化向着更广的范围发展。工厂企业为寻求协作利益和增强竞争能力，在地域上出现了相对集中的倾向。这种倾向直接影响近代城市内部的扩展形式和城市的区域分布格局。

在城市内部，蒸汽机的发明导致城市中铁路和火车的出现，中世纪紧凑的城市出现了向郊区发展的倾向，成片的工业区和工人住宅区也开始出现。

在区域范围内，资本、工厂、人口向某些地理条件优越的地区迅速集中，特别是在煤田和沿海地区，如英国的兰开夏地区、德国的鲁尔地区、美国的大西洋和五大湖沿岸，都在工业革命中形成城市密集地区，导致城市空间分布严重不平衡。

总之，工业化带动城市化，是近代城市发展中的一个重要特点。

在进行工业革命的同时，英、法、葡、德、美等国开始向海外实行殖民主义扩张，通过炮舰政策不断向落后的亚非大陆施行殖民和掠夺。亚洲、非洲众多的沿海城市被殖民主义者选为侵略的桥头堡，而内地的部分区域中心被选为掠夺基地。这些城市在殖民主义刺激下，开始畸形繁荣起来。如非洲的阿克拉、布拉柴维尔、金沙萨、内罗毕、拉各斯等，南亚的卡拉奇、孟买、加尔各答、科伦坡等，东南亚的新加坡、雅加达、曼谷、西贡（今胡志明市）、马尼拉等，我国的香港、上海、天津、大连、青岛等。尽管这些城市处于殖民地或半殖民地状态下，但所引进的近代工商业对本国的封建经济造成了一定冲击，产生了新兴的资产阶级和无产阶级，加速了社会分化和社会变革的步伐。由于这些城市的兴起，亚非广大国家也开始近代城市化的进程，一元的封建城市体系向封建城市与近代城市并存的二元结构转化。这是近代世界城市化的又一特点。

随着资本的扩张，世界政治经济体系开始建立起来，世界城市体系也逐步形成。由于资本主义国家在世界政治经济体系中的中心地位，使它们的城市在世界城市体系中也处于垄断中心的地位。1900年，伦敦、巴黎、纽约、柏林、阿姆斯特丹是国际商业、金融的中心，也是政治、经济决策的重要中心，世界城市体系的出现成为近代世界城市化的第三个特点。但是，由于各资本主义国家间的相互竞争和发展的不平衡性，使它们首位城市的发展有所不同，并进一步影响世界最大城市的规模分布变化。

2　中国近代的城市发展

鸦片战争以前，中国的城市都是封建社会型的，绝大部分是封建统治阶级以及为其服务的商人的聚居地。城市是消费型的，城市统治乡村，功能结构简单，平面形式沿袭着封建社会的城制，建筑面貌也完全是中国传统的形式。

清代末期，中国的商业资本已有一定的发展。由于手工业的发达，当时出现了不少资本主义经营方式的较大作坊和工厂，如丝绸、棉织、陶瓷、冶铁、制盐等，形成了少数手工业集中的城镇，如景德镇、佛山镇等。

鸦片战争前的中外贸易因为受到 "一口通商" 政策的影响，都集中在广州进行。使得广州成为当时最先受到外国影响的城市，但也是局限在局部地区（广州十三行）。随着鸦片战争的战败，中国的封建社会经济逐渐解体，形成半封建半殖民地社会。这种社会经济的转变必然使得原有城市发生不同形式和不同内容的发展。

近代时期的城市可以分为三大类：

第一大类城市是由于帝国主义的侵略，外国资本输入，或由于本国资本的发展，而产生较大变化或新兴起的城市。

第二大类城市是原来的封建城市，由于受到帝国主义的侵入及本国资本主义的发展，发生了局部的变化。

第三大类城市是广大的内地中心型城市，因为经济基础没有发生显著变化，因而城镇变化很小或几乎没有变化。

近代中国的城市发展与不同时期经济和社会的发展是密切相关的，按其发展特点，可以分为下列几个阶段：

第一阶段，19 世纪中叶至 19 世纪末叶。鸦片战争结束后，一系列不平等条约的签订使得中国城市里出现了 "租界"，使得某些城市的局部地区畸形发展，成为国中之国、城中之城，他们享有不受中国政府管制的特权。其代表性城市如上海、天津。在而后的洋务运动中，一些官办的工厂开始兴建，如武汉、广州等城市出现了新兴的工业区。

第二阶段，19 世纪末叶至 20 世纪 20 年代。起点为 1895 年中日签订《马关条约》，终点是 1914 年第一次世界大战的爆发。《马关条约》规定外国人可以在中国开设工厂，由原有的商品输入发展到资本输入中国的阶段。租界大量开办外国的工厂，这时候的租界和对外商埠不止限于沿海城市，部分内地城市也受到影响，如万县、宜昌、沙市等，造成了租界的畸形繁荣。还有一些城市因为帝国主义的侵略而成为其建立的独占侵略基地，如青岛、大连、旅顺、哈尔滨等。

第三阶段，20 世纪 20 年代前后，也就是第一次世界大战前后。中国的民族资本迅速发展壮大，尤以江浙地区的无锡、南通、上海、苏州、常州等城市为代表，大量的面粉、火柴、纺织、丝绸工厂建立，商业贸易有较大发展，使得大量人口涌入城市，城市范围扩张。

第四阶段，20 世纪 20 年代末叶至抗日战争爆发。国民党政府的执政，使得官僚资本和帝国主义资本集中的上海、南京都有很大的发展。而"九一八"事变后的东北彻底沦为日本的殖民地，伪"满洲国"的政治中心长春，工业中心沈阳、哈尔滨等城市成为典型的殖民地城市。

第五阶段，抗日战争时期至 1949 年。抗日战争时期，华北、华中、华南广大地区的城市受到战争的影响遭到严重的破坏，而西南、西北地区的城市由于大量工厂和人口的内迁出现了较大发展等。作为战时陪都的重庆在抗战时期人口由原来的 28 万人扩增至抗战胜利时的 100 万人以上。1945 年抗战胜利后，由于国家再次陷入到内战的局面中，中国的大部分城市没有太大的发展，直至 1949 年新中国建立。

3 第二次世界大战后的城市发展

在第二次世界大战中，欧亚大陆许多城市在战火中受到了严重破坏。战后的城市都面临着恢复重建，至 20 世纪 50 年代中，随着经济的恢复，城市发展也进入了新的时期。到 2008 年，世界城市人口已达到总人口的 50%，地球开始进入城市时代。

城市的高度聚集产生了较高的经济效应，提升了人们的物质、文化生活质量。城市成为人类改造自然最彻底的地方，却也带来了大量的生态环境问题，如大气及水质的恶化、热岛效应、人口的拥挤。因此，在城市集中发展的同时，出现了大量城市分散发展的理论与实践。美国等一些发达国家在二战后，由于私人汽车交通的快速发展和城市中心居住环境的恶化，出现了"郊区化"的现象，原来的城市中心区逐渐衰退。于是自 1980 年代以来，西方许多国家实行了城市复兴计划，由政府及企业采取土地置换、产业更新及财政政策与税收政策的倾斜，对原来的码头仓储用地进行再开发，推动创意文化、旅游休闲等新兴产业在城市中心的发展。

经济发展的不平衡也导致了城市发展的不平衡。发达国家的城市发展逐渐由外部的空间扩展转为了内部的更新改造。而在一些发展中国家，城市的外延扩展成为主要的发展形式，并呈现出不同的发展形态：大城市呈中心向外圈层式扩展的形态；单中心沿交通干线放射发展的形态；中心城与周边卫星城的发展形态；多中心开放组合型的发展形态；以中心城市为核心形成紧密联系的城镇群形态等。

随着城市经济实力的不断增强，其对周围的地区与城镇产生了强大的辐射效应。大量的物质、信息和能量的交换使城市与区域城镇的联系更为密切，逐渐形成了在空间上有隔离、由便利的交通网络联系、在产业上有协作分工的城镇群或城镇密集区，如美国的东北部、芝加哥地区、西海岸城市带，日本的阪神地区，英国的东南部地区，欧洲中部地区（德、荷、比、法）等。中国的城镇密集区有以上海为中心的长江三角洲地区、广州为中心的珠江三角洲地区、京津唐地区、辽中南地区和成渝地区。

随着生态环境不断遭到破坏，人们越来越认识到事实的严酷性。规划工作者逐渐把环境与城市可持续发展的思想，体现在城市与区域规划发展中。同时，人们也越来越重视对历史文化遗产的保护，在城市建设发展中努力实现现代的生产技术与传统的历史文化相和谐。

随着科学技术的发展，特别是信息产业的发展，一些发达国家已进入了后工业社会，即信息社会。准确、快捷的信息网络将部分取代物质交通网络的主体地位，人与人之间的联系将部分克服空间距离的束缚，未来城市空间可能将呈现分散化、远程化的特征。总之，种种因素的变化可能带来城市发展形态、发展模式的变化。

■ 本章小结

城市作为城市规划的研究对象，已经历了漫长的发展历程。本章首先对城市的起源和发展进行了概述，强调了王权在城市产生过程中不可代替的作用，以及在商业推动下城市功能的进一步演进。而后以时间为序，详细论述了中西方城市在不同历史阶段的发展背景、布局特征以及影响城市发展的主要决定性因素。

当前，世界城市人口已超过总人口的 50%，世界进入城市时代。中国也进入了城市化高速发展的时期，城市的规模、数量急剧扩张。只有正确认识城市本体，正确选择城市化道路，才能使中国城市的发展走向理性、健康、永续、和谐的道路。

■ 主要参考文献

[1] （美）刘易斯·芒福德.城市发展史——起源、演变和前景 [M].北京：中国建筑工业出版社，2005.

[2] （意）L·贝纳沃罗.世界城市史 [M].北京：科学出版社，2000.

[3] 董鉴泓.中国城市建设史 [M].第三版.北京：中国建筑工业出版社，2004.

[4] 沈玉麟.外国城市建设史 [M].北京：中国建筑工业出版社，1989.

[5] 吴庆洲.建筑哲理、意匠与文化 [M].北京：中国建筑工业出版社，2005.

[6] 徐学强，周一星，宁越敏.城市地理学.北京：高等教育出版社，1997.

[7] 田银生.走向开放的城市.北京：生活·读书·新知三联书店，2011.

■ 思考题

1. 在城市产生的过程中，王权作为最重要的参变因素起到了怎样的作用？

2. 中国古代的城市发展经历了哪几个阶段？分别具有哪些特点？

3. 在欧洲中世纪的下半段，商业对于城市的复兴发挥了怎样的作用？

第 3 章 规划理论的发展与规划技术

规划理论是一个有弹性的概念，它受到各个时代的政治、经济、社会发展等因素的影响，是以解决某种城市问题或解释某种城市现象为出发点，进而凝练出来的与规划密切相关的思想活动。规划理论的产生形式有两种，一种是个人的著述和实践总结，另一种则是大规模的城市建设或立法活动中产生的对后世影响极大的思想和原则。

就现代城市规划的发展历程来看，基本经历了三个阶段：第一个阶段是从 19 世纪末霍华德的田园城市开始，经过 20 世纪 30 年代现代建筑运动的推进，以《雅典宪章》的诞生为代表的现代城市规划的产生与探索阶段；第二个阶段是第二次世界大战后至 20 世纪 60 年代，是现代城市规划理论的全面实践阶段；第三个阶段是自 20 世纪 60 年代以来为了适应新的国际秩序和西方国家的城市转型，以《马丘比丘宪章》的诞生为代表，对蓝图式的物质空间规划思想进行批判式继承，新的规划思想与方法逐步发展建立起来。

现代规划理论的演进可以以"问题—解决方案"的思路来理解，在其发展的各个阶段，出现了哪些重要的规划思想与理论？它们的产生又有着怎样的社会背景和需要解决的问题？本章将以时间为序，对各个阶段的主要城市规划理论进行简要论述，以简单明了的方式加深读者对各种规划理论的理解。最后，本章对城市规划经常用到的技术工具以及分析方法作简要介绍。

第 1 节　现代城市规划理论的产生与探索

近代工业革命给城市带来了巨大变化，创造了前所未有的财富，同时也给城市带来了种种矛盾，如居住拥挤、环境质量恶化、交通拥挤等。针对这些城市问题，资本主义早期的空想社会主义者、社会改良主义者及一些从事城市建设的实际工作者和学者们提出了种种设想，试图从社会、经济、工程技术、建筑等各个角度解决矛盾。19 世纪末 20 世纪初，这些设想便渐渐形成了有特定的研究对象、范围和系统的现代城市规划理论。这些理论包括：以设想全新的城市形态来解决工业时代的城市问题、以适应工业生产为理念来建设城市、通过改造城市来提高城市服务质量等。同时，该时期也出现了一些对城市区域、城市形态、城市生态、邻里关系等问题的研究的学说。

1　建立新城——以新方式解决城市问题

1.1　空想社会主义城市

19 世纪初，面对资本主义社会的种种弊端，一些有识之士开始思考理想中的社会模式。最有代表性的是以圣西门（Saint-Simon）、欧文（Owen）和傅里叶（Fourier）

为代表的空想社会主义思想。他们受到古希腊哲学家柏拉图 Plato 所著的《理想国》以及英国人文主义者托马斯·莫尔（Thomas Moore）的《乌托邦》的影响，希望建立一个平等、和谐的社会，并且具体规划和实践了自己的构想。

空想社会主义将城市作为一个社会经济实体，把城市建设与社会改造联系起来，其规划思想的出发点是为解决广大劳动者的生活、工作问题，在城市规划思想史上占有一定地位，也成为以后的"田园城市"、"卫星城市"等规划理论的渊源。但空想社会主义过分注重对理想社会原则和活动方式的描述，是对理想化社会的展望，缺乏改良现实的具体途径。

1.2　霍华德 Howard 的田园城市

英国社会活动家霍华德于 1898 年出版了以《明天：走向真正改革的和平之路》（Tomorrow： A Peaceful Path to Real Reform）的专著，1902 年再版时更名为《明日的田园城市》（Garden City of Tomorrow）。该书提出了田园城市（Garden City）的理论。针对当时的像伦敦这样的大城市所面临的拥挤、卫生等方面的问题，霍华德提出了一个兼有城市和乡村优点的理想城市——田园城市。

在霍华德看来，大城市所出现的问题是由人口过于集中引起的，想要解决大城市的问题首先要降低人口密度。显然仅靠大城市本身是无法解决问题的，需要在更大的范围内进行考虑，对大城市的人口进行疏解。霍华德认为，城市和乡村都有其自身的优点和缺点，要创造一个超越于现有城市吸引力的地点，就要兼有城市和乡村的优点（图 3-1-1）。

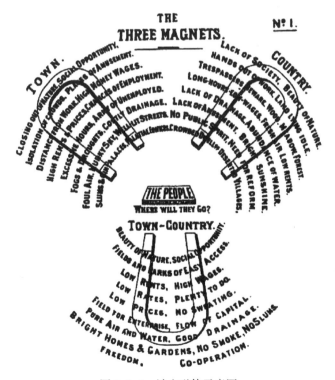

图 3-1-1　城乡磁体示意图

（资料来源：孙施文 . 现代城市规划理论 [M]. 北京：中国建筑工业出版社，2005）

他以一个"田园城市"的规划图解方案具体地阐述其理论：占地1000英亩的田园城市坐落在6000英亩的土地中心附近，可容纳3.2万人，设有水晶宫的中央公园、六条放射状林荫大道、兼作公园的主要环形林荫大道组成城市骨架。住宅用地呈同心圆放射状布局，靠近城市中心处设有公共建筑，学校和教堂设在主要林荫大道中，城市外围是生产用地。用铁路系统解决城市间的交通。当城市人口规模继续扩大时，若干个田园城市围绕一个面积为1.2万英亩、人口为5.8万人的中心城市，形成一个总面积为6.6万英亩、总人口为25万人的城市群，即"社会城市"（图3-1-2）。对于这样一套方案，霍华德并无意认为城市就应该完全是这样的一种形态。他认为自己所提供的仅是一种模式，或可称为一种思想体系。

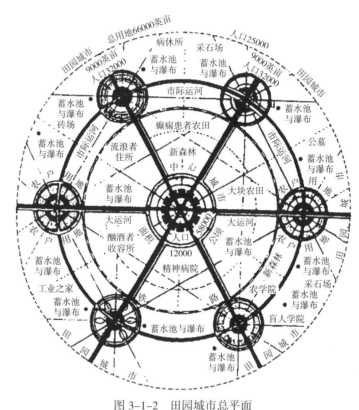

图3-1-2 田园城市总平面

（资料来源：沈玉麟.外国城市建设史 [M].北京：中国建筑工业出版社，1989）

在描述和解释田园城市构想的基础上，霍华德还为实现田园城市理想的实践活动进行了细致的考虑和安排，对资金的来源、土地的分配、城市财政的收支、田园城市的经营管理都提出了具体的建议。

田园城市典型的实践是英国的莱奇沃斯和韦林。实践证明田园城市理论是可行的，并引起各国的纷纷效仿，但多数只是汲取"田园城市"之名而实质上是城郊居住区。二战之后，田园城市思想在西方现代化郊区规划中得到了进一步的应用。《明日的田园城市》的出版对西方国家尤其是英美国家的城市规划所产生的影响是任何一部著作都无法比拟的。霍华德的田园城市理论被称为"第一个比较完整的现代城市规划思想体系"，对现代城市规划思想起到重要的启蒙作用，对其后出现的一些城市规划理论如有机疏散理论、卫星城镇理论有相当大的影响。其对近现代城市规划发展的重大贡献在于：针对现代工业社会出现的城市问题，把城市和乡村结合起来，作为一个体系来考虑；摆脱了传统规划主要用来显示统治者权威或张扬规划师个人审美情趣的旧模式，提出了关心人民利益的宗旨，这是城市规划思想立足点的根本转移。

1.3 卫星城

20世纪初，大城市的恶性膨胀，使如何控制并疏散大城市人口成为突出问题。昂温 Uwen 于1922年出版《卫星城的建设》（The Building of Satellite Town），正式提出卫星城的概念（图3-1-3），指出卫星城是指在大城市附近，并在生产、经济和文化生活等方面受中心城市吸引而发展起来的城镇。昂温在20世纪20年代参与大伦敦规划期间，将这种理论运用于规划实践，提出采用"绿带"加卫星城镇的办法控制中心城的扩展，疏散人口和就业岗位。

1.4 赖特的广亩城市

美国现代主义著名建筑师弗兰克·劳埃德·赖特（Frank Lloyd Wright）反对大城市的集聚与专制，追求土地和资本的贫民化。他建议发展一种完全分散的、低密度的城市。他规划设想的"广亩城市"每户周围都有一英亩土地（4047m²），足够生产粮食和蔬菜。居住区之间以超级公路相连，提供便捷的汽车交通。沿着这些公路，建议规划路旁的公共设施、加油站，并将其自然地分布在为整个地区服务的商业中心之内（图3-1-4）。

"广亩城市"（Broadacre City）是一种完全分散的、低密度的城市形态。赖特有关极度分散主义的规划思想集中反映在他1932年发表的《正在消失中的城市》（The

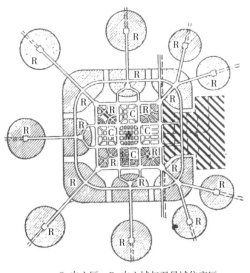

C-中心区；R-中心城与卫星城住宅区

图3-1-3 卫星城概念示意图

（资料来源：谭纵波．城市规划 [M]．北京：清华大学
出版社，2005）

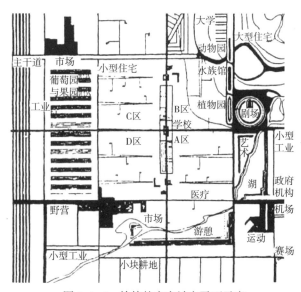

图3-1-4 赖特的广亩城市平面示意

（资料来源：张京祥．西方城市规划思想史纲 [M]．南京：东南大
学出版社，2005）

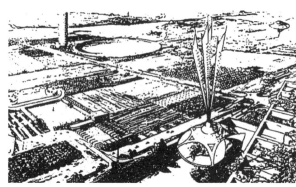

图 3-1-5　广亩城市的景观　　　　　　　　　图 3-1-6　柯布西耶伏瓦生规划鸟瞰

（资料来源：张京祥．西方城市规划思想史纲 [M]．南京：东南大（资料来源：沈玉麟．外国城市建设史 [M]．北京：中国建
　　　　　学出版社，2005）　　　　　　　　　　　　　　　筑工业出版社，1989）

Disappearing City）以及 1935 年发表的《广亩城市：一个新的社区规划》（Broadacre City：A New Community Plan）之中。广亩城市完全抛弃了传统城市的所有结构特征，强调真正地融入自然乡土环境之中，实际上是一种"没有城市的城市"（图 3-1-5）。

1.5　勒·柯布西耶（Le Corbusier）的现代城市设想

现代建筑大师勒·柯布西耶的城市理想与霍华德、格迪斯、赖特等提出的各种城市分散主义理论不同，他承认和面对大城市的现实，并从建筑物等物质要素的重新布局构想城市的发展。

他关于城市规划的理论被称为"城市集中主义"。勒·柯布西耶将城市看成是一种工具或一架机器。他认为在大城市中出现的种种问题都可以通过新的规划形式和建筑方式来解决。1925 年，柯布西耶运用这种现代集中主义的城市思想对巴黎塞纳河畔的中心区进行了大胆的改建设计——伏瓦生（Voison）规划，但是没有被采纳（图 3-1-6）。1931 年，柯布西耶又提出了"光辉城市"的规划方案。他的规划思想集中体现为：城市必须是集中的，只有集中的城市才有生命力；需要通过技术手段改善功能衰退的中心区；拥挤的问题可以通过提高密度来解决；通过用地分区调整城市内的密度分布，使人流、车流合理地分布于整个城市；高密度发展的城市必须由新型、高效、立体化的城市交通系统来支撑。他本人的规划实践活动一直到 20 世纪 50 年代初，在主持印度昌迪加尔规划中才得以充分施展。

1.6　沙里宁的有机疏散理论

如果说赖特、霍华德与柯布西耶的思想分别代表了城市分散主义和集中主义两种模式，那么伊利尔·沙里宁（Elieel Saarinen）的有机疏散（Organic Decentration）理论可以说是介于两者之间的折中。1943 年芬兰裔的美籍建筑师、规划师伊利尔·沙里宁出版了著名的《城市：它的发展、衰败与未来》（The City：Its Growth，Its Decay，Its Future）一书，详尽地阐述了他关于有机城市及有机疏散的思想。

有机疏散理论认为城市是一个有机体，和生命有机体的内部秩序是一致的，因此不能任其自然地凝聚成一大块，而要把城市的人口和岗位分散到可供合理发展的离开中心的地域上去。有机疏散就是把传统大城市的拥挤形态在合适的区域范围分解成若干集中的单元，并把这些单元组织成为"在活动上相互关联的有功能的集中点"，它们彼此之间将用保护性的绿化地带隔离开来。有机疏散思想对以后特别是二战后欧美各国改善大城市功能与空间结构起到了重要的指导作用。

1918 年伊利尔·沙里宁按照有机疏散的原则制订了大赫尔辛基规划，主张在赫尔辛基附近建立一些半独立的城镇，以控制城市的进一步扩张（图 3-1-7）。

图 3-1-7 伊利尔·沙里宁的大赫尔辛基规划
（资料来源：沈玉麟.外国城市建设史 [M].北京：中国建筑工业出版社，1989）

2 建立新城——顺应工业化生产的城市

如果说空想社会主义与田园城市理论是看到了工业革命所带来的问题，并试图解决这些问题的话，那么戈涅的工业城市和马塔的带形城市则是洞察到了工业革命对城市形态所带来的巨大影响，并提出顺应工业革命后城市形态变革的思想。

2.1 工业城市

工业城市是法国建筑师戈涅（Tony Garnier）于 1904 年提出的。工业城市理论出于对工业化对城市造成的压力，解决旧有城市结构和新生产方式之间的矛盾。戈涅认为，现实的规划应使城市结构适应机器大生产社会的需要，城市的集聚必须遵守一定的规律。

在戈涅的工业城市中，规划人口 3.5 万人，工业用地成为占据很大比例的独立地区，并与居住区遥相呼应；工业区与居住区之间用绿带进行分割，除利用铁路相互连接外，还留有各自扩展的可能。工业用地位于临近港口的河边，并有铁路直接到达；居住区呈线形与工业区互相垂直布置，中心设有集会厅、博物馆、图书馆、剧院等公共建筑；医院、疗养院等独立设置在城市外边（图 3-1-8）。

工业城市是西方工业革命以来城市规划思想的杰出代表，表现出古典主义规划向现代主义规划转变的轨迹。该理论所涉及的功能分区、便捷交通、绿化隔离等成为后来现代城市规划中的首要原则。

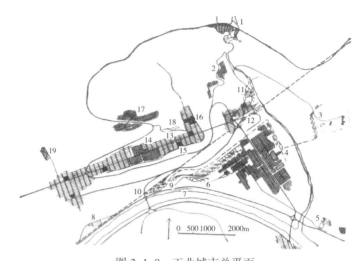

图 3-1-8　工业城市总平面

（资料来源：孙施文.现代城市规划理论 [M].北京：中国建筑工业出版社，2005）

2.2　带形城市

在铁路交通的大规模发展的大背景下，西班牙工程师索里亚·玛塔（Soriay Mata）于 1882 年提出了带形城市理论。他认为，传统的从核心向外围扩展的城市形态已经过时，它们只会导致城市拥挤和卫生恶化。"在新的集约运输方式条件下，城市的各个要素应该紧靠着一条大运量的交通轴线聚集并可无限地向两端延伸，"只有一条宽 500m 的街区，要多长就有多长"。供水、供电等工程干线全部集中在一条横贯城市的干线道路下面，在干线两边设计住宅、工厂、商店、市场、学校、公共设施等。带形城市的规模增长不受限制，甚至可以横跨欧洲（图 3-1-9、图 3-1-10）。

玛塔的带形城市理论第一次明确提出新的交通设施应该指向新的城市结构。带形城市理论对 20 世纪的城市规划和城市建设产生了重要影响。虽然带形城市有明显的优点，但是却忽略了商业经济和市场利益，使得城市空间增长的集聚效益无从体现。

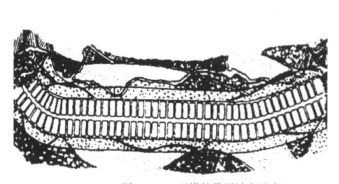

图 3-1-9　玛塔的带形城市示意

（资料来源：张京祥.西方城市规划思想史纲 [M].南京：
东南大学出版社，2005）

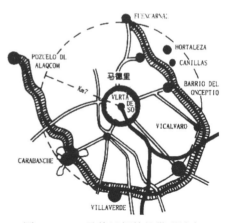

图 3-1-10　马德里郊外的带形城市

（资料来源：张京祥.西方城市规划思想史纲
[M].南京：东南大学出版社，2005）

3　城市原地改造

3.1　亨纳德的巴黎改建

在 19 世纪末 20 世纪初对城市问题的研究和探讨中，主要是通过新城建设来解决城市问题，而没有提出改进现有城市，法国建筑师亨纳德却直接面对了城市改建问题。作为巴黎的总建筑师，他提出了一些大城市改建的基本原则，主要体现在道路交通、公共绿地、历史建筑保护方面。

在道路交通方面，亨纳德提出需要全面改建巴黎的城市道路网。例如：过境交通不穿越城市中心；改善市中心与边缘区及郊区公路的联系。亨纳德也意识到，城市道路干线的效率取决于交叉口的组织方法，经过深入研究之后提出了要建设"街道立体交叉枢纽、环岛式交叉口和地下人行通道"（图 3-1-11）。

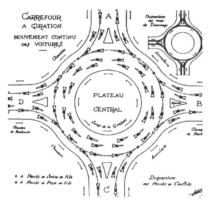

图 3-1-11　亨纳德 1906 年为巴黎所做的道路交叉口的设计方案
（资料来源：孙施文 . 现代城市规划理论 [M]. 北京：中国建筑工业出版社，2005）

亨纳德建议在巴黎建立一系列大型绿地，保证每个居民距大公园不超过 1km，离花园和街心花园不超过 500m，这一点后来成为现代城市规划中公共绿地系统组织的基本原则。对于历史古迹的保护，他更强调新建设必须与历史建筑相协调。

3.2　城市美化运动与奥斯曼的巴黎改建

城市美化的实践早在文艺复兴时期的欧洲城市中便已开始。但是真正意义上的"城市美化"运动（City Beautiful Movement），则是指 19 世纪末 20 世纪初欧美许多城市为恢复市中心的良好环境和吸引力而进行的景观改造活动。

以 1893 年芝加哥举办的世界博览会为起点（图 3-1-12），芝加哥市区内进行了大规模的建设。这些建设以政府为主导，对市政建筑及其周围环境进行全面改进。城市美化运动的倡导者伯纳姆（D.Burnham）所做的"芝加哥规划"（1909 年）在当时被称为覆盖城市范围的总体规划（图 3-1-13）。它采用了古典、巴洛克的手法，以纪念性的建筑及广场为核心，通过放射形道路形成气势恢弘的城市轴线。

城市美化运动被称作以建筑学和园艺学的思维方式思考城市布局，综合了对城市空间和建筑设施进行美化的各方面思想和实践，在美国城市中得到全面推广，并直接孕育了美国现代城市规划实践的起点，催生了后来的景观建筑学、园林规划的兴起与

图 3-1-12　芝加哥世界博览会场景
（资料来源：孙施文 . 现代城市规划理论 [M]. 北京：
中国建筑工业出版社，2005）

图 3-1-13　1909 年的芝加哥总体规划
（资料来源：孙施文 . 现代城市规划理论 [M].
北京：中国建筑工业出版社，2005）

图 3-1-14　奥斯曼巴黎改建后的场景
（资料来源：孙施文 . 现代城市规划理论 [M]. 北京：
中国建筑工业出版社，2005）

发展。

1853 年，奥斯曼（Haussmann）作为巴黎的行政长官，针对当时存在的问题对巴黎进行了全面改建（图3-1-14）。这项改建将城市重新分区，把贫困人口从中心迁出；以道路来切割和划分整个城市结构，加强了塞纳河两岸的联系；形成了城市广场、林荫大道、沿河绿化带点线面相结合的城市绿化系统；统一了城市沿街立面和整体风貌；对给水排水系统、街灯等城市辅助系统进行了改造和建设。奥斯曼巴黎改建的成就是显而易见的，它使巴黎基本具备了现代化的城市功能，使之成为当时世界上最壮观的首都之一。

虽然奥斯曼拆除大量古建筑和迫迁中心区贫民的改造方式也遭到了一定的批评，但其所构建的城市形态及城市空间的组织方法，从 19 世纪 80 年代开始就成为欧洲和美洲城市改建的样板，并在大量殖民地城市中广泛推行。

4　现代主义规划宣言——《雅典宪章》

在 20 世纪上半叶，现代城市规划基本上是在现代建筑运动的主导下并在其框架中发展和壮大起来的。1933 年国际现代建筑协会（CIAM）召开的第四次会议的主题是"功能城市"，并通过了由柯布西耶倡导并亲自起草的《雅典宪章》。《雅典宪章》依据理性主义的思想方法，对当时城市发展中普遍存在的问题进行全面分析，其核心是提出了功能主义的城市规划思想。

从思想方法的角度讲，《雅典宪章》奠基于物质空间决定论的基础之上。认为城市规划就是要描绘城市未来的终极蓝图，期望通过城市建设活动的不断努力而达到理想的空间形态。《雅典宪章》虽然认识到影响城市发展的因素是多方面的，但仍然强调"城市计划是一种基于长、宽、高三度空间……的科学"。城市规划工作者的主要工作是"将各种预计作为居住、工作、游憩的不同地区，在位置和面积方面，作一个平衡布置，同时建立一个联系三者的交通网"。

《雅典宪章》促使现代城市规划沿着理性功能主义的方向发展，它仍被看做是现代城市规划发展过程中的里程碑，同时，它也标志着现代城市规划开始进入到一个具有完整的思想和行动纲领的成熟时期。

5　该时期的其他规划思潮

5.1　格迪斯的区域规划理论

格迪斯（Patrick Geddes）是苏格兰生物学家、社会学家、教育学家和城市规划思想家。他把生物学、社会学、教育学和城市规划学融为一体，并在区域协调思想、城市规划的科学观以及人本主义思想等三方面对后来的城市规划产生了巨大影响。《进化中的城市》是他在规划领域较为出名的著作。

格迪斯指出应当将城市和乡村规划纳入同一体系中，使规划包括若干个城市以及它们周围所影响的地区。只有在区域规模上进行规划才能解决工业革命带来的生产力发展造成的城市异化。这一思想后来经美国学者芒福德等人的发扬光大，形成了对区域的综合研究和区域规划。

格迪斯认为城市规划必须运用科学方法来认识城市，然后才有可能来改造城市。他提出城市发展应该被看做一个过程，要用演进的目光观察和分析研究城市。他还提出，在进行城市规划之前，必须对城市的现状特征作系统性的调查。格迪斯的名言是"先诊断后治疗"："调查—分析—规划"（survey—analysis—plan）。这一公式后来成为描述 20 世纪 60 年代以前城市规划过程的经典表达。

格迪斯也是近代人本主义城市规划思想的大师，他极度重视人文要素和地域要素在城市规划中的基础作用。他强调规划是一种教育居民为自己创造未来环境的宣传工作，主张在进行城市规划方案初选时有社会的积极参与。

5.2　西特的城市形态学说

在 19 世纪末 20 世纪初有关城市规划和发展的探讨中，很多学说注重于研究现代城市的整体性功能和结构，较少从具体空间使用上研究城市内部空间组织。奥地利建筑师、历史文化教授西特（Sitte）打破了这沉闷的局面，并于 1889 年出版了《建设艺术》一书，就城市空间组织与空间美学进行探讨。西特强调人的尺度、环境的尺度与人的活动以及他们的感受之间的协调，从而建立起丰富多彩的城市空间（图 3-1-15）。

西特在当时西方规划界强调理性和全面否定中世纪成就的社会思潮中，以实例证明并肯定中世纪城市在空间组织上的杰出成就，并认为中世纪的城市是"自然而然、一点一点生长起来的"。但由于他的观点与后来形成的现代城市空间概念有极大不同，因此在 20 世纪相当长的时期内并不为城市规划界所重视。直到 20 世纪 70 年代以后，在后现代思潮的推动下，西特的思想和论述得到了重视，并被视为现代城市设计之父。

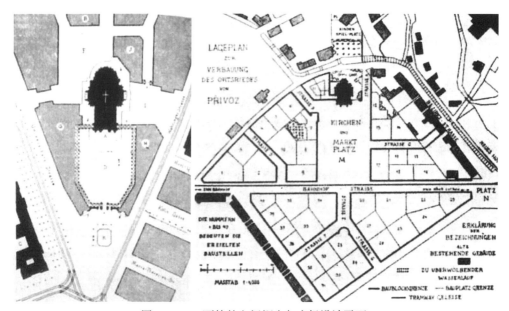

图 3-1-15　西特的空间概念与广场设计平面

（资料来源：[意] 塔夫里 . 现代建筑 [M]. 刘先觉等译 . 北京：中国建筑工业出版社，1999）

5.3　城市生态学

自工业革命以后，城市开始成为各类学科的研究对象。各类学科对城市的研究为城市规划对城市的认识和组织提供了重要基础。在社会科学领域中，20世纪最早地、有意识地系统研究城市发展的理论体系是由芝加哥大学的帕克（Robert Park）和伯吉斯（Ernest Burgess）等人创立的"人文生态学"（Human Ecology），世称"芝加哥学派"（Chicago School）。"芝加哥学派"及其后继者以经济理性作为思想工具，开创了对城市发展及其状况的体系化研究，提出了城市空间结构的描述及其演变过程的经典理论，即同心圆理论、扇形理论和多中心理论等（图 3-1-16），成为城市社会学、城市经济学、城市地理学等学科相关研究的基点以及城市空间分布和土地使用配置的基础。

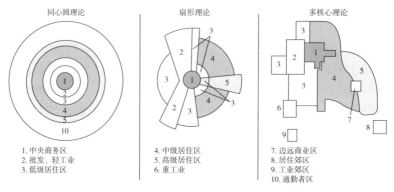

同心圆理论	扇形理论	多核心理论
1.中央商务区	4.中级居住区	7.边远商业区
2.批发、轻工业	5.高级居住区	8.居住郊区
3.低级居住区	6.重工业	9.工业郊区
		10.通勤者区

图 3-1-16　芝加哥学派提出的城市空间结构三大经典模式

（资料来源：孙施文 . 现代城市规划理论 [M]. 北京：中国建筑工业出版社，2005）

5.4　社区、邻里单位理论

1929 年美国建筑师佩里（Clerance Perry）在编制纽约区域规划方案时发展了邻里单位（Neighbourhood Unit）的思想，以此作为组成居住区的"细胞"。该理论的目的是要在汽车交通开始发达的条件下，创造一个适于居民生活的、舒适安全和设施完善的居住社区环境（图 3-1-17）。他建议一个邻里应该按一个小学所服务的面积来组成。从任何方向到小学的距离都不超过 0.8~1.2km，包括大约 1000 个住户、相当于 5000 居民左右。它的四界为主要交通道路，不使儿童穿越。邻里单位内设置日常生活所必须的商业服务设施，并保持原有地形地貌和自然景色以及充分的绿地。社区中心围绕中心公共绿地布置。邻里单位模式被西方规划师在新城运动及二战后城市规划中接受，对后来世界各国的居住区规划、城市规划都产生了重大的影响。

1933 年，美国建筑师斯泰恩（Clarence Stein）和亨利·赖特（Henry Wright）共同设计了位于新泽西以北的拉德本（Radburn）新镇大街坊（图 3-1-18）。该规划继承了田园城市的传统，应用了邻里单位理论，并结合汽车交通的发展，提出了"大街坊"（Super Block）的概念，确立了后来在北美的郊区建设中广泛运用的人车分离、低密度、尽端路式的"拉德本体系"。

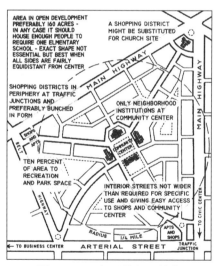

图 3-1-17　佩里的邻里单位
（资料来源：孙施文 . 现代城市规划理论 [M]. 北京：中国建筑工业出版社，2005）

图 3-1-18　典型邻里布局与步行通道
（资料来源：孙施文 . 现代城市规划理论 [M]. 北京：中国建筑工业出版社，2005）

自 19 世纪末期开始至 20 世纪初，人们对城市展开了一系列的研究和实践，规划理论由此产生。从理论的承继性来看，早期规划理论中关于城市及其发展的设想在之后的城市规划理论研究中得到发展。田园城市思想在 20 世纪 20 年代孕育出了"卫星城"理论，经过 20 多年发展，到二战后产生出了"新城"规划理论。格迪斯的区域规划思想完成了区域规划理论的奠基，后来经芒福德等人将其发扬光大，开启了从经济地理学角度进行城市研究之先河。带形城市理论中结合现代交通设施构成城市形态的观点启发了后来的城市指状发展。

由于经济大萧条和两次世界大战的爆发，城市的发展与建设受到一定程度的影响，因此城市规划主要集中在理论探索方面，产生了《雅典宪章》、城市生态学、邻里社区理论等。同时我们也看到，早期规划理论的发展主流是功能主义规划思想，物质空间要素的设置与安排成为规划的核心内容。分散和集中成为人们解决城市问题的两种思考趋向。社会文化、经济制度、公众参与等重要因素尚未成为规划的重要内容。

第2节　第二次世界大战后至1960年代的西方规划理论

1　背景与发展趋势

第二次世界大战后的西方城市规划要解决的问题是，如何使城市的建设和重建能适应快速增长的人口与经济。在二战期间经济遭到重创的西方国家，在凯恩斯主义[①]的影响下迅速得到了恢复和发展。当时，西方国家面临的重要任务：一是恢复生产，解决因战争破坏和战后人口增长带来的住房问题；二是改建畸形发展的大城市，建设新城，整治区域与城市环境，对旧城进行改造。在此背景下，西方国家一方面不断总结、完善和实践早期的现代城市规划理论（如英美的新城建设）；另一方面，提出以理性主义为基础，以物质空间规划为中心，以规范化的操作来快速实现现代城市理想（如昌迪加尔和巴西利亚）。这一时期西方的大规模旧城改造和新城建设都体现了这些规划理论的发展趋势。这个时期是西方城市建设的黄金时期，规划学科和规划理论受到了前所未有的重视。但由于该时期的规划实践过分关注城市的增长，而缺乏人文与社会等相关因素的关注，该时期的规划实践也遭到了严厉的批判。

同时，计量革命[②]的出现，以及早期阶段的激进现代主义和乌托邦综合方式的城市规划实践引发了广泛的公众抗议活动。西方城市规划理论发展进入了重要转折时期，主要包括两个方面的转变趋势，分别是将城市规划视为系统和理性过程的视角，以及政治过程的视角。

2　新城建设与旧城更新

为了解决人口与经济增长对城市带来的压力，以英美为首的西方国家开始以疏散旧城、建设新城、改造老城等方式进行二战后的新一轮城市建设。相对来说，英国伦敦的"适度分散"实践进行得较为温和和成功；而美国的郊区化与内城更新运动则进行得比较激进，并从反面把规划理论向社会学、后现代主义多元化方向推进。

2.1　英国大伦敦规划与新城运动

从工业革命开始，研究大城市功能与空间结构优化的内容就成为近现代城市规划思想家所关注的一个重要议题，二战以后各种大城市病接踵而至，如何实现特大城市发展形态的优化又被重新置于一个重要的地位。与二战前关于采用"分散主义"还是"集中主义"的争论相比，"适度分散"已经基本成为共识。

在疏散大城市人口和新城建设领域，英国的大伦敦规划与新城运动最具有影响力和代表性。1944 年阿伯克隆比（Abercrombie）所完成的大伦敦规划可以说是对此前的城市规划理论探讨的一种提炼和总结。阿伯克隆比将霍华德、格迪斯和昂温的思想融合在一起，勾勒出一幅半径 50km 左右，覆盖一千多万人口的特大城市地区的发展图景（图 3-2-1）。该规划以分散工业与人口为中心思想，规划在距伦敦中心城区 48km 的半径范围内划分四个圈层并配合放射状的道路系统，对每个圈层实现不同空间管制政策，特别是控制并降低中心内圈层的密度，通过绿地圈实行强制隔离以阻止建成区成片蔓延的局面。

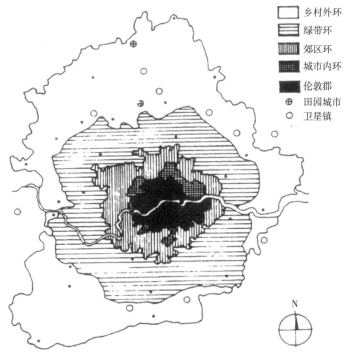

图 3-2-1　阿伯克隆比的大伦敦规划
（资料来源：张京祥 . 西方城市规划思想史纲 [M]. 南京：东南大学出版社，2005）

伦敦地区新城建设和已有城镇的改造扩建是大伦敦规划是否能得到落实的关键。自 1944 年大伦敦规划以来，至 1974 年，英国先后设立了 32 个新城，经历了从第一代到第三代理论和实践的演进。

1946 年英国政府通过了《新城法》，这一时期的新城被称作第一代新城，其根本目的是解决住房问题，代表城市为斯蒂文乃奇新城（Stevenage）和哈罗新城（Harlow）（图 3-2-2）。随着战后的经济恢复，第一代新城的缺点也逐渐显露。主要是建筑密度太低，缺乏生活氛围；人口规模偏小，公共设施配置不足或运营困难。

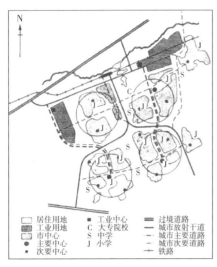

图 3-2-2　哈罗新城规划结构

（资料来源：沈玉麟. 外国城市建设史 [M]. 北京：中国建筑工业出版社，1989）

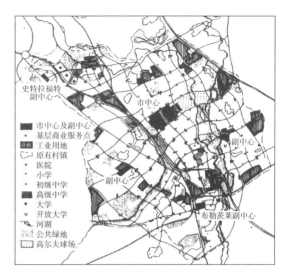

图 3-2-3　米尔顿凯恩斯新城规划平面

（资料来源：沈玉麟. 外国城市建设史 [M]. 北京：中国建筑工业出版社，1989）

第二代新城主要建设是在 1960 年代，主要着眼点是改善公共交通。针对第一代新城的弊端，第二代新城在规划上比较注意集中紧凑，淡化了邻里的概念。在布局中，尽量使居住区与新城中心区联系便捷。

第三代新城一般是指 1967 年至 1980 年代建设的新城。位于伦敦和伯明翰之间的米尔顿凯恩斯新城属于英国第三代新城，也是最晚开发建设和最大的新城开发项目（图 3-2-3）。较之 1970 年代以前的新城，第三代新城首先在功能上有了进一步的发展，设施配套进一步完善，远非是作为中心城市郊外的住区；其次，较大规模的新城在一定程度上可促进中心城市的经济发展；再者，第三代新城预留了大量土地，为今后的城市发展、产业结构转型和可持续发展提供了空间上的保障。

2.2　美国的郊区化和内城更新

二战后，多重因素推动了美国城市郊区化。大量的城市人口、就业岗位、生产设施、商业和服务业设施向郊区迁移。郊区能够提供较为全面的工作、购物和文化活动等机会，使得郊区的居民能较少依赖中心城市。人口和产业的分散化一方面缓解了中心城市人口过密、交通拥挤、住房紧张、环境污染等问题。另一方面，激化了大都市区的矛盾：土地资源的利用率降低，自然资源消耗过快，生态景观区域遭到破坏；城市的产业空洞化及富人迁离城市，使城市税源枯竭，导致了一些城市的衰落和破败。

郊区化浪潮导致美国及许多西方国家内城的衰败，城市问题愈加严重。于是西方国家在二战后不久就普遍开展了大规模的由政府主导的城市更新运动，尤以美国为代表。美国的城市更新运动始于 1949 年的《住房法》，得到联邦政府的大力支持，当时确定的目标是：消灭低标准住宅，振兴城市经济，建造优良住宅，减少社会隔离等。城市更新采取的方法是由地方机构在联邦巨额资金资助下取得并拆迁改造地点，随后这些地点将以相当高价格出售或出租给私人开发商。

城市更新计划取得了相当的成就，但在其实施过程中产生了许多问题，成为后来许多人批判的焦点（图 3-2-4）。典型的批评观点认为：大拆大建的外科手术式的城市更新未能实现消除种族隔离、振兴城市经济的初衷，反而使城市失去了有机性和连续性。在这样的背景下1974 年美国国会终止了由联邦政府资助的大规模城市改造计划，转向对社区的渐进更新改造，以推动社区重建和环境改善。

2.3　相关批判

自 1950 年末期之后，早期以物质空间设计为主的理性主义规划理论及其规划原则开始受到全面的批判。并且这些批判都倾向于城市社会学角度。主要包括对其缺乏城市现象多样性和复杂性全面深入认知的批判、对假设物质环境能够决定社会生活质量的物质决定论批判、对以技术标准代替价值判断的批判、对大规模清除城市贫

图 3-2-4　漫画 "创造性破坏" 讽刺大拆大建式的城市更新

（资料来源：孙施文 . 现代城市规划理论 [M]. 北京：中国建筑工业出版社，2005）

民窟和建设新城过程中的重视物质环境而忽视社会问题的批判、对蓝图规划过于详细而导致不能适应城市发展变化并且可能不合理地侵犯了一些地区的发展权利的批判等诸多方面，并由此推动了城市规划理论的发展进程。

其中，1977 年发表的《马丘比丘宪章》对《雅典宪章》的思想核心城市功能分区进行了批判性阐述，认为追求功能分区牺牲了城市的有机组织，忽略了城市中人与人之间多方面的联系。《马丘比丘宪章》指出，城市中应当建设一个综合的多功能的生活环境，而不是机械的单一功能的城市区域，同时指出城市规划应该是一个动态的发展过程。

3　系统规划理论

随着新城建设、内城更新运动进行得如火如荼，一些学者开始发现以往终极蓝图式的物质空间规划的逻辑缺陷问题。布瑞·麦克劳林（Brain McLoughlin）和乔治·查德威克（George Chadwoick）提出，城市及其周边地区是一个相互联系的复杂系统，应该统一考虑，并且应该把社会、经济等因素加入城市规划中。他们于 1969 年出版了《城市和区域规划的系统方法》（Urban and Regional Planning：A Systematical Approach），其标准理论已经完全超出了物质形态的设计，强调的是理性的分析、结构的控制和系统的战略，为规划学科寻找坚实的理论基础提供了可能性。

系统规划理论承认城市是复杂的系统，城市规划是一个不断变化的情形下持续地关注、分析干预的过程，而不是一个 "一劳永逸" 的物质空间形态蓝图。该理论具有以下特点：进行城市规划前必须首先进行系统调查以理解城市是如何运行的；由于系统内部的任何部分改变都将影响到其他部分，因此应当对新的开发项目进行评估；城市规划应当对城市演变进行动态监控、分析和干预，并因此更具弹性和便于调整；并且应当从经济、社会方面来考察城市，而不是局限于物质空间和美学。

4 理性过程规划理论

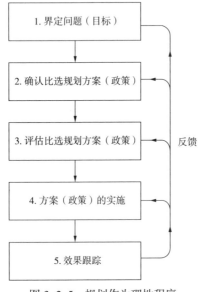

图 3-2-5 规划作为理性程序
的模型图

（资料来源：（英）尼格尔·泰勒.1945 年
后西方城市规划理论的流变 [M]. 李白玉、
陈贞译.北京：中国建筑工业出版社，
2006）

城市的快速发展很容易变得无序。为了使城市能快速发展，并准确把握城市发展的方向，一些学者提出，应该以"科学的"和"客观的"方法去认识和规划城市，并提出了理性规划的理论。

该理论主要源于决策理论（Decision Theory），其代表人物安德鲁斯·法卢迪（Andreas Faludi）于 1973 年出版了《规划原理》（Planning Theory），转变了人们对规划的理解。这一理论认为，只要理性地规划，就会产生一个好的结果（法卢迪，1973 年，第 5 页）。为了实现这一点，规划师应该像工程师一样，寻求最佳的方法论。法卢迪将格迪斯提出的"调查—分析—规划"的方法进行了补充和完善，过程规划理论将一个理性的规划划分为以下五个主要"阶段"：①界定规划对象和目标阶段；②确定比选规划方案阶段；③提出若干选择方案，选择最好的方案阶段；④方案的实施阶段；⑤效果跟踪阶段（图 3-2-5）。

根据这个模型，规划师的社会职责是：不带偏见地收集信息，进行专业分析，提供技术咨询，然后把方案建议提交给决策者。这个职责，用 Wildasky 的话来说，就是"向权力讲授真理"。

系统规划理论与理性规划理论二者既有相同点又有不同点，相同点在于二者都奠定在科学假设基础，有别于早期的艺术假设基础；都建立在人为规划有益的信念基础之上。这与现代主义和自 18 世纪以来的科学信念，以及二战后的乐观主义紧密联系。两者的区别在于：系统理论关注的是规划活动的目标，因此是实质性的规划理论（substantive planning theories）；而理性过程理论关注的是规划活动的过程或程序，因此是程序性的规划理论（procedural planning theories）。由此，前者属于法卢迪所说的规划中的理论（theory in planning），后者则属于规划的理论（theory of planning）。

5 政治过程视角

政治过程视角是另一显著转变的趋势。二战后主流理论观点一直将城市规划本质视为专门技术，但早期阶段的激进现代主义和乌托邦综合方式的城市规划实践引发了广泛的公众抗议活动，并因此导致对城市规划本质的进一步反思。人们开始意识到"需要什么样的环境"实质上属于价值判断问题，并且也并非总是存在"常识"性的共同认知。

城市规划判断在本质上更接近于政治，而不是技术或者科学，因此将城市规划视为以实现特定价值观念为导引的政治活动更为贴切。理论研究开始更多地关注城市规划中的政治问题，包括对城市规划中不同利益群体的认知，以及相应的理性规划决策等多个方面。在 1960 年代，规划师作为倡导者的理论以及公众参与理论是政治过程视角的典型代表。

5.1 规划师作为倡导者的理论

1960 年代西方社会问题不断激化，社会运动风起云涌，弱势阶层纷纷组织起来，要求他们应该拥有的个人权利和对社会公平、正义的诉求。在这样的社会背景下，1965 年戴维多夫（Davidoff）提出了以多元主义思想为核心的倡导性规划。他倡导规划的社会化，规划师要促成市民，尤其是弱势群体在规划过程中的参与，强调规划是一个解决广泛社会问题的政治过程并服务于各种社会群体，承担委托人的倡议者，帮助他们在规划过程和政府决策中充分表达其政治利益。他认为规划师这样的角色能够使公众在民主进程中发挥真正的作用。倡导性规划方法为后来的协作式规划理论奠定了基础。

5.2 公众参与

同期，人们也开始发现代议民主的缺陷并要求更为有效的公众参与机制。Arnstein（1969 年）关于公众参与阶梯的理论研究进一步指出，实质上存在着不同程度的公众参与，其与政治的民主进程相关，并且两者都与权力的再分配紧密联系。"市民参与阶梯"推动了对城市规划活动的政治本质认知。将公众参与机制纳入法定规划中，这表现出规划概念本身已经改变（图 3-2-6）。

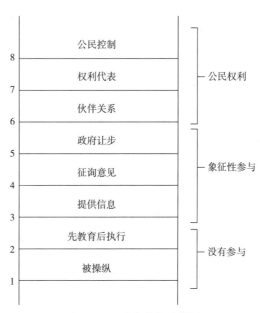

图 3-2-6　公众参与阶梯图
（资料来源：（英）尼格尔·泰勒.1945 年后西方城市规划理论的流变 [M]. 李白玉、陈贞译. 北京：中国建筑工业出版社，2006）

第 3 节　1960 年代以后的西方规划理论

1　背景与发展趋势

1970 年代以后的西方社会发展演变对于城市规划理论的发展有着深刻的影响。1970 年代末的西方经济危机，使资本主义潜在的矛盾日益显现，国家政治中的"社会民主的一致认同"特征也因此显著改变。步入 1980 年代，世界政治格局从两极对抗逐渐转向多边对抗和制约的新阶段。政治环境的复杂性导致思想混沌多元。在生产领域，之前基于工业化大生产的现代主义福特模式，逐渐转向强调个性产品和多元化市场的新模式。市场力量逐渐强大，成为主导世界的核心力量。人本主义和非理性主义盛行。人们呼吁"把重点从物质性问题转到人本身的问题上"，对于相信"科学万能"的唯理主义提出质疑。1990年代以来，经济全球化和知识经济的发展给世界各国的经济社会带来革命性的改变。世界的发展打破了国家与地区的限制，使得人类在经济、政治、文化及社会领域实现全球范围的互动。知识经济时代，知识、能力等无形资产成为生产中的首要因素。在新的国际关系格局下，和平与发展成为时代主题。

这个时期的规划理论主要是要解决社会矛盾、思想多元化、人本主义、规划实施、全球化和环境危机等问题。

2 规划的社会学倾向

到了1970年代，西方城市建设由于长期缺乏人本和社会的考虑，社会矛盾日益凸显。为了解决社会问题，城市规划引入了社会学的思考方式，其中，以加强人文关怀与女权主义的兴起为代表。

2.1 人文关怀

1970年代规划理论的发展是建立在对社会学问题的关注上的，具有人文关怀的社会学倾向。典型代表是《马丘比丘宪章》的颁布和对大规模城市改造的反思。例如重视社区作用，创造宜人的社会氛围，这些远远超越了传统功能主义。

简·雅各布斯（Jane Jacobs）在《美国大城市的死与生》一书中挑战了传统的城市规划理论，加深了人们对城市的复杂性和城市应有的发展取向的理解。她敏锐地提出"街道眼"的概念，反对建设那些寂寥的"花园城市"，她主张保持小尺度的街区和街道上的各种小店铺，用以增加街道生活中人们相互见面的机会，从而增强街道的安全感；她论述老社区是安全的，因为邻里有着正常的交往，对社区有着强烈的认同；她指出交通拥堵不是汽车多而引起的，而是城市规划将许多区域生硬地隔离开来，让人们不得不依赖汽车。该书自1961年出版以来，即成为城市研究和城市规划领域的经典名作，对当时美国有关都市复兴和城市未来的争论产生了持久而深刻的影响。

2.2 女权主义

在城市规划和城市建设中，传统的功能分区与空间结构理论，创造了一种以男性标准为基础的空间组织方式，以《雅典宪章》为例，它所强调的功能分区思想带有强烈的主观性，思维方式是完全男性化的。

女权主义对城市建设和发展的研究带有强烈的角色反思和社会批判的色彩。它认为，有史以来的城市发展都是以男性标准来衡量的，忽视了女性的空间存在和空间需求，在城市建设中带有明显的性别不平等，并产生了一些严重的城市问题。因此，要从根本上解决这些问题，必须从另一个角度着手，即从女性的角度来对城市空间进行重新思考。

女权主义规划理论集中在对妇女在规划中的地位、作用和特征的探讨。约翰·弗里德曼（John Friedmann）认为女权主义对规划理论的重要贡献主要有两点：一是性别问题相对于社会关系中的个人职业精神更讲社会的联系和竞争的公平；二是女权主义的方法中强调差异性和共识性，挑战了传统规划中的客观决定论，使规划实践中的权利更加平等。

3　后现代主义多元化

后现代主义是在对现代主义的批判和反思的对立立场上建立起来的。现代主义的工业化大生产带来福特模式，而生产技术的提高使得后现代主义主张的后福特主义更强调商品的个性化和市场的多元化。后现代主义认为后现代社会的特点是矛盾的、复杂的、多元的和不确定的，世界上的任何变化没有单一的解释和答案，必须根据对历史、当前和未来的认识和再理解，提出合适的解决办法。

后现代主义提供了关于生活质量的另类观点，即崇尚复杂性、多样性、差异性和多元化。这些另类的观念，给现代城市规划公认的价值观和基本原理带来冲击。桑德库克为后现代主义定义了五项原则，它们同时指导了规划思想的转变：

（1）维护社会公正。

（2）尊重不同性质的政治团体。对一个问题的界定要通过不同政治团体之间的讨论达到共识。

（3）坚定公民性。建立包容性强的社会道德观。

（4）建立社区的理想——包容性强的社区。

（5）从公共利益走向市民文化。因为规划师理解的公共利益与实际的公共利益有差异，经济的力量已经把社会分化，所以公共利益应该走向更加多元和更加开放的"市民文化"。

4　规划实施问题

理性过程规划的弊端在实践中也慢慢被人们发现。有些学者开始思考，好的规划制订过程不一定导致好的结果。带着这种疑问，西方国家开始关注规划的实施问题。

4.1　对规划实施成效的关注

系统规划理论和理性过程规划理论在规划中的应用，招致了很多批判。批判认为，理性规划理论以为好的规划程序必然带来好的规划内容或者发现真正需要解决的问题，是错误的认知；理性规划模式缺乏对规划实际后果的关注，是缺乏实质内容和空洞的，是"由上而下（top-down）"的规划视角的体现；城市规划理论应当在揭示规划实践的效果和角色方面取得发展。城市规划效果（effects of planning）也由此成为 1970 年代后半段西方城市规划理论的主要争论内容。

例如英国的城市控制结果检验。英国雷丁大学的彼得·霍尔（Peter Hall）在 1966~1971 年之间对英格兰城市控制结果进行检验之后提出，英国二战后规划体系产生了三个结果："城市控制"、"郊区化"、"造成土地和物产价格的上涨"。二战后英国的规划使大部分人的绝对物质生活标准提高了，但是贫富差距越来越大。皮克万斯（Pickvance）对规划控制在资源分配方面的有效性方面作出评估之后指出，英国的规划对于土地资源分配和控制实际上是顺应市场趋势的结构规划，因此城市开发的资源分配更多的是来源于市场作用而不是规划控制。

4.2 交往规划理论

有批评认为理性规划模式忽视了对城市规划和政策是如何实施的这一至关重要问题的关注，城市规划理论研究的重点应该集中于规划的行动（action）而不是决策方面。

研究者很快发现并承认，规划的有效实施与人们的相互交流和协商技巧紧密相关，城市规划的本质也因此被认为是一种"交往行动"，交往规划理论（communicative planning theory）把规划看成"沟通交往"的过程（图 3-3-1）。弗里德曼认为规划师应该是一个管理者、"各种网络的缔造者"和联络者，同时也认为若要成为一个很出色的规划师，必须具备相关的城市规划技能以便"能在谈判桌前更好地促进城市规划决策的制订"。

图 3-3-1　规划师向规划参与者讲解方案

（资料来源：http：//www.jtp.co.uk/services/collaborative-planning/）

5　空间资源的经济属性

1970 年代末西方世界的经济危机，使学者们开始重新思考资本主义的运作方式。其中，西方马克思主义学者在城市问题基础上，提出了新马克思主义城市理论，主张在资本主义生产方式理论框架下考察城市。新马克思主义的代表人物大卫·哈维（David Harvey）将物质环境与社会政治经济联系起来，认为资本的积聚和城市化是同时出现的，规划是通过国家机制实现资本利益对公众控制的手段。

新古典主义学派更以新古典主义经济学为基础，注重经济行为的空间特征，引入交通成本概念，从最低成本区位的角度，探讨经济完全竞争状态下，形成城市空间结构的内在机制。新古典主义学派的主要研究领域是土地使用的空间模式，它解析了区位、地租与土地利用之间的关系。其中，最有影响的是阿隆索针对理想状态（经济理性、完全竞争和最优决策）下选址行为的研究，提出了竞租曲线概念（图 3-3-2）。它反映了人们支付土地租金与离城市中心距离之间的关系曲线，以地租为纵轴，距离为横轴。不同土地使用者会对土地成本和交通成本进行权衡，形成不同的竞价曲线。城市土地使用的空间分布模式可以用一组地租竞价曲线来表示。该理论为城市规划，特别是建

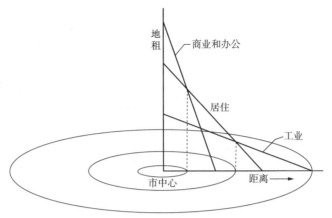

图 3-3-2　区位、地租和土地使用的空间分布

（资料来源：http：//www.urbanplanning.com.cn/Article/ShowArticle.
asp?ArticleID=2309）

设项目的选址研究奠定了深厚的基础。

6　应对全球化

全球化给世界城市体系格局带来了新的变化，并影响了城市职能的分工与产业性质的定位。一批影响和主导全球经济的世界城市出现。面对经济的全球化，作为地方的城市应如何应对？全球城市及全球营销的理论比较具有代表性。

大城市全球化方面最早的有影响力的课题是约翰·弗里德曼组织的世界大都市比较。这项研究形成的成果题为"世界城的遐想"（The World City Hypothesis）（图 3-3-3）。地方城市规划也因此将城市放置于全世界的高度与层面来展开研究。

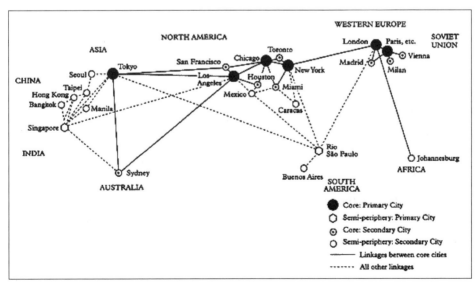

图 3-3-3　世界城市的层次（弗里德曼，1986 年）

（资料来源：http://www.lboro.ac.uk/gawc/rb/rb301.html）

同时，随着现代交通、通信技术的迅猛发展，资本开始在国际间流动，新一轮的劳动大分工在全球范围内展开，经济变得更加不确定，使得世界上城市间的竞争变得日趋激烈。人们开始关注通过注入新的活力来振兴衰退中的城市经济。规划的理念成为通过增强城市吸引力来营销城市，让城市成为适合投资的空间。在各类资源全球化配置的同时，地方本身的建设和发展成为获取全球资源的关键。因此，以大型项目建设为标志、以政府与私人部门的合作开发为手段，提升城市竞争力、营造城市创新气氛和促进城市营销以及城市可持续发展成为城市规划的主旋律。

7　生态城市

随着城市的发展，人类与环境的矛盾越来越大，环境问题逐渐变成了城市规划迫切需要解决的问题之一。学者们开始提出"生态城市"的概念，以解决环境恶化的问题。生态城市从狭义上讲，就是按照生态学原理进行城市规划，以建立高效、和谐、健康、可持续发展的人类聚居环境。"生态城市"虽然是 1980 年代后才迅速发展起来的概念，但实际其思想已经十分久远：霍华德的"田园城市"、欧美国家的城市美化运动、绿色组织运动等都蕴涵了有关生态城市的思想。1987 年可持续发展理念的提出为生

图 3-3-4　生态脚印
（资料来源：https://rundle10.
wikispaces.com/Ecological+footprint）

态城市思想提供了基础支撑，1992 年联合国环境与发展大会发表的《全球 21 世纪议程》，标志着可持续发展开始成为人类的共同纲领。1990 年英国城乡规划协会成立可持续发展研究小组并于 1993 年发表了《可持续环境的规划策略》，提出要将可持续发展的概念引入城市规划实践。1992 年 M.Wackennagd 和 W.Ress 提出"生态脚印"（Ecological Footprint）的概念（图 3-3-4），提醒人们应当有节制地开发有限的空间资源。

8　城市形态问题的回归

20 世纪 90 年代，经过多轮城市规划理论的洗礼，西方城市的郊区化、私人小汽车带来的交通拥堵、生活环境恶化等问题还是没有得到根本的解决。规划师与学者们重新把眼光回归到物质形态层面的城市增长方式中来，相继提出了众多城市发展模式。其中影响较大的观点包括新城市主义、精明增长、紧凑城市理论。

8.1　新城市主义

新城市主义是指 20 世纪 80 年代晚期美国在社区发展和城市规划界兴起的一个新运动，主张借鉴二战前美国小城镇和城镇规划的优秀传统，塑造具有城镇生活氛围、紧凑的社区，取代郊区蔓延的发展模式，倡导适宜步行的邻里环境、功能混合、多样化的住宅、高质量的建筑和城市设计。

新城市主义以宪章的形式提出 27 条原则，从区域、都市区、城市，邻里、分区、交通走廊，街区、街道、建筑物三个层次对城市规划设计与开发的理念给予阐述。尤

其是邻里、分区与交通走廊这一层次，对城市规划和设计进行了详细的说明。

　　从侧重于小尺度的城镇内部街坊角度，安德烈斯·杜安伊和伊丽莎白·齐贝克（Andres Duany 和 Elizabeth Zyberk）夫妇提出了"传统邻里开发模式"（Traditional Neighborhood Development，TND）（图 3-3-5）；从侧重于整个大城市区域层面的角度，彼得·卡尔索普（Peter Calthorpe）则提出了"公共交通导向的城市发展模式"（A Transit-Oriented Development，TOD）（图 3-3-6）。公共交通导向的城市发展模式的核心是以区域性交通站点为中心，以适宜的步行距离为半径，取代汽车在城市中的主导地位；在这个半径范围内建设中高密度住宅，提高社区居住密度；建设混合住宅及配套服务等多种功能设施，以此有效地达成复合功能的目的，从区域宏观的视角整合公共交通与土地使用模式的关系。

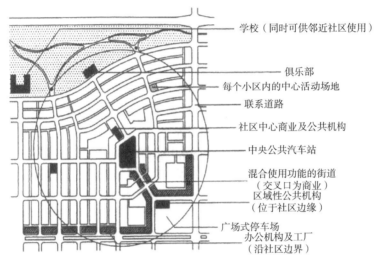

图 3-3-5　传统邻里开发模式示意

（资料来源：张京祥 . 西方城市规划思想史纲 [M]. 南京：东南大学出版社，2005）

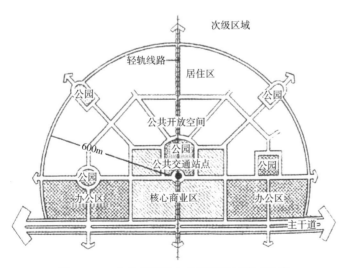

图 3-3-6　公共交通导向的城市发展模式示意

（资料来源：张京祥 . 西方城市规划思想史纲 [M]. 南京：东南大学出版社，2005）

新城市主义发展观给城市规划设计带来了更新、更全面的视角。新城市主义宪章融入了两个新的特性，即经济多元性及区域性，使城市规划和设计突破了传统的形体设计领域。

8.2 精明增长

"精明增长"为美国在 1990 年代提出的城市发展口号。美国规划协会对精明增长的定义是："精明增长是旨在促进地方归属感、自然文化资源保护、开发成本和利益公平分布的社区规划、社区设计、社区开发和社区复兴。通过提供多种交通方式、多种就业、多样住宅，精明增长能够促进近期和远期的生态完整性，提高生活质量。"（Smart Growth Network，2004 年）

城市增长的"精明"主要体现于两个方面：一是增长的效益，有效的增长应该是服从市场经济规律、自然生态条件以及人们生活习惯的增长；二是容纳城市增长的途径，通过土地开发的时空顺序控制，将城市边缘带农田的发展压力转移到城市或基础设施完善的近城市区域。因此，精明增长是一种高效、集约、紧凑的城市发展模式。

精明增长理念与新城市主义有许多重叠，但两者关注的层面和实现途径并不相同。新城市主义更加侧重于从社区、邻里等尺度层面再造实体环境，发展理念的实现主要通过市场的运作，精明增长发展观从区域尺度层面上管理控制城市与郊区，主要是通过政府的引导性、限制性政策法规实现。精明增长和新城市主义拥有共同的目标，即控制城市蔓延、实现土地的集约利用，二者之间许多内容都是叠加的。但另一方面，二者又是从不同的角度解决相同的问题，具有互补性。

8.3 紧凑城市（Compact City）

1990 年，欧共体委员会（CEC）发布的《城市环境绿皮书》中提出"紧凑城市"概念模式。该模式"脱胎于传统的欧洲城市，强调密度、多用途、社会和文化的多样性"，发展目标在于避免通过不断延伸城市边界来应付目前所面临的问题。

紧凑城市的规划核心思想主要包括：高密度居住、对汽车的低依赖、城乡边界和景观明显、混合土地利用、生活多样化、身份明晰、社会公正、日常生活自我丰富以及独立政府。

紧凑城市是城市可持续发展的理性选择。从空间尺度上看，紧凑城市可以在宏观层面——城市及城市群、微观层面——社区和居住区、空间结构层面——强调集聚的单中心而不是多中心分散的城市空间结构模型展开研究。从政策层面上，紧凑城市的建设需要政策的引导，包括社会、经济、规划等相关政策，而政策的制定不应该只着眼于如何提高城市密度，而应该是如何实现紧凑前提下的城市可持续发展。

第4节　西方二战后城市规划思想转变趋势总结

1　城市规划从设计到科学

第二次世界大战后的最初 20 年，城市规划在本质上被视为空间形态设计活动的理论。城市规划作为"建筑的延伸"被视作"应用"或者"实践"的"艺术"。建筑学和城市规划之间这样紧密的联系，使得两个学科在人类历史上大部分时间融为一体。因此，系统和理性过程的规划思想在 1960 年代产生了爆炸性的影响，象征着与传统理论的决裂，对于城市规划活动的本质认知从艺术转向科学。1960 年代的城市规划理念变革，不是一种规划思想彻底取代另一种规划思想，其真正意义是区分了两个规划层次：战略性、长期性规划层次以及地方性、感知性规划层次。改变只发生在战略规划层面，在地方规划层面上，物质形式和美学形象仍然是城市规划的重要内容。

2 城市规划师从技术专家到沟通者

城市规划是一个价值载体、政治过程的观点不仅提出了什么是城市规划师专业技能范围的问题，更根本的是，提出了是否真的存在这种技术问题。部分规划理论家仍然坚信：城市规划实践需要一些实质性的专业技能——如城市设计、城市更新、可持续发展等。而另一些人完全否认城市规划包含特殊技能。

随着对城市规划价值观念和政治活动本质的认知和发展，大多数理论研究者已经承认城市规划师在价值判断方面并不具备更为高超的技术。他们因此不再继续承担技术专家的角色，而是更多地承担起不同利益群体间关于规划议题和评判的协调者角色。从早期的倡导理论到当前的交往理论都是这一转变的反映。作为一个有能效的顾问，规划师必须熟练地和其他人交往和谈判，而且也应该具有专业知识来帮助公众作出规划决策。

3 对城市环境品质的追求

虽然 1970 年代和 1980 年代的规划理论学者对于城市设计与美学问题，极少表现出兴趣，对许多人而言，城市规划已经成为一门"社会科学"。然而，城市规划中美学与城市设计的边缘化在 1980 年代改变了，这一改变可以追溯至 1960 年代。1960 年代随着二战后大规模物质空间建设的结束，人们对空间内的社会、文化、精神方面要求的提高，现代城市设计思想逐渐形成。"城市形式并不是一种简单的构图游戏，在空间形式上与历史、文化、民族等一系列主题相关"的观点被规划师普遍接受。现代城市设计将城市作为一个包括时间变化在内的思维空间，强调人与空间的互动。正如当时城市设计的提出者所言的，"城市设计的出现并不是创造了一门新的学科，而是对以前忽视空间人文关怀的一种补充"。

第 5 节 城市规划技术

在城市规划实践和研究领域，各种分析研究的方法、计算机辅助技术不可或缺。城市规划的综合性和作为解决社会经济问题的技术工具的特征决定了其必须借助团体的力量、多学科的知识和方法、定性与定量相结合的手段来解决所面临的问题。下面列举了部分常用的城市规划技术方法。

1 城市规划调查研究方法

城市规划调查研究是所有城市规划工作的基础，就好比医生对病人的诊断，只有通过现代化的技术找到发病的原因，才能够"对症下药"。城市规划调查研究方法包括文献和统计资料的收集利用、踏勘与观测、问卷调查、访谈调查等。

1.1 文献、统计资料的收集和利用

在城市规划调查研究中，通过对各种已有的相关文献、统计资料进行收集、整理和分析，是相对便捷地从整体上了解和掌握一个城市状况的重要方法之一。这些相关文献和统计资料通常以公开出版的统计年鉴、城市年鉴、各类专业年鉴（如公用事业发展年鉴）、不同时期的地方志以及城市政府内部文件的形式存在。在获取相关文献、统计资料后，再依据一定的分类对其进行挑选、汇总、整理、加工。

1.2 踏勘与观测

在城市规划调查研究工作中，规划人员进入现场进行踏勘和观测，也是一种重要的城市规划调查研究方法。通过踏勘与观测不仅可以获得第一手的物质空间资料，弥补文献、统计资料的不足，还可以建立起有关城市的感性认识，发现现状特点和存在的问题。包括规划范围内的全面踏勘、以特定目的为主的观测记录、典型地区调查。

1.3 访谈调查

依靠各种形式的社会调查，可以获得包括城市规划执行者、各级行政领导、普通市民在内的城市相关人员的主观意识和愿望。其中，与相关人员进行面对面的访谈是最直接的形式。

访谈可以是对个别对象的单独访问，也可以采用座谈会的形式与一定范围的人群进行交流。访谈调查具有互动性强、相对省时省力等优点。

1.4 问卷调查

问卷调查是要掌握一定范围内大众意识时最常见的调查形式，被广泛运用于包括城市规划在内的许多领域中。调查对象可以是某个范围内的全体成员，称为全员调查；也可以是部分人员，称为抽样调查。问卷调查的优点就是能够较为全面、客观、准确地反映群体的观点、意愿、意见等。城市规划工作中由于条件限制，通常更多地采用抽样调查。抽样调查能否准确反映整体状况的关键在于样本选取的随机性和样本的数量达到一定程度。

2 城市规划分析

从内容上分，城市规划分析主要集中在人口分析、环境分析、经济分析；从方法上分，城市规划常采用量化分析和定性分析两种途径。

城市和城市规划都是复杂的巨系统，无法用数学模型的方法将其逼真地模拟出来。所以对于全局性的问题更多的还是依靠传统经验和感性判断。在规律性较强和

统计资料较为完备的领域，如交通规划，采用定量分析和数学模型模拟已经是普遍现象。

量化分析的优点在于科学、准确、客观，局限性表现在对基础数据的积累程度和准确程度的依赖。其可信度取决于一系列假设和前提的可靠性。定量分析在城市规划中的应用主要集中在两个方面。一个是对未来发展趋势作出预测，以人口预测、经济发展预测、交通量预测等为代表；另一个体现在方案优化过程中，方案对水资源、能源、土地等有限资源的合理分配以及多方案优劣比较选择等。

3　计算机技术在城市规划中的应用

早期计算机技术在城市规划中应用多局限于对土地利用统计，人口规模、经济发展速度预测等数值计算和以计算机辅助制图（CAD）为代表的图形处理。近年来，随着地理信息系统（GIS）技术的成熟以及大型统计软件向个人电脑操作系统的移植，计算机技术在城市规划中的作用越来越明显，其中包括以下主要的应用。

3.1　统计与数理分析

在城市规划领域，计算机技术是最早用于量化分析的。如果没有计算机技术的强有力支撑，许多理论方法只能停留在理论探索层面，而无法应用于实际。随着个人电脑性能的不断提高，一些著名的统计分析软件例如社会科学统计软件包（SPSS）[③]、统计分析系统（SAS）[④]相继推出了运行于个人电脑的版本，并不断更新。另外，通用办公软件也具备了进行简单统计处理的功能，如在微软的 Excel 中就预设了大量可选用的统计函数。这些软件大大帮助了规划人员对调查数的汇总、加工整理和统计分析。

3.2　地理信息系统与遥感

地理信息系统的开发与成熟是计算机技术在空间数据处理方面的一次突破。现实世界中许多空间要素和属性要素是一个整体，传统上通常用图形处理软件来绘制和管理空间数据，用数据库软件来管理分析属性要素。地理信息系统正是将空间数据与属性数据统一在一起，并按照一定的逻辑关系建立起图形之间、图形与属性之间的关联，使得图形数据与属性数据可以方便地相互检索和运算（图 3-5-1）。目前，商业化的地

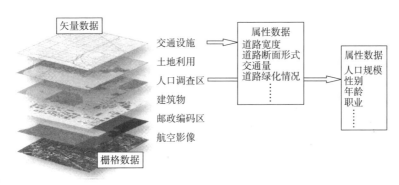

图 3-5-1　地理信息系统概念示意图
（资料来源：谭纵波 . 城市规划 [M]. 北京：清华大学出版社，2005）

理信息系统软件已经较为成熟。较为著名的有 ArcGIS 系列软件、Mapinfo Professional 系列软件，以及我国自主研发的 MapGIS 系列软件。

城市规划领域中对于卫星遥感影像的处理也开始从依赖专业公司转向利用软件自行处理。ERDAS Imagine 软件可以对卫星遥感影像或航空遥感影像进行各种校正、坐标转换和融合处理工作，并与地理信息系统功能相互配合进行空间分析。

3.3 空间句法

简单地说，空间句法是一种通过对包括建筑、聚落、城市甚至景观在内的人居空间结构的量化描述，来研究空间组织与人类社会之间关系的理论和方法（Bafna，2003 年）。

20 世纪 70 年代，英国学者比尔·希列尔（Bill Hillier）在"环境范型"和"逻辑空间"的研究基础上首次提出空间句法理论。以人的空间活动或行为在很大程度上受空间形态或结构影响这一基本假设为基础，借助先进的计算机模拟技术，分析城市环境的结构，定量描述城市空间形态，通过实证研究揭示人类活动行为与空间形态之间的相互关系，解读城市空间形态对人类空间行为的影响方式和程度，是一种建立在"图底关系理论"、"联系理论"和"社区分析"综合基础上的城市空间分析方法。

研究表明，不同或者相同时期的不同城市形态，在几何表面上可能千差万别。但是从图论的角度来看它们具有相似的拓扑形态；从空间的可达性（整合度）来看，它们具有整体上的风车状的空间拓扑形态；从空间易达性（选择度）来看，它们具有网络状的空间拓扑形态。

过去的三十多年里，国外学者利用空间句法提供的量化的空间分析方法，对城市系统研究领域内的众多问题进行了分析，其典型应用包括：城市行人和车流量的分析、步行交通模型的构建、犯罪的空间分布、交通污染的分布、城市网络结构和模式的演变（图 3-5-2）、复杂建筑环境下的空间认知等（图 3-5-3）。

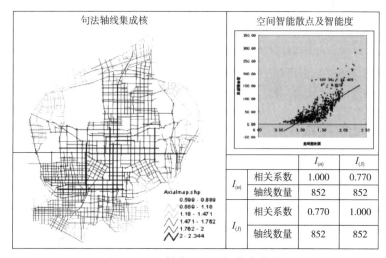

图 3-5-2 轴线及空间智能度分析

（资料来源：郑晓伟，权瑾.基于空间句法的西安城市网络拓扑结构优化研究 [J].规划师，2008（12））

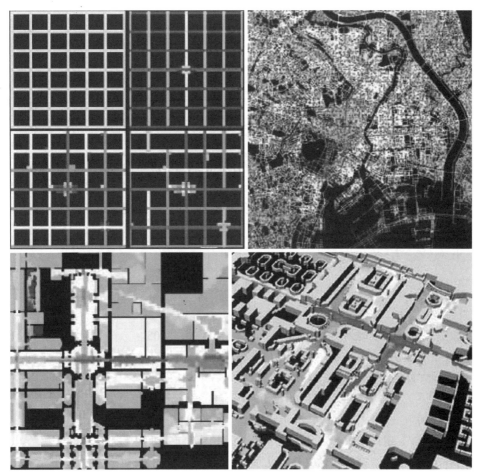

图 3-5-3　空间句法的应用

（资料来源：段进 . 空间句法与城市规划 [M]. 南京：东南大学出版社，2007）

■ 注 释

①凯恩斯主义主张国家采用扩张性的经济政策，通过增加需求促进经济增长。即扩大政府开支，实行财政赤字，刺激经济，维持繁荣。

② 20 世纪 50~60 年代在地理学研究方法与研究思想方面出现的一种新趋势。20 世纪 50 年代初，美国地理界引进和发展了欧洲地理学者的数量化研究方法，以芝加哥大学为中心掀起了用数学方法分析地理学问题及建立理论模型和检验方法的地理学定量化研究高潮。

③ SPSS（Statistical Package for the Social Science）原意为"社会科学统计软件包"，2002 年被重新解释为"统计产品与服务解决方案"（Statistical Product and Service Solutions），是世界上最早的统计分析软件之一。

④ SAS（Statistics Analysis System），即统计分析系统，是用于决策支持的大型集成信息系统，主要侧重于统计分析。软件主要针对专业用户，非专业人员掌握起来有一定困难。

■ 本章小结

本章首先以时间为序详细介绍了在各个阶段现代城市规划理论的演变。虽然一个时代可能同时存在多种规划理论和思潮，一种规划理论可以跨越几个时代，但城市规划作为一门与社会密切相关的学科，其理论发展与社会历史进程密不可分。弄清楚城市规划理论的思想源流对城市规划理论及其思想演进的"内在秩序"会有更深层次的认知。

城市规划的综合性和作为解决社会经济问题的技术工具的特征，决定了在城市规划实践和研究领域，各种分析研究方法、计算机辅助技术是不可或缺的。因此本章最后一节对城市规划经常用到的技术工具以及分析方法进行了简要介绍。

■ 主要参考文献

[1]（英）克莱拉·葛利德.规划引介 [M].王雅娟，张尚武译.北京：中国建筑工业出版社，2007.

[2] 谭纵波.城市规划 [M].北京：清华大学出版社，2005.

[3] 李德华.田园城市：中国大百科全书（建筑、园林、城市规划）[M].北京：中国大百科全书出版社，1998.

[4]（英）霍华德.明日的田园城市 [M].金经元译.北京：中国建筑工业出版社，2000.

[5] 孙施文.现代城市规划理论 [M].北京：中国建筑工业出版社，2007.

[6] 沈玉麟.外国城市建设史 [M].北京：中国建筑工业出版社，1989.

[7] 张京祥.西方城市规划思想史纲 [M].南京：东南大学出版社，2005.

[8] 王受之.世界现代建筑史 [M].北京：中国建筑工业出版社，1999.

[9] 吴家骅.环境设计史纲 [M].重庆：重庆大学出版社，2002.

[10] 洪亮平.城市设计历程 [M].北京：中国建筑工业出版社，2002.

[11] 周国艳，于力.西方现代城市规划理论概论 [M].南京：东南大学出版社，2010.

[12]（英）尼格尔·泰勒.1945年后西方城市规划理论的流变 [M].李白玉，陈贞译.北京：中国建筑工业出版社，2006.

[13] 张捷，赵民.新城规划的理论与实践——田园城市思想的世纪演绎 [M].北京：中国建筑工业出版社，2005.

[14] 王凯.从西方规划理论看我国规划理论建设之不足 [J].国外规划研究，2003(6).

[15] 张庭伟.从"向权利讲授真理"到参与决策权利——当前美国规划理论界的一个动向："联络性规划" [J].城市规划，1999（6）.

[16] 王建，周凡.女权 空间 城市 [J].中外建筑，2007（7）.

[17] 吴志强.《百年西方城市规划理论史纲》导论 [J].城市规划汇刊，2000（2）.

[18] 陈敏豪.生态文化与文明前景 [M].武汉：武汉出版社，1995.

[19] 王丹，王士君.美国"新城市主义"与"精明增长"发展观解读 [J].国外城市

规划，2007（2）.

[20] 黄亚平 . 城市空间理论与空间分析 [M]. 南京： 东南大学出版社，2002.

[21] 杨滔 . 从图论的角度看中微观城市形态 [J]. 国际城市规划，2006（3）.

[22] 傅博峰，吴娇蓉，陈小鸿 . 空间句法及其在城市交通研究领域的应用 [J]. 国际城市规划，2009（1）.

■ 思考题

1. 勒 · 柯布西耶的现代城市设想与霍华德的田园城市有什么不同？

2. 后现代主义对城市规划思想产生了怎样的影响？

3. 全球化对城市规划思想产生了怎样的影响？

4. 系统和理性程序规划思想的出现对规划理论的发展造成了怎样的影响？

5. 规划技术是否能代替传统人脑对专业问题的分析和判断？

第 4 章　中国现行城乡规划体系

城乡规划是一个复杂而综合的领域，城乡规划研究与政治、经济、文化、建筑、环境、交通等学科研究存在严重的交叉和重叠，学科的边界十分模糊，甚至有学者怀疑城乡规划学科是否存在属于自己学科的基本问题，是否存在科学意义上的城乡规划学科。如何从混沌而复杂的研究领域中区别出城乡规划体系，并且以理论的方法界定城乡规划体系，一般存在两种研究方法，一种是从城乡规划所呈现的形态来认识，包括城乡规划的效果、组织实体和规划制度，这是对历史和经验的研究，当前的许多研究属于这种形式；另一种是逻辑和理论的，从构成规划体系的基本概念出发，通过理论分析来构建规划体系。本章主要从这个角度探讨中国城乡规划体系问题。

城乡规划体系的构成具有普遍性特征，那么这些相似性的内在联系是什么？它的共同性是什么？回答这样的问题，往往需要溯源城乡规划的基本概念。城乡规划有两个基本范畴：①空间范畴，即城市与区域；②行为范畴，包括规划的组织编制、审批、管理、控制、建设等。城乡规划概念的一个显著特征是"规划"概念自身有呈现行为和结果的双重属性，在表达形式上英文中有 planning 和 plan 的区别，而中文"规划"一词在形式上没有任何区分，因而时常将行为与结果混淆起来。

城乡规划既是行为，也是结果，无论行为和结果其具体的形态都十分多样。从城乡规划行为的表现方式和城乡规划行为的结构形态去研究城乡规划体系，是形态学的研究方法；从城乡规划行为自身研究是行为科学的研究方法，主要关注行为的主体、动因、目的，及其环境影响因素。大多数国家的规划分类都是从规划行为的类型、目的和结果方面进行，按规划行为类型大致分为两种类型和两个阶段，即城乡规划的制订和城乡规划的实施（又称城乡规划的管理或开发控制），与此相应构成两个体系。

规划行为既是个体行为，又是集体和社会行为；规划行为的集合以及规划行为所涉及的领域就构成城乡规划体系的行为范畴和空间范畴，从而在理论上清晰地界定城乡规划体系的边界。规划行为的主体上表现为规划的机构，包括规划行政机构、设计咨询机构、管理和实施机构、监督监察机构等，从行为的结果和过程上表现为规划的制订和规划的实施。

城乡规划法规体系则为城乡规划体系提供一个制度框架，《城乡规划法》对制定和实施城乡规划的重要原则和全过程的主要环节作出了基本的法律规定，是我国各级政府和城乡规划主管部门工作的法律依据，也是人们在城乡发展建设活动中必须遵守的行为准则。因此，本章将以《城乡规划法》为线索，围绕几个基本问题展开讨论，侧重研究构成规划体系诸要素之间的关系，期望通过启发性的思考引导读者理解城乡规划与法律的关系；规划编制的目的、分类与作用以及规划管理与规划编制的关系等关于规划体系的核心问题。

第 1 节　规划法规体系概论及相关讨论

1 《城乡规划法》的实质

"法"作为人类社会强制性管理工具，其作用是历史的产物；同时，"法"这种历史产物其形式对内容有所要求。从某种意义上认识，《城乡规划法》是从"法"的形式要求出发，从城乡规划领域选择适合自身形式能够发挥作用的内容。就《城乡规划法》的认识特征而言，形式即本质。在城乡规划的诸多存在形式之中，城乡规划的法规形式是最重要的。从法的形式及其实质切入是认识《城乡规划法》的有效途径。

1.1　什么是法律？

法是行为准则的最高形式，它是通过国家机器来强制保障的必需遵守的行为准则。尹文子曾阐述"法有四呈"：第一种法即"不变之法"，近于儒家所谓天经地义，也就是现在所说的客观规律，无须用法律形式来规范人们的行为。第二种是"齐俗之法"，指一切经验所得或科学研究所得的通则，如"火必热"、"圆无直"等，在城乡规划领域表现为技术标准和规范，比如建筑间距的规定、土地功能的协调性等。第三种是刑赏的法律，后人用"法"字单指这第三种，《城乡规划法》即为此种形式。从法之行为规范的角度上理解，《城乡规划法》共 7 章，前 5 章是行为的要求和条件，第 6 章是法律责任，针对违反上述行为要求的惩罚措施，第 7 章是附则。第四种是"平准之法"，乃法的本意，应如律度权衡那样公正无私、明确有效。规划法的目的在于协调人与自然、城市与环境的关系；在人类社会中调整政府与社会的关系；在社会组成之诸群体和个人之间建立平等协调的关系。尤其第二种和第四种揭示了法律的准绳应客观、公平的原则。

1.2　为什么城乡规划需要立法？

作为法律形态的城乡规划是如何产生的呢？除了法律之外，社会控制的手段有很多种，包括宗教信仰、伦理道德、行业规范，法律只是社会控制的一种手段，近现代第一部城乡规划法是 1909 年英国的《房屋，城镇规划法》。那么之前的城市发展是如何控制的呢，也就是没有城乡规划蓝图的情况下是如何实施城市建设控制的？他们控制的目的又是什么呢？

当前的开发模式通常是先制订规划，比如先确定这个地区的发展远景、人口规模、用地功能、开发强度，然后在规划的指导下进行项目开发。但在早期社会，并非通过规划编制，而是通过建设规范来控制开发建设。而这些建设规范在不同的社会背景下有不同的体现。这里既包括了宗教信仰、伦理礼数，也包括了皇权意志下的法令，同时还有人们在长期交往中自发形成的契约和规范。

在穆斯林社会的早期阶段，是依据《可兰经》的经文和教规来规范建设行为的，穆斯林对视觉的私密性要求是很高的。这种私密的要求就决定了门窗在建筑立面上的位置以及建筑物的高度。房间之间的对视是一定要避免的。这种对私密性的要求，也使到朝向街道的立面变得相当不重要。

在中国的传统村落中，村落选址、布局和建筑形式大都以周易风水理论为指导，它体现了整个村落共同的信仰价值。而这种共同的信仰是基于共同的血缘关系，以及避免"村邻结怨"，他们有严格的宗族规条，这种规条已内化为传统的道德和行为。在乡土中国，崇尚的是礼治社会而非法治社会。

另一方面，在古代中国的城市建设规范中，也有官府的法令规范：从唐代起就有的《营缮令》对不同品级官员住宅的等级和标准都作了严格规定，同时明文规定相邻建筑物的高度应相同，就是为了不得"临视人家"。这种法令更多的是体现森严的等级观念以及皇权至高无上的尊严。

相较中国的王权专制社会和传统乡村的血缘社会，欧洲很早就进入了地缘社会。在古代希腊移民城邦里，移民内部建立起一种平等的伙伴关系、同盟关系。其通过彼此间的约定，使人们的权利与义务明晰化、规范化。基于契约的合意精神在一定程度上已融入到当时城市的有机发展中。我们今天看到的欧洲古典城市，在一定程度上是在这种建设协议的基础上产生的。例如14世纪意大利锡耶纳的市政厅曾对建筑窗式进行限定。类似于城市总建筑师办公室的机构在意大利也是很早就有的。从这些史料我们可以看到，中世纪城镇所表达的有机统一的形态并非完全是自由发展的，对于城市面貌的管理，主要是出于美学的控制，当时认为城市形态可以表达良好的社会秩序，包括对道路铺面、建筑形式等都曾出现法律的约束。当然中世纪的城市能呈现出如此不规则而协调的肌理，还有其他特定的背景：包括当时人口密度非常低，汽车、铁路等交通工具还没有发展起来，由于技术的限制，城市有机会缓慢地发展，不断地修正。

但是，当工业革命来临之后，整个生产方式、生活方式乃至社会结构都发生了巨大的变革。集中式的大工厂出现了，劳动力开始大量地从乡村涌向城市。工业的集中导致工人的集聚，为了解决工人的住宿问题，资本家便在工厂边上搭建临时建筑。由于住宅的拥挤和缺少必要的基础设施，当时的居住环境非常恶劣，缺少阳光的消毒，粪便在住宅区堆积、污水在住宅区流淌，由此产生了霍乱和鼠疫等一些传染性很强的疾病。疾病的传播不分人种和阶级，当疾病蔓延到整个城市，也就成为了社会性问题。另一个是火灾，当时伦敦的大火吞噬了工人的家园，当他们无家可归也就无法生产，资本家的利益自然也遭受打击。

为了解决这些问题，创造充足的卫生条件，英国在19世纪出台了《公共卫生法》。实际上，这部法律是为了通过对建筑的控制来实现公共卫生管理的目的。地方政府有权力强制建筑遵守法律，控制街道宽度以及建筑物的高度，结构和外轮廓，并且对给水排水和卫生设施提出规定。后来从卫生政策扩展到城镇规划，并在1909年出台了近代的第一部规划法——《房屋，城镇规划法》。这也正式标志了城乡规划从自主发展的阶段进入到公共控制的时代。基于公共利益的目的也成为城乡规划的价值取向。

通过这个历史梳理，我们可以进一步把《城乡规划法》放在一个广义的环境法背景来理解。实际上从人类社会早期就已经出现环境问题，当时主要是农业生产活动引起的对自然环境的破坏。因此，一些古代文明国家已经有关于保护自然环境的法律规定。产业革命后，随着工业发展，出现了大规模的工业污染。从19世纪中叶开始，一些资本主义国家陆续制定防治污染的法规，英国的《公共卫生法》就是在该背景下出台的。环境法的迅速发展，是从20世纪50~60年代开始的。当时环境的污染、自然资源和生态平衡的破坏日益严重，甚至发展成灾难性的公害，迫使各国政府不得不认真对待并采取各种有力的措施，其中包括制定一系列的环境保护法规。目前中国的环境法规体系已比较完整，包括基本法《环境保护法》和一系列的单行法，所谓单行法是针对某一特定的环境要素或特定的环境社会关系进行调整的专门性法律法规。城乡规划主要通过土地利用和空间布局来解决环境问题，因此《城乡规划法》可归于环境资源单行法。其他例如《土地管理法》、《水法》、《自然保护区法》等针对特定的自然资源的保护法，也可归为环境资源单行法，同时由于它们所针对的资源需要在空间上进行协调和安排，因此也成了《城乡规划法》的相关法。

2　城乡规划法规体系的构成

城乡规划法规包括三个方面：

第一，确立城乡规划的基本制度，定义城乡规划行为，界定城乡规划行为的适用范围，明确城乡规划的目的与要求。如《城乡规划法》及地方城乡规划管理规定等。

第二，从城乡规划科学研究中，以及城乡规划建设实践的经验之中产生的法规，这些技术规范是规划和建设行为的标准和要求。国家和省市有关部门颁布的各种技术标准和技术规范属于此种。

第三，具有法律地位和效力的城乡规划成果，也就是依据法定程序编制和审批的城镇体系规划、市镇总体规划、乡村规划和详细规划等。这些规划是特定空间范围中规划建设行为的具体目标和要求。

上述三个方面构成中国城乡规划法规体系的主体框架，其结构是以《城乡规划法》为基点的树状结构（图 4-1-1）。城乡规划法规之间按照相互联系的特点，可分为纵向体系和横向体系两大类。学习和掌握城乡规划法规可以从纵向的深入与扩展和横向的关联两个层面来入手。

2.1　城乡规划法规的纵向体系

城乡规划法规体系的纵向体系，是由不同等级具有立法权的国家机关制定的相应等级的城乡规划法律规范文件所构成，其特点是纵向体系的各层面的法律规范文件与国家不同等级的行政层次相对应。按照我国人民代表大会制度有立法权的等级主要为三个层次：即国家、省（自治区、直辖市）、市（地级）；纵向法律体系相应地也由国家、省（自治区、直辖市）、市（地级）三个层次制定的法律规范文件组成。按其法律效力，可分为：法律、行政法规、地方性法规、规章以及与各层次相对应的规划文本（图 4-1-2）。

城乡规划法规的纵向体系有四个层次：第一个层次是位于顶端的核心法律——《中华人民共和国城乡规划法》，第二个层次是省、自治区、直辖市人民政府和国家城乡规划行政部门颁布的规章、条例和规范等；第三个层次是省、自治区、直辖市人民政府的城乡规划主管部门颁布的准则、条例和技术规范等；第四个层次是市、县人民政府颁布的规章、条例和规范，以及编制的城市总体规划、分区规划、详细规划和其他专项规划等。

第一层次：城乡规划的核心法——《中华人民共和国城乡规划法》

《中华人民共和国城乡规划法》作为一部国家法律，其效力仅次于宪法。它主要是调

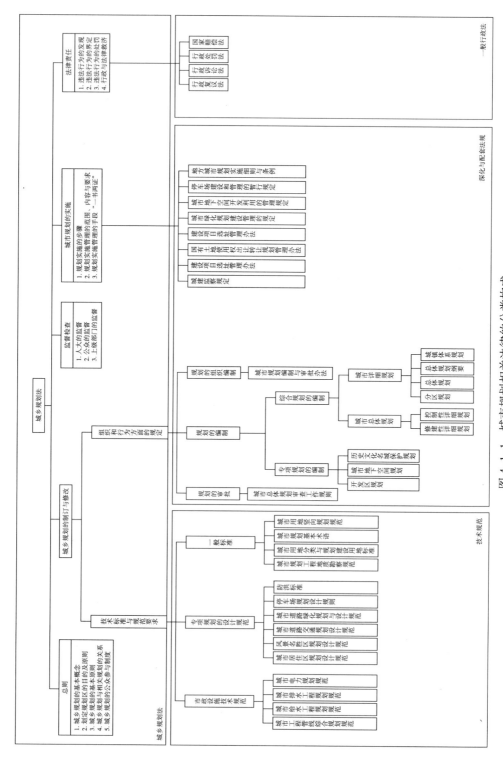

图 4-1-1 城市规划相关法律的分类构成
（资料来源：本书编写组根据相关资料整理自绘）

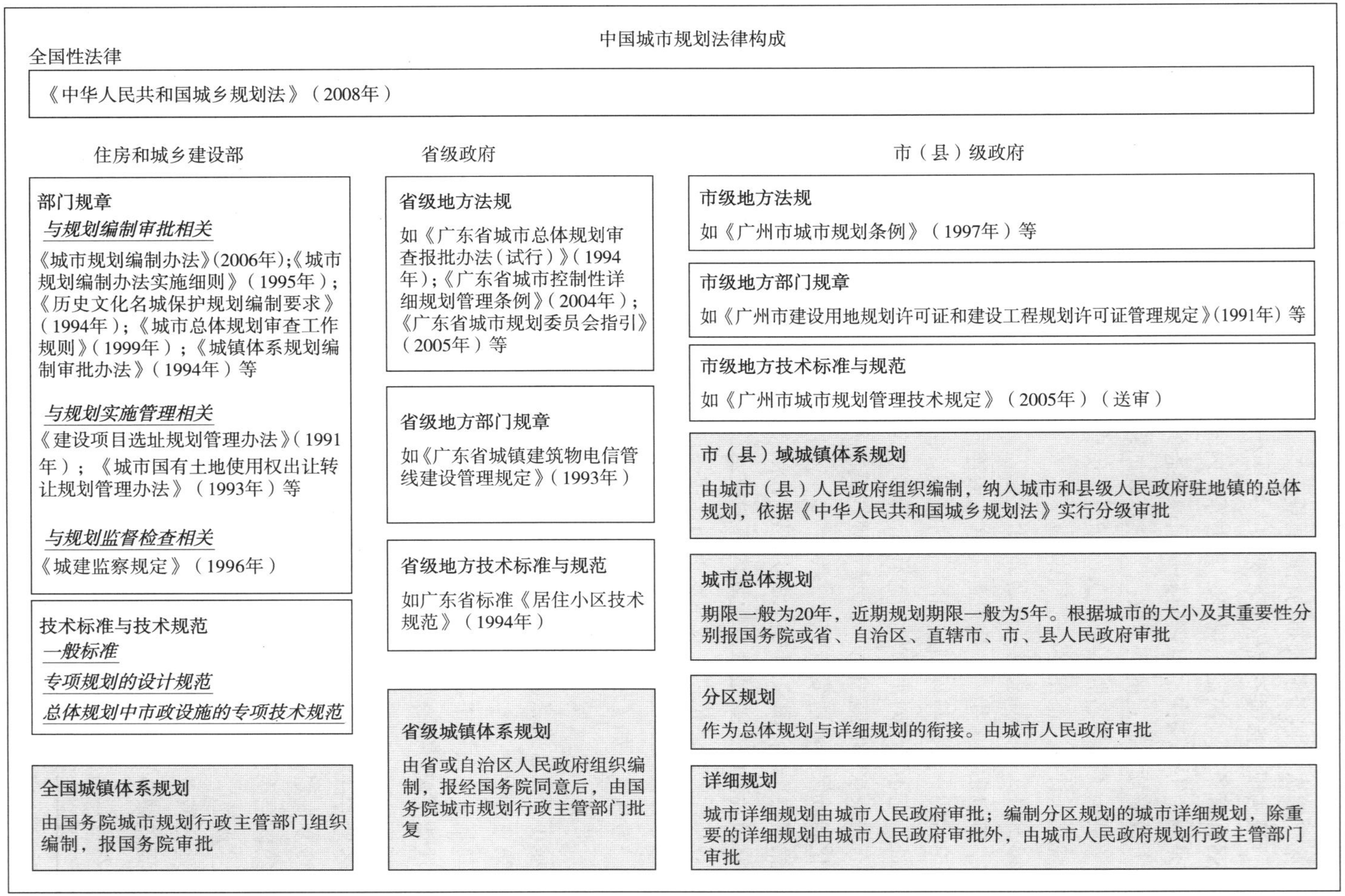

中国城市规划法律构成

全国性法律
《中华人民共和国城乡规划法》（2008年）

住房和城乡建设部	省级政府	市（县）级政府
部门规章 **与规划编制审批相关** 《城市规划编制办法》（2006年）；《城市规划编制办法实施细则》（1995年）；《历史文化名城保护规划编制要求》（1994年）；《城市总体规划审查工作规则》（1999年）；《城镇体系规划编制审批办法》（1994年）等	**省级地方法规** 如《广东省城市总体规划审查报批办法（试行）》（1994年）；《广东省城市控制性详细规划管理条例》（2004年）；《广东省城市规划委员会指引》（2005年）等	**市级地方法规** 如《广州市城市规划条例》（1997年）等
与规划实施管理相关 《建设项目选址规划管理办法》（1991年）；《城市国有土地使用权出让转让规划管理办法》（1993年）等	**省级地方部门规章** 如《广东省城镇建筑物电信管线建设管理规定》（1993年）	**市级地方部门规章** 如《广州市建设用地规划许可和建设工程规划许可证管理规定》（1991年）等
与规划监督检查相关 《城建监察规定》（1996年）	**省级地方技术标准与技术规范** 如广东省标准《居住小区技术规范》（1994年）	**市级地方技术标准与规范** 如《广州市城市规划管理技术规定》（2005年）（送审）
技术标准与技术规范 一般标准 专项规划的设计规范 总体规划中市政设施的专项技术规范		**市（县）域城镇体系规划** 由城市（县）人民政府组织编制，纳入城市和县级人民政府驻地镇的总体规划，依据《中华人民共和国城乡规划法》实行分级审批
全国城镇体系规划 由国务院城市规划行政主管部门组织编制，报国务院审批	**省级城镇体系规划** 由省或自治区人民政府组织编制，报经国务院同意后，由国务院城市规划行政主管部门批复	**城市总体规划** 期限一般为20年，近期规划期限一般为5年。根据城市的大小及其重要性分别报国务院或省、自治区、直辖市、市、县人民政府审批
		分区规划 作为总体规划与详细规划的衔接。由城市人民政府审批
		详细规划 城市详细规划由城市人民政府审批；编制分区规划的城市的城市详细规划，除重要的详细规划由城市人民政府审批外，由城市人民政府规划行政主管部门审批

图4-1-2 中国城乡规划法律构成
（资料来源：本书编写组自绘）

节城乡规划与社会经济及城市建设和发展过程中的各项关系。确立城乡规划法规与其他法律法规之间的相互关系；建立城乡规划合法性的基本程序和框架，确定对违法行为的处置量度及执行主体；确立政府行政部门执行城乡规划的职权范围及相应的社会机制。

第二层次：国务院颁布的行政法规

行政法规是指国务院依据《宪法》和法律制定的关于城乡规划方面的法律性文件。具体名称有条例、决定、规定、办法等，内容要比法律具体、详细。行政法规与法律虽然是两个不同层次，但它们都是国家意志的体现，同样是地方性法规和部门规章以及地方政府规章制定的基本依据。城乡规划领域的行政法规有《村庄和集镇规划建设管理条例》、《风景名胜区条例》，另外，《历史文化名城名镇名村保护条例》已经列入国务院立法计划，正在立法过程中。

第三层次A：国家城乡规划部门法规

主要包括住房和城乡建设部（单独或连同相关部门）在城乡规划编制、管理实施方面出台的一系列与规划法相配套的法规。由于城乡规划基本法具有纲领性和原则性的特征，它不可能对细节性内容作出具体规定，因而需要有相应的配套法来阐明基本法的有关条款的实施细则。如《城乡规划编制办法》《建设项目选址规划管理办法》《历史文化名城保护规划编制要求》等。

第三层次B：国家颁布的城乡规划技术标准与技术规范

它所规范的主要是城乡规划内部的技术行为，是城乡规划编制和实施过程中具有普遍规律性的技术依据。技术规范同样包括国家和地方两个层次，地方性技术规范可以与国家性的技术规范重叠并作出相应的修正。其中国家性的技术规范按其内容可划分为一般标准，如《城市用地分类与规划建设用地标准》（GBJ 137—1990）；专项规划的设计规范，如《城市居住区规划设计规范》；总体规划中市政设施的专项技术规范，如《城市工程管线综合规划规范》（GB 50289—1998）等。

第三层次C：地方城乡规划法规

包括了省级和市级两个层面。地方立法部门根据国家层面的《城乡规划法》和相关的法律法规，结合当地社会、政治、经济、文化等方面的具体情况，确立地方城乡规划制度的基本框架，明确地方城乡规划编制、实施的程序和原则，建立城乡规划法规与各地方法规之间的相互协同关系。如《广东省城市控制性详细规划管理条例》《广州市城乡规划条例》等。

第四层次：省、自治区、直辖市人民政府的城乡规划主管部门颁布的准则、条例和技术规范

地方城乡规划行政主管部门制定的有关保证城乡规划顺利开展的规章制度。该类法规涵盖城乡规划过程中所涉及的城乡规划部门内部以及城乡规划部门与社会各部门和个人与城乡规划直接相关的所有行为。同时也包括城乡规划编制和城乡规划实施的依据、决策途径和相应的行政管理措施。如《广州市建设用地规划许可证和建设工程规划许可证管理规定》等。

第五层次：市、县人民政府颁布的规章、条例和规范，以及编制的城市总体规划、分区规划、详细规划和其他专项规划等

城乡规划经法律程序的审批后具有法律效力，因此城乡规划文本同样具有法律法

规的特征。城乡规划文本是根据国家和地方的各项法律法规，针对特定地域范围内的城市建设和发展内容进行具体规定的法定文件。城乡规划文本应当包括两部分内容，即文字性的文本和对文字文本进行说明或具体化的图纸。我国城乡规划编制的完整过程由两个阶段五个层次组成，即总体规划阶段和详细规划阶段；市（县）域城镇体系规划、城市总体规划、分区规划、控制性详细规划、修建性详细规划。其中城镇体系规划还包括全国性和省域的，也可以根据现实需要制订跨区域的城镇体系规划。

2.2　城乡规划法规横向体系

城市是人类社会存在的主要形式，它是一个综合而复杂的对象和领域，为了人类社会稳定和谐的发展，针对城市中的不同要素或不同层面和属性制定了一系列的法律法规，城乡规划法规只是其中的一个部分。也正是城市这个复杂而综合的对象使得城乡规划法规与其他法规发生联系，这种联系是复杂而多样的。站在城乡规划的角度，相关法律主要与城乡规划编制及城乡规划行政管理的有关行为相联系，有些相关法律是与城乡规划法律相平行的法律规范文件。就法律地位而言，城乡规划法比相关法规的某些文件要高，但它不能决定和支配这些法规。

为了便于学习和理解，或者仅仅从城乡规划的角度学习和研究相关法律，根据与城乡规划法律法规的相关性，可大致分为四类（图 4-1-3）：

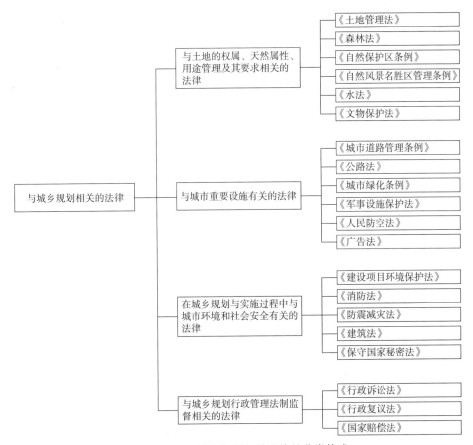

图 4-1-3　城市规划相关法律的分类构成
（资料来源：本书编写组自绘）

（1）与土地权属、用途管理、土地特征及其要求相关的法律，如《土地管理法》、《文物保护法》。

（2）与城市重要设施有关的法律，如《城市道路管理条例》、《城市绿化条例》。

（3）在城乡规划和建设过程中与城市环境和社会安全有关的法律，如《建设项目环境保护法》、《保守国家秘密法》等。这类法律均与城乡规划的编制和实施存在一定的相关性。

（4）与城乡规划行政管理法制监督相关的法律，如：《行政复议法》、《行政诉讼法》、《国家赔偿法》等。

3 《城乡规划法》解读

3.1 《城乡规划法》的行政法属性及组成框架

《城乡规划法》除了具有一般法律的通属性质之外，还有作为行政法的一些特征。行政法是调节国家行政机关职权和活动的法律。中国行政法可划分为一般行政法和特别行政法。特别行政法通常指民政、治安、文教卫生、交通、市政建设等各方面行政管理的法律、法规，《城乡规划法》属于特别行政法。值得注意的是，行政实体法偏重于肯定一般行政机关作为行政主体而享有的管理指挥者的优越地位，确认其所发出的行政行为（对一般行政相对人而言）具有不可抗拒的法律效力，着眼于保证行政权力畅通地运作。尽管实体法内也有行政机关义务和责任方面的条款，但是通常只属一些原则性、概括性的规定，而难以将其具体化和操作化。从某种意义上说，行政实体法仅仅是行政机关用来实施管理的法，而不是用来管理行政机关的法，单凭行政实体并不能真正有效地防止行政机关滥用权力。针对此弊端，《城乡规划法》加强社会和公众权利保障方面的内容，增加城乡规划的公共参与、城乡规划的公示和公布，以及保障公众知情权方面的条款。

《城乡规划法》就是国家的一系列法律文件对城乡规划领域中的城乡规划的制定、实施和监督行为的规范。《城乡规划法》作为特别行政法既是程序法又是实体法。作为程序法，《城乡规划法》规定了城乡规划体系，规定了城乡规划的制定、实施和监督等诸行为的关系，同时又提出各种行为的要求和准则。它有以下几个特征：

第一，作为行政法主要是规范政府行为，调整政府与社会的关系；作为特别行政法主要规范城乡规划领域的有关行政行为和建设行为。

第二，《城乡规划法》作为城乡规划领域的核心法（或者主干法）其本身又呈现纲领性和原则性的特征，主要作用是确立城乡规划与建设的基本制度；具体内容由从属和配套的法律完善。

第三，城乡规划的行政行为除必须满足《城乡规划法》的要求外，还要符合其他一般行政法的要求，作为特别行政法的一种，《城乡规划法》与其他特别行政法及与一般行政法是平行关系，而不是替代关系；城乡规划的建设行为除必须满足《城乡规划法》的要求外，还必须符合其他法律的要求，比如符合《民法通则》的要求、《物权法》的要求、《土地管理法》的要求等。

尽管每个国家的政治制度不同，城市化发展阶段不同，但是城乡规划的内容构成具有相似性。《城乡规划法》分一般内容和核心内容两个部分，一般内容包括法律的适用范围、名词解释和其他杂项内容等。核心内容包括四个方面：第一，确定城乡规划的行政关系，规定行政行为的主体、权力和义务。第二，构建城乡规划的编制和审批体系，以及城乡规划实施管理体系，建立城市空间资源分配和环境控制的技术体系和技术手段。第三，保障城乡规划过程中公众权力的有关规定。第四，城乡规划领域中违法行为的界定与处罚的有关规定。

3.2　《城乡规划法》的主要内容的分析与讨论

《城乡规划法》分 7 章 70 条，篇章结构为：总则；城乡规划的制定；城乡规划的实施；城乡规划的修改；监督检查；法律责任；附则。在基本保持原规划法"城乡规划的制定"、"城乡规划的实施"，以及"法律责任"等核心章节及其关系结构不变的情况下，根据现实的要求，删除原规划法的第三章"新区开发和旧区改造"，将其主要内容并入《城乡规划法》的第三章；同时，将原规划法第二章"城乡规划的制定"章节中有关城乡规划修编的内容和要求分离出来，并补充完善为《城乡规划法》的第四章"城乡规划的修改"；增加和强化城乡规划监督的内容，并单独列为第五章"监督检查"。总体结构上，《城乡规划法》是《城市规划法》的调整和完善。以下分章节讨论规划法的主要内容。

3.2.1　第一章　总则

总则是整个规划法的基础与核心，其主要内容包括立法目的、适用范围、规划机构与责任、规划体系、规划制定和实施的原则和要求、规划工作的财务保障等。

1. 讨论 1：立法目的

《城乡规划法》第一条"为了加强城乡规划管理，协调城乡空间布局，改善人居环境，促进城乡经济社会全面协调可持续发展，制定本法。"

本条清晰阐明规划法的目的有三个方面：首先，"为了加强城乡规划管理制定本法"，这表明规划法为行政提供法律依据；第二，"协调城乡空间布局，改善人居环境"，这是法律的空间目标；第三，"促进城乡经济社会全面协调可持续发展"，这是法律的社会经济目标。显然，这里混淆了城乡规划的客体与规划法的客体。《城乡规划法》是法，法的对象是人与社会组织的行为；"规划"是动词，是人类及其组织的活动，"规划"的对象是城乡空间。"城乡规划法的功能是为制定城乡规划的参与者提供一些原则和规则（有些规则是强制性的，有些规则是非强制性的），同时为已制定的城乡规划的实施提供法律上的保障手段，属于为决策和执行决策服务的范畴"。管理是行政法的属性，不是行政法的目的；"协调城乡空间布局，改善人居环境，促进城乡经济社会全面协调可持续发展"的目的只能通过具体的城乡规划制定和实施来实现，这个目标的实现取决于规划制定和实施过程中参与者主观和客观方面非常复杂的因素，法律作为工具和手段无法实现上述具体的功能目标。法律作为行为规范是实现这个目标的保障措施之一。

《城乡规划法》的目的应当是城乡规划的制定、城乡规划的管理、城乡建设活动和城乡规划的监督等领域内各参与者的权利界定和保障，以及各项行为的规范。阿尔伯斯说过，"规划法具有既作为规划工作（规划制定）的框架，又作为实施规划的工具的重要意义"。

2. 讨论2：法律的适用范围——名词概念的法律界定

《城乡规划法》第二条"制定和实施城乡规划，在规划区内进行建设活动，必须遵守本法。本法所称城乡规划，包括城镇体系规划、城乡规划、镇规划、乡规划和村庄规划。城乡规划、镇规划分为总体规划和详细规划。详细规划分为控制性详细规划和修建性详细规划。本法所称规划区，是指城市、镇和村庄的建成区以及因城乡建设和发展需要，必须实行规划控制的区域。规划区的具体范围由有关人民政府在组织编制的城市总体规划、镇总体规划、乡规划和村庄规划中，根据城乡经济社会发展水平和统筹城乡发展的需要划定。"

本条阐明规划法的适用范围包括行为类型和行为的空间范畴两个方面。行为类型是指制定、实施城乡规划和城乡建设活动。行为的空间范围是指制定行为没有空间限制，建设活动限定在"规划区"，行政许可被限定在建设用地范围。

同时，还界定了"城乡规划"和"规划区"两个概念。"建设活动"没有新的法律解释，显然不完备，在实践中容易导致法律适用的混乱。旧法对建设活动的法律解释是：指在城乡规划区内所从事的一切与城乡规划有关的建设活动。这种解释没有包括诸如建筑功能转换、广告招牌的设立等建成环境管理等内容，而在许多城市这些内容已经被纳入城乡规划的日常管理工作之中。

《城乡规划法》第四十二条"城乡规划主管部门不得在城乡规划确定的建设用地范围以外作出行政许可。"这里"建设用地范围"的法律解释模糊，导致法律适用的困难。

3. 讨论3：规划体系与规划机构

从法是行为的规范的角度出发，规划法要成为可操作性的工具，首先应当区分城乡规划诸行为，以及诸行为的主体和责任。法律规定的城乡规划的主体就是规划机构，从规划法的行政法的属性理解，法律规定的规划机构主要是政府城乡规划行政主管部门，同时也要明确其他参与者的权利和义务，比如规划设计院和社会公众等。

城乡规划主要包括编制、审批、管理和建设等几个环节和几组行为。《城乡规划法》延续《城市规划法》的基本思想，视城乡规划的编制、审批、管理和建设等行为关系为规划制定制约规划管理、规划管理制约城乡建设的整体性这样一个紧密的线形过程。由于行为的目的不同，规划法将上述行为分为两个相对独立的行为环节，即城乡规划的制定和城乡规划的实施。

从行政管理方面分析，城乡规划的制定工作是具有"立法"性质的行政行为，而立法权与法律的空间适用范围有关，行政空间范围与行政等级有关。《城乡规划法》从行政管理的角度，以行政机构管理的空间范围为尺度划分城乡规划的类型，形成国家、省、市、镇、乡村的空间规划体系，而空间的尺度又决定规划内容、目标和作用。由于空间尺度决定规划的性质，故而国家、省域的空间范畴的规划类型是城镇体系规划，市镇为总体规划，农村地区为乡村规划。据此，《城乡规划法》明确界定"城乡规划"法律内涵，实质是以法律的形式确定了我国的城乡规划体系，也就是以法律形式确定了规划的类型、层次和关系，从而构建了从国家到地方、从城市到乡村一体化的空间规划体系，并且规划层次与规划机构相对应。这种规划体系强化上层规划类型和上层规划机构的权利，权利的上移、集中，与规划事务的地方性、特殊性和复杂性相矛盾。

同时，《城乡规划法》强调依法编制的城乡规划是规划管理的法定依据，非法定程序不得修改的原则，这个原则削弱了规划管理的能动性，使得规划体系在总体上呈现出更为刚性、更为僵化的特征，这与迅速的城市化过程和充满不确定性的现实存在矛盾。

4. 讨论 4：城乡规划诸行为的一般原则和要求

行为规范大致包括这几个方面的内容：行为的目的、行为的条件、行为的结果和行为的范围等，《城乡规划法》第四条也是从这几个方面要求城乡规划行为的。

第一，制定城乡规划的总的要求："应当遵循城乡统筹、合理布局、节约土地、集约发展和先规划后建设的原则"。前四点是基本价值观的申明，后一点是行为基本准则。

第二，制定和实施城乡规划的要求："改善生态环境，促进资源、能源节约和综合利用，保护耕地等自然资源和历史文化遗产，保持地方特色、民族特色和传统风貌，防止污染和其他公害，符合区域人口发展、国防建设、防灾减灾和公共卫生、公共安全的需要"。改善、促进、保护、保持、防止和符合等这些动词是城乡规划的具体行为，并且行为的目标也是法律规定的。

第三，实施城乡规划的一般要求："遵守《城乡规划法》"（第二条），"符合规划要求"（第三条），"符合城乡规划成果的要求，遵守土地管理、自然资源和环境保护等法律、法规的规定"（第四条）。

第四，制定城镇总体规划的要求："合理确定城市、镇发展规模、步骤和建设标准"。这几点不是针对规划行为自身的要求，而是行为结果的要求。总体规划编制是否有权力确定城乡建设标准？如果有这个权利，它与国家有关技术规范的关系如何？换而言之，规划成果与国家技术规范的法律地位关系如何？比如城市建设用地标准、土地开发强度、绿地建设标准、建筑日照间距等。总体规划是在国家标准的框架内选择确定具体城市的建设标准，还是依据实际情况参照国家标准来确定？城市总体规划作为地方立法，它的法律地位与国家技术标准之间的关系阐述不清。

5. 讨论 5：城乡规划与其他规划的关系

城乡规划与国民经济和社会发展规划，以及土地利用总体规划的关系是规划制定过程中的突出问题。《城乡规划法》第五条"城市总体规划的编制应当依据国民经济和社会发展规划"，这意味着国民经济和社会发展规划是城市总体规划的前提和条件。这个阐述与计划经济时期城乡规划是国民经济计划的深化和空间化的阐述基本一致，国民经济计划比较具体，城乡规划可以深入并落实到空间中。现在"国民经济计划"变为"国民经济和社会发展规划"了，内容没有以前具体和明确，但是二者变成"依据"关系。现实的主要问题有以下三个：

首先，国民经济和社会发展规划与城市总体规划的时间范畴不一致，国民经济和社会发展规划是 5 年为一个周期，城市总体规划是 20 年为一个周期，长期规划以短期规划为依据显然不合逻辑。

其次，国民经济和社会发展规划是一届政府的工作目标，城市总体规划是社会全体的发展目标，在目标取向上二者存在差异。我国政府是人民政府，理论上讲，政府的工作目标能够代表社会的整体愿望，然而现实情况却不完全是这样。政府首脑的主观意志和短期行为常常反映在地方政府的国民经济和社会发展规划之中。

第三，近几年的规划实践经验是，城乡规划的空间发展引导与控制，同国民经济和社会发展规划的政策和投资引导实行"双平台"控制，城市近期建设规划与国民经济和社会发展规划协调一致。这种实践在珠江三角洲的发展中取得一定成效。

城市总体规划与土地利用总体规划是法律地位平等的两个规划，它们由两个不同的政府部门组织编制，同时二者密切相关，不可分割。但本法要求"衔接"，实际很难操作。如果"衔接"是规划思想意识的要求，这在规划实践中已经贯彻下去了；如果是两个规划成果的"衔接"，则缺乏"衔接"的手段和制度。现实中不衔接的情况主要有：规划编制的目标政策不同；部门工作目标考核标准不同；两个规划和部门的地位是平等的，缺乏衔接的主动性。

6. 讨论6：规划事务的财务保障

《城乡规划法》第六条"各级人民政府应当将城乡规划的编制和管理经费纳入本级财政预算。"本条在法律层面上确立城乡规划的财政保证制度，成为财政支出的合法类型。主要问题是乡村没有财政预算，村民委员会不是行政机构，没有财政权利，乡村的规划管理费应当由县财政统筹安排。城乡管理费用没有标准，是以行政机构的等级来定人员、定编制，然后按人头来预算管理费用，还是以规划管理的事务量来确定管理费用？二者的差异很大。比如，珠江三角洲的一些乡镇，经济比较发达，规划管理事务多且复杂，而规划机构设置受到行政编制的限制，管理费用得不到长期稳定的保障。

城乡规划事务的费用不仅是编制和管理，还应包括规划补偿和赔偿的费用。

7. 讨论7：制约政府的权力与保障社会公众的权力

制约政府的权力和保障社会公众的权利是本次《城乡规划法》的重要改进方面之一。制约政府权力的主要措施是城乡规划的公示、公布和公众参与，及城乡规划制定与管理过程的公开。社会公众权利的保障措施主要是知情权、监督权和诉讼权。知情权包括相关利益人的查询权利。

《城乡规划法》比较强调社会公众权利的保障，忽视了任何权利的行使都有前提条件，比如第九条中"任何单位和个人都有权向城乡规划主管部门或者其他有关部门举报或者控告违反城乡规划的行为。"这里的疑问是：控告和举报属于什么权利，这里是否含有规划诉讼的权利？规划领域的公益诉讼是否成立？违反城乡规划制定要求等的抽象行政行为是否可以起诉，如果可以，它与《行政诉讼法》的关系如何？在英国的规划体系中，合法制定的规划成果是不能起诉的，个人和团体的意见只能在规划制定过程中通过公共参与来充分表达；但是，具体违反城乡规划的行为都可以起诉，包括基于公共利益的规划诉讼。

3.2.2 第二章 城乡规划的制定

本章的主要内容是城乡规划诸形态与制定的主体和制定行为之关系，规划制定过程有关公告和公共参与的要求，以及规划设计单位的资格和行为要求等，参与城乡制定的主体及其行为关系，具体见图4-1-2。

1. 讨论1：城乡规划制定过程的公告和听证会、论证会，以及批准城乡规划的公布

城乡规划草案的公告是保障公众知情权的重要方面，也是公共参与的基础和前提。论证会、听证会是公共参与的具体形式，这是城乡规划落实规划制定过程公共参与制

度的重要措施。但是，公告什么内容，是所有的规划文件吗？包括基础资料都公告吗？直接公布技术文件普通公众能够理解和参与吗？法定的公告媒体是什么？法定的公告方式是什么？论证会、听证会由谁组织，邀请什么人参加？专家和公众的意见有什么法律地位？这个工作性质是咨询，还是宣传？城乡规划成果公布的目的是什么？是宣传还是规划生效的法定前提？这涉及规划制度的转变，即由规划成果的"批准—生效"，转化为"批准—公布—生效"。一个公众未知的规划缺乏合法的前提，这些内容都需要法律明确。

2. 讨论 2：关于规划编制主体的资格

据了解，为政府对规划设计单位进行行政许可找到法律依据，将原部颁行政条例上升为国家层面的法律条文。需要讨论的是：城乡规划编制属于什么性质的工作？政策制定、立法、还是纯粹的技术工作？用法律规定城乡规划的编制单位，其思维仍然将城乡规划的编制视为纯粹的技术工作。城乡规划中有技术工作，但不是全部。规划单位的资质要求只能限定在技术工作以内，不能扩展到立法和政策制定层面的工作。就技术工作本身而言，市场准入是否是政府管理的范畴值得商榷。设计人员和设计单位的资质认定和市场准入是两个不同层次的工作，资质认定一般由行业协会负责，市场准入则由法律来规范。这种政府包办一切的制度，弊端很大。

3. 讨论 3：城乡规划的修改

规划修改属于规划制定过程的一个环节，新法将规划修编调整为规划修改，把因城市客观环境的变化而自然调整规划的过程和因主观要求变化而引起的规划修改混为一谈是中国特殊的社会和政治环境造成的。新法将一个连续的、滚动的、整体的规划制定过程，分割为制定和修改两个法律过程，也是针对中国的特殊情况，就学理上分析，该内容应归入城乡规划制定的章节。

3.2.3　第三章　城乡规划的实施

1. 讨论 1：城乡规划的实施的主要内容和讨论

《城乡规划法》沿用《城市规划法》"城乡规划实施"章节名称，这深刻反映了对规划管理作用认识的不足。"三分规划，七分管理"是对中国城乡规划建设经验的总结。"实施"二字带有强烈的计划经济特征：计划经济时期城市规划即城市建设规划。就城市建设活动过程来看，很自然分成两个时间段即城市规划的制定和城市规划的实施。当前与此内容密切相关的称之为城市规划管理。实施是依照"蓝图"建设和检查的行为，其作用类似施工队的技术员。而管理则包括规划方案的选择与决策，以及对规划的调整，是承担独立责任的领导人员。《城乡规划法》强调了规划编制的成果对规划实施的制约作用，压缩了规划管理的权力空间，降低了规划管理应对不确定因素的调节能力，与《城市规划法》实施以来城市规划管理的巨大作用相背离。

2. 讨论 2：规范地方政府的建设行为

城乡规划的实施包括城乡规划管理和城乡建设活动两个方面，而城乡建设主体分为政府部门和非政府部门，其中，政府部门的建设活动对城市发展起到决定性的作用。然而，城乡规划的违法现象也多出现在地方政府身上，比如大广场、宽马路以及各类脱离规划控制的开发区等，这些现象既是近几年城乡建设客观问题的反映，也是社会转型时期中国城乡规划建设的特色问题。因此，为规范地方政府的建设行为，《城乡规划法》主要采取以下两个方面的措施。第一，使用条文直接规定政府的建设行为，第二十八条规定政府实施城乡规划的基本原则，第二十九条规定政府投资建设项目的基础设施和公共服务设施优先原则。第二，强调近期建设规划是政府实施城乡规划的法定依据。近期建设规划的实质是"行动规划"，是政府统筹各部门进行城乡建设的有效手段，这是切合中国发展实际的制度安排。

3.讨论3：调整"一书两证"的适用范围，增加乡村建设许可证

《城乡规划法》取消出让土地的"规划选址意见书"是适应社会投资体制变化的现实选择，简化乡村建设的审批程序，合并两证为一证也是适应乡村规划管理的实际情况。简化"一书两证"制度，调整"一书两证"发放的使用条件，调整"一书两证"发放机关的权力和责任，具体措施是：权力上移，上级政府城乡规划行政主管部门有直接干预许可证发放的权力；权力下放，省、自治区、直辖市人民政府授权的镇人民政府有权核发建设工程规划许可证。

《城乡规划法》规定规划条件是土地出让的法定要求，也同时规定规划条件在土地出让、土地合同和发放建设项目规划用地许可证的过程中不可变更的要求，这项规定是约束行政寻租行为的，那么值得反思的是，我们原来采用"规划许可证"法律制度的目的是什么？英国规划体系中"规划许可证"是行政自由裁量权的法律保障，它既是行政的权利，也是行政的责任。如果规划条件不可变更，那么规划条件的作用完全可以用土地契约来代替，发放用地规划许可证就变成多余的行政环节，作为一项相对独立的行政许可环节，就应当承认规划许可证的实质——行政许可中的自由裁量权。

3.2.4 第五章 监督检查

规划的监督检查是《城乡规划法》调整和充实的内容之一。监督的类型分行政监督、人大监督和社会监督三种类型。《城乡规划法》强调行政监督的责任和要求，对人大监督和社会监督的权力只有一般性规定。

我国行政体制的特点是条块分割，城乡规划主管部门属于政府组成部门，地方政府是领导作用，上级行政部门对下级行政部门是指导作用。《城乡规划法》调整两级政府城乡规划主管部门之间的权力关系，由旧法的行业指导转变为指导和监督，在城乡规划的监督方面，上级政府行政主管部门具有直接行政干预的权力，这种权力包括废止地方部门发放的规划许可证，这点有些类似于英国环境事务大臣的"抽审"权力，对违法工作人员有建议处分权和责令处分权。社会实践证明，上级监察下级，少数监察多数，行政体系的内部监察是最低效能的监察。

目前人大的权力主要体现在以下两个方面：审议总体规划，审议意见由政府决断；听取政府汇报的城乡规划的实施情况。在城乡规划方面人大的权力值得关注，首先，城乡规划事务是否属于国家的权力？类似于国防、税收、海关等。还是属于地方政府的权力？就目前的行政机构的设置来看，城乡规划行政主管部门属于地方政府部门，但是规划法却赋予中央和上级政府更多的权力，比如规划的审批权力在中央或上级政府。其次，城乡规划的权力构成体系比较复杂，主要包括三种权力形式：决策权、执行权和监督权与司法权力。人大应当拥有哪方面的权力呢？从宪法和地方权力构成的合理性上分析，规划制定的决策权（规划的立法权）应当在人大，执行权在政府，监督的权力在社会，司法权可以在行政（如英国），也可以在法院。但是，目前我国地

方政府在法律上是非自治的地方政府，实际上在经济和社会服务等方面处于半自治的状态，并且行政改革的趋势也是逐步向地方政府让权，城乡规划是否属于让权的范围之一，值得讨论。在这个背景下人大的实质权力就处于尴尬的位置。

3.2.5　第六章　法律责任

明确法律责任，加强行政处罚的力度，通过立法来阻止违法建设行为是《城乡规划法》的意图之一。是强化法律的执行与可操作性，还是强化处罚力度，实际上体现不同的法制思想。

如果说《城市规划法》在中国规划建设从计划经济向市场经济转型的初期阶段中，承担了奠基者的角色，那么《城乡规划法》则是在市场经济实施的十几年来，通过对城乡规划建设经验的总结，为未来中国城乡规划体系的构建探索一条发展的道路。这条道路是否能适合中国城乡发展的现实和规律，仍有待时间的验证。《城乡规划法》从宣言回归到规范是一个历史的过程，也是必然的趋势。但通过法的形式及其实质对这部新的规划法进行了初步解读，发现其中仍然存在不少与学理或现实相矛盾之处。解决这些问题不但需要配套法律和地方法规的完善，更重要的是认清中国城乡规划的现实。关注地区的差异性，吸收地方的成功经验，借鉴西方对法治精神的透彻理解，不失为规划法好的改良思路。

第 2 节　规划编制体系相关讨论

1　城乡规划应如何分类

城乡规划的制定可以从几个方面认识和分类：

其一，规划行为的直接客体是城市，实际上规划的行为客体已经不仅仅限定在城市区域，而是包括以城市为中心的广阔区域，新的《城乡规划法》将乡村地区也纳入规划的范畴，同时，考虑到城市之间的联系，城镇群和区域城镇体系也纳入城乡规划的范畴。城乡规划的实质是对城市发展的干预。

中国城乡规划的编制体系是以规划行为的对象——城市与区域的空间尺度建立起来的。以规划行为的对象，即空间尺度来划分为规划分类体系，比如区域、城市和乡村，城镇体系规划、城乡规划和乡村规划。

其二，从制定规划行为的成果形式表现——法律、条例、规则、政策、发展规划等，英国的规划分类即如此。

其三，从城乡规划的目的和作用上分类，比如战略规划、实施规划、控制规划、建设规划、保护规划等。

其四，从城乡规划成果的内容与作用上分类，城乡规划表现为议程、愿景、法律、政策、设计、策略等，具体可参见霍普金斯教授在《都市发展——制定规划的逻辑》一书中对规划形态的分类。这种分类与英国的分类体系比较类似，但是，他更加强调规划内容与形式之间的逻辑关系。

英国以规划行为的特征来构建城乡规划编制体系，将城乡规划的编制区分为：①立法体系；②政策、规则、条例等行政规章的制定；③发展规划的编制三个子系统。具体可参见郝娟《西欧城市规划理论与实践》。

美国没有国家统一的规划体系，各州规划体系的共同点是"区划"，但是在区划之前有一系列的规划文件，按照霍普金斯教授的归纳存在以下几种形式：第一，规划首先表现为议程，议程是城乡规划的问题的表列。城市的问题非常多，许多问题是长期的、结构性的，不是短时间能够解决的，表列仅仅反映公众关心的城市问题。城乡规划是解决现实的、公众的问题，不是研究，不直接解决城乡规划的理论问题。当然，城乡规划的许多表象问题是深层次问题的反映。第二，将议程转化为愿景。城乡规划的问题是互相关联的，解决的办法通常是通过设计和控制使城市达到某个状态，从而整体地、全面地解决这些复杂的互相联系的问题。因此，共同的愿景非常重要，规划的实质就是拟订目标和实现目标的过程。第三，规划立法。将最大的共识，也就是最低的规划目标转化为法律。因为法律是公共契约，具有强制性特征；用法律实现城乡规划的目标有效，但也十分有限，因为在民主参与的社会中只有很少的目标能够达成全民共识，它的优点是能够有效避免重复历史的错误，但是不能实现理想的目标。第四，在特定的地区，能够将最大的共识与最高的目标结合，也就是直接将共识和目标转化为设计，设计是对未来城市状态的精确描绘。第五，政策，在实现规划目标的过程中，介于法律和设计之间的是政策，政策是政府主动干预城市发展的权力形式之一，也是有效实现多数人意志的途径。一个差异和多元的社会，政策是城乡规划的重要形式。目前，中国强调城乡规划是公共政策就是强调规划应作为政府调控社会和经济的手段。第六，策略，现实世界的复杂性和发展变化的不确定性是包括目标拟订在内的法律、设计和政策都难以把握的，因此规划只能是应对变化的策略，策略类似各种应急预案，当某种预测的情况出现的时候有一整套的措施来应对，但是这个规划概念目前还在发展中。

2 中国当前的规划编制体系存在哪些问题

规划分类存在多种形式，规划分类形式之间存在交叉和重叠，但是，规划的分类不同决定规划体系的性质与特征不同，而各国选择那种分类是由法律确定的，也就是历史、政治和社会发展的结果。中国城乡规划分类体系的根本问题是城乡规划分类体系与社会经济发展不协调，滞后于政治观念的发展。

新的《城乡规划法》仍然以规划的对象——空间尺度作为规划的分类依据，而空间尺度的划分又以行政管辖范围，形成一级政府，一级行政空间范围，对应一个规划类型的规划分类体系。空间分类是尺度决定空间的特征与性质。区域层面规划的对象是城镇群，城市尺度又区分大、中、小城市和镇、村等，在中国市镇的规模基本与市镇的行政级别相对应，规划对象的空间分类以行政管辖空间为依据，形成国家、省和市、县、乡镇五层次空间规划体系；规划对象的尺度不同，规划的内容与要求不同，规划的作用也不同，区域尺度是城镇体系规划，市镇尺度是总体规划，在总体规划之下是详细规划，乡村尺度是乡规划和村规划。各层次规划之间的关系与相应的行政关系一样，是上级制约下级，下层次规划贯彻和落实上层次规划，控制性详细规划之上的所有规划的作用都是指导性和限定性的，只有控制性详细规划直接与规划管理相联系。

城乡规划范围是国土空间的全覆盖，在规划内容上包括经济、社会、文化方面，呈现综合繁杂的特点。并且这些规划在地位上为法定规划，内容僵硬而缺乏弹性，很难适应城市发展的多样性和不确定性。这种制度设计是计划经济向市场经济过渡中的产物，城乡规划是"计划"变体。在思想理论上是综合理性规划思想继续，综合理性的规划思想在二战后就受到广泛的怀疑和批评，1960 年代英国就转变了综合理性的规划体系。因为，综合理性的规划思想实际上隐含许多假设前提，它假设国家对社会发展起着重要的指导作用，政府和规划是价值中立的公共利益的代表者，理性综合规划就是通过确定公众的最佳利益提高政府的作用，但是综合理性规划的过程是由技术专家来控制的，它的基本出发点是相信规划师有足够的技术能力预测和管理未来，规划师作为技术专家可以控制未来的发展，而且规划师有合法的理性代表社会公正来控制、管理社会。这些假设在实践和理论方面都证明这些前提是不成立的，由于时间、财力、信息的限制，人类的能力是无法清晰地预测未来的。

3　城乡规划的分类建议

城乡规划分类既是科学问题，也是政治问题。就学术研究而言，城乡规划分类应当以规划的目的和作用区分，而不是以规划行为的对象来区分，因为以空间为研究对象的学科类型非常复杂，比如：政治上有行政边界的划分，经济学有区划，社会学有人口分布，地理学有资源分布，气象学有降雨与日照分区，生态学有动植物种群分布，工程地质有地震区划等。城乡规划的实质是对城市发展实施干预，以实现规划目标，而干预的手段可简单地归纳为两种：①保护，也就恢复或维持某种状态；②发展，主要是建设。基于此，城乡规划可以区分为保护规划和发展规划两个系列，保护规划因为规划的空间目标比较明确，应采用法规的形式确定。发展规划受时间和地点的影响比较大，也是不同利益群体互相博弈的平台，因此发展规划的形态比较多样，但是基本可以归纳为霍普金斯总结的五个类型，即议程、愿景、政策、设计和策略。

就社会和政治而言，城乡规划作为法律是城市社会和谐与团结的底线，是政府管理社会的主要工具，规划分类应当做到主体、作用相一致，内容与形式相统一。英国以规划制定的主体来区分规划类型的经验值得参考和借鉴。

第 3 节　规划管理体系相关讨论

1　什么是城乡规划管理

实施城乡规划的行为分为两类：一个是城乡建设，另一个是城乡建设的管理。城乡建设不属于城乡规划的领域，城乡建设管理包括城乡规划管理，城乡规划管理是城乡规划体系的重要组成部分。城乡规划管理的对象一个是建设行为，一个是建设行为的客体——土地与建筑。管理的内容和要求与建设主体的性质有关，建设行为又可以从城市建设的主体层面区分为：①政府与公共开发企业；②私人与开发商。可见，在城乡规划实施阶段政府具有两个职能：城乡规划管理和城市公益建设。这两项职能对应两个不同的政府部门，同时城乡规划管理覆盖政府的公益建设行为，因此城乡规划分为社会管理和统筹政府部门建设的协调行为，管理对象不同，相应的管理手段也不同。政府对开发商的管理属于政府与社会的关系，其手段应当是法律，强调公正；统筹政府部门的城市建设手段是计划或规划，强调效率。

2 城乡规划管理应如何分类

各国城乡规划的实施都是以城乡规划制定的成果为依据，管理的手段主要是法规和行政许可两种方式。管理手段的选择取决于社会发展的水平、政治制度和规划管理的对象，其中规划管理的对象是选择规划管理手段的主要因素。规划管理大致有三种类型。

2.1 针对建设行为的控制

通过对开发行为的控制达到规划的目标。建设行为存在两类不同的主体：政府、公益团体和私人开发商。市场经济国家政府几乎完全不介入赢利项目的建设，而专注公共和市政设施的建设。城市公共设施建设是解决城市问题、带动和引导城市发展的重要途径。城市公共设施的建设是分部门进行的，城乡规划部门是统筹和协调部门，近期建设规划作为政府的行动纲领是统筹协调城市部门建设的有效工具。尽管市场开发占据城市建设的主要部分，私人开发商的建设行为仍然不属于城乡规划的实施行为；对于市场开发而言，城乡规划不是实施的蓝图，而是开发的限制条件之一。因此，城乡规划是政府管理社会的工具，调节社会经济的手段。

2.2 针对建设对象的直接控制

土地、建筑与环境是规划控制的直接对象，有的地区发展目标只有最低的社会共识，发展的不确定性因素比较多，规划控制的要求比较低，主要是不出现严重的社会和环境问题等，多采用指标控制的方法，控制性详细规划是主要方法。而有的地区发展目标比较明确，规划目标可以准确地表现某个理想的空间状态，多数采用形态控制的方式，主要手段是建筑设计和城市设计。行为控制的手段是法律、政策、准则等，空间控制的手段是技术规范、规划图纸和设计文件。这些特殊地段的城市设计和建筑设计就是特定地段的环境法，实质是公共契约的一种特殊方式。

2.3 针对保护区域的控制

城市发展不仅是建设，还包括保护，并且应更深入地认识到保护是发展的前提，城乡规划将保护置于发展的优先位置。历史文化区域、生态和绿色廊道、重要的城市开敞空间等是城乡规划控制的直接对象。具有明确空间形态目标的特定城市土地和区域，可以通过空间规划直接控制，而不需要透过对开发行为的控制来实现，可以将空间规划直接转换为法律，针对特定空间和区域的规划属于环境法的内容之一。

3　规划管理和开发控制有什么区别

规划实施行为，在不同的规划体系中有不同的内容与称呼，在中国被称为规划管理系统，在英国被称为开发控制，二者的区别主要是管理行为的对象不同，规划管理的内容包括规划编制的组织和审批，包括政府部门建设行为的协调，也包括开发控制。英国的开发控制只针对开发行为或者只是建设行为的行政管理，当然，英国的开发行为所涵盖的内容非常广泛，管理的内容非常细致，包括建筑功能转换、广告、装修等。

中国是行政主导的国家，城乡规划的制定和规划实施都属于政府部门的法定责任，两个不同的行为和职能被统一在政府部门之内，固然提高了城乡规划从编制到实施的效率，但是规划部门这种职能与角色的混合导致在转型社会中政府角色的模糊定位，难以平衡社会各阶层的利益。城乡规划不仅是政府管理城市的手段，作为全民的共识和契约，也是规范政府行为的手段，理论上，规划的制定作为立法行为，应当从政府职能中剥离出来，但中国作为中央集权的行政国家，《城乡规划法》将规划制定的权力赋予行政机构，因此在行政体系的框架内应依据不同职能分工协调的原则将规划机构分开设置，形成机构之间的权力制衡，同时加强规划编制阶段的公共参与，扩大共识也是改进规划体系的重要内容。

■本章小结

每一个国家的规划体系都是由该国的城乡规划法确定的，而规划体系的特点取决于规划编制与开发控制的关系。中国的规划体系的问题是将规划制定的权力依据行政级别分配到各级市镇政府，规划层次之间的关系与行政关系一样复杂，由于编制时间、编制单位和编制要求的差异，导致规划之间的衔接非常差；而开发控制的权力分配到市县城乡规划主管部门，这个部门具有控制性详细规划制定的权力和开发控制的权力，而法律规定的控制性详细规划是开发控制的法定依据，形成同一部门立法与同一部门执法的矛盾格局。合理的机构设置是扩大地方城乡规划的权力，规划机构设置按照规划行为的类型、目的和作用进行职能分配。规划制定属于立法范畴，开发控制属于政府范畴，监督是社会的权力，平等协调以及相互制约的权力架构比较符合城乡规划发展的规律。

另一个矛盾是《城乡规划法》强调了控制性详细规划作为开发控制的法定依据，也是唯一依据，并且规划法规定规划许可中的规划条件必须与控制性详细规划一致，同时在开发控制阶段实行"一书两证"制度。这种规划体系的内在逻辑矛盾源于法定控制性详细规划与"一书两证"的法律关系，在中国二者均为行政部门的法律，在管理过程，控制性详细规划是"一书两证"的依据，"一书两证"是规划管理的结果，如果二者内容和作用完全一样，那么，必定有一个环节是多余的；解决矛盾有两个渠道：

（1）如果详细规划作为法律，只是规划管理的框架，许多内容需要规划管理者在具体管理过程中依据实际情况进行充实与完善，那么控制性规划编制的内容就需要调整，按照法律的形式和程序进行制定。

（2）如果控制性规划能够充分把握未来变化的不确定性，像建筑施工图般精确控制建设，作为法定的规划就可以取消规划许可这个行政管理环节，在管理中只需要强化监督机构职能即可。

　　未来发展充满着不确定性，然而每个阶段人类的发展需要一个明确的目标，这是城乡规划存在的意义。在变化的世界中，人类努力通过各种确定性的手段掌握未来。城乡规划是人类把握自身发展的有效社会工具之一，但是这种工具在不同的社会制度中呈现出不同的方式，美国以区划来确定某个区域未来的确定状态；英国稳定的政治结构使民众相信政府的目标是确定的。经济发展和社会转型的中国，一切都处在变化之中，一方面我们因为变化的进步而自豪，另一方面又对未来的不确定性充满忧虑；稳定的城乡规划蓝图或许是人民信心的保证，城乡规划始终在不确定之中寻找确定性。

■ 主要参考文献

[1] 胡适. 中国哲学史大纲 [M]. 北京：东方出版社，1919.

[2] 周剑云，戚冬瑾. 中国城乡规划法规体系 [M]. 北京：中国建筑工业出版社，2006.

[3] 周剑云，戚冬瑾. 从法的形式与实质层面认识和理解《城乡规划法》[J]. 北京规划建设，2008（2）.

[4] Lewis D.Hopkins 著. 都市发展——规划制定的逻辑 [M]. 赖世刚译. 中国台北：台湾五南图书出版公司，2005.

[5] 郝娟著. 西欧城市规划理论与实践 [M]. 天津：天津大学出版社，1997.

■ 思考题

　　1. 对比上版《城市规划法》，试论述新版《城乡规划法》的主要变化和仍需改进的方面。

　　2. 试总结目前出现的非法定规划类型，并分析其与法定规划的关系。

　　3. 试辨析规划管理与开发控制的区别。

第 5 章 区域规划和城市发展战略规划

正如《雅典宪章》所言，"城市是构成一个地理的、经济的、社会的、文化的和政治的区域单位的一部分，城市即依赖这些单位而发展。我们不能将城市离开它们所在的区域单独地研究……"。因此，我们首先需要认识区域、理解区域，从区域的视角分析区域及其内部城市等各单位之间的相互关系，解析发展背景和发展条件，进而确定区域发展目标，制定区域发展的规划和发展战略。同时，就城市而言，经济、社会的发展是城市发展的基础，必须研究城市的区域发展背景，城市的社会、经济发展，以确定城市发展的目标，最终制定城市的发展战略。本章将分别阐述区域规划和城市发展战略规划的相关内容。

第1节 区域分析与区域规划

1 理解"区域"

1.1 什么是"区域"

区域是一个非常广泛的概念，不同的学科、不同的研究领域对其有不同的理解和侧重。

经济学中，埃德加·胡佛认为，"区域就是对描写、分析、管理、规划或制定政策来说，被认为有用的一个地区统一体"。政治学中，一般把"区域"看做国家实施行政管理的行政单元。社会学中，把"区域"作为具有人类某种相同社会特征（语言、宗教、民族、文化）的聚居社区。地理学中，有学者认为区域是地球表面各个特定和一般地段内各种现象的结合方式；也有学者认为，区域是地球表面的一个部分，它以一种或多种标志区别于邻近部分；区域是空间，是物质存在的形式之一，等等。

总体来说，可以概括地表述为：区域是一个空间概念，是地球表面上具有一定空间的、具有某种属性特征的、承载供分析的客体对象的地域结构形式。

1.2 认识区域的特性

1.2.1 综合性与整体性

区域的综合性是指构成区域各要素的多样性，其中既有自然因素，又有社会因素和经济因素；区域的整体性由区域内部的一致性和强烈的联系性所决定，区域内部某一局部的变化会导致整个区域的变化。因此，只有综合协调社会、经济、生态、环境等各个方面才能获得区域最佳的整体性能。

1.2.2 结构性与系统性

区域的构成要素按一定的联系形成结构，如城乡结构、城镇结构、环境结构。区域的结构决定区域的性质，从而使得各区域都有区别于其他区域的特点和性质。区域的结构性与系统性相关联，区域结构源于区域的系统联系，区域的系统性结构是区域的共性。

1.2.3　动态性与开放性

区域是由大量要素构成的复杂的动态系统，区域系统的结构、构成要素的水平和变化速度等均处于动态变化之中。区域是一个开放系统，区域与外界进行着能源、原材料、产品、人员、资金和信息的交流。从这个意义上讲，开放性是区域系统优化发展的必要条件，封闭、孤立必然导致区域系统的衰落。区域系统的开放性决定了其必然处在动态变化之中，系统的结构和功能，都在开放中变化，在开放中发展。

1.2.4　层次性与嵌套性

区域的层次性是指任何一个区域都是上一级区域的组成部分，或称为子系统，同时自身又包括许多下一级子系统。构成区域的要素和层次众多，各要素之间及各层次之间在区域内相互作用，有机结合，从而构成区域自身的特点。根据不同的研究目的，同一个区域可以通过不同的标准划分成不同的层次结构。每个层次都是上一个层次的组成部分，它们按一定秩序、一定方式和一定比例相互交叉，共同组合成为一个复合嵌套的有机整体。

1.3　区分区域的类型

区域，按物质内容可划分为自然区域和社会经济区域两大类。在自然区域中，有综合自然区、地貌区、土壤区、气候区、水文区、植物区、动物区等；在社会经济区域中，有行政区、综合经济区、部门经济区、宗教区、语言区、文化区等。自然区域与社会经济区域的划分是相对的，前者或多或少会涉及人的活动，后者则总是打上自然环境的烙印。

按内在结构（形态特征）划分，区域又分为两类，即根据一个区域内各组成部分之间在特性上存在的相关性程度，将区域分为均质区和结节区。前者具有单一的面貌，其内部结构单一，要素分布相对均衡，区内各个部分呈现相同特征。例如气候区、农业区就具有均质区的特色；城市中成片的住宅区、工厂区、商业区、文教区等，都可看成是均质区。结节区的内部结构或组织同生物细胞相似，即包括一个或多个核心，以及围绕核心的区域。如城市内部商业中心和其服务范围共同形成的区域即可看成是结节区。

2　分析"区域"

在理解区域的基础上，需要对区域进行分析，即是对区域发展的自然条件和社会经济背景特征，以及这些特征对区域社会经济发展的影响进行分析，探讨区域内部各自然及人文要素间和区域间相互联系的规律。它涉及地理学、经济学、政治学以及生态学等许多学科。区域分析不是一门独立学科，而是作为一种科学方法论形成和发展起来的，为有关学科研究区域问题和为区域规划提供理论基础和研究方法。

2.1　理解区域分析与区域规划的关系

区域分析方法并非只局限于某一学科内部。好的区域分析应借助相关学科的分析方法来进行区域的综合分析。这样，就可以有利于科学地综合评价区域的各项影响因

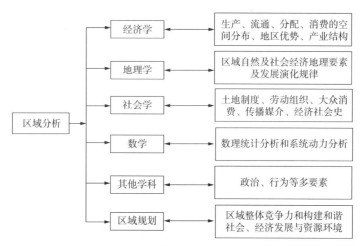

图 5-1-1　区域分析与各学科的关系
（资料来源：本书编写组自绘）

素（图 5-1-1）。

区域分析是区域规划的科学基础和决策依据。随着经济发展和科技进步，市场经济的深入，新产业、新空间不断涌现，新组织、新体制不断创新，新矛盾、新问题不断显现，区域分析的理念、内容、方法都将不断更新、充实和提高。新的区域规划对区域分析提出新的要求，深入的区域分析使区域规划更加科学合理，两者相辅相成，共同进步。

2.2　明晰区域分析的主要内容

区域分析的主要内容，是在一般的区域分析中都会遇到的内容。它们是对"提出问题—分析问题—解决问题"的具体阐释。主要包括区域发展条件分析，区域发展状况分析，以及区域发展方向及策略研究三个方面。

2.2.1　区域发展条件分析

区域发展条件分析包括对影响区域发展的自然及社会经济背景条件的分析，具体包括对区域自然条件和自然资源、人口与劳动力、科学技术、基础设施条件及政策、管理、法制等因素的分析。分析的主要目的是明确区域发展的基础，摸清家底，评估潜力，为选择区域发展方向、调整区域产业结构和空间结构提供依据。具体而言，对区域自然条件和自然资源的分析，应明确其数量、质量和组合特征，优势、潜力和限制要素，可能的开发利用方向及技术经济前提，资源开发利用与生态保护的关系等；对人口与劳动力的分析应重点搞清人口的数量、素质、分布及其与资源数量、分布及生产布局的适应性或协调性，劳动力资源及就业状况，人口的区域间和城乡间迁移，区域适度人口规模和合理的人口容量等；对科学技术条件的分析主要评价区域科学技术发展水平及技术创新环境和创新能力，引进并消化吸收新技术的能力，技术引进的有利条件和阻力，适用技术的选择等；对区域基础设施的分析应重点评价基础设施的种类、容量、水平、配套等对区域发展的影响；区域社会因素的分析应以区域发展政策、制度、行政效率、法制环境、宗教和历史文化因素等的分析为重点，评价其对区域发展的作用。

2.2.2 区域发展状况评价

区域是一个"经济—社会—自然环境"的复合系统，因此，对区域的发展状况评价主要有从经济、社会、资源环境这三个方面。区域经济发展状况的评价主要是从经济发展的角度对区域经济发展的水平及所处的发展阶段、区域产业结构和空间结构进行分析和评价，它是在区域资源环境条件分析评价的基础上，对区域经济发展的现状和存在的问题所作的一个全面的考察、分析和评估，为区域经济发展战略规划的制定提供依据；区域社会发展状况的评价主要包括区域文化教育、医疗卫生、社会保障水平，区域科技文化水平和精神文明状况，区域社会组织、管理和运行成本、效率及其对发展的支撑状况，尤其是区域政策和制度对区域发展的作用等方面的分析评估，目的是为推动区域发展和构架进步、高效、和谐的社会环境提供决策依据；区域资源环境分析是从环境与发展的角度出发，评价区域生态环境的质量和资源环境容量及其对发展的影响，分析区域发展所面临的生态环境问题及其形成原因，研究区域资源开发和环境治理的方向，为区域发展中协调资源与环境关系和制定资源开发与环境治理规划提供依据。

2.2.3 区域发展方向及策略研究

区域发展方向及策略研究是在对区域发展条件和发展状况分析的基础上，通过发展预测、结构优化和方案比较，确定区域发展的方向，制定区域发展的目标，明确区域发展的策略并分析预测其实施效应。区域发展是一个综合性的问题，它不仅涉及经济发展，而且还涉及社会发展和生态环境治理与保护，但经济发展仍是核心任务。因此，对区域发展方向和策略的选择论证，也应该以经济发展研究为主，重点研究和确定区域经济发展的主导产业、支柱产业、先导产业和先行产业及其发展策略，经济增长的方式以及产业结构和空间结构的优化策略等问题。

2.3 明确区域分析的方法

2.3.1 地理学的比较法

区域比较法是地理学一切研究方法的基础。主要是因为区域自然及社会经济要素的特征大都是相对的，通过比较而存在。但是，在作区域比较之前，应该注意区域间的可比性，包括它们地域范围的可比性、统计指标的可比性、币值的可比性、结构或者水平的可比性等。

2.3.2 经济学的分析法

现代经济学在进行实证研究时运用的分析方法是多种多样的，如均衡分析、动态分析、静态分析、投入产出分析、边际分析、实物分析、价值分析、结构分析等。区域分析以宏观分析为主，它注重于区域内部各部门之间或区域之间的联系分析。其中，投入产出分析法在区域分析中的作用尤其重大。此外，均衡分析和边际分析也在区域分析中经常用到。

2.3.3 数学的模拟法

数学模拟法中的数理统计、运筹学等方法已成为区域分析中最常用的方法。数理统计特别是多元统计分析对于分析较复杂的区域系统比传统的方法（简单的相关分析和回归分析）有很大的优越性，常用的数理统计方法有回归分析、趋势分析、主成分分析和随机过程分析等。另外，运筹学方法对于区域研究中优化问题的解决方案发挥了重要作用，常用方法有线性规划、非线性规划等。

2.3.4 区域系统分析法

区域分析和规划的对象构成复杂的体系。区域系统分析法是一种评价现状区域体系，预测和发展各种复杂体系的方法论基础。系统法通常由三个基本环节组成，即问题形成、分析评价、提出解决方案。

（1）问题形成。即确定被研究系统的性质、边界，设计价值系统并将之综合。在区域分析中，相当于确定现状区域的各类问题、区域分析的目的和要求。

（2）分析评价。系统分析是对系统要素的性质、功能、相互关系进行分析。对系统的各种不确定因素、系统的组织、结构、状态和可能的变化，进行综合处理，建立模型，反复验证，并作出判断。在区域分析中大体是区域现状条件分析、区域发展条件分析，并对区域发展状况和现状问题作出综合评价。

（3）提出解决方案。根据系统评价结果，挖掘区域发展的各种可能性，找出各种可行方案，并通过一定标准对这些方案进行比较，帮助决策者在复杂的问题和环境中作出科学抉择，并能够根据区域发展状况提出区域发展策略。

2.3.5 传统综合分析方法

传统综合分析方法是在系统分析的基础上不断将系统分析结果加以综合形成整体认识的一种科学方法，也可称为系统综合法。它是按照系统整体化的要求，把各个要素综合成相应的小系统，再将各个小系统综合成一个大系统。这种方法的另一个特点是创造性。它不是将已经分解了的要素再按照原来的联系机械地重新拼接起来恢复到原来的系统，而是根据系统分析的结果，把各个要素按照要素与要素、要素与系统、系统与外界环境之间的新联系，形成整体优化的新结构，创造出更符合总体目标要求的新系统。

综合平衡法是传统综合方法的一种，在区域的综合平衡中，要处理三个方面的关系：①供给与需求的关系。在进行区域分析时，应尽可能考虑需求和供给在品种、数量及质量上相互适应、相互协调。②国民经济各部门、各种具体的建设项目的用地关系。要考虑各种物质要素各得其所，有机联系，密切配合，在空间上相互协调。③地区与地区之间的关系。要在讲求效益、公平、安全等原则的基础上，在建设项目的空间布局、建设进度和程序上合理安排，使地区之间相互协调、共同发展。

3 规划"区域"

传统的法定规划体系包括国土规划、城镇规划和乡村规划，这些规划的形式与内容往往因为缺乏对其区域背景和区域综合发展目标和战略的深入分析和判断而相对割裂，缺乏协调和统筹，针对这样的问题，相应层级的"区域规划"的编制显得尤为重要。

事实上，区域规划是为了解决制约整个区域整体利益最大化的基础性、根本性、共同性、长期性问题而出现的。我国经济社会发展的实践表明，尽管市场经济体系已初步建立，但市场的作用还很不完善。政府为解决市场在配置资源过程中的缺陷和问题，采取了多种的手段和措施，但调控效果在一些领域仍显不足。同时，宏观管理体制构建的过程中，长官意志、现场决策等非规范性的政策供给已暴露出种种弊端。面对这些问题，通过编制区域规划，用增加规范性的政策供给来增强宏观调控政策的功能与作用就显得尤为重要。特别是随着经济全球化、区域一体化和信息时代的到来，区域规划在政府管理经济和社会发展中的作用将越来越受到重视。总体而言，区域规划编制已成为履行政府宏观调控职能，实现政府发展思路，改善"市场失灵和政府失灵"的有效手段。

3.1　什么是"区域规划"

区域规划是在跨城乡和行政区的空间范围内，以充分发挥区域整体优势、促进人与自然、不同区域之间协调发展为目标的，对区域的土地利用、城市建设、基础设施和公共服务设施布局、环境保护等方面所作出的综合性的公共政策和实施策略。

区域规划可以从三个层面来认识：

（1）从政策层面来看，区域规划是区域层面的公共政策。在行政性分权和利益博弈的市场背景下，区域规划是城市间、地区间为谋求共同利益，通过讨论、协商达成"集体行动"的民主"契约"。

（2）从空间层面来看，区域规划是中宏观地理尺度的空间综合性规划，所谓中宏观地理尺度即跨城乡和跨行政区的概念，而综合性主要体现于规划内容的综合性和解决方法的多样性。

（3）从目标层面来看，区域规划是以促进人与自然协调、地区间协调发展为宗旨的空间协调性规划。

3.2　回顾区域规划的历史

区域规划孕育于近现代城市规划，是在近现代城市规划思想的基础上逐渐发展起来的。1898 年霍华德的"田园城市"理论标志着区域规划思想的开始，至今区域规划已有百余年历史，先后经历了"萌芽—繁盛—衰落—复兴"四个阶段（表 5-1-1）。

西方区域规划不同发展阶段的特征　　　　　　　　　　表 5-1-1

—	萌芽阶段	繁盛阶段	衰落阶段	复兴阶段
所处时代	20 世纪 30 年代之前	20 世纪 30 年代至 60 年代中期	20 世纪 60 年代中期至 70 年代末	20 世纪 80 年代至今
社会背景	公共卫生运动、城市美化运动、城市贫民窟治理等	20 世纪 20 年代末资本主义经济危机和凯恩斯主义上台；二战之后的城市更新运动	环保运动、反种族运动、人权运动、市民社会思潮涌动；凯恩斯主义失败	经济全球化和地区一体化；后现代主义思想的传播
规划主题	"大城市病"治理	对落后或衰落地区的援助；大城市地区规划和城市更新	社会公平、公正；环境保护；郊区化	区域协调和可持续发展
理论发展	"田园城市"、"卫星城"等	中心地理论；芒福德区域规划思想与传播；区域科学诞生	渐进主义规划理论、倡导性规划理论、规划公众参与阶梯理论	政体理论、联络性规划理论、社会学理论、后现代主义规划理论
实践领域	德国鲁尔区《区域居民点总体规划》；《纽约及其周边地区的区域规划》	美国田纳西河流域综合开发与整治；大伦敦、哥本哈根等城市地区规划	纽约第二次区域规划；日本第三次国土综合开发计划	欧盟一体化规划；大伦敦规划；日本第五次国土综合开发计划

资料来源：本书编写组自绘。

我国区域规划始于 1950 年代。1956 年国家建委设立区域规划管理局，按照前苏联区域规划的模式拟定了《区域规划编制和审批暂行办法（草案）》。在前苏联专家的帮助下，以地域生产综合体、生产（力）布局等理论，应新建工业城市建设的需要，参与新建工业城市选址（如朝阳、洛阳等城市）和工业企业选点的布局工作。如果将农业区划纳入到广义的区域规划中，我国区域规划先后出现了农业区划、国土规划、城镇体系规划和城市地区（urban region）规划四种不同类型的区域规划（表5-1-2）。

中国不同类型区域规划的主要特征 表 5-1-2

—	农业区划	国土规划	城镇体系规划	城市地区规划
起始时间	20世纪50年代中期	20世纪80年代中期	20世纪80年代中期	20世纪90年代中期至今
运行时代	高度集权的计划经济时期；改革开放初期	适度分权的有计划的商品经济时代；不完全的市场经济时代	适度分权的有计划的商品经济时代；不完全的市场经济时代	市场主导资源配置的经济时代
编制高潮	1950年代中后期；改革开放初期	1990年前后	1990年代	2001年至今
重点内容	农业资源普查与合理开发利用	1980年代为国土资源综合开发、生产力布局；1990年后为国土资源综合开发、生产力布局和生态环境保护	1980年代为城镇布局；1990年以后为以城镇布局为核心的社会经济发展规划	区域协调发展、区域可持续发展、提高区域竞争力
规划职能	经济发展指向	1980年代：经济发展指向；1990年前后：区域可持续发展	1980年代：经济发展指向；1990年前后：区域可持续发展	经济发展、环境保护和平衡地区差异

资料来源：本书编写组自绘。

总体上看，中西方区域规划在发展道路上既存在一定的相似性，也存在很大的差异性。相似性主要体现在，两者都是以解决特定历史时期内重大问题为中心，两者所处制度环境的变迁主宰了其发展的命运。此外，在发展方向上，20世纪90年代以来，社会与生态环境问题成为两者的主题。差异性主要体现在：我国的区域规划相比西方更强调区域经济的优先发展，规划作为一种政府调控手段比西方更加强势。这主要是由我国所处的特殊历史阶段及其政治经济体制决定的。

3.3 明确区域规划的内容

总体上看，区域规划的内容，主要是以空间为载体，以政策为主要形式表示出来的。同时，在目标上，区域规划也更加看重人与自然、人与人（主要指不同的社会群体）之间的协调发展。区域规划内容因各区域所面临的问题不同而侧重点不同，但主要包括以下几个方面。

3.3.1 区域发展定位与发展目标

区域发展定位与发展目标包括：发展性质与功能定位，经济增长与社会发展定位，经济竞争力和可持续发展的综合评价与目标定位等。其中功能定位和确定发展目标是最主要的内容。

3.3.2 经济结构和产业布局

区域经济结构包括生产结构、消费结构、就业结构等多方面内容，在我国现阶段的区域规划仍以生产结构的分析和制定为重点。包括提出调整经济结构和推进协调发展的思路，确定产业结构，明确优势产业，设计适宜产业链，建设产业集群，并协调各产业部门的空间布局等内容。

3.3.3　城镇体系和乡村居民点体系规划

城镇体系和乡村居民点体系是社会生产力和人口在地域空间组合的具体反映。城镇体系规划是区域生产力综合布局的进一步深化和协调各项专业规划的重要环节。一般而言，从区域层面上讲，由于农村居民点比较分散，点多面广，故区域规划多数只编制城镇体系规划。城镇体系规划的基本内容包括：

（1）拟订区域城镇化目标和策略；

（2）确定区域城镇发展战略和总体布局；

（3）原则上确定各主要城镇的性质和方向，明确城镇体系的职能分工与经济联系；

（4）原则上确定城镇体系规模结构，各阶段主要城镇的人口发展规模、用地规模；

（5）确定城镇体系的空间结构，各级中心城镇的分布，新城镇出现的可能性及其分布；

（6）提出重点发展的城镇地区或重点发展的城镇，提出重点城镇近期建设的规划建议。

3.3.4　基础设施规划

基础设施主要分为生产性基础设施和社会性基础设施两大类。生产性基础设施是为生产力系统的运行直接提供条件的设施，包括交通运输、邮电通信、供水、排水、供电、供热、供气、仓储设施等；社会性基础设施是为生产力系统运行间接提供条件的设施，包括教育、文化、医疗、体育、商业、金融、贸易、旅游、园林绿化等设施。区域规划要在对各种基础设施发展过程中及现状分析的基础上，根据人口和社会经济发展的要求，预测未来对各种基础设施的需求量，确定各种设施的数量、等级、规模、建设工程项目及空间分布。

3.3.5　自然资源的开发利用与保护规划

自然资源主要指水、土地、矿产和生物资源，是区域发展的物质基础和重要条件。区域规划要深入分析各种自然资源的现状和社会经济发展的保障程度、承载能力，研究各种自然资源未来的可持续开发利用模式，分析并预测自然资源未来的承载情况，提出解决水、土地、矿产、生物资源等问题的途径与对策。

3.3.6　环境治理和保护规划

区域规划中自然环境的治理和保护规划的基本内容是：分析环境诸要素的现状特征；提出整个区域环境和各个环境要素现状的问题；依据区域经济和社会发展的愿景目标，预测环境状况，制定区域近期和远期环境保护规划目标，包括环境污染控制和自然生态保护目标；拟订一系列保护环境的具体措施。

3.3.7　区域空间管治

区域空间管治是以经济、社会、自然、资源等联系密切的区域为基础单元，以区域经济一体化为目标，通过不同层级政府或发展主体之间、同级政府或利益团体之间的沟通、对话、协商，在达成共识、自我约束、建立互信的基础上，逐步实现区域规划统一实施、生产要素有机结合、基础设施共建共享和各类资源优化配置，形成多元化互动的协调管理局面，从而实现区域共同发展和公共资源占有者之间的公平。区域规划重点研究区域空间管治的主要领域和管治内容，空间管治的分工方案，以及区域管治的协调组织。

3.3.8 区域发展政策

区域政策可以看做是为实现区域战略目标而设计的一系列政策手段的总和。政策手段大致可以分为两类：一类是影响企业布局区位的政策，属于微观政策范畴；一类是影响区域人民收入与地区投资的政策，属于宏观政策范畴，可用以调整区域问题。区域政策主要包括劳动力政策、投融资政策和财政税收政策、企业区位控制政策、价格政策、产业政策、环保政策、土地政策等。

总体上讲，区域规划的内容是区域层面上面临问题的反映。随着时代主题的改变，区域规划所关注的内容也在不断变化，并逐步趋于完善。

3.4 如何管理和实施区域规划

在美国，组织和实施区域规划（主要为大都市区规划）的组织主要有三种：一种是区域规划机构，这些机构的存在纯粹是为了提供建议，而实施工作都留给区域中的政府。一种是1920年代出现的权力机构，这种组织由各州的立法机构设立，有确定的使命（交通、市政方面等），握有一些（但不是全部）政府权力。这些权力机构不负责整个区域的规划工作，但是它们所作的关于公共基础设施的决策常常转变成重要的规划决策。第三种区域规划组织，也就是政府联合会。这种组织的出现，很大程度上都是由政府对交通、城市开发、环境改善和社会服务的区域规划的拨款法案的要求而导致的，因为区域想要申请联邦政府的拨款，必须经过政府联合会的组织协调与认定。

欧洲大都市区的区域规划体系按照组织性质划分为以下三种类型：①以自愿或条约为基础的，具有明晰和有限责任的区域组织。此种类型的区域组织出现在那些现存的区域规划体系不能完全满足大都市发展需要的地方。这类组织在法律和行政上的意义通常很弱，但是基于地方共同利益而建立起来的，实际效果较好。②在欧洲大多数国家，通过国家或州的法律确立了区域规划的地位和管理机关，通常区域机构作为中央和州政府的工具，并以此来加强全面的空间政策，但因地方自治的传统，这种组织形式也引起地方政府的不满。但已有一些大都市区的规划机构已经成功转为地方自治政府和中央政府政策之间的调解者，一些机构在地方政府间、政府与民众间起咨询者、沟通者的作用。③为城市之间合作提供框架结构的规划组织体系，如通过建立松散的组织来协调区域问题；在地方政府间建立有效的伙伴关系，找到解决交通基础设施、居住区结构、废水和污水管理等区域问题的有效方法。

我国的区域规划尚属起步阶段，实施区域规划的组织只有政府组织一个。在规划实施手段方面，仍然延续"技术+行政指令+建设资金=规划实施"的实施手段。

总体来看，无论中外，区域规划都会受到政府的影响。其编制都要受到政府的控制，其实施也要凭借政府权力。区域规划影响区域发展的手段主要有两种：一种是战略性的、以物质空间为载体的政策性的引导与控制；一种是以改良区域运作机制为目标的，对关键基础设施（如交通、防洪、污水处理、环境保护等）和资源的协调与布局。

4 区域发展战略

4.1 理解区域发展战略的内涵

"发展战略"一词于20世纪50年代由美国耶鲁大学教授赫希曼在《经济发展战略》

中首次提出。他首次把经济发展提到战略地位的高度，并把经济发展与社会发展紧密联系起来。

区域发展战略是根据区域发展条件、进一步发展要求和发展目标所作的高层次全局性的宏观谋划。其核心内容是根据区域现实发展条件、进一步发展面临的机遇与挑战，提出在一定时期的战略目标和为实现战略目标而制定的战略指导思想、方针、重点、步骤及对策等。它融经济、科技、社会、人口、资源、环境发展为一体，高瞻远瞩，运筹帷幄，把握全局，成为一门高层次、高品位的决策科学。

区域发展战略具有全局性、系统综合性、潜在决策性、长期持久性和层次性等特征。

4.2　明确区域发展战略的主要内容

区域发展战略的主要内容包括：制定战略的依据、战略目标、战略重点、战略措施等。区域发展战略既有经济发展战略，即经济总体发展和部门的、行业的发展战略，也有空间开发战略。经济总体发展战略通常把发展指导思想、远景目标和分阶段的目标、产业结构、主导产业、人口控制目标、各产业的比例和发展方向作为谋划重点。经济部门发展战略主要是明确各部门的发展方向、远景目标、重点建设项目和实施政策。空间开发战略是对上述内容进行地区配置，以建立合理的空间结构。空间开发战略的重点内容是：确定开发方式，明确重点开发区域，确定区域土地利用结构，提出地域开发的策略和措施，制定区域近期重点建设项目的地区安排。

4.3　区分区域发展战略的主要模式

4.3.1　经济发展战略模式

1. 初级产品出口战略

初级产品出口是经济起飞国家和地区一般的发展战略模式。经济比较落后的地区和以农业为主的地区，为取得外汇，往往利用当地的自然资源优势和农业的相对优势，出口初级农产品或矿产品。初级产品出口战略是最低层次的发展战略，生产地比较分散，规模较少，资源综合利用水平低，科技含量少，经济效益低。从区域进一步发展的要求来看，初级产品出口要逐步向资源集约化开发，即向资源深加工化方向发展，实现多层次增值，对资源进行综合开发，使初级产品发挥更大的作用。

2. 进口替代战略

进口替代是指用国内生产替代过去依靠进口的产品，以满足市场的需求。进口替代可以在一定程度上刺激民族工业的发展，加强发展中国家独立发展经济的能力，减少经济上的对外依赖。但进口替代政策对刺激民族工业的发展是有限的，它只是改变了商品进口的结构，从成品进口改变为进口国内不具备的原料、技术专利、机器设备、中间产品与资本等，并不能完全消除对外的依赖性。

3. 出口替代战略

出口替代是指以劳动密集型工业和技术密集型工业的制成品取代传统的初级产品出口，将本国制造业的产品推向国际市场。实施出口替代发展战略，可以通过保持较高的出口增长率来保持较高的经济增长速度，这是发展中国家工业化有了一定程度发展后采取的战略，强调因地制宜地形成本地领先产品和大宗产品，是现代应用性最广的区域性发展战略。

4.3.2 空间发展战略模式

1. 均衡发展战略

均衡发展战略是指随着生产要素的区际流动,各区域的经济发展水平将趋于收敛(平衡),主张在区域内均衡布局生产力,空间上均衡投资,各产业均衡发展,齐头并进,最终实现区域经济的均衡发展。均衡发展战略以内部自求平衡为主要目的,对外依赖性小,自身可以建立起比较完整的经济体系,减少区域以外的各种因素的影响。然而,均衡发展战略在发展中国家和欠发达地区较难实现,因为均衡发展所需要的大量资源正是这些国家和地区所缺乏的,此外,在这些国家和地区内资金短缺、技术落后、管理落后、人才缺失等问题比较突出,短期内难以解决

2. 中心地理论(central place theory)

中心地理论产生于 20 世纪 30 年代初西欧工业化和城市化迅速发展时期,是 1933年由德国地理学家克里斯泰勒首先使用的。它是研究区域空间组织和布局时,探索最优化城镇体系的一种区位理论。中心地理论认为一定区域内的中心地在职能、规模和空间形态分布上具有一定规律性,中心地空间分布形态会受市场、交通和行政三个原则的影响而形成不同的系统,并探讨了一定区域内城镇等级、规模、数量、职能间关系及其空间结构的规律性,并采用六边形图式对城镇等级与规模关系加以概括(图5-1-2)。

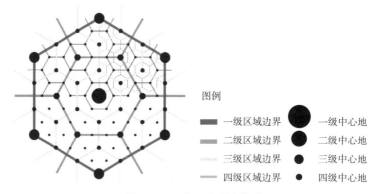

图例

▰ 一级区域边界		● 一级中心地	
━ 二级区域边界		● 二级中心地	
┄ 三级区域边界		● 三级中心地	
─ 四级区域边界		· 四级中心地	

图 5-1-2 中心地理论模型
(资料来源:本书编写组自绘)

3. 增长极模式

法国经济学家佩鲁把产业部门集中而优先增长的先发地区称为增长极。增长极只能是区域内各种条件优越,具有区位优势的少数地点。增长极一经形成,就会吸纳周围的生产要素,使自身日益壮大,并使周围的区域成为"极化区域"。当这种极化作用达到一定程度,并且增长极已扩张到足够强大时,会产生向周围地区的扩散作用,将生产要素扩散到周围的区域,从而带动周围区域的增长。

增长极的形成关键取决于主导产业的形成。增长极模式(图5-1-3)适用于区域经济的初始阶段或经济的稀疏区、经济不发达地区。当增长极发展到一定程度时,其扩散效应就会大于极化效应,此时便可进一步建立起增长极体系,不断拓展增长极的吸引范围。一方面,可以借此全面振兴区域经济;另一方面,也可为区域下一时期的

点轴开发打下基础。

4. 点轴开发模式

点轴模式是从增长极模式发展起来的一种区域开发模式，该模式中的"点"是各级中心城市，是各级区域的集聚点；"轴"是在一定方向上连接若干不同级别中心城市而形成的相对密集的社会经济密集带。重点开发轴线一般是指重要的线状基础设施，如交通干线、能源输送线、水源及通信干线等。凭借"轴"把各个"点"有机地联系起来，便形成了点轴系统（图 5-1-4）。点轴开发模式的应用在一定程度上使整个国家和区域形成了整体性、层次性特征，通过特大城市等增长极推动了区域发展，形成了一大批国家级城市群和区域级城市群。

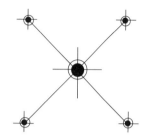

图 5-1-3　增长极模式示意图
（资料来源：本书编写组自绘）

在实际应用中，区域发展要以城市节点为依托，同时加快城市增长极之间的高速铁路与高速公路的建设，形成"节点—城市"发展轴线，从而形成空间集聚效应和规模效应，带动整个区域经济的快速协调发展。

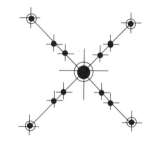

图 5-1-4　点轴开发模式示意图
（资料来源：本书编写组自绘）

5. 网络开发模式

在较发达地区或经济重心区，交通发达，城市密集度较大，农村经济活跃，中心城市外围地区的经济发展速度快于核心部位，"点"、"线"、"面"组成了一个有机的整体，从而使整个区域得到有效的开发。

总体而言，区域的发展通常会经历四个发展阶段（图 5-1-5）：
（1）雏形发育阶段——增长极模式；
（2）快速发育阶段——点轴开发模式；
（3）趋于成熟阶段——点轴群开发模式；
（4）成熟发展阶段——网络开发模式。

6. 核心—边缘结构发展模式

1960 年代美国经济学家弗里德曼提出的"核心—边缘"理论模式认为，任何一个

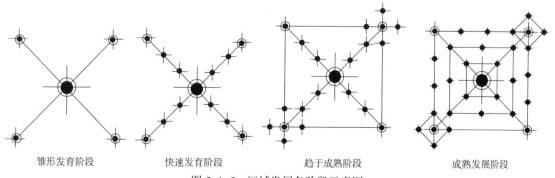

雏形发育阶段　　快速发育阶段　　趋于成熟阶段　　成熟发展阶段

图 5-1-5　区域发展各阶段示意图
（资料来源：本书编写组自绘）

国家都是由核心区域和边缘区域组成的。核心区域由一个城市或城市集群及其周围地区所组成；边缘的界限由核心与外围的关系来确定。在区域经济增长过程中，核心与边缘之间存在着不平等的发展关系。总体上，核心居于统治地位，边缘在发展上依赖于核心（图5-1-6）。

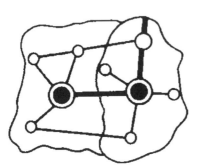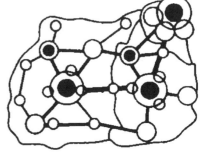

核心—边缘结构形成阶段　　　　　　　　　核心—边缘结构成熟阶段

图5-1-6　核心—边缘结构示意图

（资料来源：本书编写组自绘）

实际应用中，在已形成中心城市的地区适宜采用核心—边缘结构发展模式，通过城市集聚区域中心城市的辐射传播作用，使经济核心区不断向外推移；并在核心区外围不断地建设副中心，使核心地区极化作用减弱。

7. 梯度推移战略

不同国家或不同地区间存在着产业梯度和经济梯度，存在梯度地区技术经济势差，就存在着技术经济推移的动力，就会形成生产力的空间推移。经济的发展趋势是由发达地区向次发达地区，再向落后地区推进，处于高梯度地区的产业会自发地向处于较低梯度上的地区转移。梯度理论强调区域经济不平衡发展，强调区际间的分工和协作，它反映了地域分工的客观原因和经济效益最大化的实际，把产业的形成、发展演变过程与地域空间的产业布局结合起来，在理论上有积极的贡献。但梯度推移职能依级转移，僵化了地区发展，也在某种程度上限制了次发达地区的创新活动。

第2节　城市发展战略规划

1　理解"城市发展"

1.1　何为城市发展的基本规律

城市发展的一般规律主要在对城市发展具有重大影响的城市发展动力机制、地理区位变化、自然资源利用与保护、城市文化进步以及人才需求（包含政策、技术、管理）、工农业生产、科技进步等要素的变化中反映出来。城市发展动力机制中最根本的是人的需要，综合区位对城市发展有着决定性的影响，农业发展是城市发展的基础和前提，工业化、市场化和科技进步是城市化的重要推动力，文化是对城市发展长远起作用的基础条件和根本动力，政策因素对城市发展起着控制性作用，城市生态系统的动态平衡是保持城市健康发展的必要条件，城市基础设施是城市赖以生存和发展的生命线系统和城市发展的基础条件，城市发展必须拥有外部的区域经济的基础条件，城市的兴衰取决于发展的可持续性及其科学的综合决策。

1.2 分析城市形成和发展的条件

城市的形成与发展不能脱离城市的自然、经济、社会条件，城市依赖于良好的资源条件而形成，而经济、社会条件则影响城市发展的进程与发达程度，因此应充分考虑和恰当运用任何相对优越的条件，在竞争中显示城市的综合优势，进而促进城市的发展。

1.2.1 资源条件

城市形成和发展的资源条件包括自然资源条件和经济资源条件，是城市发展的基础。自然资源条件如地质、地貌、气候、水文、土壤、植被等通过影响人口分布而影响城市的发展，自然资源的分布特性也常常是某地区产业布局的决定因素。经济资源条件指矿产资源、淡水资源、地热资源、动植物资源的丰饶度及其组合。经济资源条件的富足与缺乏会推动或限制城市的发展进程。城市基础设施状况、区域劳动力数量和质量、经济发展的历史传统、发展水平和结构特征、未来的开发潜力等都可以影响区域的城市发展。

1.2.2 地理和交通条件

地理和交通条件包括城市地理位置条件和交通条件。城市地理位置包括相对地理位置和城址，相对位置是指某城市对该城市周围的一切物质的空间关系，决定了城市的个性和城市的发展前途。城址是城市所在的地点，主要由自然地理要素决定，它不仅影响城市的发展，而且影响城市的形态和内部结构，在建设新城或发展新区以前，应该对城市的选址作慎重考虑，避免缺乏优越性的城市地理位置而成为城市发展的限制条件。

交通联系的密切性、结构及其方式、交通设施的布局区位对城镇个体形态或者区域城镇群体形态产生强有力的牵引与组织作用，尤其是交通方式的变化对城镇空间的演化有着持续和重大的影响。城市的交通运输设施的发达程度影响着城市功能的集聚与扩散的发挥程度，成为城市社会经济发展的重要影响因素之一。

1.2.3 人文条件

人文条件包括文化条件、制度条件和人才条件。

城市最重要的功能在于它能够"流传文化"。城市文化包括历史文化、民俗文化和教育、科技和艺术。历史文化赋予城市深厚的历史文化积淀，提高城市知名度，促进经济发展；民俗文化能够保持城市的地方特色，对制定城市发展战略目标有一定的指导作用；教育、科技和艺术是城市文化活动的重要内容，也是市民陶冶情操、提高文化修养的途径。

城市制度体现在城市社会的运行所依赖的一系列制度保障中，在城市政治与行政的运行过程中具有重大作用。体制健全与否直接影响城市发展进程与城市化水平。

相对于农村，城市对人才的吸引力不言而喻。不同人口及劳动力素质直接影响城市发展的路径及发展的高度。一个城市的创新能力往往取决于这个城市的发展理念，以及把这些理念付诸实践的人才，城市的发展很大程度上是由这个城市所聚集的优秀人才的数量和质量决定的。随着知识经济时代的到来，城市发展越来越依靠知识和人力的投入，人口的质量和人才的数量成为城市发展的重要影响因素，同时也是城市快速发展的主要推动力量。

2 确定"城市竞争力"

2.1 什么是"城市竞争力"

城市竞争力是指城市在国内外市场上与其他城市相比所具有的自身创造财富和推动地区、国家或世界创造更多社会财富的能力。城市综合竞争力反映了城市的生产能力、资源优化配置能力、获取和占有市场能力、社会生活、环境质量、社会全面进步及对外影响等，具有系统性、动态性、相对性、隐含性、专门性和复杂性等特点。

2.2 分析城市竞争力的影响因素

根据城市竞争力概念中的三个核心要素：资源、能力、环境，在当今全球化信息技术的条件下，对城市竞争力的影响因素进行概括，如表5-2-1所示。

城市竞争力的影响因素　　　　　　　　　　　　　　　表5-2-1

资源	自然条件和自然资源	自然资源包括食物、空气、水、植物、旅游资源等；自然条件从狭义上指的是除了自然资源以外的所有影响经济增长的各个自然因素，如自然地理位置、地质地貌条件、水温条件以及环境宜人度等
	劳动力	劳动力即人力资本，是指城市劳动力（包括管理经营者）的数量、质量、潜力、可得性和成本。劳动力是直接投入要素，参与生产和价值形成的全过程，影响城市价值体系的构成和状况
	资本	资本要素是指城市拥有、控制或可利用的金融资本的数量、便利性、成本以及城市金融产业发展状况等。资本是直接投入要素，其对城市价值体系的影响主要体现为资本的利用规模、资本所具有的对其他生产要素的替代性，以及资本的富集对资本密集型产业发展的推动作用等
	科学技术	科学技术要素既包括了城市的科学技术、知识资源的存量，也包括科技的创新和转化能力。当前，城市的科研开发、创新能力根本性地影响城市价值的创造和城市价值体系的状况，科学技术是城市竞争力的决定性影响因素
	信息	信息要素主要包括城市的信息流、信息基础设施和信息贡献率等，可靠、充分、快速的信息资源，对在城市建设和经济发展领域作出合理的、具可操作性的、紧随时代需求的决策有至关重要的作用
能力	制度和管理	制度要素主要指城市及城市企业在城市层面上表现的政治法律制度、经济体制以及社会文化方面的制度；管理要素主要指城市及城市企业发展战略的科学性、管理水平、管理效率和作用
环境	开放性	开放性要素是指城市与区域内外（包括国内外）联系的状况。开放是城市系统的一个特征，决定着生产要素合理流动和配置的程度、城市比较优势发挥的程度，并影响再生资源（如劳动力、技术、制度与管理等）的创造及创新，从而使系统的结构更加稳定有序

资料来源：本书编写组自绘。

2.3　评价城市竞争力

2.3.1　建立城市竞争力的评价模型

竞争力不是一个能直接衡量的特征变量，评价竞争力首先必须构建一定的模型，根据模型进行指标体系的选择。目前最具代表性的国家竞争力模型有波特提出的"钻石模型"，以及 Iain Begg 之后提出的关于城市方面的竞争力模型。

1. 波特国家竞争力模型

波特认为，一国的特定产业能否在国际竞争中取胜，取决于生产要素、需求条件、相关支持性产业，以及企业战略、结构和竞争的优劣程度这四个因素。此外，政府及机会因素也具有很大的影响力。这六大要素构成了著名的"钻石模型"（图 5-2-1）。

2. Iain Begg 的城市竞争力模型

Iain Begg 综合了有关城市竞争力的概念和评价方式，将影响城市绩效（即城市经济行为）的投入和产出因素集中在一起，

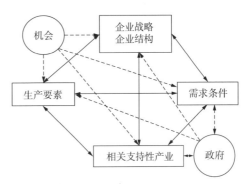

图 5-2-1　波特国家竞争力模型
（资料来源：本书编写组自绘）

将不同的竞争力因素归为一个系统。在这个模型中，四个投入要素是部门趋势、公司特征、商业环境、革新与学习能力，两个产出要素为就业率和生产率，在模型中，最终的变量是生活标准和生活质量。该模型分析了城市经济行为与公司、企业运作的紧密关系，并且指出城市竞争力的终极目标是提高城市居民的生活标准（图 5-2-2）。

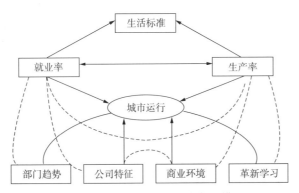

图 5-2-2　Iain Begg 的城市竞争力模型
（资料来源：本书编写组自绘）

2.3.2　城市竞争力的评价方法

城市竞争力最常用的评价方法包括区域经济学方法、基准法以及 SWOT 分析法三种。

1. 区域经济学分析方法

该方法适合于发展中国家城市竞争力的评价分析。它对于分析城市中传统产业的竞争力很有说服力，如钢铁产业等；也适合评价劳动密集型产业，如服饰生产等；同

111

时适合于经济生产中具备成本比较优势的城市区域分析。通过这种评价方法，很容易判断一个地区是否应在特定的时候对要素价格进行转变。但这种方法有两方面缺点：一是它忽视了其他重要要素，二是不能很好地反映有关非正式部门的活动或者贡献的数据。

2. 基准分析方法

基准分析方法在一般资源配置和措施有效性监测时比较适用，对竞争力含义的分析也有一定效用。这种基准分析的基本程序包括：①选择关于结果的目标（远瞻）、目的和因子；②建立评测朝特定目标进展的指标体系；③城市或区域的表现与基准统一考虑；④判断决定表现的要素；⑤程序和分配决策指南。这种分析方法同样存在缺点，即不易于把握为达到既定目标所适用的手段或者措施。

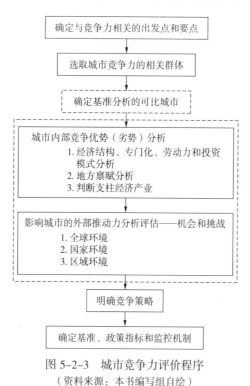

图 5-2-3　城市竞争力评价程序
（资料来源：本书编写组自绘）

3.SWOT 分析方法

SWOT（Strengths–Weakness–Opportunities–Threats，简称 SWOT）分析方法常用于战略规划过程中。评价程序主要包括：①分辨和评价现存城市系统中的优势和劣势。②分辨和评价外部环境所引发的机遇和挑战。③对上述条件变化所进行的相关监控。SWOT 分析方法的优点是它有助于辨明城市在有限资源和集聚变化的条件下以及竞争、冲突不断的世界中所面临的冲击和处境，注意城市区域外部世界的背景变化以及内部环境的制度容量，但缺点是分析具有浓厚的主观色彩，其分析结果与操作人员直接相关。

2.3.3　城市竞争力评价程序

根据上述几种城市竞争力的评价方法，总结得出城市竞争力评价的大致程序（图 5-2-3）。

3　制定"城市发展战略"

城市发展战略是指在充分分析城市发展的各种因素、条件、变化趋势和国内外政治、经济形势的基础上，制定较长时期内城市发展的战略目标，并作出关系城市经济、社会、建设、可持续发展的根本策划和对策。它是一种城市政策和发展的理论研究，是城市长远发展的指导方针，是城市管理的主要依据，强调城市之间的竞争和协作。

城市发展战略与城市竞争力、城市经营密切相关：城市经营通过管理实施实现城市发展战略，城市发展战略则为城市经营的依法行政提供决策手段；城市竞争力的情况反映城市发展战略制定的实效，为进一步的战略研究提供依据，城市发展战略则对提升城市竞争力的策略的制定起着指导作用。

3.1 明确城市发展战略目标

战略目标是城市发展战略的核心部分，是城市依据其发展的外部和内部条件制定的、在较长时期内所追求的、具有定性和定量要求的具体目的，反映城市发展道路的选择，它的制定合理与否决定着该战略的价值，是该战略能否实现的关键。

城市发展的战略目标体现为一个目标体系，包括经济、社会、空间和生态四个子系统。其中，经济目标是基础；社会目标是经济发展目的的体现，也是经济顺利发展、经济目标实现的保障；空间目标是实现经济、社会目标的物质条件；生态目标是经济、社会在城市空间与物质实体组合上的体现，是社会主体追求可持续发展的根本保证。

3.1.1 经济目标

按照管理层次的不同，城市发展战略的经济目标可划分为国家总体目标和城市本身的目标。国家总体目标主要包括宏观经济目标、城镇化及城乡区域发展目标、产业结构调整目标和经济可持续发展目标等，其制定为各城市目标的制定指出总方向并提供基本框架。城市本身的目标是集合其自身特殊需要的目标，统一于国家发展目标，反映城市对其经济发展速度、预期达到的水平、经济效益以及经济结构所做的总体规划。

3.1.2 社会目标

社会发展目标规定了城市人口、就业、文教卫生、居民社会以及社会保障等方面的规模、方向和水平，包括城市人口目标、城市居民生活水平目标、城市精神文化目标、城市社区建设目标和市政管理体制改善目标。

3.1.3 空间目标

城市发展战略的空间目标包括整体空间格局目标、城市空间规模目标、城市外部空间目标、城市内部空间目标和空间通道网改善目标。整体空间格局是在国家层面上，领土范围内的地理调整和区域划分。城市空间规模是指城市的用地规模，与城市社会经济发展、能量聚集、工业化水平和城市功能密切相关。城市外部空间包括城市整体空间布局形式和城市区域内城镇分布情况。城市内部空间是指城市内部及局部空间组织形式、结构和面貌等。空间通道网分为有形通道网和无形通道网，决定着城市内部和外部的通达性。

3.1.4 生态目标

生态目标以可持续发展为根本，在现代化建设中，把控制人口、节约资源、保护环境放在重要位置，以实现人口增长与社会生产力的发展相适应，经济建设与资源、环境相协调。因此，生态目标体系应包括：水资源，城市土地，空气、垃圾和噪声等污染治理，生态保护和绿化建设，城市能源结构转换，以及建设生态经济城市等。

3.2 分析城市发展战略模式

在现代经济条件下，发展战略的选择受到政府与市场两种力量制约。从政府与市场所发挥的不同作用来看，现代的城市发展战略可分为三种类型：市场主导型城市发展战略、政府主导型城市发展战略和混合型城市发展战略。

3.2.1 市场主导型城市发展战略模式

市场主导型城市发展战略依靠的是自下而上的力量，是在尊重市场经济配置资源的前提下，围绕推进市场发育和产业要素向城市集中进行的。从西方发达国家的城市发展史可以归结出，在市场经济下，国家推行的有利于工业化与城市化的主要战略对策有：开放、鼓励技术创新、人才与人口流动和民族工业发展。

3.2.2 政府主导型城市发展战略模式

二战以来，走强工业化拉动城市化道路的国家，大都实行政府主导型的城市发展战略。与市场主导型发展战略相比，政府主导型的城市发展战略具有战略目标明确具体，自上而下的力量占主导地位，非均衡推动跨越式发展等特点。政府主导型城市发展战略走的是资源积聚优势的道路，政府推动市场制度和工业化的导入、移植，以实现城市跨越式发展。

3.2.3 混合型城市发展战略模式

混合型城市发展战略模式是在制定城市发展战略的过程中，同时吸取市场与政府两种力量。随着市场调控导致的逆城市化等问题和政府主导型战略的弊端的出现，混合型城市发展战略的运用正成为现代城市发展的趋势。

4 城市发展战略规划

面对快速发展的市场经济和剧烈的社会变革（经济体制转轨、产业结构调整、城市化、全球化），建立在计划经济体制下的传统城市总体规划的理论方法、编制程序、管理手段、实施机制等在实践中已很难应对市场经济大潮的冲击及城市快速发展的新形势。在城市规划领域，需要对规划技术和内容进一步地扩展和探索，可行的步骤是在城市总体规划之上，从城市总体发展的目标和愿景层面，制定一个以城市问题和长远目标为导向的城市发展战略规划，为城市政府提供城市发展思路，为"城市总体规划"的修编提供指导。

概括而言，城市发展战略规划是一个过程，是对城市未来发展战略性重大问题进行预测和安排的过程，是技术过程、社会过程和政治过程的结合。同时，战略规划又是一种工作方法，通过研究城市性质、基本职能、用地发展方向、空间布局结构、重大基础设施建设、投资估算等重大问题，明确城市与区域在一段较长时期内发展的整体方向，作为城市发展大纲指导当前行动。

城市发展战略规划，也被称作概念规划，具有简洁而全局的特点，注重战略思想与物质规划内容的结合，以强化其与城市总体规划的衔接；灵活且富有弹性，淡化时间界限，强调动态运作，与市场经济、政治决策紧密联系。

4.1 区分城市发展战略规划的类型

由于产生的背景、制定的目的性、法律地位及理论方法等方面的差异，国内外城市发展战略规划呈现出不同特征，形成不同的类型。

4.1.1 国外城市发展战略规划

进入 20 世纪 60 年代，西方在市场经济环境下，竞争日趋激烈，区域与城市发展对规划的需求迫切，城市发展战略规划开始扮演起发展规划载体的角色。国外城市发展战略规划表现为四大特性：①研究性，侧重于对区域或城市社会经济发展的研究和论证，一般以研究报告的形式表达成果；②开放性，规划过程中，针对某些重要的、易引起争议的和难以独断的规划内容，采取开放的工作方法征询各方意见；③区域性，重视区域协调和区域合作，在战略规划中强调区域协调的观点，并对区域合作有完善的制度安排；④政策性，在部分国家和地区，战略规划是其规划体系中的一个法定层次，具有很强的政策导向性。

1. 英国的结构规划（区域空间战略）

英国于 1968 年立法确定由结构规划和地方规划组成的二级规划体系，表达城市发展战略性的发展方向和空间布局的大框架。2001 年规划体系变革，结构规划以区域空间战略文件出现，具备法律效力。就内容构成而言，主要包括现状与发展条件分析、目标政策、推进方法和实施规划的过程等。

2. 新加坡的发展战略规划

新加坡发展战略规划采取二级体系，即战略性的概念规划（Concept Plan）和实施性的开发指导规划（Development Guide Plan）。发展战略规划具有长期性和战略性，明确长远发展的目标和原则，体现在形态结构、空间布局和基础设施体系等方面；但它并不是法定规划，规划图仅具示意性，不足以指导具体的开发活动。

3. 加拿大的发展战略规划

20 世纪 60 年代开始，加拿大在主要的大城市（如温哥华、多伦多、渥太华等城市）开展战略规划。作为法定规划，其着眼于分析优势与劣势、风险与机会，明确可达到的战略目标，为市政当局建立一个长远的方向，并提出实施方法。

4. 美国波特兰的概念规划

美国波特兰的概念规划基于城市规划的主要要素而制定，主要反映土地利用、城市形态和城市规划的物质特性，如河流的利用与开发、交通走廊、闹市区、商业区、工业区、公园和开敞空间等。

4.1.2　国内城市发展战略规划

国内对城市发展战略的探讨始于 1982 年 12 月召开的全国城市发展战略思想学术讨论会。20 世纪 90 年代以前的城市发展战略实践，多以国土规划、市域规划、社会经济发展规划等形式开展。往后，随着经济体制改革的深化，经济与世界全面接轨，城市面临的国际竞争日趋激烈，制定城市长远性的战略规划成为各个城市应对竞争与发展的迫切需要。

1995 年，上海作出《迈向 21 世纪的上海》发展战略研究，其研究成果中的很多观点均成为上海发展的行动指导方针。进入 21 世纪，以广州城市总体概念规划为标志，一批大都市以行政区划调整为契机，纷纷展开对城市发展战略规划的研究与讨论，以解决城市发展中出现的主要矛盾和问题。

作为非法定规划，国内城市发展战略规划的特性可归纳为三个方面：①研究性，中国的城市发展战略规划相当于一种研究性报告，不具有法律效力，主要是为城市重大决策和区域性发展提供意见与建议；②服务性，战略规划直接服务于政府，并为总体规划提出总体框架上的指导；③弹性，规划内容和时限可根据具体需要而定。

4.2　明晰城市发展战略规划的作用

（1）制定城市竞争的总体战略，这是战略规划的核心。战略规划集发展战略、城市经营等于一体，发现问题、思考对策的角度均围绕提高城市竞争力进行。

（2）体现政府的施政意图。战略规划是一个政治过程，激烈竞争的环境和既有的业绩考核体制，使地方政府关注城市发展，战略规划必然体现政府的意图。

（3）对城市总体规划施加影响。战略规划的非法定性，使地方政府可以通过它来对总体规划的内容施加影响，作为城市发展的思路、策略、框架和行动指南。

（4）营造城市发展所需氛围。通过战略规划，可使下级政府获得共识，为大都市区一体化发展和跨行政区划问题的解决作出思想上和舆论上的准备，应对激烈的竞争。

（5）实现城市营销的目的。从市场经济角度看，城市好比一个大企业，通过城市内部的分工合作经营。战略规划涉及城市形象等策划内容，而其编制过程本身就被地方政府当做一种重要的营销方式。

4.3 界定城市发展战略规划内容

城市发展战略规划不是我国城市规划法定体系的组成部分，规划的内容尚无统一的要求。城市发展战略规划必须将政治的、经济的、社会的、文化的、自然的、人力的等各种因素视为一个整体，系统地加以整合，重点关注影响城市发展的关键因素及重大问题。规划内容可概括为以下几个方面：①区域分析——突破原有城市行政区概念，从全球、全国、地区三个层面分析，判断城市竞争力，明确城市性质与功能；②经济与产业研究——从产业结构角度分析城市成长的基础；③空间结构——对城市的土地资源进行科学合理的有效配置，重点是市区的空间结构；④支撑系统——对交通等大型基础设施进行规划，支撑空间结构；⑤生态保障——认识城市发展的约束条件，落实可持续发展空间。

城市发展战略规划研究的核心内容归根到底，就是研究城市应该、能够、如何发展到未来的某个状况。"应该"着重研究城市发展的外部需求。"能够"着重研究城市发展的内部因素，包括基于现实基础之上对制约因素和积极因素的解析等。"如何"着重研究城市发展目标的原则性的实现途径和方法，即如何协调和整合各种资源要素，发挥最大的效能。

4.3.1 区域分析

区域分析不是对现状的简单描述和现实问题的简单罗列，而应该从区域宏观背景分析入手，寻找城市发展的重大机遇并正视面临的重大挑战。在区域系统中分析城市的综合竞争力，确定城市的竞争要素，并明确城市的性质和功能。

城市性质一般从以下三个方面进行分析：①宏观发展背景分析，包括从全球尺度到区域尺度的城市背景环境，背景的变化必然引起城市发展的深刻变化。当前的城市发展正面临经济全球化、全球产业重构、信息化和城市化快速发展等机遇与挑战。②城市区域因素分析，包括城市在不同尺度的区域社会、经济、文化生活中的地位和作用，城市的区域资源条件，城市的区域交通条件，以及城市的区域发展潜力。③城市自身条件分析，包括城市地理区位、城市历史基础、城市现状建设条件等方面的分析。

4.3.2 经济与产业

1990年代以来经济全球化趋势明显，国际资本流动加速，知识经济正在兴起，高新技术产业成为新兴主导产业和新的经济增长点，从而带来了全球产业结构的重构与转移，也就是产业结构变动中资本、土地、劳动力和技术等生产要素在空间和时间上流动的动态过程。在此背景下，城市发展战略规划中的经济与产业研究则必须基于对现状经济发展水平、发展模式及产业结构等方面的深刻思考，把握产业发展的时代背景及条件，大胆预测未来城市经济和产业的发展；不仅要明确城市的主导产业，更要明确区域竞争中城市的优势产业部门、产业发展重点和方向，并为城市空间结构规划提供必要的框架。

目前，国内外对地区产业结构的定量分析方法已进行了大量的探讨，常用的分析方法主要有区位商分析、行业比重分析等。

（1）区位商（Location Quotient，简称 LQ）分析通过测定各个产业部门在各地区的相关专业化程度来间接反映区域间经济联系的结构和方向，常用的测定指标有产量、产值、就业人数等；计算公式如下（以产出水平为例）：

$$区位商 = \frac{某地区\,A\,部门产业水平\,/\,某地区全部产业水平}{区域\,A\,部门产业水平\,/\,区域总产出水平}$$

一般来说，LQ>1，表明 A 产业在该地区专业化程度超过区域平均水平，属于地区专业化部门。LQ 值越大，专业化水平越高，因而成为区域经济发展中的优势产业。

（2）行业比重分析主要用来确定支柱产业。支柱产业是指在一定的经济发展阶段，吸收运用新技术快，处于供求关系中心，且规模大，能充分利用规模效益，生产率高，附加值大，能成为该经济发展阶段国民收入增加和提高人民生活水平的主要支撑者。根据发达国家的经验和统计，一个支柱产业所创造的国民生产总值一般应占区域国民生产总值的 5% 以上才能称为支柱产业。

4.3.3　空间结构

城市空间是城市的物质载体，空间结构是一定时期内城市社会、经济、文化的综合表征，空间结构规划是城市发展战略规划的核心。尤其是在所有城市面临空间拓展的大背景下，空间结构研究在城市发展战略规划中更占有重要地位。而事实上，受行政区划及总体规划允许规模的限制，城市与区域之间以垂直联系为主，同级别的城市缺少联系，各自为政的空间发展方向及空间布局结构将不利于区域合作与资源的有效利用。城市发展战略规划中的空间结构研究应重点探讨历史演进规律、空间发展阶段、用地发展方向、城市总体空间结构与形态和功能区组织等内容。

城市空间发展战略的制定应充分考虑历史发展基础和发展过程、自然地理环境、城市性质和规模、交通可达性、政策与规划性控制、社会文化因素及土地市场等因素，对未来的城市空间发展进行科学评估。并基于可持续原则、适宜人居原则、区域性原则为指导，综合参考用地条件、历史条件、城市性质、城市发展水平、城市发展速度、快速交通走廊、制度环境等指标，因地制宜地选择城市空间发展模式。

4.3.4　支撑系统

城市发展战略规划中的支撑系统主要指城市交通等大型基础设施和生态环境保障。

交通等大型基础设施对城市空间的拓展和功能区的对接具有重要的支撑和影响。城市内部交通网络的构成应当体现整个区域性交通网络的组织。交通网络的分析包括了交通网络的种类和形成，城市节点之间和地区之间连接的方式，不同交通模式之间的转换，开发与交通的关系等，提供了一个选择多、容量大、安全便捷及环保的城市交通运输规划大纲。

城市的健康发展要立足于与区域自然生态环境相适应，在维持区域自然生态系统支撑能力的基础上，贯彻保护环境、节约利用土地的国策，借助景观生态学原理，运用基质、斑块和廊道测度景观元素的形状、大小、数量及其空间关系，建构合理、稳定、均衡的城市生态结构，以作为城市空间结构的基础，满足经济高速发展条件下城市快速发展对生态环境维护优化的需求。

上述几方面是大部分城市发展战略规划都涉及的，此外，不同的城市在规划时可根据需要增加相关专题研究内容，或对某一方面的内容的研究更加侧重。总体上说，内容简化、突出重点、无程式化是城市发展战略规划的一大特色和优点。

4.4 城市发展战略规划的编制方法

城市发展战略规划的编制方法是由战略规划的目的、理念和对象所决定的。战略规划一方面具有目标的未来导向性、问题导向性、对象的宏观复杂性等共同特性，另一方面，它更强调规划的超前性、宏观性和战略性。目前我国战略规划研究正处于探索的初期阶段，主要的编制方法有区域分析法、目标—途径分析法、指导理论导入法、多方案比较法等。

4.4.1 区域分析法

以区域的观点来认识城市问题，寻求对策，是城市发展战略规划的基本方法。区域分析法是"战略性的、地域性的"，它从区域视角来看城市，突破原有市域行政区的界限，关注宏观性的、全局性的、地区与地区之间需要协调的关键性重大问题，强调规划要在各地区各自特殊性的基础上，因地制宜，扬长避短，反映不同地区的特色等。

4.4.2 目标—途径分析法

对于目标本身的理性分析研究是城市发展战略规划工作的重要内容。目标确立后，规划师要寻求达到目标的途径和手段，城市发展战略规划研究中的途径分析和选择主要集中在提出总体政策与战略性建议，并进一步提出一些整体的经营措施和工程措施，也即城市发展战略规划要考虑战略，同时也要考虑一些影响全局的战术。

4.4.3 指导理论导入法

一个具有前瞻性的、领先的指导理论的引入成为战略规划创新的重要要素，也是一个发展战略能否获得城市认同的基本保证。我国目前的战略规划研究尚无定式，空白很多，且已有的传统城市规划指导理论都是在特定的历史和社会经济背景下发展起来的，可发展空间较大。战略规划的区域主导方向的选择、产业定位、城市形态演变等方面都可充分借鉴国内外先进的研究成果，与国际研究动态保持较高的同步性，在每个战略的抉择上都保证理论对战略的指导作用。

4.4.4 多方案比较法

多方案比较法是结合几种典型的、不同理论指导下的、以不同目标为首要导向的发展模式，提出几种城市不同的发展可能，然后再对这几个方案进行实施手段和优化模式等方面的研究，选择最适合的方案。由于现在城市发展迅速，影响因素众多，而城市发展战略规划决定的是一个地区在未来相当长的一段时间内的范式，包含了城市所要选择的目标和实现其目标的手段，关系到城市的生存与发展。有必要针对不同的发展场景作一个全面的衡量，避免单一方案可能会造成的疏漏和片面，也给城市发展的决策者提供一个多样性的选择，应对变化日益激烈的市场。

■ 本章小结

本章第 1 节介绍了有关区域规划的内容。首先讲述了区域的基本特征及其类型，接着在区域分析的基础上重点介绍了区域规划的内容与发展历史，最后就区域发展战略进行了详细讲述。

在第 2 节中则介绍了城市发展战略规划的相关内容。首先介绍了城市发展规律、城市竞争力以及城市发展战略的基本概念。其次，在此基础上重点讲述了国内外不同类型的城市发展战略规划。最后，讲述了城市发展战略规划的主要内容和编制方法。

■ 主要参考文献

[1] 崔功豪，魏清泉，刘科伟. 区域分析与区域规划 [M]. 北京：高等教育出版社，2003：4，5，11–15，235，251–253.

[2] 罗伯特 · 迪金森. 近代地理学创建人 [M]. 北京：商务印书馆，1984：5.

[3] 吴殿廷. 区域分析与规划教程 [M]. 北京：北京师范大学出版社，2008：7–8，20，163–168.

[4] 彭震伟. 区域研究与区域规划 [M]. 上海：同济大学出版社，1998：2，140–142，146–147，235.

[5] 崔功豪，魏清泉，陈宗兴. 区域分析与规划 [M]. 北京：高等教育出版社，1998：8，9.

[6] 王浩. 区域规划理论与方法 [J]. 管理世界，1993（2）：149–152.

[7] 毛汉英，方创琳. 新时期区域发展规划的基本思路及完善途径 [J]. 地理学报，1997，52（1）：1–9.

[8] 陈雯. 我国区域规划的编制与实施的若干问题 [J]. 长江流域资源与环境，2000，9（2）：141–147.

[9] 赵洪才. 重视区域规划 [J]. 城市发展研究，1999（1）：18–20.

[10] 张京祥，芮富宏，崔功豪. 国外区域规划的编制与实施管理 [J]. 国外城市规划，2002，17（2）：30–34.

[11] 刘卫东，陆大道. 新时期我国区域空间规划的方法论探讨 [J]. 地理学报，2005，60（6）：894–902.

[12] 方创琳. 新时期区域发展规划的基本内涵和类型体系 [J]. 规划师，1998，14（3）：109–113.

[13] 沈玉芳. 论国外区域发展与规划的实践 [J]. 世界地理研究，1998，8（1）：28–36.

[14] 张京祥，吴启焰. 试论新时期区域规划的编制与实施 [J]. 经济地理，2001，21（5）：513–517.

[15] 胡序威. 我国区域规划的发展态势与面临问题 [J]. 城市规划，2002，26（3）：

　　23–26.

[16] 周毅仁 . "十一五" 期间我国区域规划有关问题的思考和建议 [J]. 地域研究与
　　 开发，2005，24（3）：1–5.

[17] 谢惠芳，向俊波 . 面向公共政策制定的区域规划 [J]. 经济地理，2005，25（5）：
　　 604–606.

[18] 李广斌 . 新时期我国区域规划理论革新研究——基于利益协调的视角 [D]. 上
　　 海：华东师范大学学生论文，2007：4.

[19] 宁越敏 . 国外大都市区规划体系评述 [J]. 世界地理研究，2003（12）：1，
　　 36–43.

[20] 顾朝林，赵晓斌——中国区域开发模式的选择 [J]. 地理研究，1995（12）：8–22.

[21] 卢正惠 . 区域开发——非均衡到均衡的过程 [J]. 云南财贸学院学报，2003（6）：
　　 8–12.

[22] 兰德华 . 简述点轴开发模式在我国区域开发中的应用 [J]. 区域经济，2009（4）：
　　 29–31.

[23] 吴湘玲 . 我国区域开发模式略评 [J]. 人文杂志，1994（3）：61–62.

[24] 周天勇 . 城市发展战略：研究与制定 [M]. 北京：高等教育出版社，2005.

[25] 顾朝林编 . 概念规划：理论 · 方法 · 实例 [M]. 北京：中国建筑工业出版社，
　　 2005.

[26] 郑国编 . 城市发展与规划 [M]. 北京：中国人民大学出版社，2009.

[27] 于涛方 . 城市竞争与竞争力 [M]. 南京：东南大学出版社，2004.

[28] 于涛方，顾朝林 . 论城市竞争与城市竞争力的基本理论 [J]. 城市规划汇刊，
　　 2004（6）.

[29] 曾慧 . 城市竞争力评价研究述评 [J]. 统计与决策，2010（4）.

[30] 张林泉 . 泛珠三角区域城市竞争力实证分析 [J]. 经济研究导刊，2010（4）.

[31] 艾勇军 . 城市经营和城市竞争力及城市发展战略的关系 [J]. 山西建筑，2007
　　（49）.

[32] 饶会林 . 试论城市发展战略目标的抉择 [J]. 财经问题研究 .1987（4）.

[33] 梁玉芬 . 城市发展战略模式及影响因素 [J]. 中国特色社会主义研究，2004（3）.

[34] 陈大鹏 . 城市战略规划研究 [D]. 西安：西北农林科技大学学生论文，2005.

[35] 王凯 . 从广州到杭州，战略规划浮出水面 [J]. 城市规划，2002（6）.

[36] 高雁鹏 . 试论城市发展战略规划编制的理论与方法 [D]. 长春：东北师范大学
　　 学生论文，2004.

[37] 盛鸣 . 城市发展战略规划的技术流程 [J]. 城市问题，2005（1）.

■ 思考题

1. 结合你所在的城市，试分析其在区域中与周边城市的相互关系。

2. 区域规划包括哪些主要内容？

3. 国外城市有哪些发展战略性规划？它们在目的、内容和作用方面有何异同？

第6章 城市总体规划

城市是一个复杂的，涉及政治、经济、文化和社会生活等各个方面的巨系统。在城市发展进程中，各类城市问题可以说是如影随形地与城市结伴而生，而诸如城市"摊大饼"、职住失衡、工业与居住混杂、公共服务设施配置缺失等问题，在我国大多数城市中都很普遍。倘若在城市整体层面上对城市宏观布局问题进行统筹，将尽可能较小地减少此类城市问题的产生。

　　因此，城市规划实践需要在城市整体层面上对全局进行协调。而城市总体规划就是担任着这样的角色：即是对一定时期内的城市性质、发展目标、发展规模、空间布局、土地利用等方面的综合部署。可见，城市总体规划是城市规划实践中的高层次规划，是城市规划综合性、整体性、政策性的集中体现。本章尝试回答以下八个问题：

　　（1）城市总体规划的特点是什么，以及它和相关规划的关系如何？

　　（2）如何针对城市的区位、资源和社会经济条件，判别城市职能，确定城市性质，从而更好地指导城市布局？

　　（3）在我国人口众多、土地资源有限的条件下，如何节约用地，确定合理的城市规模，以防止"摊大饼"的发生？

　　（4）如何针对城市用地的自然、建设及经济条件，对城市的用地进行合理的比选，以确定城市的主要发展方向？

　　（5）如何正确理解城市功能、城市结构和城市形态的关系，从而在总体布局上能强化城市功能，完善城市结构，并创造较好的空间形态？

　　（6）在理解城市总体布局的原则基础上，如何处理好工业、居住、公共设施、绿地等各类用地的布局要求和相互协调问题？

　　（7）如何进行城市总体布局的方案比选，以确定较为理想的布局方案？

　　（8）城市总体规划编制和实施中存在的问题和争论的焦点在哪里，如何改进？

第1节　城市总体规划的特点及其与相关规划的关系

1　城市总体规划的作用

　　城市总体规划是从城市整体的角度，研究城市的发展目标、性质、规模和总体布局形式，制定出战略性的、能指导与控制城市发展和建设的蓝图，在指导城市有序发展、提高建设和管理水平等方面发挥着重要的先导和统筹作用。

城市总体规划也是我国城乡规划立法和审批的重要内容，具有明确的法律地位，是城市规划的重要组成部分。它是编制城市近期建设规划、详细规划、专项规划和实施城市规划行政管理的法定依据。各类涉及城市发展和建设的行业发展规划，都应符合城市总体规划的要求。由于具有全局性和综合性，我国的城市总体规划不仅是专业技术，同时更重要的是引导和调控城市建设，保护和管理城市空间资源的重要依据和手段，因此也是城市规划参与城市综合性战略部署的工作平台。

2　城市总体规划作为战略性规划

20世纪以来，城市人口与经济活动的空间范围迅速扩大，规划越来越认识到需要从更长远的角度和更大的范围对城市发展进行控制和引导。第二次世界大战之后，更加注重区域整体的空间规划和经济发展规划的结合，战略性规划扩大到了更大的范围和不同的空间层次。目前，我国也开始对战略性规划进行积极实践和广泛讨论，许多城市将战略研究的成果直接用于指导城市总体规划，这对于体现城市总体规划的战略性具有重要意义。

从本质上讲，城市的总体规划就是对于城市发展的战略性安排，是战略性的发展规划。总体规划工作是以空间部署为核心制定城市发展战略的过程，是推动整个城市发展战略目标实现的重要组成部分。

3　城市总体规划与相关规划的关系

3.1　城市总体规划与区域规划

区域规划和城市总体规划都是在明确长远发展方向和目标的基础上，对特定地域的发展进行的综合部署，但在地域范围、规划内容的重点和深度方面有所不同。

区域规划是城市总体规划的重要依据。一个城市总是和它所对应的一定区域范围相联系，反之，一定的区域范围也必定有它所对应的地域中心城市。区域的总体发展水平决定着城市的发展，而城市的发展也将促进区域的发展。因此，城市的发展必须着眼于城市所在的区域范围，由孤立的"点"延伸到广度的"面"，否则，就城市论城市，很难准确把握城市的发展方向、性质、规模以及布局结构形态。因此，在对未进行区域规划的地区进行城市规划时，应首先进行城市发展的区域分析，为城市发展方向、性质、规模和空间结构形态的确定提供科学依据。

区域规划应与城市规划相互协调，配合进行。在区域规划中，从区域的角度出发，确定产业布局、人口布局和基础设施布局的总体结构框架，而在城市总体规划中进行各项布局时应注意与区域规划的衔接。在区域规划中，将会预测区域中人口的发展水平，确定人口的合理分布，并且大致确定各城镇的规模、性质以及它们之间的分工，通过城市总体规划应该使其进一步具体化，在具体的落实过程中，还有可能根据实际情况对原区域规划中的内容进行必要的修订和补充。

3.2　城市总体规划与国民经济和社会发展规划

我国国民经济和社会发展规划包括短期的年度规划、中期的5~10年规划以及20

年的长期规划，由发改委负责组织编制，是国家和地方从宏观层面对经济社会发展所作的指导和调控。国民经济和社会发展规划源自计划经济时期的发展计划，这意味着微观、具体、指标化的计划向宏观、综合的规划的转变。

国民经济和社会发展规划是指导城市总体规划编制的依据和指导性文件。国民经济和社会发展规划强调城市短期和中长期的发展目标与政策的研究与制定，而城市总体规划注重城市发展的空间部署，二者相辅相成。特别是城市的近期建设规划原则上应与经济和社会发展规划的时限相一致。在合理确定城市发展规模、发展速度以及重点发展项目等方面，应在国民经济和社会发展规划作出轮廓性安排的基础上，通过城市总体规划落实到具体的土地资源配置和空间布局上。

3.3 城市总体规划与土地利用总体规划

土地利用总体规划属于宏观的土地利用规划，是各级人民政府依法对其辖区内的土地利用以及土地的开发、利用、治理和保护所作的总体安排和综合部署。是在我国土地管理法颁布以后的一项由国土资源部主持的自上而下的规划工作，正在走向规范化。根据我国的行政区划，土地利用总体规划自上而下可分为全国、省（自治区、直辖市）、市（地）、县（市）、乡（镇）五个层次。上下级之间需要紧密衔接，上一级规划是指导下一级规划的依据，下一级规划是对于上一级规划的具体落实。

《中华人民共和国土地管理法》规定了土地利用总体规划编制的原则为：严格保护基本农田，控制非农建设占用农用地；提高土地利用率；统筹安排各类各区域用地；保护和改善生态环境，保障土地的可持续利用；占用耕地与开发复垦用地相平衡。

城市总体规划和土地利用总体规划有着共同的规划对象，都是针对一定时期、一定范围内的土地使用或利用进行的规划，但是在内容和作用上存在着差异。土地利用总体规划是从土地的开发、利用和保护出发制定的土地用途的规划和部署；城市总体规划是从城市功能和结构完善的角度出发对城市土地使用所作的安排。二者在规划目标、规划内容以及土地使用类型的划分等方面都存在着差异。

城市总体规划应与土地利用总体规划相协调。土地利用总体规划通过对土地用途的控制保证了城市的发展空间，城市总体规划中建设用地的规模不得超过土地利用总体规划中确定的建设用地规模。

第2节 城市基础条件分析和城市职能及性质判别

1 区位条件分析

区位条件包括整个区域城镇体系的区位和各城镇的区位。既有与周围山川、水域等的空间关系，更重要的是与周边区域、中心城市、工业基地、农业基地、道路交通、商品市场等的空间关系。如工商贸易港口城市必定滨临江河湖岸，其规模大小往往又直接取决于城市腹地的大小、状况以及城市与腹地的通达性。影响区位条件的要素主要包括以下三个方面。

1.1 交通运输因素

包括公路、铁路、航运等水陆交通条件，区位条件有时也称为区位交通条件；位于交通节点位置的城市具有交通运输和区际贸易等产生和发展的优越性。最早、最简单的城镇多发展于沿商旅大道等交通性要道停歇点；在各种交通方式的交会点往往会形成水陆联运港口城市、铁路公路枢纽城市等。

1.2 吸引辐射影响因素

主要指区域内的中心城市、开发区、大型工矿基地、重要市场等的影响，以及区域外的影响作用。

1.3 边缘区位效应

位于城市边缘的城镇容易得到城市的人才、技术、经济等方面的辐射，发展乡镇企业和第三产业得天独厚，有条件得到更快的发展。在一些国界、省界、地市界和县界的城镇，由于各区域资源分布、产业结构和经济发展水平的差异，通过商贸互补交流，可以使一些城镇繁荣。

2 自然资源条件分析

影响城镇与城镇体系发育的自然资源与自然条件很多，对城市影响较大的因素主要归纳为土地资源、用水条件以及港口资源、矿产资源、旅游资源开发利用条件四大类。

2.1 土地资源

由土地生态条件、土地生产率、土地区位条件、区域经济技术发展水平等构成的土地人口承载力制约了城市的发展水平，因此土地资源的人口承载力这项综合性指标应当是评价土地资源影响城市建设条件的一项主要指标。土地的地质条件对城市发展建设有重大影响。这些因素都是土地资源评价中要涉及的重要方面。

2.2 用水条件及港口资源

水资源条件是城镇生产和生活一刻也不能缺少的条件。江河、湖泊等地表水和地下水的水资源数量、水质及其保证利用程度对城镇发展有重大影响。因此，城镇新建和扩大规模都必须在准确估算区域水资源条件的基础上，考虑随着经济社会发展城镇人均用水量的增长需要，并兼顾城乡用水。同时，港口资源也是特定城市发展的动力和引擎。港口资源指符合一定规格船舶航行与停泊条件，并具有可供某类标准港口修建和使用的筑港与陆域条件以及具备一定的港口腹地条件的海岸、海湾、河岸和岛屿等，是港口城市赖以建设与发展的天然资源。

2.3 矿产资源

有丰富的矿产资源的地方，在适宜的水土资源条件配合下，往往能够形成大大小小的工矿城镇，我国这类城市和小城镇很多，今后也仍将是一些地区的若干城镇形成发展的主导因素。但采掘业只是这类城镇的先导产业或一段时间的支柱产业，随着时间的推移，以矿产品、林产品为原料的加工业以及相关的基础产业、制造业、服务业都会逐步发展起来，形成多样化的城镇职能结构。还有一些工矿城镇会由于资源枯竭而衰退，在城镇体系规划中应考虑其复苏或善后的措施。

2.4 旅游资源

大自然造化的景观优美的自然风景区、风景点是人们向往的旅游胜地。随着人们的生活水平提高和休假时间增加，出游旅行将越来越多。我国的旅游业与世界平均水平还有很大差距，正处于迅速成长期，伴随着旅游业开发将会形成一大批旅游城镇。摸清旅游资源的数量、分布、价值、开发利用现状和前景，制定与旅游城镇发展相关的开发利用保护规划，也是城镇体系规划的一项重要工作。

3 社会经济条件分析

影响城市发展的社会经济条件主要是人口与劳动力、经济发展水平与产业结构、基础设施、教育与科技水平等四大方面。

3.1 人口和劳动力

主要需要分析区域和主要城镇人口数量近 10 年来的变动，人口年自然增长和机械增长情况，人口密度，人口的城乡分布，人口的素质（学历年限）；劳动力数量及占总人口的比重，近 10 年劳动力就业结构变动（主要是农村劳动力），外出劳动力和外来劳动力，人均土地面积和人均耕地等方面。

3.2 经济发展水平与产业结构

需要分析近 10 年来的主要经济指标发展变化情况（国民生产总值、人均国民生产总值，三次产业结构，工业产值、工业结构，农业产值、农业结构，社会商品零售总额，城乡人口年纯收入，年财政收入与财政支出总量及人均量等），以及主要经济指标总量及人均量在上一层次区域中的地位。

特别是分析城市的产业结构，确定城市的主导产业，将为城市的经济和空间发展战略提供重要依据。产业是了解国民经济和城市经济状况的分析单位，城市产业结构是城市内部国民经济各产业部门长期占有产品和资源的比重。城市经济发展与产业结构有着密切的关系，经济发展必然伴随着产业结构的变化，反之亦然。通过调整产业结构、优化产业结构，可以推动城市经济发展。因此，在城市总体规划中，要对城市产业结构的现状、存在问题、影响和决定产业结构的主要因素进行全面的分析研究。

3.3 基础设施建设情况

主要是区域的铁路、公路干线及水运航线和快速交通的基本情况；区域供电和电信设施情况；区域与各城镇的自来水普及率、气化率等指标。

3.4 教育和科技情况

主要是在区域内分布的大专以上高等学校的数量、学生数，还要调查了解中小学入学率、辍学率、毕业率等；了解专业科研单位的数量，万人拥有的科技人员数，万人拥有的大专以上人员数，高级职称比重等。

4 城市职能

在城市总体规划的编制过程中，首先要进行城市发展战略的研究，需要研究城市职能，确定城市性质。城市职能是指一个城市在国家或区域政治、经济、文化生活各方面所起的作用和所承担的分工。城市本身是一个多功能的综合体，因而城市的职能是多方面的。这一现代城市的重要特点，反映了城市的重要地位，同时也是国民经济发展对城市的要求。探索和把握城市在国家的政治、经济、社会、文化生活中应发挥的作用和承担的分工，妥善解决城市基本职能与非基本职能，有助于科学制定和执行好城市的发展规划。

由于研究者关注重点的不同，城市职能类型的划分主要有两大体系（表 6-2-1）。按照各种城市职能在城市生活中的地位，城市职能可划分为以下不同类型：

城市职能分类体系　　　　　　　　　表 6-2-1

分类体系	关注点	代表人物	主要成就或观点
体系 I	城市类型	奥隆索（1921 年）	根据职能专门化、位置和地位，将城市分为六大类
		哈里斯（1943 年）	以不同的临界值为标准，将美国城市分为十大类型
		波纳尔（1953 年）	根据区位商的计算结果，将城市分为七类
		纳尔逊（1955 年）	开创了城市类型命名的综合定量的先河
体系 II	职能要素	萨姆巴特（1902 年）	将城市职能分为基本职能和非基本职能两大部分
		哈里斯（1943 年）	提出主导职能术语
		麦克斯韦尔（1965 年）	提出优势职能、突出职能、专业化指数
		J·W·韦伯（1959 年）	提出职能指数
		H·卡特（1972 年）	提出中心地职能、交通职能、特殊职能
		M·纽曼	提出战略职能

资料来源：根据相关资料整理。

（1）一般职能和特殊职能。一般职能是指每一个城市所必备的功能，如为本城居民服务的商业、饮食业、服务业和建筑业等；特殊职能是相对于一般职能而言的，是指代表城市特征的、不为每个城市所共有的职能，如风景旅游、采掘工业、石油冶炼等。特殊职能一般较能体现城市性质。

（2）基本职能和非基本职能。基本职能是指城市为城市以外地区服务的职能，非基本职能是城市为城市自身居民服务的职能。经济基础理论已表明：城市的政治、经济、文化等各个领域的活动是由两部分组成的。一部分是为本地居民正常的生产和生活服务的，即非基本活动部分；另一部分具有超越本地以外的区域意义，为外地服务，即基本活动部分。基本经济活动是城市发展的主动和主导的促进因素。

（3）主要职能和辅助职能。城市的主要职能是城市职能中比较突出的、对城市发展起决定作用的职能；为主要职能服务的职能即为城市的辅助职能。可以说当今世界上几乎所有的城市都是多职能的，在这些众多的职能中，对城市发展起决定作用，能够反映城市个性和特征，并使之能够区别于其他城市的职能是"主要职能"。对于一个城市来说哪种功能是主要功能不是人们主观臆断的，而是客观存在的。

值得注意的是，城市的特殊职能与一般职能、基本职能与非基本职能、主要职能与辅助职能相互交织，构成了城市职能的整体。每类的前者体现了城市对外的关联作用，其重要性在于对国家建设和经济社会发展的直接贡献；而每类的后者虽然不能直接体现对外的作用，但它能否充分得到发挥，却直接制约着整个城市的协调运转和有序发展，对城市的基本职能及主要职能的发挥，有着不可忽视的影响。

总之，城市职能是从整体上看一个城市的作用和特点，指的是城市与区域的关系、城市与城市的分工，属于城市体系的研究范畴。严格地说，单一职能的城市是很少的。一个城市在国家或区域中总会有几方面的作用，不过有的职能影响的区域面广，有的则小；有的职能强度大，有的则弱；有的城市有一个或两个主导职能，有的则几个职能势均力敌，不分上下。按城市职能的相似性和差异性进行分类，这就是城市职能分类。分类类别的多少与考虑城市各个职能的精细程度有关。类别过多，甚至一个城市一个类；或者类别太少，极端情况下把所有城市合成一个类，这都失去了分类的目的。类别控制在适当的数量，就必然要对城市职能加以概括，抓住主要的特征，而舍弃某些细节。城市的职能分类更带有综合性，能更深刻地揭露城市的本质。

一般说来，城市职能应体现和反映一个城市一定时期内的建设总方针，是一个城市的定性和定向，成为一个城市发展和建设的前提。一个城市的职能确定得合理与否，对一个城市的生产、人民生活，对城市的发展和建设具有深远的影响。所以要制定一个既科学合理、又切实可行的城市规划，就必须对城市的职能进行深入细致的调查研究，使之真正体现一个城市发生发展的客观规律，使得城市规划相建设具有科学合理的、明确的方向。

5 城市性质的确定

5.1 城市性质的概念

城市性质是指某一城市在国家和地区政治、经济和社会发展中所处的地位和所起的作用。因此，城市的性质应体现城市的个性，反映其所在区域的政治、经济、社会、地理、自然等因素的特点。

城市的形成和发展是历史进步的产物，城市的特征均因特殊的需要而改变。因此，城市的特征是不断变化的动态过程。城市性质是反映一定时期内城市主要职能及发展方向的，它将随社会条件、生产条件的变化而变化。

城市性质是城市建设的总纲，体现城市最基本的特征和城市总的发展方向。在快速城市化的今天，如何正确确定一个城市的性质，具有重要意义，主要在于：

首先，城市性质可为城市总体规划提供科学依据。正确确定城市性质，就可使该城市建设和发展有明确的方向，不会产生盲目性。过去我们过于强调按"大而全"、"小而全"的统一模式发展和建设生产性城市，从而破坏了地区合理经济结构的形成和合理的城市分工体系的建立。它可使城市在区域范围内合理地发展，做到真正发挥每个城市的优势，扬长避短，协调发展。

其次，城市性质是确定城市合理规模的重要依据。因为不同的城市规模，对城市工业、交通运输业、城市居住区及综合性的郊区生产有着不同的布局与要求。城市的规模大小，要依城市发展的条件、特点来定。城市规模是否合理，主要表现在它的城市性质确定得是否正确等方面。如果城市性质不明确，会使城市发展主次不分，导致城市发展规模无法控制。

再次，城市性质还是合理确定城市布局的重要依据。不同的城市性质决定着不同的城市规划的特征，对城市用地组织的特点以及各种市政公用设施建设的水平起着重要的作用。因此，在编制总体规划时，首先要确定城市性质。这是决定一系列技术经济措施及其相适应的技术经济指标的前提和基础。正确拟订城市性质对城市规划和建设非常重要，是确定城市发展方向和布局的依据之一。它有利于合理选定城市建设项目，有利于突出规划结构的特点，有利于为规划方案提供可靠的技术经济依据，调整各类城市用地及城市内部用地不平衡等问题，从而提高土地的有效利用率。譬如，目前我国城市内部用地多半是工业用地偏大，生活用地不足等，都要通过城市性质确定之后逐步进行有计划、有步骤的调整和解决。

5.2　城市性质与城市职能的区别和联系

城市性质和城市职能是既有联系又有区别的概念。两者的联系在于城市性质是城市主要职能的概括，代表了城市的个性、特点和发展方向。两者之间的区别主要在于：

（1）城市职能分析一般利用城市的现状资料，得到的是现状职能，而城市性质一般是表示城市规划期里希望达到的目标或方向；

（2）城市职能可能有好几个，强度和影响范围各不相同，而城市性质只抓住最主要、最本质的职能；

（3）前者是客观存在的，但可能合理，也可能不合理，而后者在认识客观存在的前提下，揉进了规划者的主观意念，可能正确，也可能不正确。

在确定城市性质时，需要避免以下倾向：

（1）既要避免把现状城市职能照搬到城市性质上，又要避免脱离现状职能，完全理想化地确定城市性质。避免这些倾向，首先要正确理解城市职能、主要职能和城市性质三者之间的联系；其次要对城市职能和城市性质赋予时间尺度的含义。分析该城市形成发展诸因素中今后可能和合理的变化发展，才可制订城市的规划性质。这是指理论概念上要解决的问题。

（2）城市性质的确定一定要跳出就城市论城市的狭隘观念。城市职能的着眼点是城市的基本活动部分，是从整体上看一个城市的作用和特点，指的是城市与区域的关系，城市与城市的分工。而城市性质所要反映的城市主要职能、本质特点或个性，都是相对于国家或区域中的其他城市而言的。因此，城市性质的确定就更离不开区域分析的方法。

（3）城市性质对主要职能的概括深度要适当，城市性质所代表的城市地域要明确。城市的各个职能按其对国家和区域的作用强弱和其服务空间的大小以及对城市发展的影响力是可以按重要性来排序的。这就产生了城市性质对主要职能要概括到什么深度的问题。这就随着使用城市性质的场合不同而区别对待。

5.3　城市性质的确定方法

5.3.1　城市的宏观综合影响范围

城市的宏观影响范围往往是一个相对稳定的、综合的区域，是城市的区域功能作用的一个标志。城市的影响范围是和城市的宏观区位相联系的。因此，一般应把城市宏观区位的作用纳入到城市性质的内涵，使城市的主要作用的"区域"范围具体化，使城市在国家和区域中的"地位"具体化（国际性的、全国性的、地方性的、流域性的、毗邻地区的中心城市、工业城市，等等），这样有助于明确城市发展的方向和建设的重点。

5.3.2 城市的主导产业结构

传统城市性质确定方法的重点内容是以城市的主导产业结构来表达城市性质，它强调通过主要部门经济结构的系统来研究，拟订具体的发展部门和行业方向。

5.3.3 城市的其他主要职能

是指对城市其他主要职能的考虑和表述。所谓其他主要职能，是指以政治、经济、文化中心作用为内涵的宏观范围分析和以产业部门为主导的经济职能分析以外的职能，一般包括历史文化属性、风景旅游属性、军属防御属性等，如国家或省级历史文化名城、革命纪念地、风景旅游城市等。

综上，一个城市其性质的表述往往可分为相应的三个层次，如上海的城市性质曾确定为"我国最大的经济中心和航运中心，国家历史文化名城，并逐步建成国际经济、金融、贸易中心城市之一和国际航运城市之一"。若选择一个较小的城市吉安而言，其性质为"江西省中部地区的中心城市，以电子、农林产品加工为特色的综合性工业城市和京九铁路沿线的贸易旅游口岸，省级历史文化名城"。三句话分别代表城市性质的三个基本属性（表6-2-2）。同时，城市性质不是一成不变的，一个城市由于建设的发展，或因客观需要，或因客观条件变化，都会促使城市有所变化，从而影响城市性质。

国内相关城市性质的表述　　　　　　　　　　表 6-2-2

厦门市：我国经济特区，东南沿海重要中心城市，港口及风景旅游城市（2000年版）
珠海市：国家的经济特区，珠江口西岸区域性中心城市，亚热带海滨风景旅游胜地（1999年版）
深圳市：现代产业协调发展的综合性经济特区，华南地区中心城市之一，现代化港口工业城市（1996年版）
湛江市：广东省副中心，粤西及环北部湾经济圈中心城市，具有北热带风光的现代化港口工业城市（2004年版）
惠州市：石化产业基地、IT产业基地、生态旅游胜地、对外出口加工贸易基地和现代物流中心（2004年版）
温州市：我国东南沿海重要的商贸、工业港口城市，浙江省南部的中心城市（2002年版）
宁波市：现代化国际港口城市，国家历史文化名城，长江三角洲南翼经济中心
泉州市：海峡两岸繁荣带中部枢纽城市
青岛市：我国东部沿海较重要的经济中心和港口城市，国家历史文化名城和风景旅游胜地（1995年版）
大连市：北方沿海重要中心城市和港口、旅游城市
张家港市：江苏省重要的对外开放门户，现代化的港口、工业城市（1995年版）
赣州市：国家历史文化名城，江西南部经济、文化、旅游、交通中心，赣、粤、闽、湘边际地区的中心城市（1995年版）

　　　资料来源：本书编写组自绘。

第 3 节　城市人口规模预测与城市用地规模

1　城市人口规模

1.1　城市人口构成

从城市规划的角度来看，城市人口是指那些与城市的活动有密切关系的人口，他们常年居住生活在城市的范围内，构成该城市的社会主体，是城市经济发展的动力建设的参与者，又都是城市服务的对象。城市按照其人口密度、经济联系、管理条件等因素，一般可划分为市区、近郊区、市辖县（远郊区）。城市规划中的城市人口是指市区和近郊区的非农业人口。一般指涉常住人口数量，即在某城市连续居住满半年或半年以上的人口。

城市人口的状态是不断变化的。可以通过对一定时期城市人口的各种现象，如年龄、寿命、性别、家庭、婚姻、劳动、职业、文化程度、健康状况等方面的构成情况加以分析。在城市规划中，需要研究的主要有年龄、性别、家庭、劳动、职业等构成情况。

1.1.1　年龄构成

年龄构成是指城市人口各年龄组的人数占总人数的比例。一般将年龄分成六组：托儿组（0~3 岁）、幼儿组（4~6 岁）、小学组（7~11 岁或 7~12 岁）、中学组（12~16 岁或 13~18 岁）、成年组（男 17 岁或 19~60 岁，女 17 岁或 19~55 岁）和老年组（男 61 岁以上，女 56 岁以上）。

1.1.2　性别构成

性别构成反映了男女人口之间的数量和比例关系，它直接影响城市人口的结婚率、育龄妇女生育率和就业结构。一般来说，在矿区城市和重工业城市，男职工往往占职工总数中的大部分；而在纺织和其他一些轻工业城市，女职工可能占职工总数的大部分。

1.1.3　家庭构成

家庭构成反映家庭人口数量、性别、辈分等组合情况。它对于城市住宅类型的选择，城市生活和文化设施的设置，城市生活居住区的组织等都有密切关系。家庭构成的变化对城市社会生活方式、行为、心理诸方面都会带来直接影响，从而对城市物质要素的需求也会有变化。

1.1.4　劳动构成

按参加工作与否，将城市人口分为劳动人口与非劳动人口（被抚养人口）；劳动人口又按工作性质和服务对象，分为基本人口和服务人口。基本人口是指在工业、交通运输以及其他不属于地方性的行政、财经、文教等单位中工作的人口。它不是由城市的规模决定的，相反，它却对城市的规模起决定性的作用。服务人口是指为当地服务的企业、行政机关、文化和商业等服务机构中的工作人员。被抚养人口指未成年的、没有劳动力的以及没有参加劳动的人员。

1.1.5 职业构成

职业构成是指城市人口中的社会劳动者按其从事劳动的行业性质（即职业类型）划分各占总人数的比例。国家统计局现行统计职业的类型如下：

（1）农、林、牧、渔、水利业；

（2）工业；

（3）地址普查和勘探业；

（4）建筑业；

（5）交通运输、邮电通信业；

（6）商业、公共饮食业、物资供销和仓储业；

（7）房地产管理、公用事业、居民服务和咨询服务业；

（8）卫生、体育和社会福利事业；

（9）教育、文化艺术和广播电视事业；

（10）科学研究和综合技术服务事业；

（11）金融、保险业；

（12）国家机关、党政机关和社会团体；

（13）其他。

按产业类型划分，以上第1类属第一产业，第2~5类属第二产业，第6~13类属第三产业。产业结构与职业构成的分析可以反映城市的性质、经济结构、现代化水平、城市设施社会化程度、社会结构的合理协调程度，它是制定城市发展政策与调整规划定额指标的重要依据。

1.2 城市人口规模的预测方法

城市人口规模预测是根据人口现状规模，结合对历史人口发展趋势以及未来影响因素的分析，按照一些假设的前提条件，采用一定方法对未来某一时点的人口量所进行的测算。制订城市人口发展规模，是一项计划性、科学性很强的工作。估算城市人口发展规模主要有以下几种方法。

1.2.1 综合增长率法

根据人口综合年均增长率预测人口规模，按下式计算：

$$P_t = P_0 (1+r)^n$$

式中　P_t——预测目标年末人口规模；

　　　P_0——预测基准年人口规模；

　　　r——人口年均增长率；

　　　n——预测年限。

1.2.2 指数增长模型法

运用指数增长模型预测未来人口规模，按下式计算：

$$P_t = P_0 e^{rn}$$

式中　P_t——预测目标年末人口规模；

　　　P_0——预测基准年人口规模；

　　　r——人口年均增长率；

　　　n——预测年限（$n = t - t_0$，t_0 为预测基准年份）。

1.2.3 经济相关分析

通过建立城市人口与经济总量之间的对数相关关系预测未来人口规模，按下式计算：

$$P_t=a+b\ln(Y_t)$$

式中 P_t——预测目标年末人口规模；

Y_t——预测目标年国内生产总值总量；

a、b——参数。

1.2.4 劳动力需求预测法

通过对劳动力的需求分析预测城市人口规模，按下式计算：

$$P_t=\frac{\sum_{i=1}^{3}Y_t\times W_i/y_i}{x_t}$$

式中 P_t——预测目标年末人口规模；

Y_t——预测目标年国内生产总值总量；

y_i——预测目标年第 i（例如一、二、三）产业的劳均国内生产总值；

W_i——预测目标年第 i（例如一、二、三）产业占国内生产总值总量的比例（%）；

x_t——预测目标年末就业劳动力占总人口比例（%）。

1.2.5 环境容量法

根据规划期末城市生态用地总面积，选取适宜的人均生态用地标准预测人口规模，按下式计算：

$$P_t=S_t/s_t$$

式中 P_t——预测目标年末人口规模；

S_t——预测目标年生态用地面积；

s_t——预测目标年人均生态用地面积。

上述几种类型的预测方法详见《城市人口规模预测规程（讨论稿）》，可根据人口发展特征及预测需要，选取不同的预测方法，针对不同类型、不同地区及不同时段的人口分别进行规模预测。当规划范围内不同地区之间发展不平衡、人口增长模式存在显著差别时，宜分别针对不同地区（不同行政区或区别城乡）进行人口规模预测，再汇总得出总体人口规模。

2 城市用地规模

城市用地规模是指城市规划建成区各项城市用地的总面积。城市性质不同，人口规模不同，用地规模及各项用地的比例也存在较大的差异。城市用地指标是指城市规划建成区内各项城市用地总面积与城市人口之比值，单位为"m²/人"。这是衡量城市用地合理性、经济性的一个重要指标。由于影响城市用地规模的因素较多，城市用地指标有一定的幅度范围。

由于我国人多地少，合理使用城市土地，适当提高土地利用率，不但有利于土地的有效利用，解决好城市和郊区农业争地的矛盾，而且可以节省城市各项工程设施的投资，节约能源，减少运输费用和整个城市的经营管理费用。当然，合理利用城市土地，也不是指标越低越好。因过度拥挤，并不能创造良好的生活和生产环境，不符合现代城市规划的要求。

为有效地调控城市规划编制中的用地指标，《城市用地分类与规划建设用地标准》（GBJ 137—1990）将城市规划人均建设用地指标分为四级，Ⅰ级为 $60.0~75.0m^2/$ 人，Ⅱ级为 $75.1~90.0m^2/$ 人，Ⅲ级为 $90.1~105.0m^2/$ 人，Ⅳ级为 $105.1~120.0m^2/$ 人。

对于总体规划人均建设用地指标，应在现状人均建设用地水平基础上同时对指标级和允许调整幅度的双因子的限制要求进行调整（表 6-3-1）。为保证城市土地的合理使用，同时又能保证基本的生产、生活要求，在上述标准中还需要对人均单项建设指标进行控制（表 6-3-2）。

规划人均建设用地指标　　　　　　　　　　　　表 6-3-1

现状人均建设用地水平（$m^2/$ 人）	允许采用的规划指标		允许调整幅度（$m^2/$ 人）
	指标级别	规划人均建设用地指标（$m^2/$ 人）	
≤ 60.0	Ⅰ	60.1~75.0	+0.1~25.0
60.1~75.0	Ⅰ	60.1~75.0	>0
	Ⅱ	75.1~90.0	+0.1~20.0
75.1~90.0	Ⅱ	75.1~90.0	不限
	Ⅲ	90.1~105.0	+0.1~15.0
90.1~105.0	Ⅱ	75.1~90.0	−15.0~0
	Ⅲ	90.1~105.0	不限
	Ⅳ	105.1~120.0	+0.1~15.0
105.1~120.0	Ⅲ	90.1~105.0	−20.0~0
	Ⅳ	105.1~120.0	不限
>120.0	Ⅲ	90.1~105.0	<0
	Ⅳ	105.1~120.0	<0

资料来源：《城市用地分类与规划建设用地标准》（GBJ 137—1990）。

规划人均单项建设用地指标　　　　　　　　　　表 6-3-2

类别名称	用地指标（$m^2/$ 人）
居住用地	18.0~28.0
工业用地	10.0~25.0
道路广场用地	7.0~15.0
绿地	≥ 9.0
其中：公共绿地	≥ 7.0

注：1. 规划人均建设用地指标为第Ⅰ级，有条件建造部分高层住宅的大中城市，其居住用地指标可降低到不少于 $16m^2/$ 人。

2. 大城市宜采用下限；设有大中型工业项目的中小工矿城市，其工业用地指标可提高到不大于 $30m^2/$ 人。

3. 规划人均建设用地指标为第Ⅰ级的城市，道路广场用地指标可降低到不小于 $5m^2/$ 人。

资料来源：本书编写组自绘。

各城市的各项用地构成，因所在的地区不同和所具备的条件不同而异。但就一个城市而言，它是一个有机整体，这个有机整体要求能在生产与生活各个方面协调发展，那么它们在建设用地上必然存在着一定的内在联系。由此，上述标准也规定了在编制和修订总体规划时，居住、工业、道路广场和绿地四大类用地必须符合规划建设用地结构（表 6-3-3）。

规划建设用地结构　　　　　　　　　　　　　表 6-3-3

类别名称	占建设用地的比例
居住用地	20%~32%
工业用地	15%~25%
道路广场用地	8%~15%
绿地	8%~15%

注：1. 大城市中，此比例宜取规定的下限；设有大中型工业项目的中小工矿城市，此比例可大于 25%，但不宜超过 30%。
　　2. 规划人均建设用地指标为第Ⅳ级的小城市，此项比例宜取下限。
　　3. 风景旅游城市及绿化条件较好的城市，此项比例可大于 15%。
资料来源：本书编写组自绘。

最后，城市总体规划工作通过编制城市总体规划用地汇总表和城市建设用地平衡表，分析城市各项用地的数量关系，用数量的概念来说明城市现状与规划方案中各项用地的内在联系，可为合理分配城市用地提供必要的依据。

第 4 节　城市用地适宜性评定与用地选择

城市用地是指用于城市建设和城市机能运转所需要的土地，它们既指已经建设利用的土地，也包括已列入城市规划区范围而尚待开发使用的土地，由工业、居住、仓库、公共设施、对外交通、城市道路、基础设施、公园绿地等不同的用地类型组成。

城市的一切建设工程，不管它们的内涵功能如何复杂，对空间如何利用，都必然落实到土地上，而城市规划的核心工作内容之一就是制定城市土地利用规划，通过其具体地确定城市用地的规模与范围，以及用地的功能组合与总体布局等。因此，有必要在正式讲述城市总体布局前，对城市用地的相关内容进行介绍，作为理解本节内容的准备性知识。

1　城市用地组成与用地分类

1.1　城市用地组成

从城市规划的角度来看，城市用地是指建成区或规划区范围内的用地。建成区是指某一发展阶段城市建设在地域分布上的客观反映，是城市行政管理范围内的土地和实际建设发展起来的非农业生产建设地段，它包括市区集中连片的部分以及分散在郊区，与城市有着密切联系的城市建设用地（例如机场、铁路编组站、通信电台、污水处理厂等）。建成区内部根据不同功能用地的分布情况，又可进一步划分为工业区、居住区、商业区、仓库区、港口站场等功能区，实际承担城市功能的运作，并共同组成了城市的整体。

1.2 城市用地分类

城市用地的用途分类，是城市规划中用地布局的统一表述，它是有着严格的内涵界定的。按照《城市用地分类与规划建设用地标准》（GBJ 137—1990），城市用地规划划分为大类、中类和小类三级，共 10 大类、46 中类和 73 个小类（表 6-4-1）。

城市用地分类 表 6-4-1

代码	用地名称	内容	说明
R	居住用地	住宅用地、公共服务设施用地、道路用地、绿地	指居住小区、居住街坊、居住组团和单位生活区等各类成片或零星的用地。分一、二、三、四类
C	公共设施用地	办公用地、商业金融业用地、文化娱乐用地、体育用地、医疗卫生用地、教育科研设计用地、文物古迹用地、其他公共设施用地	指居住区及居住区级以上的行政、经济、文化、教育、卫生、体育以及科研设计等机构和设施用地，不包括居住用地中的公共服务设施用地
M	工业用地	一类工业用地、二类工业用地、三类工业用地	指工矿企业的生产车间、库房及其附属设施等用地，包括专用的铁路、码头和道路等用地。不包括露天矿用地，该用地应归入水域和其他用地类
W	仓储用地	普通仓库用地、危险品仓库用地、堆场用地	指仓储企业的库房、堆场和包装加工车间及其附属设施等用地
T	对外交通用地	铁路用地、公路用地、管道运输用地、港口用地、机场用地	指铁路、公路、管道运输、港口和机场等城市对外交通运输及其附属设施等用地
S	道路广场用地	道路用地、广场用地、社会停车场（库）用地	指市级、区级和居住区级的道路、广场和停车场等用地
U	市政公用设施用地	供应设施用地、交通设施用地、邮电设施用地、施工与维修设施用地、殡葬设施用地、其他市政公用设施用地	指市级、区级和居住区级的市政公用设施用地，包括建筑物、构筑物及管道维修等用地
G	绿地	公共绿地、生产防护绿地	指市级、区级和居住区级的公共绿地及生产防护绿地，不包括专用绿地、园地和林地
D	特殊用地	军事用地、外事用地、保安用地	指特殊性质的用地
E	水域和其他用地	水域、闲置地、露天矿用地、耕地、园地、林地、牧草地、村镇建设用地	指除以上九大类城市建设用地以外的用地

资料来源：李德华.城市规划原理[M].第三版.北京：中国建筑工业出版社，2001.

2 城市用地适应性评定

城市用地评定主要包括自然条件、建设条件及用地的经济性评价三个方面。其中，每一方面都不是孤立的，而是相互交织在一起。进行城市用地评价必须用综合的思想和方法。

2.1 城市用地自然条件评价

自然环境条件与城市的形成和发展密切相关。它不仅为城市提供了必需的用地条件，同时也对城市布局、结构、形式、功能的充分发挥有着很大的影响。城市建设用地的自然条件评价主要包括工程地质、水文、气候和地形等方面的内容。

（1）工程地质。一是土质与地基承载力。由于地质构造和土质的差异，以及受地下水的影响，地基承载力相差悬殊。二是地形。包括山地、丘陵和平原三类。平原和低丘地带较好，山地问题较多。三是冲沟。为自然形成的排洪沟，形成切割用地，增加工程量，造成水土流失。四是滑坡与崩塌。滑坡是指在斜坡上大量土石沿坡滑下；崩塌是指山坡岩层和土层的层面雨后相对滑动，造成山坡体失去稳定而坍落。五是岩溶。即喀斯特现象，多数为石灰岩，在地下水的溶解和侵蚀下，岩石内部形成空洞。六是地震。地震的突然爆发不仅造成地表建筑物的破坏和倒塌，而且还会引起地裂缝、喷水、冒沙等现象。

（2）水文与水文地质。需获得江河流量、水质、流速、最高洪水位、地下水储量和可开采量、地下水质、地下水位等资料。

（3）日照。包括全年太阳照射的天数，以及邻近建筑物是否对用地造成阳光遮挡等。

（4）风象。由风向与风速表示。风向一般用风向频率（某一时期内观测、累计某一风向发生的次数或同一时期内观测、累计风向的总次数）表示；风速一般用平均风速（按每个风向的风速累计平均值）表示。

（5）气温。日温差较大的地区（尤其在冬天），夜间城市地面散热、冷却快，大气层中下冷上热，在城市上空会出现"逆温层"现象，污浊空气和有害废气难以扩散，将加剧大气污染。此外，要防止因建筑密集而可能出现的"热岛效应"。

（6）降水与湿度。降水量和降水强度对城市排水设施影响很大。而湿度则对城市某些工业生产工艺和生活居住环境产生一定影响。

由于不同的地理位置和地域差异的存在，自然环境要素对城市规划和建设的影响有所不同。例如，有些情况下气候条件影响比较突出，而有些条件下则可能地质条件比较重要。且一项环境要素往往对城市规划和建设有着正负两方面的影响（如地下水位高，虽有利于开采地下水源，但不利于施工）。因此，应着重分析主导因素，研究其作用规律及影响程度。

2.2 城市用地建设条件评价

作为城市用地不仅要求有良好的自然条件，同时对用地的人工施加条件也至为重要，包括建设现状条件、工程准备条件、基础设施条件等。

（1）建设现状条件。建设现状条件是指城市现存的各项物质内容的构成形态与数量的状况。建设现状条件对用地评定的分析的主要表现包括：①城市用地布局结构方面，包括城市各功能部分的组合与构成是否合理；城市用地布局结构能否适应今后发展的要求；城市用地分布对城市生态环境的影响；城市内外交通布局结构是否协调，等等。②城市设施方面，主要指公共服务设施和市政设施两个方面，它们的建设现状，包括质量、数量、容量与改造利用的潜力等。包括道路、桥梁、给水、排水、供电、煤气等管网、厂站及公共绿地的分布和容量是否合理，对城市环境有无影响，是否有利于城市防灾；商业服务、文化教育、邮电、医疗卫生设施分布、配套是否合理，质量是否合格等。③社会经济构成方面，主要表现在人口结构及其分布的密度，以及城市各项物质设施的分布及其容量，同居民需求之间的适应性。包括人口结构及分布、各项城市设施的分布及容量，应与居民需求之间互相适应；经济发展水平、产业结构和相应的就业结构，都将影响城市用地的功能组织和各种用地的数量结构。

（2）工程准备条件。在选择城市用地时还要考虑有较好的工程准备条件（如平整土地、防洪、改良土壤、降低地下水位、制止侵蚀、防止滑坡和冲沟的形成等）和外部环境条件（如与周围城镇的经济联系、资源的开发利用、交通运输条件、供电和供水条件等）。

（3）基础设施条件。基础设施在城市建设中投资占较大比重，是城市正常运营所不可缺少的支持条件，基础设施条件除了用地本身所具备的条件外，也包括用地邻近地区中可利用的条件，如有无管道可供方便接驳。

2.3 城市用地经济性评价

城市用地经济评价的基础是对城市土地基本特征的分析。城市土地除具有土地资源的共性以外，还有其特殊性。一是承载性。城市土地是接纳城市生产、生活各项活动和各类建筑物、构筑物的载体，为城市各项建设和经济社会活动提供场所。这是城市土地最基本的自然属性。二是区位。除包括几何位置外，更重要的是其经济地理位置，即与周围经济环境的相互关系，包括有形的区位（如就业中心、交通线路、基础设施条件等）和无形的因素（如经济发展水平、社会文化环境等）。

从影响范围看，城市土地区位可分为以下三个层次：宏观区位——城市在较大地域范围内的位置，如沿海城市、铁路交叉枢纽城市等，往往对区域城市间的级差地租和地价水平有决定作用；中观区位——指城市内部不同地段的相对位置及其相互关系，是影响土地和基准地价的主要因素；微观区位——指某块具体使用的土地在城市中的位置及其周边条件，不同的微观区位其地租和地价相差悬殊。

（1）地租与地价。地租是土地供给者凭借土地所有权向土地需求者让渡土地使用权时所索取的利润；地价是土地供给者向土地需求者让渡土地所有权时获得的一次性货币收入。在我国，城市土地属国家所有，因而，地价一般指土地一定年限内使用权的价格，是国家向土地使用者出让土地使用权时获得的一次性货币收入。

（2）级差地租。级差地租是指不同土地或同一块土地上，由于土地肥力、相对位置及开发程度不同而形成的差别地租。级差地租有两种形式：级差地租Ⅰ，是等量资本和等量劳动投在不同肥沃程度和位置的土地上所产生的不同级差生产力带来的级差超额利润的转化形态；级差地租Ⅱ，是指在同一块土地上连续追加投资，每次投入资本的生产率不同而产生的超额利润所转化的地租形态。

（3）区位理论的应用。主要表现在评价方法和评价层次上。如根据区位条件对土地的作用方式，采用土地分等定级测算级差收益的方法，进行城市土地评价；从分析对各类经济活动产生影响的区位因素入手，取得土地评价的因素（因子）体系，分为三个层次，即基本因素层、派生因素层和因子层。比如，基本因素土地区位可派生出繁华度、交通通达度等派生因素，而繁华度又可分出商业服务中心等级和集贸市场等因子，交通通达度又可分出道路功能与宽度、道路网密度和公交便捷度等因子。

2.4　城市用地工程适宜性评定

城市用地的评定是在调查分析自然环境各要素的基础上，按照规划与建设的需要，以及整备用地在工程技术上的可能性和经济性，对用地的环境条件进行质量评价，以确定用地的使用程度。通过用地的评定，将为城市用地选择与用地组织提供依据。

用地评定以用地为基础，综合与之相关的各项自然环境条件的优劣，通常将用地分为三类：

一类用地：是指用地的工程地质等自然环境条件比较优越，能适应各项城市设施的建设要求，一般不需或只需稍加工程措施即可用于建设的用地。地形坡度在 10% 以下；土质的地基承载力大于 15t/m²；地下水位低于建筑物基础，一般埋深 1.5~2m；未被洪水淹没过；无沼泽；无冲沟、滑坡、崩塌、岩溶等。

二类用地：是指需要采取一定的工程措施，改善条件后才能修建的用地。介于一类与三类用地之间（地基承载力为 10~15t/m²，地形坡度为 10%~20%，地下水位埋深为 1~1.5m）。

三类用地：是不适于修建的用地。主要指用地条件极差，必须付之以特殊工程技术措施后才能作为建设的用地。地基承载力小于 10t/m²，泥炭层或流沙层大于 2m，地形坡度大于 20%，洪水淹没经常超过 1~1.5m，有冲沟、滑坡，占丰产田，地下水位埋深小于 1m。

用地类别的划分是需要按照各地区的具体条件相对来拟订的，如甲类城市的一类用地在乙类城市可能只能是二类用地。同时，类别的多少也要视环境条件的复杂程度和规划的要求来确定，如有的分四类，有的只须二类。因此，用地分类体现了不同地形地貌条件的地方性特点。平原地区的用地分类参考表 6-4-2。

| | | | | 平原地区用地评定分类 | | 表 6-4-2 |

用地类别		地基承载力（kg/cm²）	地下水位埋深（m）	坡度	洪水淹没程度	地貌现象
类	级					
一	1	＞ 11.5	＜ 2.0	＜ 10%	在百年洪水位以上	无冲沟
	2	＞ 1.5	1.5~2.0	10%~15%	在百年洪水位以上	有停止活动的冲沟
二	1	1.0~1.5	1.0~1.5	＜ 10%	在百年洪水位以上	无冲沟
	2	1.0~1.5	＜ 1.0	15%~20%	有些年份受洪水淹没	有活动性不大的冲沟
三	1	＜ 1.0	＜ 1.0	＞ 20%	有些年份受洪水淹没	有活动性不大的冲沟
	2	＜ 1.0	＜ 1.0	＞ 25%	洪水季节淹没	有活动性冲沟

资料来源：李德华 . 城市规划原理 [M]. 第三版 . 北京：中国建筑工业出版社，2001.

3　城市用地选择

3.1　城市用地选择的影响因素

城市用地选择是根据城市各项设施对用地环境的要求、城市规划布局与用地组织的需求来对用地进行鉴别与选定的。城市用地选择恰当与否，关系到城市的功能组织和城市规划布局形态，同时对建设的工程经济和城市的运营管理都有一定的影响。对用地的适用性评价通常涉及的方面包括：

（1）建设现状。是指用地内已有的建筑物、构筑物状态，如有村、镇或其他地上、地下工程设施，对它们的迁移、拆除的可能性、互动的数量、保留的必要和价值、可利用的潜力以及经济评估等问题。

（2）基础设施。用地内以及周边区域的水、电、气、热供应网络以及道路桥梁等状况，即基础设施环境条件，将影响到用地适宜建设的规模、建设经济以及建设周期等问题。

（3）土地利用总体规划。选择在国土管理部门制定的土地利用总体规划，对该用地的用途规定及调整的可能性。

（4）生态环境。用地所在的区域自然环境背景以及用地自身的自然基础和环境质量。同时如作为选定用地加以人工建设，可能对既存环境的正面或负面影响。

（5）文化遗存。用地范围内地上、地下已发掘或待探明的文化遗址、文物古迹以及有关部门的保护规划与规定等状况。

（6）社会问题。指用地的产权归属，动迁原住民涉及社会、民族、经济等方面问题。

3.2 城市用地选择的原则

城市用地选择就是合理选择城市的具体位置和用地范围，其基本要求如下：

（1）遵照《城乡规划法》和《土地管理法》以及相关法律中有关土地利用的规定。

（2）选择有利的自然条件。从现实的经济水平和技术能力出发，按近期和远期的规模要求来合理选择用地，尽量选择有利的自然条件是城市规划布局的重大原则。

（3）新城选址或各种开发区选址既要满足建设空间与环境的需要，同时要为将来进一步发展预留余地与方向；旧城扩建用地选择，要结合旧区的布局结构考虑城市扩展重构城市功能布局的合理性；要充分利用旧城的设施基础，节省建设投资。

（4）用地选择应对用地的工程地质条件作出科学的评估，要结合不同功能地域对用地的使用要求，尽量少占农田，尽可能减少用地的工程准备费用。同时做到地尽其利，地尽其用。

（5）注意保护环境的生态结构，原有的自然资源和水系脉络。注意保护地域的文化遗产。

以广西平果城市总体规划为例，其在选择城市用地中遵循以下几个原则：①选择有利的自然条件，又要保护对生态较为敏感的地区。②尽量少占农田耕地，特别是优质农田。③具有良好的基础设施接驳条件，具有较高的开发效益，尤其是要适应近期开发能力。④为城市合理布局创造良好的条件，满足近远期空间发展的需要，并且具有远景发展的余地。依据用地条件分析，可将平果城市发展用地分为马头镇以东、火车站南北两侧、江北—江南三组，与城市总体布局要求相结合，可以确定平果城市用地的选择方向（图6-4-1、表6-4-3）。

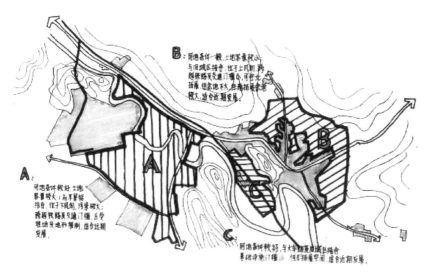

图 6-4-1　平果城市用地选择图

（资料来源：《平果城市总体规划（1998—2020）》）

平果城市用地的选择比较　　　　　　　　　表 6-4-3

评价因素	A 组（马头镇以东）	B 组（火车站南北两侧）	C 组（江北—江南）
用地条件	用地条件好，工程量小	用地条件一般，工程量适中	江北区用地高差起伏大，土方工程量大；江南区用地条件好，工程量小
发展门槛	基础设施容易接驳，发展门槛小	发展门槛小	跨越铁路、右江门槛，现状无基础设施
规划布局	与旧城区相结合，位于城市上风向	与旧城相结合较好，结合火车站发展	与平果铝结合较好，位于城市下风向
空间拓展	可往北及往南拓展，但空间拓展余地不大	没有拓展空间	可能往新安公路走廊地带拓展
综合评价	适宜近中期发展，宜安排生活居住用地	适宜近期发展，宜安排仓储、生活居住用地	适宜中远期发展，江南宜安排工业用地，江北宜安排商业、生活居住用地

资料来源：《平果城市总体规划（1998—2020）》。

4　城市规划区范围

　　城市规划区是为编制城市总体规划所划定的地域范围，一般是指城市市区、近郊区以及城市行政区域内因城市建设和发展需要实行规划控制的区域，城市规划区的具体范围，由城市人民政府在编制的城市总体规划中划定。划定城市规划区的主要目的，在于从城市远景发展的需要出发，控制城市建设用地的使用，以保证城市总体规划的逐步实现。如水源保护区。

　　对于部分大型城市或特大型城市，其城市行政区划面积有限，在实践中其城市规划区的范围一般与其行政区范围重合。对于中小城市而言，往往其规划建成区以外，还有广阔的农村地域和行政范围，其城市规划区的划定，一般包含三个层次：

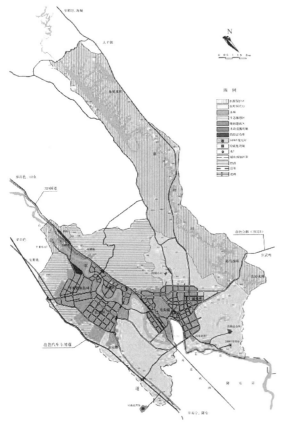

图 6-4-2　平果城市规划区范围
(资料来源:《平果城市总体规划(1998—2020)》)

(1)城市建成区。在这一范围内用地管理的主要任务是合理安排和控制各项城市设施的新建和改建,进行现有用地的合理调整和再开发。

(2)城市总体规划确定的市区(或中心城市)远期发展用地范围。这部分包括建成区以外的独立地段,水源及其防护用地,机场及其控制区,无线电台站保护区,风景名胜和历史文化遗迹地区等。在这一范围内,用地管理的主要任务是按照规划的要求,保证各项用地和设施有秩序地进行开发建设。

(3)城市郊区。它的开发建设同城市发展有密切的联系,因此需要对这一区域内城镇和农村居民点各项建设的规划及其用地范围进行控制。

以广西平果城市而言,除规划建成区外,城市规划区的划定还考虑以下几个因素:

(1)布见水库、新圩河流域、那厘水厂和平果铝水厂上下游一定范围内应作为饮用水源保护区加以控制;

(2)平果铝业环境污染的直接影响范围;

(3)平果城市北部石灰石矿、铝矿开采可能对城市生态景观造成极大影响的地区;

(4)城市远景发展可能使用的土地,一般的原则是控制建成区外围到山脚;

(5)那厘火车站、那马水库、500kV 变电站、220kV 变电站及规划的垃圾处理场、危险品仓储区等重要设施用地;

(6)城市外围的生态控制区。

城市规划区面积约 180km^2(图 6-4-2),城市规划区范围包括:

(1)马头镇全境:马头居委会,红旗农场及城龙、雷感村;

(2)新安镇:布思、那劳、新安的全境,道峨、大隆、龙越、中桥的部分属地;

(3)果化镇:玻利、永定等部分属地;

(4)城头乡:炼沙、雅龙、九平、同仁行政村的全境,驮湾、古念、那塘、龙来等的部分属地;

(5)太平镇:古案、龙竹、太平、袍烈、新圩的部分属地。

第5节　城市功能、城市结构与形态

城市总体布局的核心是城市主要功能在空间形态演化中的有机构成,它是研究城市中各项用地之间的内在联系，结合考虑城市化的进程、城市及其相关的城市网络、城镇体系在不同时间和空间发展中的动态关系。城市总体布局受到城市自身和区域宏观方面的影响，其经济发展水平、经济增长方式、行政区划和管理体制、城市的性质和规模、城市所在地区的资源和自然条件、生态环境和交通运输等因素都会在不同程度上影响城市总体布局的形成和发展。城市的功能活动总要体现在总体布局之中，以城市的功能、结构与形态作为研究城市总体布局的切入点，便于更好地把握城市空间的内涵及其布局的合理性。

1　城市功能

城市功能是城市存在的本质特征，是由城市各项经济活动相互间发生空间竞争，导致同类功能活动在空间上高度集中的产物。城市功能是一个复合体，包含城市承担的功能类型和功能作用的空间范围，不同类型的功能具有不同的服务空间范围。同时，城市功能是一个历史的概念。随着时间的推移，城市自身的发展条件和外部环境都会发生变化，从而导致城市功能有可能发生变化；另外，城市发展也有其内部规律性，随着城市规模的增长，一些城市功能逐渐加强，一些城市功能逐渐变成为城市自身服务，城市功能的复合性和等级性会发生变化。

城市功能的多元化是城市发展的基础。早在 1933 年的《雅典宪章》就明确指出城市的四大功能是居住、工作、游憩和交通，并认为城市应按居住、工作、游憩进行分区及平衡后，再建立三者联系的交通网。现代城市在社会经济发展进程中，城市功能也从早期的相对简单逐步演变为日益复杂的混合体，城市功能的演替转型是在不停地转换。由于每个城市的自然条件、历史以及城市发展程度不尽相同，所以其功能也各具特色。不同层次的城市有不同的功能，世界的城市一般分为四个层次：第一层是世界高等级，是全球性的信息、金融领导控制中心，如纽约、东京；第二层是区域性的金融、管理和服务中心，如香港、上海等大都市；第三层是具体进行生产和装配的城市，就是大工业基地；第四层是局部地区的加工、交换中心。

三种基本城市功能分区形态与布局特点见表 6-5-1。

三种基本城市功能的形态与分布特征　　　　表 6-5-1

功能分区	形态	特征	位置
商业区	占地面积小，呈点状或条状	经济活动最繁忙；人口数量昼夜差别大，建筑物高大稠密；内部有明显分区	市中心，交通干线两侧、街角路口
工业区	集聚成片	不断向市区外缘移动，并趋向于沿主要交通干线	市区外缘，交通干线两侧
住宅区	占地面积大，是城市主要功能分区，工业化后出现分化	建筑质量上，高级与低级住宅分化；位置上，高级与低级住宅分区背向发展	高级——城市外缘与高坡、文化区联系 低级——内城与低地、工业区联系

资料来源：本书编写组自绘。

2 城市结构

城市结构是城市功能活动的内在联系，是城市系统中各组成部分或各要素之间的关联方式。城市结构具有物质属性、社会属性、生态属性以及认知与感知属性。城市规划的角度主要从城市空间来理解和认识城市结构，即是从空间的角度来表述城市内部相互作用的方式。城市空间是城市功能的地域载体，城市功能组织在地域空间上的投影，是城市的政治、经济和社会等因素组合的综合反映。城市空间结构主要指城市中各物质要素的空间位置关系及其变化移动中显示出的特点。

一般而言，城市功能的变化是结构变化的先导，通常它决定结构的变异和重组。同时，城市结构的调整必然促使城市功能的转换。优化城市空间结构是优化城市功能的重要手段。城市空间结构可以从四个层次来进行研究与理解（表6-5-2）：第一个层次是城市空间结构发展的背景，包括：①城市发展的时间、阶段和历史发展或"发展路径"；②城市的功能特征，主导的生产方式和经济基础；③与外部环境的关系；④在城市体系中的地位或位置。第二个层次是城市的宏观形态，包括城市规模、空间形态、具体的位置与所在的交通网络等。一个城市的大小、形状以及地表形态都会对城市空间结构产生重大影响。第三个层次是城市内部的结构形态与功能，这一部分通常是最核心的内容，包括密度、多样性、同心性、连通性、方向性或倾向性。第四个层次是组织与行为，包括组织原则、控制机制与目标方向等。

城市空间结构研究的主要内容　　　　　　表6-5-2

层次	标准	描述与例子
背景联系	时序	发展的时间和阶段
	功能特征	占优的功能和生产类型（如服务中心、采矿城）
	外部环境	城市所处的社会经济和文化环境
	相对位置	在更大的城市系统中的位置（如核心—边缘差异）
宏观形态	规模	地域、人口、经济基础、收入等
	形态	地域上的地理形态
	位置和几何基础	城市建设的物质景观
	交通网络	交通系统的类型和结构
内部形态和功能	密度	发展的平均密度；密度梯度的形态（如人口）
	同质性	各种活动和社会群体的混合（或分散）程度
	同轴性	各种应用、活动等按环形围绕城市中心组织起来的程度
	扇形结构	各种应用、活动等按扇形围绕城市中心组织起来的程度
	连通性	节点和城市亚区通过交通网络和社会相互作用网相互连通的程度
	方向性	相互作用格局的椭圆定位程度（如居住迁移的椭圆形向外放射）
	相符性	功能和形态的相符程度
	替代性	城市形态的发展既可为一种，也可为另一种功能服务（如建筑物、地域、公共团体）

续表

层次	标准	描述与例子
组织和行为	组织原则	空间类型和一体化的内在机制
	控制论	反馈程度、对变化的敏感性
	控制机制	监控和控制的内部方法（如分区、建筑控制、财政限制）
	目标方向	城市结构发展向优先目标发展的程度

资料来源：本书编写组自绘。

3　城市形态

从城市规划的角度来看，城市形态是城市空间结构的整体形式。城市形态是构成城市所表现的发展变化着的空间形式的特征，是一种复杂的经济、社会、文化现象和过程，它是在特定的地理环境和一定的社会经济发展阶段中，人类各种活动与自然环境因素相互作用的综合结果。一个城市之所以具有某种特定形态，和城市的性质、规模、历史基础、产业特点以及地理环境相关联。

有关城市布局形态出现过许多类型的研究，综合各种研究成果，按照城市用地形态和道路骨架形式，可以大体上归纳为集中式和分散式两大类。

3.1　集中式布局

所谓集中式城市布局，就是城市的各项主要用地集中成片进行布置。其优点是便于设置较为完整的公共服务设施，城市各项用地紧凑、集约，有利于提高各项经济社会活动的效率和方便居民的生活。一般情况下，鼓励中小城市采用这种城市布局形态，在规划布局中要有弹性，处理好近期和远期的关系，即使近期建设紧凑，又能够为远期留有余地。

集中式的城市布局又可进一步划分为网络状和环形放射状两种类型。

3.1.1　网络状

网络状城市是最常见和最传统的城市布局形态，由网格状的道路骨架构成，城市形态规整，易于适应各种建筑的布置，但是如果处理不好，也易于导致布局上的单调。这种城市形态一般易于在没有外围限制条件的平原地区形成，不易形成于地形复杂的地区。这一形态能够适应于城市向各个方向发展，有利于汽车交通的发展。由于路网具有均等性，各地区的可达性相似，因此不易于形成显著的、集中的中心区。主要案例城市如洛杉矶、米尔顿凯恩斯等。

3.1.2　环形放射状

环形放射状是大中城市常见的城市形态，由环形放射状的道路网构成，城市交通的通达性较好，城市具有较强的向心紧凑发展的趋势，易于形成高密度的、展示性的城市中心区。这类城市一般易于利用放射状道路组织轴线和景观系统，但是容易造成市中心的拥挤和过度集聚，而且城市形态缺乏规整性，不利于建筑的布置，这种形态一般不适于小城市。主要案例城市如北京、巴黎等。

3.2　分散式布局

分散式城市布局的最主要特征是城市空间呈非集聚的分布方式，包括团状、带状、星状、环状、卫星状、多中心与群组城市等多种形态。

3.2.1 组团状

组团状城市一般由两个以上独立的主体团块或者若干个基本团块组成，这多是受到自然地理条件的影响，城市被分隔为几个独立的具有一定规模的团块，它们各自具有独立的中心和交通系统，团块之间有一定的距离，但是通过便捷的联系性通道组成一个完整的城市实体。这种形态属于多元复合型结构。如布局合理，组团距离合适，这种类型的城市既可有较高的效率，又可保持良好的自然生态环境。

3.2.2 带状

带状城市一般是受到了地形的限制，被限定在一个狭长的地域空间内，沿主要的交通轴线两侧发展，平面景观和交通流向的方向性较强。这种城市的空间组织具有一定优势，但是规模应有一定的限制，不宜过长，否则将产生严重的交通物耗，必须发展平行于交通主轴的交通线。主要案例城市如深圳、兰州等。

3.2.3 星状（指状）

星状城市通常是从城市的核心区出发，沿多条交通走廊向外定向扩张形成的空间形态，发展走廊之间保留了大量的非建设用地。放射状、大运量的公共交通系统对这种城市形态的形成具有重要的影响，加强对发展走廊之间的非建设用地的控制是保证这种城市形态的重要条件。主要案例城市如哥本哈根。

3.2.4 环状

环状城市一般是围绕着湖泊、山体、农田等核心要素呈环形发展，可以看做是由带状城市首尾相连发展而成。与带状城市相比，由于构成环形的封闭系统，各功能区之间的联系更加方便。由于环形的中心一般为自然空间，城市的自然景观和生态环境条件较好。因此，应注意控制城市向环形中心的扩展。主要案例城市如新加坡、浙江台州等。

3.2.5 卫星状

卫星状城市一般是以大城市或特大城市为中心，在其周围发展若干个小城市而成的城市形态。一般而言，中心城市具有较强的支配性，外围小城市具有相对的独立性，与中心城市在生产生活等各个方面都有非常密切的关系。这种形态有利于疏散大城市的部分人口与产业，在大城市及大城市周围的广阔腹地内形成人口和生产力的均衡分布。但需注意卫星城的现有基础、发展规模、配套设施以及与中心城市的交通联系等问题，否则效果可能并不理想。主要案例城市如伦敦、上海等。

3.2.6 多中心与群组城市

这种空间形态是城市在多种方向上不断蔓延发展的结果。多个不同片区和组团在一定条件下独自发展，逐步形成不同的、多样化的焦点和中心以及轴线，如底特律、洛杉矶等。而在一些城镇密集区则呈现出更加明显的组群化发展的特征，如日本的京阪神地区。

应该指出的是，一个城市在不同的发展阶段，其用地扩展和空间结构类型一般是不一样的。西方城市空间结构与形态在不同的发展阶段呈现出较具规律性的特征（表6-5-3）。一般规律是，早期的城市是团块状的，并沿交通轴线向外拓展。当城市再扩大或遇到障碍时，往往又以分散的"组团"去发展；或城市扩展受到地形地貌所限，沿着主要的交通轴线呈带形拓展。

西方城市空间结构与形态的发展演变　　　　表6-5-3

时期		城市空间结构与形态的特点	表现形式	主导经济	建城思想及运动
农业时代	初期	住宅密集，城镇规模不大	缓慢城市化	农业经济	—
	古典时期	城市大多数较为宏伟，并且充满了征服和侵略			体现数与形的美，炫耀式的城市
	中世纪	城市的地位和规模都得到大大的降低和减小			宗教思想
	新古典时期	巴洛克式城市，放射状的规划模式和格网状的规划模式			君权思想
工业时代	前期	城市规模快速增大，空间扩展方式以外延型为主；功能强化；城市呈高密度集中式发展，多为单中心结构；新兴专业城镇不断涌现，城市数量增多	城市化	工业经济	空想社会主义、田园城市、工业城市、带形城市、广亩城市、有机疏散
	后期	城市功能分区与分级；综合性副中心、功能性新区、郊区式亚中心出现多中心结构；城市集聚区产生	郊区化		—
后工业时代	—	内城衰退；市中心作用下降；城市蔓延；外围城市与边缘城市出现；大都市与连绵都市带出现	逆城市化、再城市化	知识经济	城市更新、绅士化运动、新规划主义
未来城市	—	紧凑的多中心城市；空间发展受控城市；多样化城市；公共交通导向的城市	新的集聚与扩散	知识经济、生态经济	可持续发展思想

资料来源：周春山.城市空间结构与形态[M].北京：科学出版社，2007.

4　城市功能、结构、形态的关系

城市功能、结构和形态之间是紧密相关的。城市的功能是主导的、本质的，是城市发展的动力因素。城市的结构是内涵的、抽象的，是城市构成的主体。结构强调事物之间的联系，是认识事物本质的一种方法。城市形态是表象的，是构成城市所表现的发展变化着的空间形式的特征，是一种复杂的经济、社会、文化现象和过程。从城市形态的变化可看出城市发展轨迹的缩影。城市功能、结构和形态三者的协调关系是体现城市形象的重要方面。理解城市功能、结构与形态的关系与影响因素（表6-5-4），在总体上力求强化城市功能，完善城市空间结构，以创造完美的空间形态。

城市功能、结构和形态的相关性分析　　　　表6-5-4

—	功能	结构	形态
表征	城市发展的动力	城市增长的活力	城市形象的魅力
含义	城市存在的本质特征；系统对外部作用的秩序和能力；功能缔造结构	城市问题的本质性根源；城市功能活动的内在联系；结构的影响更为深远	城市功能与结构的高度概括；映射城市发展的持续与继承；鲜明的城市个性与景观特色

续表

—	功能	结构	形态
相关的影响因素	社会和科技的进步和发展； 城市经济的增长； 政府的决策	功能变异的推动； 城市自身的成长与更新； 土地利用的经济规律	政府的决策； 功能的体现； 市民价值观的变化
基本构成内容	城市发展的目标选取； 发展预测； 发展目标	城市增长方法与手段的制订； 空间、土地、产业、社会结构的整合	人与自然的和谐； 传统与现代并存； 物质与精神文明并进； 城市设计的成果
总体要求	强化城市功能 ← → 完善城市空间结构 ← → 创建完美的空间形态		

资料来源：李德华．城市规划原理 [M]．第三版．北京：中国建筑工业出版社，2001.

第6节 城市总体布局的原则与城市用地布局

城市布局可谓城市规划历史中最悠久的一个专业领域，它的作用是确定城市或街区的空间布局。城市总体布局是城市的社会、经济、环境及工程技术与建筑空间组合的综合反映，是一项为城市合理发展奠定基础的全局性工作。总体布局是通过城市用地组成的不同形态体现出来的，其核心是城市用地功能组织，分析城市用地和建设条件，研究各项用地的基本要求，及它们之间的内在联系，安排好位置，处理好它们的关系，有利于城市健康发展。

城市总体布局的任务是在城市的性质和规模基础上确定之后，在城市用地适用性评定的基础上，根据城市自身的特点和要求，对城市各组成用地进行统一安排，合理布局，使其各得其所，有机联系，并为今后的发展留有余地。城市总体布局的合理性，关系到城市建设与管理的整体经济性，关系到长远的社会效益与环境效益。

城市总体布局能反映各项用地之间的内在联系，是城市建设和发展的战略部署，关系到城市各组成部分之间的合理组织和城市建设的投资费用。城市总体布局要力求科学、合理，要切实掌握城市建设发展过程需要解决的实际问题，按照城市建设发展的客观规律，对城市发展作出足够的预见，并具有较强的适应性。要达到此目的，就必须明确城市总体布局的工作内容，领会城市总体布局的基本原则，掌握总体布局的一般步骤及进行技术经济分析与论证的方法，通过多方案比较和方案优选来确定城市的总体布局。

1 城市总体布局的基本原则

1.1 正确选择城市的发展方向

合理确定城市的主要发展方向，对于城市总体布局影响巨大，因此，需要进行城市发展方向的方案评估与比选。一方面，要综合考虑城市现状条件的限制和引导，特别是大型交通运输设施如铁路、高速公路对城市发展的阻隔，中小城市不宜跨越这些线路发展。例如，安徽阜阳市由于京九铁路阻隔了城市向东、南方向发展的可能，加之西部机场阻隔，使得城市仅能沿铁路一线向西南及北部地区呈带状发展。另一方面，要考虑城市地形和地质条件的约束。地势平坦是城市发展的有利方向，而不良的地形地质条件，如山地、易淹没区及地震带等不宜作为城市发展用地。另外，要考虑区域条件对城市发展方向的影响。应把城市所在的地区或更大的范围作为一个面，分析研究该城市在区域中的经济联系强弱和分工特性，统筹考虑城市与周边地区的联系，为城市主导发展方向提供基础条件。

1.2　功能明确，重点安排城市的主要用地

城市总体布局要充分利用自然地形、江河水系、城市道路、绿地林带等框架来划分功能明确、面积适当的各功能用地。首先，工业生产是现代城市发展的主要组成。工业布局直接关系到城市的发展规模和方向。综合考虑工业布置与市中心、居住生活、交通运输、公共绿地的关系，兼顾新旧区的协调发展，是城市用地功能组织的重要内容。其次，注意对影响城市布局的大型项目的用地布局。这些大型项目，包括城市开发区的设立，大型企业、大型基础设施（如机场）以及重大项目（如亚运会、博览会），其建设往往会改变城市的发展方向和结构。对这些大型项目的建设选址要作多方案的比较，一方面要满足项目本身的发展需求，另一方面又要注意城市发展的整体要求。再次，注意并反映城市性质和城市主要职能的用地。如风景旅游城市要安排和布置适宜的风景游览用地；历史文化名城要满足历史文化保护的要求。

1.3　规划结构清晰，内外交通联系便捷

城市规划用地结构清晰是城市用地功能组织合理性的一个标志，它要求城市各主要用地功能明确，各用地间相互协调，同时有安全便捷的联系。根据城市各组成要素布局的总构思，明确城市主导发展和次要发展的内容，明确用地的发展方向及相互关系，城市各组成部分力求完整、避免穿插，并充分考虑各区之间有便捷的交通联系，将城市各组成部分通过道路联系构成一个相互协调和有机的整体。城市总体布局应在明确道路系统分工的基础上，促进城市交通的高效率，并使城市道路与对外交通设施、与城市各组成要素之间均保持便捷的联系，从而把握城市的整体。

1.4　各阶段协调发展留有发展余地

城市总体布局是城市发展与建设的战略部署，必须具备长远观点和具有科学预见性，力求科学合理、方向明确、留有余地。城市的发展是一个漫长的历史时期，需要布点改善、更新、完善，同时，城市的发展和建设又是一个连续性的过程，是不可分割的一个整体，各个发展阶段之间必须有良好的衔接。合理确定近期建设方案，近期建设要量力而行，充分考虑城市的现状条件和发展可能，在以远期规划为指导的基础上，建设用地力求紧凑、合理、经济、方便。中小城市的近期建设不宜采用分散式的发展，否则会带来城市内部联系的不便、基础设施投入的加大以及城市服务业的分散。城市建设各阶段要互相衔接、配合协调，在各规划期内保持城市总体布局的完整性。同时，城市布局要加强预见性，布局中留有发展余地和"弹性"（有足够的"弹性"主要表现为：在定向、定性上具有可补充性；在定量上具有可伸缩性；在空间定位上具有可变异性）。

2　城市用地布局规划

城市用地规划是对各类城市功能的土地及其利用的规划，包括其布置的原则与形

式，以及和城市总体布局的关系。本节主要以工业用地、居住用地、公共设施用地以及绿地为例，分析用地规划的原则与布局思路。

2.1 工业用地布局规划

工业是现代城市发展的主要因素。大规模的工业建设带动原有城市的发展，使得许多传统城镇进入现代城市的行列，如上海的安亭镇，由于大众汽车厂的投资建设而成为全国著名的汽车城，浦东金桥镇随着出口加工区的开发建设成为知名的现代工业区。工业提供大量就业岗位，是构成城市人口的主要部门。工业发展也带动了其他各项事业的发展，如市政公用设施、各种交通运输设施、配套工业以及各项服务等都获得相应发展，以保证生产的顺利进行。城市工业用地的扩展也直接影响着第一产业用地，并与整体城市产业结构变迁密切相关。

工业的布置方式在相当大的程度上影响城市的空间布局。工业需要大量的劳动力，并产生客货运量，它对城市主要交通的流向、流量起决定影响。任何新工业的布置和原有工业的调整，都会带来城市交通运输的变动。同时，许多工业在生产中散发大量废水、废气、废渣和噪声，引起城市自然环境生态平衡的破坏和环境质量的恶化。工业用地的布置直接影响到城市功能结构和城市形态。在城市总体规划中，重点安排好工业用地，综合考虑工业用地和居住、交通运输等各项用地之间的关系，使其各得其所是十分重要的。

2.1.1 工业的分类

按工业性质可分为冶金工业、电力工业、燃料工业、机械工业、化学工业、建材工业等，在工业布置中可按工业性质分成机械工业用地、化工工业用地等。

按环境污染可分为隔离工业、严重干扰和污染的工业、有一定干扰和污染的工业、一般工业等。隔离工业指放射性、剧毒性、有爆炸危险性的工业。这类工业污染极其严重，一般布置在远离城市的独立地段上。严重干扰和污染的工业指化学工业、冶金工业等。这类工业的废水、废气或废渣污染严重，对居住和公共设施等环境有严重干扰，一般应与城市保持一定的距离，需设置较宽的绿化防护带。有一定干扰和污染的工业指某些机械工业、纺织工业等。这类工业有废水、废气等污染，对居住和公共设施等环境有一定干扰。可布置在城市边缘的独立地段上。一般工业指电子工业、缝纫厂、手工业等。这类工业对居住和公共设施等环境基本无干扰，可分散布置在生活居住用地的独立地段上。

2.1.2 工业用地布置原则与要求

城市中工业用地布置的基本要求应满足为每一个工业企业创造良好的生产和建设条件，并处理好工业用地与城市其他部分的关系，特别是工业区与居住区的关系。其布置的原则与要求如下：

（1）选择相对平坦地段满足地面自然坡度要求，地块不宜过小，用地基本上符合工业的具体特点和要求，减少开拓费用，能解决给水排水问题。

（2）应靠近能源地、水电及其其他相互协作能源供给地等，但要避开生态保护区、风景区，历史文化保护区及军事、水利、交通等重要城市设施。

（3）为防止污染，应布置在城市下风位，城市水系下游，与城市其他生活用地之间应开设防护绿带，应避开城市中心区、居住区等，并应留出防护绿化带。

（4）应相对集中，与城市各组成部分互不妨碍。不应过于分散，遍地开花，分割城市，或大量布置在城市周边将城市包围，妨碍城市发展。

（5）要有方便的交通运输条件，应通过城市主次干道与铁路高速公路、码头、机场等保持顺畅的联系。有利于原料及产品的输入及输出，同时应尽量减少工业运输交通对城市其他地区的影响。特别是集中的大片工业区对外交通联系要方便，避免距离过长，对城市其他用地干扰过大。

（6）沿江布置工厂是工业在城市布局中常用的形式，要注意岸线的合理使用，对有些交通量不大的或者是主要以公路运输为主的工厂仓库可布置在离航道远一些的地段，以免占用岸线。

（7）生产上有协作的工厂，应就近布置，以降低生产成本，减少对城市交通的压力。

（8）对有特殊环境或能源要求的工业，应在布置时合理安排，予以满足。

2.1.3　工业在城市中的布置形式

工业在城市中的布置，可以根据生产的卫生类别、货运量及用地规模，分为三种情况：布置在远离城区的工业、城市边缘的工业、城市内和居住区内的工业。

对工业的各种特点，如原料来源、生产协作、运输、能源、水源、劳动力、有害影响等进行全面分析，确定影响工业用地布置的主要因素，将各工业用地布置在城市的不同地段。特别要指出的是，各类工业又有许多不同特点，在市场经济条件下必须按照城市发展战略，保证多种产业发展的弹性可能，才能使布局真正科学合理。不同性质的各类工业在城市中的常设位置及适宜位置参见表 6-6-1。

各类工业项目在城市中的位置　　　　　　表 6-6-1

工业部门	项目位置		
	城外空旷地区	城市中工业区	居住区附近
动力工业	■	▨	
化学工业	■	▨	
冶金工业	■	▨	
机械与金属加工工业	▨	■	▨
建材、玻璃、陶瓷工业	■	▨	
木材工业	▨	■	▨
纺织、服装、制革工业		■	▨
印刷工业		■	▨
食品工业	▨	■	▨

注：■ 通常设置的位置；▨ 适宜或允许设置的位置。
资料来源：李德华. 城市规划原理 [M]. 第三版 . 北京：中国建筑工业出版社，2001.
表格中空白项表示通常不允许设置。

（1）布置在远离城市和与城市保持一定距离的工业。由于经济、安全和卫生的要求，有些工业宜布置在远离城市的地方，如放射性工业、剧毒性工业以及有爆炸危险的工业。有些工业宜与城市保持一定的距离，如有严重污染的钢铁联合企业、石油化工联合企业和有色金属冶炼厂等。为了保证居住区的环境质量，这些厂应按当地最小额率风向布置在居住区的上风侧，工业区与居住区之间必须保留足够的防护距离。对城市污染不大的工业，规模又不太大时，则不宜布置在远离城市的地段，否则由于居民人数有限，公共设施无法配套，造成生活上的不方便。

（2）布置在城市边缘的工业区。对城市有一定干扰污染、用地大、货运量大、需要采用铁路运输的工厂应布置在城市边缘，如某些机械厂、纺织厂等。这类工厂有着生产、工艺、原料、运输等各方面的联系，宜集中在几个专门地段形成不同性质的工业区。按城市规模的不同，城市中可设一个或多个工业区，分别布置在城市的各处。规模较小的城市有时只有一个工业区，往往形成高峰交通流量集中在通往工业区的道路上。城市中能够形成两个工业区时，则可将工业区布置在城市的不同方向，如将工业组成为不同性质的工业区，按照其产生污染的情况布置在河流上、下游或风频最小的上、下风向位置。这种布置方式既有利于减少工业对环境的污染，又有利于组织交通，缩短工人上下班的路程，但在布置时应注意不妨碍居住区的再发展。城市工业区往往沿放射的对外交通线路布置，使工业区与居住区交错。这种布局要注意，如果工业区按当地最大频率的风向位于居住区的上风侧时，工业区与居住区之间要有足够的防护距离，并应注意随城市发展有开辟环路进行横向联系的可能。

（3）布置在城市内和居住区内的工业。基本没有干扰污染、用地小、货运量不太大的工业可布置在城市内和居住区内。这类工业包括：①小型食品工业，如牛奶加工、面包、糕点、糖果等厂；②小型服装工业：如缝纫、服装、刺绣、鞋帽、针织等厂；③小五金、小百货、日用工业品、小型服务修配厂：如小型木器、藤器、编织、搪瓷等厂；④文教、卫生、体育器械工业：如玩具、乐器、体育器材、医疗器械等厂。其中机械与半机械操作、对外有协作联系、货运量年达3000~4000t、有噪声、有燃物和微量烟尘、用地达30hm²左右的中小型厂（食品厂、粮食加工厂、纱厂、针织厂、木材加工厂、制药厂、机械修理厂、无线电厂等），则应布置在城市内的单独地段。这种地段形成的街坊应靠近交通性道路，不宜布置在居住区内部。对居住区毫无干扰的工业为数不多。一般的工厂都有一定的交通量和噪声，由于工厂规模较小，布置得当，可以使居住区基本上不受影响。

2.1.4 工业用地与居住用地的位置关系

工业用地与居住用地的位置，一般有三种布置形式：一是工业用地与居住用地平行布置，这种布置方式的优点是：工业区和居住区相应呈带形发展，互不干扰，工业用地与居住用地的关系较好。另一类是工业用地与居住用地垂直布置，这种布置方式的优点是：工人上下班不为工业区内铁路线所隔断；热电站、热加工车间及排出有害物质的车间离居住区远一些，不排出有害物质的车间可离居住区近一些，这样可以减少防护带宽度，节省建设费用。这种布置方式对占地面积较小的工业区较为合适，但对于占地面积大的工业区，就会增加工人上下班的距离。第三种是混合布置方式，它既有平行布置的优点，也具有垂直布置的长处，是比较常用的一种形式。

2.1.5 工业用地布局与城市总体布局的关系

工业区在城市总体布局中有如下几种布置方式（图6-6-1）：

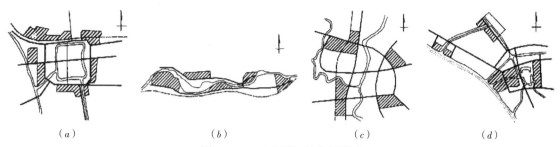

图 6-6-1　工业用地的布置形式
（a）工业区包围城市；（b）工业区与其他用地呈交叉布置；（c）工业区呈组团式布置；（d）工业区群体组合式布置
（资料来源：李德华. 城市规划原理 [M]. 第三版. 北京：中国建筑工业出版社，2001）

（1）工业区包围城市。工业区分散在城市的周围，并按工业性质和污染程度，均匀地、合理地布置在城市的四周；城市内部有若干工业小区和分散的工业点。这种布置形式可以避免工业的大量运输对城市的干扰。但由于工业将城市包围，城市用地没有留出出口，使城市没有发展余地，或者城市发展后又形成新的工业包围区，造成相互干扰的局面。

（2）工业区与其他用地呈交叉布置。工业区布置结合地形，与其他用地呈间隔式交叉布置。这种形式有利于充分利用地形，并根据工业企业不同的污染情况，分别考虑风向和河流上下游的关系，可将对水体污染严重的工业区根据河流流向布置在城市下游，废气污染严重的企业按当地最大频率的风向布置在城市下风向，使各工业企业各得其所。但这种布置形式也要注意组织好交通，否则相互穿越，形成相互干扰。

（3）组团式布置。在城市总体布局中，根据规划布置意图将城市组成几个规划分区，每一分区组团中既有工业企业，又有居住区，使生产与生活有机地结合起来。

（4）群体组合式布置。在工业用地布置中，有的将工业用地分为市区工业用地、近郊工业区、远郊工业区等，而使城市形成群体组合的城市形态。有的中、小城市以一城多镇组合形式来布置工业用地。

2.2　居住用地布局规划

城市居住用地是指承担居住功能和居住活动的场所，城市用地的功能与空间的整体构成中不可分离的部件，与城市居民直接使用关系最密切，在城市用地中所占比例最大，是"城市的第一活动"。城市居住用地规划，要在城市发展战略的指导下，研究确定居住生活质量及其地域配置的目标，结合城市的资源与环境条件，选择合适的用地，处理好居住用地与城市其他用地的功能关系，进行合理的组织与布局。

2.2.1　居住用地的组成与分类

居住用地一般是由几项相关的单一功能用地组合而成的用途地域，包括住宅用地和与居住生活相关联的各项公共设施、市政设施等用地。一般是指住宅用地和居住小区及居住小区级以下的公共服务设施用地、道路用地及绿地。

城市居住用地按照所具有的住宅质量、用地标准、各项关联设施的设置水平和完善程度，以及所处的环境条件等，可以分成若干用地类型，以便在城市中能各得其所地进行规划布置。按照我国《城市用地分类与规划建设用地标准》（GB 137—1990），将居住用地分成四类，其中一类较好，四类较差（表 6-6-2）。

我国居住用地分类　　　　　　　　　　　　　　　　　表 6-6-2

类别	说明
一类居住用地	市政公用设施齐全，布局完整，环境良好，以低层住宅为主的用地
二类居住用地	市政公用设施齐全，布局完整，环境较好，以多、中、高层住宅为主的用地
三类居住用地	市政公用设施比较齐全，布局不完整，环境一般，或住宅与工业等用地有混合交叉的用地
四类居住用地	以简陋住宅为主的用地

资料来源：李德华.城市规划原理[M].第三版.北京：中国建筑工业出版社，2001.

2.2.2 居住用地的选择

居住用地的选择关系到城市的功能布局、居民的生活质量与环境质量、建设经济与开发效益等多个方面，一般考虑以下几个方面：

（1）选择自然环境优良的地区。应选择适于各项建筑工程所需要的地形和地质条件的用地，以避免不良条件的危害。在丘陵地区，宜选择向阳和通风的坡面，少占或不占高产农田。在可能的条件下，最好接近水面和环境优美的地区。

（2）居住用地的选择应与城市总体布局结构及其就业区与商业中心等功能地域，协调相对关系，并注意与工业等就业区的相对联系，以减少居住—工作、居住—消费的出行距离与时间。居住区的位置，在保证安全、卫生与效率的前提下，应尽可能地接近工业等就业区，以减少居民上下班的时耗。

（3）居住用地选择要十分注重用地自身及用地周边的环境污染影响。在接近工业区时，要选择常年主导风向，并有必要的防护距离，为营造卫生、安宁的居住空间提供环境保证。

（4）居住用地选择应有适宜的规模与用地形状，用地形态宜集中紧凑地布置，以节约市政工程管线和公共交通的费用，并有效配置公共服务设施。合宜的用地形状将有利于居住区的空间组织和建设工程经济。

（5）在城市外围选择居住用地，要考虑与现有城区的功能结构关系，利用旧城区公共设施、就业设施，有利于密切与旧区的关系，以节约新区开发的投资和缩短建设周期。

（6）居住区用地选择要结合房地产市场的需求趋向，考虑建设的可行性与效益。

（7）用地选择还应注意保护文物和古迹，尤其在历史文化名城，用地的规模及其规划布置，要符合名城保护改造的原则与要求。

（8）居住区用地选择要注意留有余地。用地选择在规模和空间上要为规划期内或之后的发展留有必要的余地，还要兼顾相邻的工业或其他城市用地发展的需要，不致因彼方的扩展，而影响到自身的发展和布局的合理性。

2.2.3 居住用地规划的原则

（1）居住用地规划要作为城市土地利用结构的组成部分，协调与整合城市总体的功能空间与环境关系，在规模、标准、分布与组织结构等方面，确定规划的格局与形态。

（2）要贯彻以人为本原则，尊重地方文脉及居住生活方式，体现生活的秩序与效能。

（3）居住用地规划，要重视居住地域同城市绿地开放空间系统的关系，使居民更多地接近自然环境，提高居住地域的生态效应。

（4）居住用地规划要遵循相关的用地与环境等的规范与标准，在为居民创造良好的居住环境的前提下，确定建筑的容量、用地指标，并结合合理的、经济的、功能的因素，提高土地的效用，保证环境质量。

（5）城市居住地区作为定居基地，具有地域社会即社区的性质，居住用地规划要为营造安定、健康、和谐的社区环境提供空间与设施支持。

2.2.4 居住用地的规划布局方式

城市居住用地的分布形态，涉及城市的现状构成基础，城市的自然地理条件，城市的功能结构，以及城市的道路与绿地网络等诸多因素，有的情况下还得考虑城市再发展的空间拓展趋向，甚至是城市规划与城市设计的形态构思等。城市居住用地在城市中的布置方式一般有以下三种：

（1）集中布置。城市规模不大，有足够的用地且在用地范围内无自然或人为的障碍，而可以成片紧凑地组织用地时，常采用这种布置方式。用地的集中布置可以节约城市市政建设投资费用，密切城市各部分在空间上的联系，在便利交通，减少能耗、时耗等方面可能获得较好的效果。但在城市规模较大时，居住用地过大，可能会造成上下班出行距离增加。在居住用地集中成片的旧城区，需大量扩展居住用地时，要结合总体规划的布局结构，和道路网络的建构，采取相宜的分布方式，避免在原有基础上继续成片铺展。

（2）分散布置。在规模较大的城市中，或当城市用地受到地形等自然条件的限制，或因城市的产业分布对道路交通设施走向与网络有影响时，居住用地可采取分散布置。前者如在丘陵地区城市用地顺沿多条河谷地展开，后者如在矿区城市，居住用地与采矿点相伴而分散布置。分散布置的基本原则应使居住用地与工作地点接近，使组团内的居住与就业基本平衡。

（3）轴向布置。当城市用地以中心地区为核心，居住用地或与产业用地相配套的居住用地沿着多条由中心向外围放射的交通干线布置时，居住用地依托交通干线（如快速路、轨道交通线等），在适宜的出行距离范围内，赋以一定的组合形态，并逐步延展。如有的城市因轨道交通的建设，带动了沿线房地产业的发展，居住区在沿线集结，呈轴线发展态势。

2.3 公共设施用地规划

城市公共设施的内容与规模在一定程度上反映出城市的性质、城市的物质生活与文化生活以及城市的文明程度。城市公共设施的内容设置以及规模大小与城市的职能和规模相关联。即某些公共设施的配置与人口规模密切相关而具有地方性；有些公共设施则与城市的职能相关，并不全然涉及城市人口规模的大小，如一些旅游城市的交通、商业等营利性设施，多为外来游客服务，而具有泛地方性。城市公共设施的系统布置与组合形态，乃是城市布局结构的重要构成要素和形态表现。同时，由于城市公共设施的多姿多彩，往往赖以丰富城市的景观环境，展示城市的形象特征。

2.3.1 公共设施用地及其分类

公共设施用地种类较多，在城市规划中，为便于总体布局和系统配置，一般按照用地的性质和分级配置的需要加以分类。

（1）按照使用性质分类。依据《城市用地分类与规划建设用地标准》（GB 137—1990），城市公共设施用地分为八大类。包括行政办公类（包括政府、各党派、团体、企事业的管理机构办公用地）、商业金融类、文化娱乐类、体育类、医疗卫生类、大专院校及科研设计类（主要指高等院校和科研机构用地）、文物古迹类，以及其他类（如宗教活动场所、社会福利院等用地）。

（2）按照服务范围分类。按照城市用地结构的等级序列，公共设施一般分为三级，即市级（如市政府、博物馆、大剧院等）、居住区级（如街道办事处、派出所、医院等）、小区级（如中小学、肉菜市场等）。在一些大城市，公共设施的分级还可能增加行政区级，或城市规划的分区级等的级别而配置相应内容（如区少年宫、电影院等）。

需要指出的是，并非所有类别的公共服务设施都需分级设置，这要根据公共设施的性质和居民使用情况来定。例如银行可以由市级直到居住小区或街坊的储蓄所，而大剧院等设施一般只在市一级。

2.3.2 公共设施用地选择的主要影响因素

（1）根据公共设施本身的特点及其对环境的要求进行布置。公共设施本身作为一个环境形成因素，同时其分布对周围环境也有要求。因此，公共设施用地的选择要密切注意其用地周边的情况，如学校、图书馆等设施一般不宜与剧场、市场、游乐场紧邻；而在对外交通枢纽附近宜布置饮食、住宿、文化休闲等设施，但不宜布置小学；又如医院一般要求一个清洁安静的环境，其附近宜布置餐饮和住宿，但不宜布置市场和舞厅等。

（2）要按照与居民生活的密切程度确定合理的服务半径。根据服务半径确定其服务范围大小及服务人数的多少，以此推算公共服务设施的规模。服务半径的确定首先是从居民对设施方便使用的要求出发，同时也要考虑到公共设施经营管理的经济性和合理性。不同的设施有不同的服务半径，如肉菜市场的服务范围宜在半径500m以内，小学的服务范围半径一般以500m左右为宜。

（3）公共设施的分布要结合道路与交通规划考虑。公共设施是人、车集散的地点，尤其是吸引大量人、车流的大型公共设施。公共设施要按照它们的使用性质和对交通集聚的要求，结合道路系统规划与交通组织一并安排。如小学、门诊所等社区机构最好是与地区的步行道路组织在一起；对于大型体育场馆、展览中心等公共设施，由于对城市道路交通的依存关系，则应与城市干道相连接，而且这些设施不宜过于集中布置，以免引起在高峰时交通负荷陡增；而在城市快速通车的主干道两侧不应以公共设施为主，商业难以形成氛围。

（4）公共设施项目要合理进行布置。城市各类公共设施，应按城市的需要配套齐全，以保证城市的生活质量和城市机能的运转；同时按城市的布局结构进行分级或系统的配置，与城市功能、人口、用地的分布格局具有对应的整合关系；在局部地域的设施按服务功能与对象予以成套的设置，如地区中心、车站码头地区、大型游乐场所等地域；另外考虑某些专业设施的集聚配置，以发挥联动效应，如专业市场群、专业商业街区等。

（5）公共设施用地布置考虑城市景观组织的要求。公共设施种类多，而且建筑的形体和立面也比较丰富而多样，因此可通过不同的公共设施和其他建筑的协调布置，利用地形等其他条件，组织和创造具有地域特色的城市景观。在城市的主要景观点，如城市入口处、城市的制高点和城市标志性节点位置等，需要有大型公共建筑来组织空间形态和城市空间景观效果。

（6）公共设施的分布要考虑合理的建设顺序，并留有余地。公共设施的分布及其内容与规模的配置，应该与不同建设阶段城市的规模，建设的发展和居民生活条件的改善相适应。安排好公共设施项目的建设顺序，使得既在不同建设时期保证必要的公共设施布置，又不致过早或过量地建设，造成投资的浪费。同时，为适应城市发展和城市生活的需求变化，对一些公共设施应留有扩展或应变的余地，尤其对一些营利性的公共设施，要按市场规律，保持布点与规模设施的弹性。

2.3.3　公共设施用地的规划布局方式

公共设施的布置不是孤立的，它们与城市的其他功能地域有着配置的相宜关系，需要通过规划过程，加以有机组织，形成功能合理、有序有效的布局。城市公共设施的分布在不同规划阶段，有着不同的分布方式和深度要求。在总体规划阶段，在研究确定公共设施总量指标的各类分项指标的基础上，进行公共设施用地的总体布局，包括分类的系统分布和公共设施分级集聚，组织城市分级的公共中心，按照各项公共设施与城市其他用地的配置关系，使之各得其所。

1. 城市公共中心的布局方式

城市公共中心包括有市中心及城市地域等级与专业的中心系列。城市公共中心是居民进行政治、经济、文化等社会生活活动比较集中的地方。在规模较大的城市，因公共设施的性能与服务地域及对象的不同，往往有全市性、地区性，以及居住区、小区等相应设施种类与规模的集聚设置，形成城市公共中心的等级系列。同时，由于城市功能的多样性，还有一些专业设施相聚配套而形成的专业性公共中心，如体育中心、科技中心、展览中心等。全市性公共中心的组织与布置应考虑以下几个方面：

（1）按照城市的性质与规模，组合功能与空间环境。

（2）组织中心地区的交通。城市中心区人、车汇集，交通集散量大，须有良好的交通组织，以增强中心区的效能。公共设施应按照交通集散量的大小，及其与道路的组合关系进行合理分布。如通过在中心区外围设置疏解环路及停车设施，以拦阻车辆超量进入中心地区；可以通过立体组织，将公共设施与交通设施分段分设不同平面，使之能将地铁、公交站点、停车场地引入中心区，以方便就近换乘或到发。

（3）城市公共中心的内容与建设标准要与城市的发展目标相适应。同时在选址与用地规模上，要顺应城市发展方向和布局形态，为进一步发展留有余地。公共中心的功能地域要发挥公共设施的组合效应，提高运营效能。同时在中心地区规模较大时，应结合区位的值考虑安排部分居住用地，以免在夜晚出现"空城"现象。

（4）慎重对待城市传统商业中心。旧城的传统商市一般都有完善的建设基础和历史文化价值，而且在长期形成过程中，已造成市民向往的心理定势，一般不应轻率地废弃与改造。尤其是在一些历史文化名城，或是有保护价值的历史文化地段，更要制定保护与再利用的策略，以适应时代的需要。

（5）创建优美的公共中心景观环境。城市公共中心的位置，应选择在自然环境优良，或滨水、或近绿的地域。规划应充分利用地形和环境条件，结合建筑群落的空间与形体的组构，形成富有特色的城市公共中心的景观环境。

2.城市商业街的布局方式

中小城市、小城镇，公共设施用地的布局通常以线状形式展开，即通常的商业街。商业街两侧商业集中，规模小，以步行交通为主，是人们休息和娱乐的场所。

2.4 绿地规划

城市绿地是指用以栽植树木花草和布置配套设施，基本上由绿色植物所覆盖，并赋以一定的功能与用途的场地。城市绿地是构成城市自然环境基本的物质要素，同时城市绿地的质和量乃是反映城市生态质量、生活质量和城市文明的标志之一。城市绿地作为城市用地的组成部分，它通过与各类用地的组合与配置，呈现某种分布与构成形态，使其发挥多方面的功能作用，是优化城市生态环境，实施城市可持续发展的重要战略与行动。

城市绿地包括城市建设用地范围内的各种绿化用地和在城市规划区范围内的绿地地域。前者如公园绿地等，后者是指对城市生态、景观环境和休闲活动等具有积极作用的绿化地域。城市绿地主要包括：

（1）公园；

（2）生产绿地：是指生产花木的苗圃和为城市绿化服务的生产、科研的实验绿地；

（3）防护绿地：指对城市环境、灾害等具有防护、减灾作用的林带等绿地；

（4）居住绿地：是指居住用地内的绿地，如居住小区游园、组团绿地、宅旁绿地、配套公建绿地等；

（5）附属绿地：是指包含在其他城市建设用地中的绿地，如道路、市政、公共设施、工业、仓储等用地内部辟作绿化的用地；

（6）生态景观绿地：指位于城市建成区用地以外，对城市生态环境质量、城市景观与生物多样性保护有直接影响的区域。

2.4.1 绿地规划布置的原则

（1）城市绿地规划应结合城市其他各项用地的规划，综合考虑，全面安排。我国现有的耕地不多，城市用地紧张，因此在城市各项用地的布局方面，一方面要合理选择绿化用地，使园林绿地更好地发挥改善气候、净化空气、战备抗灾、美化生活环境等作用；另一方面，要注意少占良田，在满足植物生长条件的基础上，尽量利用荒地、山岗、低洼地和不宜建筑的破碎地形等布置绿化。

（2）城市绿地规划必须结合当地特点，因地制宜，从实际出发。我国地域辽阔，幅员广大，地区性强，各城市的自然条件差异很大。同时，城市的现状条件、绿化基础、性质特点、规模范围也各不相同，即使在同一城市中，各区的条件也不同。所以，各类绿地的选择、布置方式、面积大小、定额指标的高低，要从实际的需要和可能出发。如北方城市风沙大，就必须设立防护带；夏季气候炎热的城市，就要考虑通风降温作用的林带。

（3）考虑绿地的功用要适应不同的人群需要，均衡分布，比例合理。城市绿地原则上应根据各区的人口密度来配置相应数量的公共绿地。绿地的分布要兼顾共享、均衡和就近等原则。为解决城市绿地均衡分布的问题，可遵循"四结合"原则：点（公园、游园）、线（街道绿化、游息林荫带、滨水林带）、面（分布广大的小块绿地）相结合；大中小相结合；集中与分散相结合；重点与一般相结合，以构成有机整体。

（4）城市绿地规划既要有远景的目标，也要有近期的安排，做到远近结合。规划中要充分研究城市远期发展的规模，人民生活水平逐步提高的要求，制订出远景的发展目标。同时还要照顾到由近及远的过渡措施。例如，对于建筑密集、环境较差、人口密度高的地区，应相应结合旧城改造留出适当的绿化保留用地，到时机成熟，即可迁出居民，拆迁建筑，开辟为公共绿地。

（5）城市景园绿地规划与建设、经营管理，要在发挥其综合功能的前提下，注意结合生产，为社会创造物质财富。在满足休息游览、保护环境、美化市容、备战防灾功能的同时，应因地制宜地种些果树以及芳香、药材、油料等有经济价值的植物，利用水面养鱼种藕，增加经济效益，在经济营利上要分清主次，合理安排。

2.4.2 绿地规划布局方式

城市绿地的规划布置需结合城市总体布局结构，从不同尺度、不同深度综合地体现所担负的角色作用。城市不同功能的绿地，可用不同方式组织，但须结合当地的自然基础和社会、经济的需求与条件，使城市绿地的规划布置形成有效而系统化的构成形态。除中心绿地，其他绿地应尽可能地均衡布置，点、线、面有机结合。另一方面还应注意方便居民前往，并尽可能与公共活动场所和商业中心结合。城市绿地结合城市布局结构和城市发展的需要，呈现多样的形态构成特征，城市绿地的布局从形式上可以归纳为下列四种。

1. 块状绿地布局

是指集中成块的绿地，如大小不同规模的公园或块状绿地，或是一个绿地广场、一个儿童游戏场绿地等。此类绿地布局方式，可以做到均匀分布，接近居民，但对构成城市整体艺术面貌作用不大，对改善城市小气候的作用也不显著，多出现在旧城改建中，目前我国多数城市属此，如上海、天津、武汉、大连、青岛等。

2. 带状绿地布局

是利用河湖水系、城市道路、旧城墙等因素，形成纵横向绿带、放射状绿带与环状绿带交织的绿地网。包括沿河岸、或街道、或景观通道等的绿色地带，也包括在城市外缘或工业地区侧边的防护林带。带状绿地布局容易表现城市的艺术面貌，如南京、西安、苏州、哈尔滨等。

3. 楔形绿地布局

是以自然的绿色空间楔入城区，便于居民接近自然，同时有利于城市与自然环境的融合，提高生态质量。凡城市中由郊区伸入市中心的由宽到狭的绿地，称为楔形绿地。楔形绿地最具特征的地方是，在一些城市由中心城区沿对外交通干线向外放射发展，发展轴与发展轴之间保留大片的自然空间，形成楔形绿地插入城区的布局形态。如合肥市，一般都是利用起伏地形、放射干道等结合市郊农田、防护林布置。对于改善城市气候作用显著，也有利于城市艺术面貌的表现。

4. 环状绿地布局

在城市内部或城市外缘布置成环状的绿道或绿带，用以连接沿线的公园等绿地，或是以宽阔的绿环限制城市向外进一步蔓延和扩展等。较负盛名的是1940年代阿伯克隆比主持的大伦敦规划中所制订的宽度约5mi的绿环，之后到1970年代进一步把一

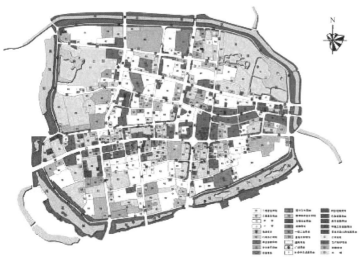

图 6-6-2　合肥市老城区的环城公园
（资料来源：合肥市规划局）

图 6-6-3　合肥市环城公园鸟瞰
（资料来源：合肥市规划局）

些乡村公园等扩大成区域性公园，确认绿环的价值，并扩大绿环面积达到 900mi^2。这样使伦敦外围形成多层次的环状绿带。又如合肥市沿原护城河形成的环状绿地，沿线串联逍遥津公园、包河公园等，并构成多处景区，发挥了良好的环境效应（图 6-6-2、图 6-6-3）。

5. 混合式绿地布局

是上述几种形式的综合运用。可以做到城市绿地点、线、面结合，组成较完整的体系。可以使生活居住区获得最大的绿地接触面，方便居民游息，有利于小气候的改善，有利于城市环境卫生条件的改善，有利于丰富的城市总体与部分的艺术面貌。以上四种布局中，以混合式最好。但由于我国目前大多数城市的绿地定额少，绿化覆盖率低，真正做到绿地组成"有机的系统"的还很少，这是今后努力的方向。

第7节　城市总体布局的方案比选

城市总体布局不仅关系到城市各项用地的功能组织和合理布置，也影响城市建设投资的经济效益，并涉及许多的城市问题。因此，在进行城市总体布局时一般需要几个不同的规划方案，综合比较分析各种城市总体布局规划方案的优缺点，探求一个经济上合理、技术上先进的最佳方案。

方案比较应围绕着城市规划与建设的主要矛盾来进行，考虑的范围与解决的问题，可以由大到小、由粗到细，分层次、分系统、分步骤地逐个解决。对影响城市规划布局的关键问题，提出不同解决措施的多个方案，每个方案应有解决问题的明确指导思想，明显的针对性和鲜明的特点，而且是符合实际、有可行性的。每个城市建设中都有很多关键性问题，如交通道路问题（尤其是山区城市）、环境问题，水资源不足、土地资源不足等。需要对重点的单项工程，诸如产业结构调整的方向、重要对外交通设施的选址、道路系统的组合等进行深入的专题研究。在多方案比较中，首先要分析影响城市总体布局中的关键性问题，其次还必须研究解决问题的方法和措施是否可行。

总体布局方案中，可对不同方案的各种比较条件用扼要的文字或数据加以说明，并将主要的可比内容绘制成表，按不同方案分项填写，以便于进行比较。城市总体布局方案比较的内容，通常可归纳为以下十个方面：

（1）地理位置及工程地质条件：说明其地形、地下水位、土质承载力大小等情况。

（2）占地和动迁情况：各方案用地范围和占用耕地情况，需要动迁的户数以及占地后对农村的影响，在用地布局上拟采取的补偿措施、费用要求。

（3）生产协作：工业用地的组织形式及其在城市布局中的特点，重点工厂的位置，工厂之间在原料、动力、交通运输、厂外工程、生活区等方面的协作条件。

（4）交通运输：包括铁路走向与城市用地布局的关系，客运站与居住区的联系，货运站的设置及与工业区的交通联系情况；过境公路交通对城市用地布局的影响，长途汽车站、燃料库、加油站位置的选择及与城市干道的交通联系情况；城市道路系统是否明确、完善，居住区、工业区、仓库区、市中心、车站、货场、港口码头、机场，以及建筑材料基地等之间的联系是否方便、安全。

（5）环境保护：工业"三废"及噪声等对城市的污染程度，城市用地布局与自然环境的结合情况。

（6）居住用地组织：居住用地的选择和位置恰当与否，用地范围与合理组织居住用地之间的关系，各级公共建筑的配置情况。

（7）防洪、防震、人防工程措施：各方案的用地是否有被洪水淹没的可能，防洪、防震、人防等工程方面所采取的措施，以及所需的资金和材料。

（8）市政工程及公用设施：给水、排水、电力、电信、供热、燃气以及其他工程设施的布置是否经济合理。包括水源地和水厂位置的选择、给水和排水管网系统的布置、污水处理及排放方案、变电站位置、高压线走廊及其长度等工程设施逐项的比较。

（9）城市总体布局：城市用地选择与规划结构合理与否，城市各项主要用地之间的关系是否协调，在处理市区和郊区、近期与远景、新建与改建、需要与可能、局部与整体等关系中的优缺点；如在原有旧城附近发展新区，则需比较旧城利用的情况。此外，城市总体布局中的艺术性构思，也应纳入规划结构的比较。

（10）城市造价：估算近期建设的总投资，估算各方案的近期造价和总投资。

方案比较是一项复杂的工作，由于每个方案都有其特点，在确定方案时要对各个方案的优缺点加以综合评定，取长补短，归纳汇总，进一步提高。在方案比较中，表述上述几项内容，力求文字条理清楚、数据准确明了，分析图纸形象深刻。方案比较所涉及的问题是多方面的，要根据各城市的具体情况有所取舍；区别对待。同时，要注意方案比较一定是要抓住对城市发展起主要作用的因素的评定和比较。城市总体布局的合理性在于综合优势，要从环境、经济、技术、艺术等方面比较方案，经充分讨论并综合各方意见，然后确定以某一方案为基础，并吸取其他方案的优点后，进行归纳、修改、补充和汇总，提出优化方案。

以合肥市城市总体规划（2006~2020 年）方案比选为例，合肥城市总体布局与空间拓展方案，在考虑现状条件和水源保护的基础上，根据土地承载能力、发展方向分析以及城市功能疏散要求确定不同的发展重点，形成了"东拓方案"、"双核方案"和"指状方案"，以利于相互参考和比较，探讨各方向的发展可能性（表6-7-1）。

合肥市城市布局方案比较　　　　　　　　　　　　　　　　　　表 6-7-1

	东拓方案	双核方案	指状方案
比较方案			
优点	城市布局与区域发展轴向一致，充分发挥合肥的交通枢纽优势，有利于真正疏解老城区。同时有利于建成区在现有的基础上进行整合和挖潜建设	在现实基础上进行整合，可能性最大。利用新政务区的建设契机，结合科学城的开发设想，将原西南零散的建设整合为一个新城区，有利于与老城区形成呼应关系，并起到疏解老城的作用，且节省城市建设投资	在原有老城的基础上以向外疏散为原则形成的集中紧凑发展模式，与原有的城市形态可以良好地呼应。主要建设区域与基本农田矛盾最小，兼顾了各个方向的发展可能性，并与巢湖、绿楔衔接咬合紧密
缺点	向东拓展面临改造老工业区的压力，向东发展跨度较大，与现实发展有一定冲突。城市拓展需要跨越铁路、高速公路等交通基础设施，难度和投资均很大	对东部发展情况的估计不足，连片发展有可能带来城市环境问题。主要向西南发展可能对城市的山水自然环境造成一定的影响	分散建设可能带来高投入和低效率。城市南部片区地势相对低洼，工程量和投资巨大

资料来源：合肥市规划局。

第8节　城市总体规划实施及其争论

城市总体规划是城乡规划的一种重要类型，是一定时期内城市发展目标、发展规模、土地利用、空间布局以及各项建设的综合部署和实施措施，是引导和调控城市建设、保护和管理城市空间资源的重要依据和手段。尽管城市总体规划是各类规划的"龙头"，但仅是提出了一个战略性的规划框架，还不能直接付之于建设的实施。城市总体规划因其实施效果差而饱受批评，"纸上画画、墙上挂挂"往往成为城市总体规划的一个标签，甚至沦陷为"市长（书记）抱负"的"技术性工具"。

从规划内容上看，城市总体规划包含空间布局、土地使用、产业发展、城市功能分区、重大基础设施布局、空间管制、环境保护、防灾减灾，以及各类专项规划等内容。总体规划的内容较为庞杂，体现了"大而全"的特征，导致总体规划的战略性越来越差，纲领性越来越差，同时，总体规划编制往往与市场经济条件存在两点不匹配：一是城市开发建设的主体与规划编制主体、编制内容不对应；二是城市规划审批的主体与管理事权不对应。

而社会经济转型对城市总体规划的编制和实施提出了新的要求。在计划经济体制下，城市的投资商只有政府一家。城市政府在理论上可以按照"终极蓝图"进行实施。随着市场经济体制的逐步建立，城市开发主体呈现多元化，政府投资虽然对城市的发展起着重要的引导作用，然而非国有部门的投资却更多地取决于市场需求而非政府意愿。在这种情况下，城市总体规划的编制，就需要综合考虑政府与市场的关系，使"规划力"与"市场力"相互适应，才能引导城市的发展趋近总体规划确定的各项目标。

总体规划作为一种宏观的预测与谋划，不可能完全准确地预计到未来经济社会发展的实际情况。在我国城市高速发展的转型期，市场经济瞬息万变，即使再高明的规划师也无法预测未来的投资商是谁，城市未来的发展方向。因此，仅凭规划师的主观臆想将总体规划以法律形式确定下来，无异于"作茧自缚"。虽然城市规划的实施受到的影响因素有很多，但归根结底，未能预料到的规划期内出现的政治经济和社会变动以及相关的制度变化才是导致规划未能按照预期实施的根本原因。

一方面，相当长的一段时期以来，我国的城市总体规划以空间布局为主，偏重于城市功能分区，忽略城市发展与社会经济发展的关系，凭着规划师的灵感勾画城市的蓝图，实施起来困难重重，甚至根本无法实施。另一方面，城市总体规划实施与否，不完全取决于地方政府的努力。城市发展的外部环境，如国家土地政策的变更、住房政策的变化，乃至国际政治、经济、社会环境的变化，都会对城市总体规划的实施造成很大的影响。中央政府的土地出让政策的一再变化，也对城市总体规划确定的若干发展新区的建设带来用地上的问题。因此，国际国内环境的变化，会直接影响城市总体规划的实施。

同时，在快速城市化时期经济的高速发展和全球化经济波动的影响下，对以预测为特点的城市规划学科提出了巨大的挑战。城市人口的规模，与城市总体规划所确立的规模和设施配套等许多方面有直接的关系，而且也是城市发展目标实现的非常重要的因素。但人口规模预测存在较大的不确定性[1]，除了与统计数据不完备（如城市人口的统计口径）有关外，还与转型期的各种制度因素与人为因素无法准确判断（如人流动控制逐渐松动、权力的干预等）有关，预测难度较大。因此，由城市人口规模预测所推导出的城市用地规模及其设施配置就存在较大的现实差距。[2]而在实践中，常采用"宜粗不宜细"的弱化方式。

在城市各类用地比例上，国标对各种功能用地的比例进行了较为细致的规定，但在日益快速全球化的影响下，传统的实施规模控制与土地利用刚性管制的城市规划面临了现实的挑战。过去建立在传统社会经济基础之上的城市规划体系已越来越不能适应快速、多变环境中城市发展的实际需要。譬如，传统总体规划将工业用地比例结构框定在 15%~25% 内，显然是计划经济体制下所形成的"工业产品只服务于城市自身或有限的区域市场范围"的旧有论调，并未考虑到部分城市所生产的工业产品已服务于全球市场，在此比例约束下的城市规划显然是捉襟见肘的。

这意味着，在宏观上需要对现行的城市总体规划的观念进行适当的调整，并可根据实际情况不断地优化和检讨。在总体规划编制过程中，建议：

（1）加强城市总体规划的公共政策属性。总体规划的本身性质应当是城市政策的总体纲要，是关于城市未来发展的政策陈述。在规划的内容上，要强化城市公共政策的内容。

（2）加强城市长远发展战略与近期建设规划之间的衔接与协调。城市总体规划的远期规划，应该更概括、更战略一些，并可以在总体规划完成之后，通过专项规划深化和落实总体规划的意图；近中期的建设规划，应以微观战术性的内容为主。

（3）健全公众参与机制，能积极回应各个经济主体关于土地开发利用的意愿和市场需求。城市总体规划面对不同的群体具有不同的作用，应灵活应对市场进行规划调整。只有大多数市民认可的总体规划，才能代表公共利益。同时，建立实施评估与机制检讨，其目的不是评估优劣，而是通过建立反馈和检讨的机制，及时应对未来发展的不确定性。

■ 注释

①对 1985 年由国务院审批的 32 个大中城市的总体规划进行跟踪。至 1995 年有 14 个城市的人口规模突破原规划远期（2000 年）的人口规模，占 43%。有 9 个城市的人口规模还未达到规划期确定的人口规模。表明 70% 的城市的人口规模预测是不准确的。

②例如，对于城市总体规划中所提出的"控制人口规模"等原则，如果没有具体而详细的政策得到贯彻，要充分实现这样的原则是非常困难的，最终很有可能就沦为一句口号。这也是我国多年来城市规模得不到控制、城市总体规划所确立的 20 年人口规模要不了几年就突破的最主要原因。

■ 本章小结

城市总体规划是从城市整体的角度出发，制订出战略性的、能指导与控制城市发展和建设的蓝图，它是城市规划工作体系中的高层次规划，是编制各项城市专项规划和地区详细规划的基础和依据，是城市规划综合性、整体性、政策性和法制性的集中表现。城市总体规划同区域规划、国民经济和社会发展规划以及土地利用总体规划之间有着密切的联系，它们都具有战略性规划的特点。

在总体规划的发展战略研究阶段，需要研究城市职能，确定城市性质，预测城市规模。在城市总体布局阶段，则需要综合协调城市功能、结构和形态之间的关系，依据不同功能要素的布局要求合理规划不同的用地性质，并在此基础之上，进行多方案比较，选择最佳方案。

随着目前我国经济社会的快速转型，对城市总体规划的编制和实施也提出了新的要求。应加强城市总体规划的公共政策属性，加强城市长远发展战略与近期建设规划之间的衔接与协调，并在具体的实施过程中促进更大范围的公共参与。

■ 主要参考文献

[1] 李德华 . 城市规划原理 [M]. 第三版 . 北京：中国建筑工业出版社，2001.

[2] 同济大学 . 城市规划原理 [M]. 第二版 . 北京：中国建筑工业出版社，1989.

[3] 陈友华，赵民 . 城市规划概论 [M]. 上海：上海科学技术文献出版社，2000.

[4] 崔功豪，魏清泉，刘科伟 . 区域分析与区域规划 [M]. 第二版 . 北京：高等教育出版社，2006.

[5] 许学强，周一星，宁越敏 . 城市地理学 [M]. 北京：高等教育出版社，1997.

[6] 周春山 . 城市空间结构与形态 [M]. 北京：科学出版社，2007.

[7] 中国大百科全书出版社编辑部，中国大百科全书总编辑委员会 . 中国大百科全书：建筑 · 园林 · 城市规划 [M]. 北京：中国大百科全书出版社，1988.

[8] 韩延星，张珂，朱竑 . 城市职能研究述评 [J]. 规划师，2005（8）：68–70.

[9] 孙盘寿，杨廷秀 . 西南三省城镇的职能分类 [J]. 地理研究，1984（3）：17–28.

[10] 汪昭兵，杨永春，杨晓娟，杨永民 . 体制变迁下的兰州城市总体规划实施效果分析 [J]. 城市规划，2010，34（2）：61–67.

[11] 王文彤整理 . 总体规划批什么 [J]. 城市规划，2010，34（1）：61–63，72.

[12] 魏成，沈静 . 经济全球化对城市发展的影响与城市规划的回应 [J]. 现代城市研究，2010（5）：41–46.

[13] 张文奎，刘继生，王力 . 论中国城市的职能分类 [J]. 人文地理，1990（3）：1–88.

[14] 中华人民共和国建设部 . 城市人口规模预测规程（讨论稿）[Z].

[15] 周一星，孙则昕 . 再论中国城市的职能分类 [J]. 地理研究，1997（1）：11–22.

■ 思考题

1. 城市总体规划与区域规划、国民经济和社会发展规划以及土地利用总体规划之间有着怎样的关系？它们之间应该如何协调和衔接？

2. 城市职能与城市性质有怎样的区别与联系？试谈谈你所在城市的职能与性质。

3. 在城市总体布局的多方案比较中，包括哪些主要的比较内容？

第 7 章 城市详细规划

在我国的城市规划体系中，城市详细规划从其作用和内容表达形式上可以大致分成两类：

一类并不对规划范围内的任何建筑物做出具体设计，而是对规划范围内的土地使用设定较为详细的用途和容量控制，作为该地区建设管理的主要依据，属于开发建设控制型的详细规划。该类规划多存在于市场经济环境下的法治社会，通常被赋予较强的法律地位。这种类型的详细规划就是控制性详细规划。

另一类是以实现规划范围内具体的预定开发建设项目为目标，将各个建筑物的具体用途、体形、外观以及各项城市设施的具体设计作为规划内容，属于开发建设蓝图型的详细规划。这种类型的详细规划就是修建性详细规划。

本章将对控制性详细规划和修建性详细规划的相关内容进行简要阐述。

第1节 控制性详细规划的含义、特征与作用

1 什么是控制性详细规划

关于控制性详细规划的定义很多，国家以及各地区的规划部门对控制性详细规划的含义都有一定的阐述。按照《城市规划基本术语标准》（GB/T 50280—1998）的定义，控制性详细规划（regulatory plan）"以城市总体规划或分区规划为依据，确定建设地区的土地使用性质和使用强度的控制指标、道路和工程管线控制性位置以及空间环境控制的规划要求"。

控制性详细规划作为衔接城市总体规划和修建性详细规划的关键性编制层次，以土地使用控制为重点，详细规定建设用地的性质、使用强度和空间环境，强调规划设计与管理和开发相衔接，是规划管理的依据。它既有整体控制要求，又有局部控制要求；既能延续并深化总体规划意图，又能对城市片区及地块建设提出可直接指导修建性详细规划编制的准则。同时，控制性详细规划作为管理城市空间资源、土地资源和房地产市场的一种公共政策，适应了我国城市快速发展的需要，可以实现规划管理的最简化操作，大大缩短了决策、规划、土地批租和项目建设的周期，提高了城市建设的效率。

2 控制性详细规划有哪些主要特征

2.1 控制引导性和操作灵活性

控制性详细规划既可以适应社会经济环境的变化，也可以满足城市建设的快速发

展对规划提出的新要求。控制性详细规划的控制引导性主要表现在对城市建设项目具体的定性、定量、定位、定界的控制和引导，这既是控制性详细规划编制的核心问题，也是其不同于其他规划编制层次的首要特征。控制性详细规划通过技术指标来规定土地的使用性质（《城市用地分类与规划建设用地标准》（GBJ 137—1990）中的小类）和使用强度，以土地使用控制为主要内容，以综合环境质量控制为要点，从以下六个方面进行控制：土地使用性质细分及其兼容范围控制；土地使用强度控制；主要公共设施与配套设施控制；道路及其设施与内外交通关系控制；城市特色与环境景观控制；工程管线控制。控制性详细规划通过对土地使用性质的控制来规定土地允许建什么，不允许建什么，应该建什么；通过建筑高度、建筑密度、容积率、绿地率等控制指标来控制土地的使用强度，控制土地建设的意向框架，从而达到引导土地开发的目的。

　　控制性详细规划的操作灵活性一方面表现在通过将抽象的规划原理和复杂的规划要素进行简化和图解，从中提炼出控制城市土地功能的基本要素，从而实现城市快速发展条件下规划管理的简化操作，提高了规划的可操作性，缩短了开发周期，提高了城市开发建设效率；另一方面，控制性详细规划在确定必须遵循的控制指标和原则外，还留有一定的"弹性"，如某些指标可在一定范围内浮动，同时一些涉及人口、建筑形式、风貌及景观特色等的指标可根据实际情况参照执行，以更好地适应城市发展变化的要求。

2.2　法律效应

　　法律效应是控制性详细规划的基本特征。控制性详细规划是城市总体规划法律效应的延伸和体现，是总体规划宏观法律效应向微观法律效应的拓展。控制性详细规划编制工作，是城市开发的前期工作，是控制土地出让、转让的依据。控制性详细规划的文本、图则及法规三者互相匹配，各自关联，从投入开发的土地总量、土地使用性质和开发强度、土地开发时序等三方面共同制约着城市土地开发建设活动。因此，控制性详细规划超越了规划设计的范畴，成为城市规划管理的依据和手段之一，其成果具有明显的法律约束功效。1992 年年底颁布实施的《城市国有土地使用权出让转让规划管理办法》（1992 年建设部令第 22 号），明确了出让、转让城市国有土地使用权之前，应当编制控制性详细规划；2006 年 4 月 1 日起实施的《城市规划编制办法》，对控制性详细规划的编制内容和要求以及其中的强制性内容进行了明确规定。这些法规都为控制性详细规划在规划管理中的法律效应提供了依据。

2.3　图则标定

　　图则标定是控制性详细规划在成果表达方式上区别于其他规划编制层次的重要特征，是控制性详细规划法律效应图解化的表现。它用一系列控制线和控制点对用地和设施进行定位控制，如地块边界、道路红线、建筑后退线、绿化控制线及控制点等。控制性详细规划图则在经法定的审批程序后上升为具有法律效力的地方法规，具有行政法规的效能。

2.4　开发导向

　　在我国由计划经济向市场经济转变这一宏观背景下产生的控制性详细规划与传统的详细规划相比，最大的不同在于它是直接面向市场的规划手段。因此，控制性详细规划的目的更侧重于强化政府的综合调控职能，使政府能够在建设项目、投资来源、

169

建设时序等因素都不太确定的情况下，通过对土地的开发控制来引导开发商在城市规划的整体安排下从事建设活动。控制性详细规划实施的手段不一定是通过政府直接投资进行，而是以政府制定的控制性详细规划作为土地使用框架模式，吸引各方投资进行开发。

3 控制性详细规划有哪些重要作用

3.1 承上启下，强调规划的连续性

在我国的城市规划体系中，控制性详细规划的核心价值即在于"承上启下"，主要体现在规划设计与规划管理两个方面。在规划设计上，控制性详细规划作为总体规划、分区规划和修建性详细规划之间的环节，是详细规划编制阶段的第一编制层次，以量化指标将总体规划的原则、意图、宏观的控制转化为对城市土地乃至三维空间定量、微观的控制，从而具有宏观与微观、整体与局部的双重属性，确保了规划体系的完善和连续。在规划管理上，控制性详细规划将总体规划宏观的管理要求转化为具体的地块建设管理指标，使规划编制与规划管理及城市土地开发建设相衔接。

3.2 与管理结合、与开发衔接，作为城市规划管理的依据

"三分规划，七分管理"是城市建设的成功经验。在城市土地有偿使用和市场经济体制条件下，城市规划管理工作的关键在于按照城市总体规划的宏观意图，对城市每块土地的使用及其环境进行有效控制，引导各项开发建设活动。控制性详细规划填补了形体示意规划的缺陷，将抽象的规划原理和复杂的规划要素进行简化和图解化，将规划控制要点，用简练、明确的方式表达出来，最大程度地实现了规划的可操作性，作为控制土地批租、出让的依据，通过对开发建设的控制正确引导开发行为，使土地开发的综合效益最大化，实现社会效益、经济效益和环境效益的统一。

控制性详细规划增强了规划的"弹性"和可操作性，是规划与管理、规划与实施衔接的重要环节，是规划管理的必要手段和主要依据，是进行建设项目许可的重要前提条件，并直接为规划管理人员服务。控制性详细规划的形成和发展，初步适应了投资主体多元化带来的利益主体多元化和城市建设思路多元化对城市规划的冲击，较好地适应了市场经济体制下城市规划管理的需要，为政府控制和引导城市土地开发提供了最直接的工具，是我国城市规划体系建立以来最重要的贡献之一，同时也为推进我国城市管理的规范化起到了积极的作用。

3.3 体现城市设计构想

控制性详细规划可将城市总体规划、分区规划中宏观的城市设计构想，以微观、具体的控制要求加以体现，并直接指导修建性详细规划及环境景观设计等的编制。控制性详细规划对城市设计主要以引导为主，以建筑色彩、建筑形式、建筑体量、建筑群体空间组合形式、建筑轮廓线等为控制对象，按照美学和空间艺术处理的原则，从建筑单体环境和建筑群体环境两个层面对建筑设计和建筑建造提出指导性的综合设计要求和建议，甚至提供具体的形体空间设计示意，为开发控制提供管理准则和设计框架。控制性详细规划既避免了传统详细规划中建筑布局的僵硬，为基地的使用者预留了一定的灵活性，又避免了更大程度的随意性，在一定程度上保证了开发的秩序。

3.4　城市政策的载体

城市政策是一定时期内为实现城市发展的某种目标而采取的特别措施。相对于城市规划原则来说，城市政策的针对性更强。控制性详细规划作为管理城市空间资源、土地资源和房地产市场的一种公共政策，在编制和实施过程中都包含诸如城市产业结构、城市用地结构、城市人口空间分布、城市环境保护等各方面广泛的政策性内容，通过传达城市政策方面的信息，在引导城市社会、经济、环境协调发展方面具有综合能力。城市开发过程中各类经济组织和个人可以通过控制性详细规划所提供的政策，辅以城市未来发展的相关政策和信息来消除开发项目决策时所面对的不确定性和风险，从而促进资源的有效配置和合理利用。

第2节　控制性详细规划的控制体系是如何建立的

从城市规划管理的角度，任何城市建设活动，不管是综合开发还是个体建设，其内在构成都包括以下六个方面：土地使用、环境容量、建筑建造、城市设计引导、配套设施和行为活动。因此，城市规划管理对建设项目的控制也是通过这六个方面进行的。

下面的控制体系归纳出了以上六个方面的控制内容，它们共同形成了控制性详细规划控制体系的内在构成（图7-2-1）。对于每一规划用地，不一定对六个方面全部进行控制，应视具体情况选取部分或全部内容进行控制。

上述的六方面内容又可以落实为具体的控制指标，这些指标又分为规定性控制指标和指导性控制指标（表7-2-1）。其中规定性控制指标是必须遵守的，不容更改，包括用地性质、用地面积、建筑密度、建筑限高、建筑后退、容积率、绿地率、交通出入口方位、停车泊位和其他配套设施；指导性控制指标是参照执行的，没有强制约束力，包括人口容量、建筑形式、风格、体量、色彩要求和其他环境要求。

控制性详细规划控制指标一览表　　　　　　　　　　　　　表7-2-1

编号	指标	分类	注解
1	用地性质	规定性	—
2	用地面积	规定性	—
3	建筑密度	规定性	—
4	容积率	规定性	—
5	建筑高度（层数）	规定性	用于一般建筑（住宅建筑）
6	绿地率	规定性	—
7	公建配套项目	规定性	—
8	建筑后退道路红线	规定性	用于沿道路的地块

续表

编号	指标	分类	注解
9	建筑后退用地边界	规定性	用于地块之间
10	社会停车场库	规定性	用于城市分区、片的社会停车·
11	配建停车场库	规定性	用于住宅、公建、地块的配建停车
12	地块出入口方位、数量和允许开口路段	规定性	—
13	建筑形体、色彩、风格等城市设计内容	引导性	主要用于重点地段、文物保护区、历史街区、特色街道、城市公园以及其他城市开敞空间周边地区

资料来源：夏南凯，田宝江.控制性详细规划 [M].上海：同济大学出版社，2005.

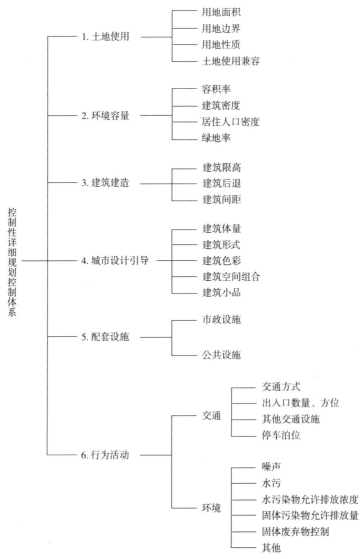

图 7-2-1 控制性详细规划控制体系图
（资料来源：夏南凯，田宝江.控制性详细规划 [M].上海：同济大学出版社，2005）

1　如何控制土地使用

1.1　用地面积控制

1.1.1　用地面积和征地面积有何区别

用地面积即建设用地面积，是指由城市规划行政部门确定的建设用地边界线所围合的用地水平投影的面积，包括原有建设用地面积和新征建设用地面积，不包括代征面积。用地面积是控制性详细规划中各项规定性指标计算的基础。

需要注意的是，用地面积（A_p）和征地面积（A_g）是有区别的，征地面积是由土地部门划定的征地红线围合而成的，包括了用地面积和代征面积。很显然，$A_p \leqslant A_g$（图 7-2-2）。

1.1.2　确定用地面积的原则

（1）用地面积通常与用地边界的四周范围有关，在城市新区，用地面积往往由道路、河流、行政边界以及各种规划控制线围合而成。

（2）用地面积应当结合土地使用性质，视具体情况而定，避免造成土地资源浪费或用地不足的情况。

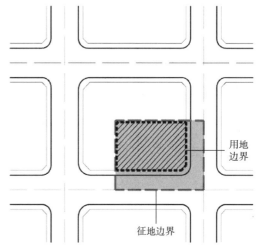

图 7-2-2　用地与征地边界范围对照图
（资料来源：夏南凯，田宝江 . 控制性详细规划 [M]. 上海：同济大学出版社，2005）

（3）用地面积的确定也与城市土地的开发模式有关，采用小规模渐进式开发的，控制性详细规划中划分的用地面积一般较小，采用大规模整体式开发的，控制性详细规划中划分的用地面积一般较大。

（4）用地面积也与土地的区位有较大关系，城市中心区划分的用地面积往往比郊区要小，因为中心区土地资源紧缺，权属复杂，取得较大的地块需要付出很高的经济代价。

（5）实际操作中，有些用地形状不规则，如扁长条形或三角形，面积虽然不小，但不便于充分利用，应结合实际情况对用地面积和用地边界进行综合调整。

（6）在一些城市建成区，由于种种原因，地块划分不均，部分地块面积过小而不适于独立地块单独开发，需要在控制性详细规划中作出调整及相应说明。

用地面积可按新区和旧城改建区两类区别对待，一般新区地块可以划分得大些，在 3~5hm² 左右，旧城改建区要小些，在 0.5~3hm² 左右。

1.2　用地边界控制

1.2.1　什么是用地边界

用地边界是指规划用地与道路或其他规划用地之间的分界线，是规划用地的范围边界。

用地边界是用来界定土地使用权属的法律界线，通过用地边界明确地界定出各个地块，使之成为用地控制、规划管理的基本单元，成为土地买卖、批租、开发的基本单元。

1.2.2 划分用地边界的原则

（1）严格根据总体规划以及其他专业规划划分地块。

（2）以单一性质划分地块，即一般一个地块只有一种使用性质。

（3）有一边与城市道路相邻。

（4）结合自然边界、行政界线划分地块。

（5）考虑地价的区位级差。

（6）地块大小应与土地开发的性质规模相协调，以利于统一开发。

（7）对于规划予以保留的地段，可以单独划分地块，不再给定指标。

（8）地块划分需要满足"专业控制线"的要求，专业控制线用于对城市基础设施进行保护控制，如道路红线、绿线、蓝线、紫线和黄线等（表7-2-2、图7-2-3）。

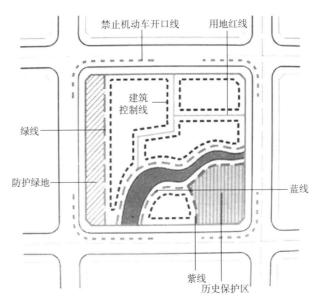

图 7-2-3　用地边界专业规划线图示

（资料来源：夏南凯，田宝江.控制性详细规划 [M].上海：同济大学出版社，2005）

规划控制性一览表　　　　　　　　　　　　　　　　　　　表 7-2-2

线形名称	线形作用
红线	道路用地和地块用地边界线
绿线	生态、环境保护区域边界线
蓝线	河流、水域用地边界线
紫线	历史保护区域边界线
黄线	城市基础设施用地边界线
禁止机动车开口线	保证城市主要道路上的交通安全和通畅
机动车出入口方位线	建议地块出入口方位，利于疏导交通

续表

线形名称	线形作用
建筑基底线	控制建筑体量、街景、立面
裙房控制线	控制裙房体量、用地环境、沿街面长度、街道公共空间
主体建筑控制线	延续景观道路界面，控制建筑体量、空间环境、沿街面长度、街道公共空间
建筑架空控制线	控制沿街界面连续性
广场控制线	控制各类广场的用地范围，完善城市空间体系
公共空间控制线	控制公共空间用地范围

资料来源：夏南凯，田宝江.控制性详细规划 [M].上海：同济大学出版社，2005.

（9）地块划分需要尊重现有的土地使用权以及产权边界。

1.3　用地性质控制

1.3.1　什么是用地性质

用地性质是城市规划区内各类用地的使用用途。用地性质包含两方面含义：土地实际的使用用途，如绿地、广场等；土地上面附属的建筑物的使用用途，如商业用地、居住用地等。大多数的用地性质是由土地上的附属建筑物来体现的。

1.3.2　确定用地性质的原则

（1）根据总体规划、分区规划等上位规划的用地布局，进一步确定各地块的用地性质。

（2）如果上位规划中所划分的地块过大需要进一步细分，要以主要用地性质为依据，合理配置和调整局部地块的用地性质。

（3）相邻地块的用地性质不应该冲突，应避免用地的外部不经济性，提高土地利用的经济效益。

1.4　土地使用兼容性控制

1.4.1　什么是土地使用兼容性

土地兼容性包括两方面的含义：其一是指不同的使用性质在同一地块上共处的可能性，表现为同一块土地上进行各种性质综合使用的允许与否，反映了不同使用性质的土地之间亲和与矛盾的程度，也可以用用地相容性来替换；其二是指在同一地块中，多种用地性质选择的多样性和置换的可能性，表现为土地使用性质的"弹性"、"灵活性"和"适建性"，反映了该地块的周围环境对其的约束关系。

1.4.2　土地使用兼容的规定

土地兼容包括用地上的兼容和建筑的兼容，各地一般都根据具体情况和实际建设需求来制订用地性质和用地上建筑物的适建表（表7-2-3、表7-2-4）。

在城市规划管理中，管理人员可以根据控制性详细规划的规划指标进行管理，也可以按照兼容表的要求，对指标中的用地性质加以改变，使控制性详细规划具有一定的弹性。但在改变地块的使用性质时，其他的指标不应改变。

相比之下，建筑的兼容比用地上的兼容更加详细，更能达到控制的目的。

佛山市用地兼容表（偏重于土地性质的兼容）　　表 7-2-3

可相容用地类型 用地类型	二类居住用地（R2）	办公用地（C1）	商业金融用地（C2）	文化娱乐用地（C3）	体育用地（C4）	医疗卫生用地（C5）	教育科研设计用地（C6）	一类工业用地（M1）	二类工业用地（M2）	仓储用地（W）	道路用地（S1）	广场用地（S2）	社会停车场库用地（S3）	市政公用设施用地（U）	公共绿地（G1）	生产防护绿地（G2）	保安用地（D3）	水域（E1）
二类居住用地（R2）	●	△	△	△	△	△	△	△	×	×	×	×	△	△	△	△	×	△
办公用地（C1）	△	●	△	△	×	△	△	×	×	×	×	×	△	×	△	△	×	△
商业金融业用地（C2）	△	△	●	△	×	×	△	×	×	×	×	×	△	△	△	△	×	△
文化娱乐用地（C3）	△	△	△	●	△	×	△	×	×	×	×	×	△	△	△	△	×	△
体育用地（C4）	△	×	×	△	●	×	×	×	×	×	×	×	△	×	△	△	×	△
医疗卫生用地（C5）	△	△	△	×	×	●	×	×	×	×	×	×	△	×	△	△	×	△
教育科研设计用地（C6）	△	△	△	×	×	×	●	×	×	×	×	×	△	×	△	×	×	△
一类工业用地（M1）	△	△	△	△	△	△	△	●	△	△	×	×	△	△	△	△	×	△

注：●最相容；×不相容；△由城市规划行政主管部门根据具体条件和规划要求确定。

资料来源：《佛山市城市规划管理技术规定》。

佛山市各类建设用地适建范围表　　表 7-2-4

序号	用地类别 建设项目	居住用地			公共设施用地		工业用地			仓储用地		市政公用设施用地	绿地	
		一类	二类	三类	商贸办公	教科文卫	一类	二类	三类	普通	危险品		公共	生产防护
1	低层独立式住宅	√	×	×	×	○	×	×	×	×	×	×	×	×
2	其他低层居住建筑	√	×	○	×	○	×	×	×	×	×	×	×	×
3	多层居住建筑	×	√	√	×	○	○	×	×	×	×	×	×	×
4	高层居住建筑	×	○	√	×	○	○	×	×	×	×	×	×	×
5	单身宿舍	×	√	√	√	√	√	○	×	○	×	×	×	×
6	居住小区教育设施	√	√	√	×	√	○	×	×	×	×	×	×	×
7	居住小区商业服务设施	○	√	√	√	√	√	○	×	○	×	×	×	×
8	居住小区文化设施	○	√	√	√	√	√	○	×	×	×	×	×	×
9	居住小区体育设施	√	√	√	×	√	○	×	×	×	×	×	×	○

续表

序号	用地类别 建设项目	居住用地			公共设施用地		工业用地			仓储用地		市政公用设施用地	绿地	
		一类	二类	三类	商贸办公	教科文卫	一类	二类	三类	普通	危险品		公共	生产防护
10	居住小区医疗卫生设施	√	√	√	×	√	○	×	×	×	×	×	×	×
11	居住小区市政公用设施	√	√	√	√	√	√	√	○	√		√	×	○
12	居住小区行政管理设施	√	√	√	○	√	√	○	×	○	×	○	×	×
13	居住小区日用品修理、加工厂	×	√	○	×	×	√	√	○	√	×	×	×	○
14	小型农贸市场	×	√	○	×	×	√	√	○	√	×	×	×	○
15	小商品市场	×	√	○	×	×	√	√	○	√	×	○	×	○

注：√允许设置；×不允许设置；○由城市规划管理部门根据具体条件和规划要求确定。
资料来源：《佛山市城市规划管理技术规定》。

2　如何控制环境容量

2.1　容积率控制

2.1.1　什么是容积率

容积率又称楼板面积率，或建筑面积密度，是衡量土地使用强度的一项指标，英文缩写为FAR，是地块内所有建筑物的总建筑面积之和 Ar 与地块面积 Al 的比值（图7-2-4）。

$$FAR=Ar/Al$$

容积率可根据需要制订上限和下限。容积率的下限是为保证开发商的利益，可综

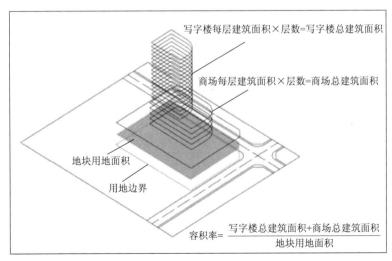

图 7-2-4　容积率概念示意图

（资料来源：夏南凯，田宝江.控制性详细规划[M].上海：同济大学出版社，2005）

合考虑征地价格和建筑租金的关系；容积率上限是为防止过度开发带来城市基础设施的超负荷运转及环境质量下降。

2.1.2 容积率的影响因素

容积率的确定，除了要考虑上层次规划的要求，还与下列因素有关。

1. 地块的使用性质

不同性质的用地有着不同的使用要求和特点，开发强度亦有所不同。不如商业、酒店、办公楼的容积率往往要大于住宅、医院和学校。

2. 地块的区位

由于建设用地所处的区位不同，其交通条件、基础设施条件、环境条件均有所差异，从而产生了土地级差，对建设用地的使用性质、地块划分大小、容积率高低等都有着直接影响。比如中央商务区的容积率要比远离中央商务区的地区高。

3. 地块的基础设施条件

一般来说，较高的容积率需要较好的基础设施条件作为支撑。

4. 人口容量

人口容量与容积率是紧密相关的，较高的容积率才能容纳较高的人口容量，但是过高的人口容量也将导致环境拥挤、交通堵塞等问题，需要配以高强度的基础设施容量。比如香港的太古广场。

5. 地块的空间环境条件

即与周边环境的制约关系，如建筑高度、建筑间距、建筑形体、绿化控制和联系通道等。

6. 地块的土地出让价格条件

一般来说，容积率与土地出让价格成正比，关键是要获得使经济—社会—生态协调可持续发展的最佳容积率。

2.2 建筑密度控制

建筑密度是指规划地块内各类建筑基底面积占该块用地面积的比例：

建筑密度 =（规划地块内各类建筑基底面积之和 ÷ 用地面积）× 100%

它可以反映出一定用地范围内的空地率和建筑密集程度。城市建筑应保持适当的密度以保证获得足够的日照、阳光、空气、绿地和防火间距（表 7-2-5）。建筑过密将会造成街廓消失、空间拥挤，甚至损害历史保护建筑。

佛山市建筑密度和容积率控制指标表   表 7-2-5

区位建筑容量类型		旧区		新区	
		D	FAR	D	FAR
住宅建筑（含酒店式公寓）	低层独立式住宅	—	—	≥ 25%	$0.5 \leq D \leq 1.3$
	其他低层住宅建筑	$30\% \leq D \leq 50\%$	≥ 0.8	$30\% \leq D \leq 43\%$	$0.8 \leq D \leq 1.3$
	多层建筑	≤ 33%	≤ 2.0	≤ 30%	≤ 1.8
	中高层建筑	≤ 30%	≤ 2.5	≤ 27%	≤ 2.2
	高层建筑	≤ 28%	≤ 3.5	≤ 25%	≤ 3.0

续表

区位建筑容量类型		旧区		新区	
		D	FAR	D	FAR
商业、办公建筑（含旅馆建筑、公寓式办公建筑）	低层建筑	≤ 50%	≤ 1.5	≤ 45%	≤ 1.3
	多层建筑	≤ 45%	≤ 2.7	≤ 40%	≤ 2.4
	高层建筑	≤ 40%	≤ 4.5	≤ 40%	≤ 4.0
工业建筑（一般通用厂房）、普通仓储建筑	单层建筑	40% ≤ D ≤ 60%	≥ 0.4	40% ≤ D ≤ 55%	≥ 0.4
	多层建筑	30% ≤ D ≤ 45%	0.8 ≤ D ≤ 2.5	30% ≤ D ≤ 40%	0.8 ≤ D ≤ 2.0
	高层建筑	30% ≤ D ≤ 40%	1.2 ≤ D ≤ 3.0	30% ≤ D ≤ 35%	1.2 ≤ D ≤ 2.5

资料来源：《佛山市城市规划管理技术规定》。

2.3　绿地率控制

绿地率指规划地块内各类绿化用地面积总和占该用地面积的比例，是衡量地块环境质量的重要指标：

$$绿地率 =（地块内绿化用地总面积 ÷ 地块面积）× 100\%$$

通过绿地率的控制可以保证城市的绿化和开放空间，为人们提供休憩和交流的场所。

如图 7-2-5 所示，绿地率为绿地面积（包括公共绿地，不包括住宅用地中的绿化用地和树冠所覆盖的面积）占总用地面积的百分比，即（A1+A3）/S × 100%。另外还有两个容易混淆的概念绿化率为（A1+A2+A3）/S × 100%，绿化覆盖率为（A1+A2+A3+A4）/S × 100%。

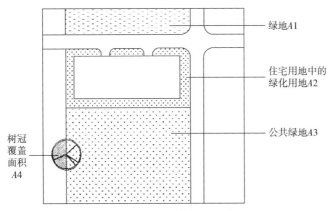

图 7-2-5　绿地率概念示意图

（资料来源：夏南凯，田宝江 . 控制性详细规划 [M]. 上海：同济大学出版社，2005）

3　如何控制建筑建造

3.1　建筑限高控制

3.1.1　什么是建筑限高

建筑高度一般是指建筑物室外地面到檐口（平屋顶）或屋面面层（坡屋顶）的高度。

为了克服经济利益驱动而盲目追求建筑高度，造成千篇一律的城市景观，规划需要提出建筑建造的高度上限，这就是建筑限高这一指标的由来。

3.1.2 确定建筑高度应遵循哪些原则

（1）符合建筑日照、卫生、消防和防震抗灾等要求。

（2）符合用地的使用性质和建筑物的用途要求。

（3）考虑用地的地质基础限制和当地的建筑技术水平。

（4）符合城市整体景观和街道景观的要求。

（5）符合文物保护建筑、文物保护单位和历史文化保护区周围建筑高度的控制要求。

（6）符合机场净空、高压线及无线通信通道等建筑高度的控制要求。

（7）考虑在坡度较大地区，不同坡向对建筑高度的影响。

3.2 建筑后退控制

建筑后退是指在城市建设中，建筑物相对于规划地块边界和各种规划控制线的后退距离，通常以后退距离的下限进行控制。建筑后退控制线和用地红线一样，也是一个包括空中和地下空间的竖直的三维界面。

建筑后退主要包括退线距离和退界距离两种。退线距离是指建筑物后退各种规划控制线（包括：规划道路、绿化隔离带、铁路隔离带、河湖隔离带、高压走廊隔离带）的距离；退界距离是指建筑物后退相邻单位建设用地边界线的距离。

建筑后退指标的意义在于避免城市建设中过于拥挤和混乱，保证必要的安全距离和救灾、疏散通道，保证良好的城市空间和景观环境，预留必要的人行活动空间、交通空间、工程管线布置空间和建设缓冲空间。

3.3 建筑间距控制

建筑间距是指两栋建筑物或构筑物外墙之间的水平距离。建筑间距的控制是使建筑物之间保持必要的距离，以满足防火、防震、日照、通风、采光、视线干扰、防噪、绿化、卫生、管线敷设、建筑布局形式以及节约用地等方面的基本要求。

建筑间距是一个综合概念，通过对建筑间距进行控制，可以影响建筑密度的控制。如北方城市因日照间距大，通常同样类型的居住用地的建筑密度比南方城市要小。

建筑间距具有多种综合功能，根据其主体功能可以分为：

（1）日照间距。为使后排房屋能够满足一定的日照标准，在前后排房屋之间所保持的距离。

（2）侧向间距。即山墙间距，是指在建筑山墙之间为满足道路、消防通道、市政管线敷设等要求所留出的距离。

（3）消防间距。即防火间距，指相邻两栋建筑为适应火灾扑灭、人员安全疏散和降低火灾时的热辐射所保持的必要距离。

（4）通风距离。是指两栋建筑为保持良好的通风，避免产生负风压所需要保持的最小距离。

（5）生活私密性间距。应避免出现对居室视线干扰的情况，一般为18m。

（6）城市防灾疏散间距。城市主要的防灾疏散通道两侧的建筑间距至少为40m，且应大于建筑高度的1.5倍。

4　如何进行城市设计引导

控制性详细规划阶段的城市设计的主要任务是弥补控制性详细规划在城市区段空间环境设计方面的缺陷，并在操作层面实现城市设计的可操作性。其内容包括：空间布局、道路与交通系统、景观设计、绿化设计、建筑形态、环境设施与小品，其中成果一部分转译为各项控制指标，纳入到控制性详细规划成果中，另一部分表现为设计导引，以图则的形式补充到控制性详细规划成果中。

控制性详细规划中城市设计应以宏观层面城市设计（内涵研究）为重点，微观层面城市设计（引导研究）为配合，以配合控制指标的城市设计为手段。宏观层面城市设计主要涉及：城市历史环境特色的研究、自然环境的保护与利用、结构骨架构思、绿化及步行系统设计、景观视廊的组织、街道空间的连续性、城市结点系统的构思等。微观层面城市设计主要涉及：空间组织、景观组织、建筑群体形态、环境设计、轮廓线组织、重要节点等。对建筑单体环境的控制引导，包括建筑体量、风格形式、建筑色彩等内容，此外还包括绿化布置要求及对广告标牌、夜景照明及建筑小品的规定和建议。

4.1　建筑体量、建筑形式与建筑色彩

建筑体量是指建筑在空间上的体积，包括建筑的横向尺度、纵向尺度和建筑形体控制等方面，一般对建筑面宽、平面与立面对角线尺寸、建筑形体比例等提出相应的控制要求和控制指标。

建筑形式指对建筑风格和外在形象的控制。不同的城市和地段由于不同的自然环境和历史文化特征将具有不同的建筑形式和风格。应根据城市特色、具体地段环境风貌的要求以及整体风貌的协调性等对建筑形式与风格进行控制和引导。但是这样的控制引导并不是只强调整齐划一，扼杀个性，它并不能取代具体设计，应留有相当的弹性和发挥空间。建筑形式一般针对结构形式、立面形式、开窗比例、屋顶形式和立面材质等提出控制引导性内容。

建筑色彩与人的感知有关，是保持和延续城市风貌地方特色，体现城市设计意图的一项重要控制内容。一般是从色调、明度和彩度、基调与主色、墙面屋顶颜色等方面进行控制。建筑色彩的控制不宜过于具体，应有足够的灵活性与发挥空间。

4.2　建筑空间组合

组合是对建筑群体环境所作的控制与引导，即对建筑实体所围合的空间环境以及周边其他环境要求提出的控制引导原则。一般对建筑空间组合形式、开敞空间和街道空间尺度、整体空间形态等提出具体的控制要求。除非有特殊要求，建筑空间组合一般不作为主要的控制性指标。

4.3　建筑小品

建筑小品对于提升空间环境品质，突出街道和公共空间的特色与风貌具有十分重要的意义，在规划编制时，应以引导为主、适度控制为原则，体现设计控制内容而非取代具体的环境设计。该项内容一般仅仅针对城市中心区、重点地段和公共空间而提出，并非针对城市中的每一个街区和地块。

5 如何控制配套设施

5.1 公共设施配套

公共设施配套指城市中各类公共服务设施的配建要求，主要包括需要政府配套建设的公益性设施。公共配套设施一般包括文化、教育、体育、公共卫生等公用设施和商业、服务业等生活服务设施。公共配套设施一般应根据城市总体规划以及相关部门的专项规划予以落实，特别应强调对于公益性设施的保障和控制。公共服务设施配套要求应综合考虑区位条件、功能结构布局、居住区布局、人口容量等因素，按照国家相关规范与标准进行配置。公共服务设施划分至小类，可根据实际情况增加用地类型。规划中应标明位置、规模、配套标准和建设要求。公共服务设施的落位应考虑服务半径的合理性，无法落位的应标明需要落实的街区或地块的具体要求。公共设施配套的要求应符合国家、地方以及相关专业部门的规范与标准要求。

相关内容详见本书第 12 章。

5.2 市政设施配套

城市的各项市政设施系统为城市生产、生活等社会经济活动提供基础保证，市政设施配套的控制同样具有公共利益保障与维护的重要意义。市政设施一般都为公益性设施，包括给水、污水、雨水、电力、电信、供热、燃气、环保、环卫、防灾等多项内容。市政设施配套控制应根据城市总体规划、市政设施系统规划，综合考虑建筑容量、人口容量等因素确定。有市政专项规划的应按照该专项规划给以协调和进一步落实。规划控制一般应包括各级市政源点位置、路由和走廊控制等，提出相关的建设规模、标准和服务半径，并进行管网综合。无法落位的应标明需要落实的街区或地块的具体要求。市政设施配套应落实到用地小类，并可根据实际情况增加用地类型。市政设施配套控制应符合国家和地方的相关规范与标准。

详细内容详见本书第 10 章。

6 如何控制行为活动

行为活动控制是对建设用地内外的活动、生产、生活行为所提出的控制要求，主要包括交通活动控制与环境保护规定两个方面。

6.1 交通活动控制

6.1.1 车行交通组织

车行交通组织一般应根据区位条件、城市道路系统、街坊或地块的建筑容量与人口容量等条件提出控制与组织要求。一般通过出入口数量与方位、禁止开口地段、交叉口宽展与渠化、装卸场地规定等方式提出控制要求。车行交通组织要求应符合国家和地方的相关规范与标准。

6.1.2 步行交通组织

步行交通组织应根据城市交通组织、城市设计与环境控制、城市公共空间控制等提出相应的控制要求。一般包括步行交通流线组织、步行设施（人行天桥、连廊、地下人行通道、盲道、无障碍设计）位置等内容。步行交通组织要求应符合国家和地方的相关规范与标准。

6.1.3　公共交通组织

公共交通组织应根据城市道路系统、公共交通与轨道交通系统、步行交通组织提出相应的公共交通控制要求。一般包括公交场站位置、公交站点布局与公交渠化等内容。公共交通组织要求应满足公交专项规划的要求，并应符合国家和地方的相关规范与标准。

6.1.4　配建停车位

配建停车位的控制一般根据地块的性质、建筑容量确定。配建停车位一般采用下限控制的方式，在深入研究地方规划交通政策的基础上，针对特殊地段可采用上、下限同时控制的方式，必要情况下可提出提供公共停车位的奖励措施。

6.2　环境保护规定

环境保护控制是通过限定污染物的排放标准，防治在生产建设或其他活动中产生的废气、废水、废渣、放射性物质，以及噪声、振动、电磁辐射等对环境的污染和侵害。环境保护规定主要依据总体规划、环境保护规划及相关专项规划，结合地方环保部门的具体要求制定。这方面的控制具有实际意义，但在国内的相关规划实践中还需要关注和技术性探索。

第 3 节　控制性详细规划的编制内容与方法

1　控制性详细规划编制的程序

1.1　任务书的编制

1.1.1　任务书的提出

根据城市近、中期建设发展和城市规划实施管理的需要，为进一步贯彻城市总体规划和分区规划的要求，需编制控制性详细规划。在程序上，首先必须由控制性详细规划组织编制主体制定控制性详细规划编制任务书。

1.1.2　任务书的编制

目前，国内在控制性详细规划的编制程序之中，城市人民政府或经授权的城市规划行政主管部门（规划局）作为控制性详细规划编制的组织主体，选择确定规划编制的主体，如规划设计单位、研究机构等。任务书的形式多样，内容一般包括以下部分：

（1）受托编制方的技术力量要求、资格审查要求；

（2）规划项目相关背景情况，项目的规划依据、规划意图要求、规划时限要求；

（3）评审方式及参与规划设计项目单位所获设计费用等事项。

通常是由城市人民政府的规划行政主管部门（规划局）负责组织技术力量（如规划研究中心、技术科等），通过起草、审核、审批等程序，制定规划项目任务书。

1.2　编制过程

按常规委托的控制性详细规划设计项目，编制工作一般分为五个阶段：

（1）项目准备阶段；

（2）现场踏勘与资料收集阶段；

（3）方案设计阶段；

（4）成果编制阶段；

（5）上报审批阶段。

2 控制性详细规划指标的确定方法

控制性详细规划控制指标体系的确定通常是以建筑密度和容积率的确定为核心的，在规划实践中，对于建筑密度和容积率的指标赋值方法多种多样，一般有以下几种：城市整体强度（密度）分区原则法、人口指标推算法、典型实验法、经济推算法和类比法。

3 控制性详细规划的编制内容深度与成果要求

3.1 控制性详细规划的内容深度

于2005年10月28日经建设部第76次常务会议讨论通过，自2006年4月1日起施行的新版《城市规划编制办法》中明确了控制性详细规划的内容为：

（1）确定规划范围内不同性质用地的界线，确定各类用地内适建、不适建或者有条件地允许建设的建筑类型。

（2）确定各地块建筑高度、建筑密度、容积率、绿地率等控制指标；确定公共设施配套要求、交通出入口方位、停车泊位、建筑后退红线距离等要求。

（3）提出各地块的建筑体量、体形、色彩等城市设计指导原则。

（4）根据交通需求分析，确定地块出入口位置、停车泊位、公共交通场站用地范围和站点位置、步行交通以及其他交通设施。规定各级道路的红线、断面、交叉口形式及渠化措施、控制点坐标和标高。

（5）根据规划建设容量，确定市政工程管线位置、管径和工程设施的用地界线，进行管线综合。确定地下空间开发利用具体要求。

（6）制定相应的土地使用与建筑管理规定。

3.2 控制性详细规划图纸成果及深度要求

3.2.1 规划用地位置图（区位图）（比例不限）

标明规划用地在城市中的地理位置，与周边主要功能区的关系，以及规划用地周边重要的道路交通设施、线路及地区可达性情况。

3.2.2 规划用地现状图（1∶1000~1∶2000）

标明土地利用现状、建筑物现状、人口分布现状、公共服务设施现状、市政公用设施现状。

3.2.3 地使用规划图（1∶1000~1∶2000）

规划各类用地的界线，规划用地的分类和性质，道路网络布局，公共设施位置；须在现状地形图上标明各类用地的性质、界线和地块编号，道路用地的规划布局结构；标明市政设施、公用设施的位置、等级、规模，以及主要规划控制指标。

3.2.4　道路交通及竖向规划图（1：1000~1：2000）

确定道路走向、线形、横断面、各支路交叉口坐标、标高、停车场和其他交通设施位置及用地界线，各地块室外地坪规划标高。

3.2.5　公共服务设施规划图（1：1000~1：2000）

标明公共服务设施位置、类别、等级、规模、分布、服务半径，以及相应建设要求。

3.2.6　工程管线规划图（1：1000~1：2000）

各类工程管网平面位置、管径、控制点坐标和标高，具体分为给水排水、电力电信、热力燃气、管线综合等。必要时，可分别绘制。

3.2.7　环卫、环保规划图（1：1000~1：2000）

标明各种卫生设施的位置、服务半径、用地、防护隔离设施等。

3.2.8　地下空间利用规划图（1：1000~1：2000）

规划各类地下空间在规划用地范围内的平面位置与界线（特殊情况下还应划定地下空间的竖向位置与界线），标明地下空间用地的分类和性质，标明市政设施、公用设施的位置、等级、规模，以及主要规划控制指标。

3.2.9　五线规划图（1：1000~1：2000）

标明城市五线：市政设施用地及点位控制线（黄线）、绿化控制线（绿线）、水域用地控制线（蓝线）、文物用地控制线（紫线）、城市道路用地控制线（红线）的具体位置和控制范围。

3.2.10　空间形态示意图（比例不限，平面一般比例为1：1000~1：2000）

表达城市设计构思与设想，协调建筑、环境与公共空间的关系，突出规划区空间三维形态特色风貌，包括规划区整体空间鸟瞰图，及重点地段、主要节点立面图和空间效果透视图及其他用以表达城市设计构思的示意图纸等。

3.2.11　城市设计概念图（空间景观规划、特色与保护规划）（1：1000~1：2000）

表达城市设计构思，控制建筑、环境与空间形态，检验与调整地块规划指标，落实重要公共设施布局。

3.2.12　地块划分编号图（比例1：5000）

标明地块划分具体界线和地块编号，作为分地块图则索引。

3.2.13　地块控制图则（比例1：1000~1：2000）

表示规划道路的红线位置，地块划分界线、地块面积、用地性质、建筑密度、建筑高度、容积率等控制指标，并标明地块编号。一般分为总图图则和分图图则两种。

3.3　控制性详细规划文本成果及深度要求

控制性详细规划文本的一般格式与基本内容如下。

3.3.1　总则

说明编制规划的目的、依据、原则及适用范围，主管部门和管理权限。

3.3.2　规划目标、功能定位、规划结构

落实城市总体规划或分区规划确定的规划区在一定区域环境中的功能定位，确定规划期内的人口控制规模和建设用地控制规模，提出规划发展目标，确定本规划区用地结构与功能布局，明确主要用地的分布、规模。

3.3.3 土地使用

根据《城市用地分类与规划建设用地标准》（GBJ 137—1990）、《镇规划标准》（GBJ 50188—2007）划分地块，明确细分后各类用地的布局与规模。对土地使用的规划要点进行说明。特别要对用地性质细分和土地使用兼容性控制的原则和措施加以说明，确定各地块的规划控制指标。同时，需要附加如：《用地分类一览表》、《规划用地平衡表》、《地块控制指标一览表》、《土地使用兼容控制表》等土地使用与强度控制技术表格。

3.3.4 道路交通

明确对规划道路及交通组织方式、道路性质、红线宽度、断面形式的规定（附《规划道路建设控制表》），对交叉口形式、路网密度、道路坡度限制、规划停车场、出入口、桥梁形式等及其他各类交通设施设置的控制规定。

3.3.5 绿化与水系

标明规划区绿地系统的布局结构、分类以及公共绿地的位置，确定各级绿地的范围、界限、规模和建设要求；标明规划区内河流水域的来源，河流水域的系统分布状况和用地比重，提出城市河道"蓝线"（即河流水体及其两岸须控制使用的用地，二者合成区域的边界线）的控制原则和具体要求。

3.3.6 公共服务设施规划

明确各类配套公共服务设施的等级结构、布局、用地规模、服务半径，对配套设施的建设方式规定进行说明。此外，严格控制公益性公共服务设施的等级结构、用地规模，如中小学、老年活动中心、青少年活动中心等。

3.3.7 五线规划

对城市五线——市政设施用地及点位控制线（黄线）、绿化控制线（绿线）、水域用地控制线（蓝线）、文物用地控制线（紫线）、城市道路用地控制线（红线）的控制原则和具体要求。

3.3.8 市政工程管线

包括给水规划、排水规划、供电规划、电信规划、燃气规划、供热规划。

3.3.9 环卫、环保、防灾等控制要求

环境卫生规划包括预测区内固体废弃物产量，提出规划区的环境卫生控制要求，确定垃圾收运方式，布局各种卫生设施等。

防灾规划包括确定各种消防设施的布局及消防通道间距，确定地下防空建筑的规模、数量、配套内容、抗力等级、位置布局，以及平战结合的用途，确定防洪堤标高、排涝泵站位置，确定抗震疏散通道及疏散场地布局，确定生命线系统的布局，以及维护措施等。

3.3.10 地下空间利用规划

确定地下空间的开发功能、开发强度、深度以及规定不宜开发区等，并对地下空间环境设计提出指导性要求。

3.3.11 城市设计引导

在上一层次规划提出的城市设计要求基础上，提出城市设计总体构思和整体结构框架，补充、完善和深化上一层次城市设计要求。

根据规划区环境特征、历史文化背景和空间景观特点，对城市广场、绿地、水体、

商业、办公和居住等功能空间，城市轮廓线、标志性建筑、街道、夜间景观、标志及无障碍系统等环境要素方面，重点地段建筑物高度、体量、风格、色彩、建筑群体组合空间关系，及历史文化遗产保护提出控制、引导的原则和措施。

3.3.12　土地使用、建筑建造通则

一般包括：土地使用规划、建筑容量规划、建筑建造规划等三方面控制内容。

3.3.13　其他

包括公众参与意见采纳情况及理由、说明规划成果的组成、附图、附表与附录（名词解释与技术规定、图则索引查询）等。

3.4　控制性详细规划说明书成果及深度要求

规划说明书是编制规划文本的技术支撑，规划说明书的主要内容是分析现状、论证规划意图、解释规划文本等，为修建性详细规划的编制以及规划审批和管理实施，提供全面的技术依据。规划说明书的基本内容可分为以下 11 个方面。

3.4.1　前言

阐明规划编制的背景及主要过程。包括任务的接受委托、编制的整个过程、方案论证、公开展示、修改和审批的全过程，鸣谢协作单位等。

3.4.2　概况

通过分析论证，阐明规划区区位环境状况的优劣和建设规模的大小，对规划区建设条件进行分析。需要对用地坡度、高程、地质、水文以及风向、植被、土壤等现状因素进行分析，在各类分析的基础上，对用地的适应性（从土地利用、环境条件、防灾、社会经济、文化历史等方面）进行综合评价。

3.4.3　背景、依据

阐明规划编制的社会、经济、环境等背景条件，阐明规划编制的主要法律、法规依据和技术依据。对文本相关规定进行具体阐述和解说。

3.4.4　目标、指导思想、功能定位、规划结构

对规划区发展前景作出分析、预测，在此基础上提出近、中期发展目标；阐明规划的指导思想与原则；阐明规划区在区域环境中的功能定位与发展方向，深化落实总体规划和分区规划的规定；阐明规划区用地结构与功能布局，明确主要用地的分布、规模。

3.4.5　土地使用规划

根据《城市用地分类与规划建设用地标准》（GBJ 137—1990）划分地块，明确细分后各类用地的布局与规模。在分析论证的基础上，对土地分类和土地使用兼容性控制的原则和措施进行说明，合理确定各地块的规划控制指标。

3.4.6　公共服务设施规划

阐明各类配套公共服务设施的等级、布局、用地规模、服务半径，对配套设施的建设方式规定进行说明。此外，还应根据规划用地所处区位不同，说明对配套建设的公建项目在配建要求上的区别，如老城与新区、居住区与工业区、商业区与一般地区的不同要求。

3.4.7　道路交通规划

1. 对外交通

说明铁路、公路、航空、港口与城市道路的关系及保护控制要求。

2. 城市交通

阐明现状道路、准现状道路红线、坐标、标高、断面及交通设施的分布与用地面积等；调查旧区交通流量，在城市专项交通规划指导下对新区交通流进行预测；确定规划道路功能构成及等级划分，明确道路技术标准、红线位置、断面、控制点坐标与标高等（工作图精度采用 1/500 地形图）；道路竖向及重要交叉口意向性规划及渠化设计；布置公共停车场（库）、公交站场；明确规划管理中道路的调整原则。

3.4.8 绿地、水系规划

详细说明规划区绿地系统的布局结构以及公共绿地的位置规模，说明各级绿地的范围、界限、规模和建设要求；分析规划区内河流水域基本条件，结合相关工程规划要求，确定河流水域的系统分布，说明城市河道"蓝线"（即河流水体及其两岸须控制使用的用地，二者合成区域的边界线）控制原则和具体要求。

3.4.9 市政工程规划

说明各市政工程的现状情况及存在问题；确定或预测各市政工程的总量；确定各市政工程设施位置及规模；布局各市政工程网等。一般包括给水规划、排水规划、供电规划、电信规划、燃气规划、供热规划。

3.4.10 环保、环卫、防灾等

1. 环境卫生规划

选择适当的预测方法，估算规划区内固体废弃物的产量；分析确定垃圾收运方式、固体废弃物处理处置方式及其他环境卫生控制要求；分析废物箱、垃圾箱、垃圾收集点、垃圾转运站点、公厕、环卫管理机构等的布局规模要求，提出防护隔离措施等。

2. 防灾规划

分析城市消防对策和标准，确定各种消防设施通道的布局要求等；分析防空工程建设原则和标准，确定地下防空建筑设施规划，以及平战结合的用途；分析城市防洪标准，确定防洪堤标高、排涝泵站位置等；分析城市抗震指标，确定抗震疏散通道、疏散场地布局；论证城市综合防灾救护建设运营机制，确定生命线系统规划布局。

3.4.11 地块开发

对开发地区（规划区）资金投入与产出进行客观分析评价，目的是为确定规划区科学合理的开发模式提供依据，同时验证控制性详细规划方案建筑总量、各类建筑量分配的合理性。核心是确保控制性详细规划在满足社会、环境、历史文化保护等要求的同时，具备实际开发建设的总体可行性。

第 4 节　控制性详细规划的实施与管理

控制性详细规划的实施与管理是城市规划工作极其重要的组成部分和关键环节，是一项政策性、综合性很强的依法行政工作。控制性详细规划经规划管理部门或地方政府批准后产生法律效应，它是规划管理部门进行土地审批的主要依据。

1 控制性详细规划的实施

控制性详细规划的实施，即通过法律和行政管理手段把制定的规划变为现实。目前我国控制性详细规划属于规划部门编制的技术文件，其审批也是由各城市人民政府进行，尚达不到法律条文的地位。因此，控制性详细规划的实施主要体现为政府等国家公共部门的职能，同时也离不开公民、法人和社会团体等非公共部门的通力合作。

1.1 政府在控制性详细规划实施过程中具有哪些职能

城市人民政府授权城市规划管理部门负责组织编制和实施控制性详细规划。政府在实施控制性详细规划方面居主导地位，体现为政府的直接行为和控制、引导行为。

1.1.1 直接行为

（1）政府根据经济社会发展计划和总体规划、分区规划，组织编制城市控制性详细规划，使城市规划进一步深化和具体化，从而可以付诸实施操作；

（2）政府通过财政拨款及信贷等筹资手段，直接投资于某些城市规划所确定的建设项目，如道路交通设施和给水排水设施等市政公用工程设施，以便实现规划目标；

（3）政府根据城市规划的目标，制定有关政策来引导城市的发展，例如：通过制定产业政策，促使城市产业结构的调整，以体现城市规划所确定的城市性质和职能。

1.1.2 控制、引导行为

除了直接的主动行为外，城市人民政府及其城市行政主管部门还负有管理城市各项建设活动的责任。对于非政府直接安排的建设投资项目，政府规划主管部门的工作主要是对建设项目的申请实施控制和引导，如建设项目选址管理、建设用地规划管理、建设工程规划管理以及对建设活动及土地和房屋设施的使用方式实施监督检查。

1.2 公民、企事业单位和社会团体在控制性详细规划的实施过程中如何发挥作用

控制性详细规划的实施关系到城市的长远发展和整体利益，也关系到公民、企事业单位和社会团体方方面面的根本利益。所以，在控制性详细规划实施过程中，社会非公共部门起到不可或缺的作用。

具体体现为以下两个方面：

（1）公民、企事业单位和社会团体根据城市规划的目标，可以主动参与，如对控制性详细规划中确定的公益性和公共性项目进行投资，关心并监督控制性详细规划的实施等。

（2）公民、企事业单位和社会团体即便是完全出于自身利益的投资和置业等活动，只要遵守控制性详细规划的规定和服从城市规划的管理，客观上就有助于控制性详细规划目标的实现，也就可视为控制性详细规划实施的组成部分。

城市的建设和发展要靠政府的公共投资，更要靠商业性的投资，所以，控制性详细规划的实施离不开非公共部门的支持。

2 建设项目审批管理

2.1 我国规划管理的一般程序

控制性详细规划是土地出让的前提，只有编制了控制性详细规划，土地部门才能

够发放土地使用许可证。

在建设用地管理上，开发商获取土地使用许可证后需要向规划管理部门申请用地规划许可证。规划处工作人员将以控制性详细规划为依据，对呈交的规划图纸进行审批。如规划图纸内容与规定相符，则项目审批通过，交由其他部门如市政、基建、防灾等部门审批，全部通过后颁发建设用地规划许可证。如规划使用性质或强度与规定不符，可向规划管理部门申请修改原规划，由规划管理部门召开技术委员会决议是否批准。

在建设工程管理上，开发商需要向规划管理部门申请工程规划许可证。规划管理部门以控制性详细规划为依据对工程图纸进行审批，审批通过后颁发建设工程规划许可证。因此，控制性详细规划是建设工程获得批准和开工建设所具备的先决条件。

2.2 规划审批管理的弹性

在市场经济的作用下，用地建设具有一定的不可预见性，变更土地的使用性质和开发强度仍是不可避免的。因此，用地控制规划在控制内容和管理机制上都应保持一定的弹性，它应当既是一部静态的法规，又是一个动态的法制管理过程。

比如美国的分区规划就对开发管制保持一定的弹性，体现在两个方面：①每种区划的分类以最高限或最低限的形式，统一规定了开发强度的控制指标。只要不超过限制范围，开发者可以自由定量，审批者无权干涉。②如果开发者认为目前的区划分类不适合自己的拟建项目，可以通过法定程序，提出变更分类的申请，如获批准，则按照所批准分类的法定控制标准进行建设。这样的弹性机制既保证了建设开发在指标上的连续性和可变性，又保证了立法执法过程的统一性和严肃性以及审批管理程序的可操作性。

第5节 控制性详细规划发展的新动向

近年来，随着社会经济的不断发展，大批新技术相继涌现，在经济分析的基础上这些新技术使得土地利用管理更为灵活，区划成为一件更为精巧的工具。基本思路是增加规划的灵活性，允许使用土地的各方谈判和讨价还价，实现经济学家称之为"交易获利"（the Gains of Trade）的效果。

1 规划单元开发（PUD，Planned Unit Development）

规划单元开发为开发商和城市设计工作者提供了更多的灵活性。在作为一个开发单元的地块内，土地开发强度和用途都可以有所不同，整个场地规划将作为一个整体进行审批。商业区与居住区的混合避免了商业地带在夜晚的荒凉，市民生活显得更为丰富多彩。对城市设计者来说这种方式可以使他们更好地发挥创造力和想象力。由于可以优势互补，规划单元开发的方式在经济上具有显著优势。例如：办公区的工作人员将成为附近旅店、餐馆、商店、健身房等消费场所的持久客源；反过来，这些商业设施凝聚的人气也有助于提高对办公楼的需求。

2　"红利"（Bonus）或"奖励"（Incentive）分区

这种方法可以在开发商满足其经济利益的同时增加公共福利，保障公共利益以达到一种"双赢"（Win-Win Solution）的效果。例如，既定的分区条例中已规定了该地块的写字楼限高，但如果开发商愿意投资新建一些公共活动空间（如小广场、小公园等），可以允许其增加写字楼的高度。增加了开发强度，开发商获得了经济利益，市民也获得了更多的活动空间，城市环境也得到了改善。

3　包含性分区（Inclusive Zoning）

这是对应排斥性分区而产生的。由于在一些居住用地的分区中限制高强度的开发，会对低收入家庭进入该社区形成一种排斥，因为他们很可能只能负担这种较高密度公寓的价格。为了解决这个问题，政府和开发商进行谈判让其为低收入家庭修建住宅以低于建造成本的价格销售给低收入家庭，政府在其他方面给予开发商一定的利益补偿。需要指出的是这些住宅并非条件恶劣，而是很可能是中产阶级家庭才能拥有的住宅。通过经济分析，我们可以发现商家最终会把这些建设费用转嫁到其他房屋消费者和土地所有者身上。这是城市规划运用经济手段达到社会公平目的的一种途径。

第 6 节　修建性详细规划的作用与特点

1　修建性详细规划的渊源

在我国的城市规划体系中，修建性详细规划具有较长的历史。事实上，1991 年控制性详细规划正式出现之前，修建性详细规划就是详细规划的代名词，详细规划最早出现在 1952 年《中华人民共和国编制城市规划设计程序（初稿）》中，并一直为后来的规划体系所沿用。在控制性详细规划这一名词和概念出现后，传统的详细规划被冠以修建性详细规划的名称，以示区别。

在 1991 年之前的城市规划体系中，修建性详细规划与城市总体规划相对应，主要承担描绘城市局部地区具体开发建设蓝图的职责。城市重点项目或重点地区的建设规划、居住区规划、城市公共活动中心的建筑群规划、旧城改造规划等均可以看做是修建性详细规划。在控制性详细规划出现后，修建性详细规划的基本职责并未发生太大的变化，依然以描绘城市局部的建设蓝图为主。但相对于控制性详细规划侧重于城市开发建设活动的管理与控制，修建性详细规划则侧重于具体开发建设项目的安排和直观表达，同时也受控制性详细规划的控制和指导。

2 修建性详细规划需要完成哪些任务

《城市规划编制办法》第二十五条中要求："对于当前要进行建设的地区，应当编制修建性详细规划，用以指导各项建筑和工程设施的设计和施工。"因此，修建性详细规划的根本任务是按照城市总体规划、分区规划以及控制性详细规划的指导、控制和要求，以城市中准备实施开发建设的待建地区为对象，对其中的各项物质要素，例如：建筑物的用途、面积、体形、外观形象、各级道路、广场、公园绿化以及市政基础设施等进行统一的空间布局。编制修建性详细规划的依据主要来自于两个方面：一个是城市总体规划、控制性详细规划对该地区的规划要求及控制指标；另一个是来自开发项目自身的要求。修建性详细规划要综合考虑这两方面的要求，在不违反上位规划的前提下尽量满足开发项目的要求。

3 修建性详细规划有哪些基本特点

相对于控制性详细规划，修建性详细规划具有以下特点：

（1）以具体、详细的建设项目为依据，计划性较强。修建性详细规划通常以具体、详细的开发建设项目策划及可行性研究为依据，按照拟订的各种功能的建筑物面积要求，将其落实至具体的城市空间中。

（2）通过形象的方式表达城市空间与环境。修建性详细规划一般采用模型、透视图等形象的表达手段将规划范围内的道路、广场、建筑物、绿地、小品等物质空间构成要素综合地体现出来，具有直观、形象、易懂的特点。

（3）多元化的编制主体。与控制性详细规划代表政府意志，对城市土地利用与开发建设活动实施统一控制与管理不同，修建性详细规划本身并不具备法律效力，且其内容同样受到控制性详细规划的制约。因此，修建性详细规划的编制主体并不限于政府机构，根据开发建设项目主体的不同而异。例如：政府主导的旧城改造项目的修建性详细规划应由政府负责编制，但居住区规划就可以由开发商负责编制，当然其前提是在政府编制的控制性详细规划的控制之下，或由政府对规划进行审批。

第7节 修建性详细规划的编制内容与成果要求

1 修建性详细规划编制的内容

在实际工作中，修建性详细规划的编制一般包括以下具体内容。

1.1 用地建设条件分析

1.1.1 地形条件分析

对场地的高度、坡度和坡向进行分析，选择可建设用地，研究地形变化对用地布局、道路选线、景观设计的影响。

1.1.2　地貌分析

分析可保留的自然（河流、植被、动物栖息地等）、人工（建筑物、构筑物）及人文（文物古迹、文化传统等）要素、重要景观节点、界面及视线要素。

1.1.3　场地现状建筑情况分析

调查建筑建设年代、建筑质量、建筑高度、建设风格，提出建筑保留、整治、改造、拆除的建议。

1.1.4　城市发展研究

对城市经济社会发展水平、影响规划场地开发的城市建设因素、市民生活习惯及行为意愿等进行调查。

1.1.5　区位条件分析

对规划场地的区位和功能、交通条件、公共设施配套状况、市政设施服务水平、周边环境景观要素等进行分析。

1.2　建筑布局与规划设计

1.2.1　建筑布局

设计及布置场地内建筑，合理和有效地组织场地的室内外空间。建筑平面形式应与其使用性质相适应，符合建筑设计的基本尺度特点；建筑平面布局，人流、车流进出要求，符合卫生、消防等国家规范要求。

1.2.2　建筑高度及体量设计

确定建筑高度、建筑体量，塑造整体空间形象，保证视线走廊，突出景观标志。

1.2.3　建筑立面及风格设计

对建筑立面及风格提出设计建议，应与地方文化与周边环境相协调。

1.3　室外空间与环境设计

1.3.1　绿地平面设计

根据功能布局、规范要求、空间环境组织及景观设计的需要，确定绿地系统，并规划设计相应规模的绿地。

1.3.2　绿化设计

通过对乔木、灌木等绿化元素的合理设计，达到改善环境、美化空间景观形象的作用。

1.3.3　植物配置

提出植物配置建议并具有地方特色。

1.3.4　活动场地平面设计

规划组织广场空间，包括休息硬地、步行道等人流活动空间，确定景观小品位置。

1.3.5　城市硬质景观设计

对室外座椅、铺地、路灯等室外家具、室外广告等进行设计。

1.3.6　夜景及灯光设计

对夜景色彩、照度进行整体设计。

1.4　道路交通规划

主要包括：交通影响分析，提出交通组织和设计方案，合理解决规划场地内部机动车及非机动车交通；设计基地内各级道路的平面及断面；进行无障碍通路的规划安排，满足残障人士的出行要求。

1.5　场地竖向设计

主要包括：充分结合原有地形地貌，尽量减少土方工程量；满足行车、行人、排水及工程管线的设计要求；应考虑雨水的自然排放，考虑周边景观环境的要求。

1.6　建筑日照影响分析

主要包括：对场地内的住宅、医院、学校和幼托等建筑进行日照分析，满足国家标准和地方标准要求；对周边地块受规划建筑日照影响的住宅、医院、学校和幼托等建筑进行日照分析，满足国家和地方标准。

1.7　投资效益分析和综合技术经济论证

主要包括了土地成本估算、工程成本估算、相关税费估算、总造价估算和综合技术经济论证。

1.8　市政工程管线规划设计和管线综合

其具体工作内容应当符合各有关专业的要求。

2　修建性详细规划的成果要求

2.1　修建性详细规划说明书的基本内容

2.1.1　规划背景

包括编制目标、编制要求、城市背景介绍、周边环境分析。

2.1.2　现状分析

包括现状用地、道路、建筑、景观特征、地方文化等分析。

2.1.3　规划设计原则与指导思想

根据项目特点确定规划的基本原则及指导思想，使规划符合国家、地方建设方针，同时因地制宜，具有项目特色。

2.1.4　规划设计构想

介绍规划设计的主要构想。

2.1.5　规划设计方案

需要详细说明规划设计方案的用地及建筑空间布局、绿化及景观设计、公共设施规划与设计、道路交通及人流活动空间组织、市政设施设计等。

2.1.6　日照分析说明

说明住宅、医院、学校、幼托进行日照分析的情况。

2.1.7　场地竖向设计

竖向设计的基本原则、主要特点。

2.1.8　规划实施

建设分期建议，工程量估算。

2.1.9　主要经济技术指标

包括用地面积、建筑面积、容积率、建筑密度、绿地率、建筑高度、停车位数量、居住人口等。

2.2　修建性详细规划应具备的基本图纸

2.2.1　位置图

标明规划场地在城市中的位置、周边地区用地、道路及设施情况。

2.2.2　现状图（1：500~1：2000）

标明建筑性质、层数、质量和现有道路位置、宽度、城市绿地及植被情况。

2.2.3　场地分析图（1：500~1：2000）

标明地形的高度、坡度及坡向、场地的视线分析；标明场地最高点、不利于开发建设的区域、主要观景点、观景界面和视廊等。

2.2.4　规划总平面（1：500~1：2000）

明确表示建筑、道路、停车场、广场、绿地、人行道、水面；明确各建筑基地平面，以不同方式区别表示保留建筑和新建筑，标明建筑名称、层数；标明周边道路名称，明确停车场布置方式；表示广场平面布置方式；明确绿化植物规划设计。

2.2.5　道路交通规划设计图（1：500~1：2000）

反映道路分级系统，表示各级道路的红线位置、道路横断面设计、道路控制点的坐标和标高、道路坡度、坡向及坡长、路口转弯半径；标明停车场位置、界线和出入口；明确交通设施用地的位置和范围；标明人行道路宽度、主要高程变化及过街天桥、地下通道等人行设施位置。

2.2.6　竖向规划图（1：500~1：2000）

标明室外地坪控制点标高、场地排水方向、台阶、坡道、挡土墙陡坎等。

2.2.7　效果图

包括鸟瞰图、局部透视图、规划模型、三维动画等。

■ 本章小结

在我国城市规划体系中，城市详细规划又分为控制性详细规划和修建性详细规划。控制性详细规划侧重于对城市开发建设活动的控制和管理，而修建性详细规划侧重于对具体建设项目的安排和直观表达，同时也受到了控制性详细规划的控制和引导。

本章首先介绍了控制性详细规划的基本概念，并详细分析了控制性详细规划的控制体系，论述了其在土地使用、环境容量、建筑建造、城市设计引导、配套实施和行为活动 6 个方面的控制方法，接着又讲述了控制性详细规划的编制内容与成果要求，以及它在实施和管理过程中的相关问题。对于修建性详细规划，本章首先论述了它的作用与基本特征，最后详尽介绍了它的编制内容与成果要求。

■ 主要参考文献

[1] 吴志强，李德华 . 城市规划原理 [M]. 第四版 . 北京：中国建筑工业出版社，2010.

[2] 夏南凯，田宝江，王耀武 . 控制性详细规划 [M]. 上海：同济大学出版社，2005.

[3] 谭纵波 . 城市规划 [M]. 北京：清华大学出版社，2005.

[4] 全国城市规划执业制度管理委员会 . 城市规划原理 [M]. 北京：中国计划出版社，
2009.

■ 思考题

1. 控制性详细规划的控制体系包括哪些方面的内容？各项内容所对应的控制指标
是如何确定的？

2. 在建设项目的审批管理中控制性详细规划是怎样发挥作用的？

3. 控制性详细规划与修建性详细规划分别有着哪些特点？它们之间有着怎样的关
系？

第 8 章　村镇规划

近年来，我国城镇化水平提高较为迅速，城市与乡村的发展日益交融，互为影响，《城乡规划法》也第一次将乡村规划纳入城乡规划体系当中。村镇是城市体系以外的居民点，做好村镇规划对于实现城乡统筹，促进城乡空间的全面协调可持续发展意义重大。本章将主要针对以下三个问题进行探讨：

（1）作为村镇规划的研究对象，如何正确认识村镇本体？

（2）村镇规划包括哪些主要的规划类型？它们之间有什么关系，如何衔接，分别包括哪些内容，如何共同构成完整的村镇规划体系？

（3）村镇规划在城乡规划体系中的地位相对模糊，对它的认识有待提升，还有哪些问题需要进一步厘清？

第1节　关于村镇的本体认识

1　村镇聚落的起源

聚落（settlement）是以住宅为主，人类聚居在一起的生活与活动的场所，也就是今天我们常说的居民点。人类聚落分为乡村聚落和城市（镇）聚落。聚落不是从来就有的，而对于其起源和发展的探讨会因为学科不同、角度不同而有所差异。

国内对于聚落的起源和发展多是基于政治经济学的原因分析，从生产力和生产关系的角度进行阐述。人类社会第一次劳动大分工形成了最初的聚落——乡村聚落；第二次劳动大分工则形成了以手工业和商业为主的非农农村聚落——城市（镇）聚落。

国外对于聚落的起源和发展的认识和研究角度相当广泛，其中需要重点提及的与规划学科紧密相关的是刘易斯·芒福德的理论。他把原始村庄比作一个未受精的卵，而不是已经发育的胚胎，而手工业、商业和王权就如同雄性亲本的一套染色体，使它进一步分化、发育成更繁复的文化形式。王权在此过程中被强调为除了手工业和商业以外一个同样重要的因素。"从分散的村落经济向高度组织化的城市经济进化过程中，最重要的参变因素是国王，或者说，是王权制度。我们现今所熟知的与城市发展密切相关的工业化和商业化，在几个世纪的时间里只是一种附属的现象，而且出现的时间可能还要晚些。"

2　村镇聚落的演变

"镇"与"村"作为人类聚落的两种形式，在历史上经历了长期的演变过程。

"镇"这一名称最初具有极强的军事含义。在公元4世纪的北魏，镇是当时国家设置于沿边各地的军事组织，不是一级行政单元。到唐代，镇演变成一种小的军事据点。至宋代，为加强中央集权，大部分镇被罢废，地方实权归于知县。随着经济的发展，特别是商品交换的需要，在原有的草市、集市的基础上，涌现出一批乡村的小市镇，镇演变成县以下市镇地方的行政建制。清代（1909 年）颁布《城镇乡地方自治章程》，实行城乡分治，规定府、厅、州、县治城厢为"城"，城厢以外的为镇、村庄、屯集。其中人口满五万者设"镇"，不足者设"乡"。中华人民共和国成立后，在 1955 年 6 月，国务院发布《关于设置市、镇建制的决定》："镇是居于县、自治县领导下的行政单位。"至此，镇的行政地位便定型。

3　市区以外的镇与村

城镇型居民点分为城市（特大城市、大城市、中等城市、小城市）和城镇（县城镇、建制镇）；乡村型居民点分为乡村集镇（中心集镇、一般集镇）和村庄（中心村、基层村）。

本章所指的镇与村一般是指我国城市体系以外的居民点，包括了建制镇、乡和村庄。由于县城镇已具有小城市的大多数基本特征，所以不在本章所讲的范畴之内。

第 2 节　镇规划的编制

本章所讲的镇规划是指一般建制镇的规划，分为总体规划和详细规划。总体规划包括镇域规划和镇区规划两个层次；详细规划分为控制性详细规划和修建性详细规划，也可以根据实际情况在总体规划指导下直接编制修建性详细规划。

镇的规划期限应与所在地域城镇体系规划期限一致，并且应编制分期建设规划，合理安排建设时序，使开发建设时序与地方的经济技术发展水平相适应。一般来讲，镇总体规划期限为 20 年，近期建设规划期限可以为 5~10 年。镇总体规划同时可对远景发展作出轮廓性的规划安排。

1　镇总体规划

1.1　镇域规划

镇域规划是对镇人民政府行政地域进行的规划，同时包含镇域、镇村体系规划。目的在于对整个镇域空间资源进行合理的配置和调控，同时它也是实现城乡统筹的一个重要环节。内容上，重点在于确定区域内村镇的职能分工、等级结构、整体空间布局，以及产业结构和布局。主要内容有以下几个方面。

1.1.1　城乡统筹的区域界定

现代通信及交通的高速发展，使地区之间的联系在很多方面可以实现空间的跨越，这也使城乡可以"实现统筹"的区域具有了多样的可能性，广义的城乡统筹在区域上并不存在明显的限定。这是我们在规划中依据规划对象的实际情况需要考虑的。而同时，我们也必须更清晰地在规划中明确城乡相邻地区之间的统筹发展，依据上层次规划和地区发展的实际情况，确立镇在地区城乡一体化发展中的链接地位，通过对资源拥有、发展模式、面临问题等各方面的比对分析，明确该地区"城—镇—村"实现统筹发展的最有效的区域，从而确定区域协同发展的战略，并以此作为在镇的总体规划中确定城镇性质、发展目标、空间结构及基础设施配置等方面的重要依据。

1.1.2　规划区的划定

规划区是指建成区以及因城乡建设和发展需要，必须实行规划控制的区域。其范围在建设用地范围之上、规划范围（一般是行政范围）之下。规划区的确定要根据"城乡经济发展水平和统筹城乡发展"的需要划定。

其中，建设用地的范围可参照总体规划的方法进行划定。而对非建设用地的规划功能区的划定，则要根据城乡统筹中的实际功能需求来进行，使各类功能空间形成完整的结构体系。

1.1.3　镇村体系规划

村镇体系规划注重的是对镇域整体空间结构和布局的研究。通过综合评价区域内村镇的发展历史背景、区域基础和经济基础等发展建设条件，确定区域村镇发展战略和发展方向，进而提出职能分工，明确各村镇的性质、类型、级别和它们的空间布局。使区域内各村镇形成既分工又联系，大、中、小协调发展的有机结构，以达到区域经济、社会、环境效益的最大化。

1.1.4　产业结构及布局

在合理利用资源、保护生态环境、发展循环经济的基础上，预测一、二、三产业的发展前景以及劳力和人口的流向趋势，制定出适合本地区的产业发展模式，提高土地、水等资源的综合利用效率。同时，兼顾与基础设施建设、用地规划的衔接与统一，进而确定乡镇企业的发展与布局，进行产业结构分析和布局，实现一、二、三产业的协调发展，以及各个产业与基础设施的协调。

1.1.5　基础设施、社会设施与专项规划

主要是针对小城镇的能源、水源、交通、基础设施、防灾、环境保护、重点建设等主要问题提出原则性的规划意见，以指导后续的镇区规划。

1.2　镇区总体规划

镇区是镇人民政府驻地的建成区和规划建设发展区，镇域规划中已经对其范围进行了明确的划定。镇区规划的目的在于在落实镇域规划相关内容的基础上，对村镇建设用地进行合理的功能组织，实现资源的最优利用。主要内容包括以下几个方面：确定规划区内各类用地布局；确定规划区内道路网络，对规划区内的基础设施和公共服务设施进行安排；建立环境卫生系统和综合防灾减灾防疫系统；确定规划区内生态环境保护与优化目标，提出污染控制与治理措施；划定江、河、湖、库、渠和湿地等地表水体保护和控制范围；确定历史文化保护及地方传统特色保护的内容及要求。

2　镇区详细规划

2.1　镇区控制性详细规划

镇区控制性详细规划主要包括以下内容：确定规划区内不同性质用地的界限；确

定各地块主要建设指标的控制要求与城市设计的指导原则；确定地块内的各类道路交通设施布局与设置要求；确定各项公用工程设施建设的工程要求；制定相应的土地使用与建筑管理规定。

2.2　镇区修建性详细规划

镇区修建性详细规划主要包括以下内容：建设条件分析及综合技术经济论证；建筑、道路和绿地等的空间布局和景观规划设计；提出交通组织方案和设计；进行竖向规划设计以及公用工程管线规划设计和管线综合；估算工程造价，分析投资效益。

第3节　乡村规划的编制

1　村庄布点规划

村庄布点规划属于区域层面的规划，是对乡镇行政管辖范围内所有村庄的用地空间布局以及各类基础设施与公共设施配置作出的统筹安排。在现阶段，村庄布点规划并未作为标准的内容纳入到村庄规划实践中，但从村镇规划体系的科学性和完整性来看，村庄布点规划有其必要性。

1.1　规划任务与意义

村庄布点规划的基本任务是：在县（市）域城镇体系、乡镇总体规划指导下，进一步确定村庄布点，统筹安排各类基础设施和公共设施。

其意义包括：引导村庄适度集聚，节约利用土地资源；集约配置农村基础设施和公共设施，避免重复建设和资源浪费；整合农业生产和生态空间，促进生产规模化；实现人口梯度转移，促进城市化加快推进。

1.2　规划特点

村庄布点规划在村镇规划体系中属于承上启下的区域层面规划，是上层次村镇体系规划的进一步深化，也是下层次村域规划的基础，其地位与规划内容决定了它的规划特点非常鲜明——既有宏观层面的引导控制又需要具体化的空间落实。宏观的导控，体现在建设用地规模的统筹和公用设施的配套方面，旨在量的匡算和分配；具体化的落实，则在空间选址、村落撤并、设施布点等方面体现，重在范围的划分和界定。有别于村镇体系规划，布点规划是需要落地的，必须有清晰明确的规模核算和用地布局。而它与村域规划、旧村整治与新村建设等下层次规划的最明显区别，则在于"布点"能够实现的宏观导控以及区域协调。

1.3　规划内容

村庄布点规划的具体内容可因各地区特点而异，但至少应包括以下主要内容：

（1）村庄建设类型划分。根据当地的经济发展水平、自然地理环境、现有建设基础、村民的生活习惯等多种因素，按照村庄建设方式，划分为新建型、改造扩建型、保护型、控制发展型等类别。

（2）村庄建设用地规模分配与空间布局。结合国土部门土地利用总体规划和村镇体系规划，综合考虑村庄的区位、类型、功能以及经济发展要求，统筹分配各村建设用地规模，初步划定各村旧村控制范围与新村建设范围，通过迁移、撤并等形式规划村庄建设用地布局，保证土地资源的集约使用和耕地的占补平衡。

（3）结合迁村并点规划，提出村域行政区界调整的范围和步骤。

（4）按照公共设施、基础设施的经济配置规模要求进行区域公共设施布局和市政设施配置，并结合建设时序，规划保留村庄应优化布局，加强配套完善，规划撤并村庄宜维持基本的设施条件。

1.4 规划成果

规划成果包括有关的图纸、图表以及文字说明，主要有：现状资料汇编、规划用地规模与布局、配套设施规划、附表。

2 村域规划

村域规划是结合村庄内部和外部具体的现状与规划条件，对全村发展的各项重大问题的统筹安排。

2.1 规划内容

2.1.1 与上层次及相关规划的协调

与上层次及相关规划的协调是村域规划中的重要支持。村庄规划要注重实现统筹发展，积极协调落实上层次及相关规划的规划意见，但同时也要注意到，上层次规划编制的过程中，通常会因为工作过粗，对各村庄的具体情况考虑不足。在村庄规划中，要通过各种渠道反馈上层次及相关规划与村庄发展实际或需求的冲突，通过协调使两者利益更大化，这些都是该部分工作的意义。

上层次及相关规划主要包括了各级城镇总体规划、城镇（村镇）体系规划，国土部门的土地利用总体规划，村庄布点规划，干道网规划，高压电网等各类跨区域基础设施规划，水利设施规划，防洪排涝等各类防灾设施规划，城市绿廊等景观生态空间规划，同时也包括各类农业产业设施发展规划等（图 8-3-1）。

2.1.2 经济发展规划

经济发展规划是村域规划的基础。经济发展规划的必要性和可能性来自于村庄对土地资源的占有，有可控的资源禀赋；村庄实质上又是独立的经济实体，有相对成形的经济组织。这些条件的具备使得针对村庄经济发展规划的编制具有可操作的基础。目前村庄经济发展规划的主要方向根据村庄类型的不同而定，主要可分为：

远郊地区以农业生产为主的乡村主要考虑的是农业产业化发展的可能性与方式，主要包括农业的规模化与集约化发展，通过土地使用权流转等方式促进土地生产要素的集中，实现生产经营方式的改革。具备优秀风景资源禀赋的村庄要考虑乡村旅游的发展方式。

近郊城边（或城中）地区的经济发展，除了考虑传统农业的发展以外，也应该重点考虑对城市发展的承接，作为城市的生活产品和生活服务设施的供应地区。但是对于集体所有的建设用地的用途范围要严格参考当地的相关土地政策，避免各类违章建筑的产生。

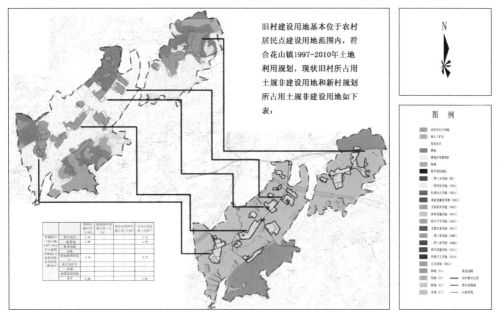

图 8-3-1 村域土地使用规划与国土规划协调图
（资料来源：《广州市花都区花山镇紫西村村庄规划》）

2.1.3 土地使用规划

土地使用规划是村域规划的核心。土地作为村庄最重要的资源，需要充分考虑村庄建设、农业生产、生态保护等各方面的需要，而重点考虑的是对村庄建设用地的规划安排。

村庄建设用地的规划，主要是满足经济发展和农村居民点的建设。规划中要首先结合国土部门的土地利用规划，从保护耕地的角度出发，考虑增量建设用地规模范围、复垦规模范围等内容。在此基础上，依据国家对农村建设用地的使用标准，统筹确定村庄的住宅用地、公共服务设施用地、工业用地、道路广场用地、公用工程设施用地、绿地等各种建设用地的规模与空间分布。一般来说，村庄的住宅用地是村庄土地使用规划的主要内容，要合理协调旧村与新村的发展，确定下层次旧村整治与新村建设的选址与规模。

要对旧村的发展前景作出合理评估，确定促进或控制的空间拓展政策；同时做好新村建设的选址。旧村的发展或新村建设，都要避免占用耕地，避免地质脆弱地区（山体滑坡、地质断裂、洪水淹没等），避免上层次及其他相关规划（包括路网、电网、防灾设施等）已经确定用地的地区。要尽量与原有的建成区连片建设发展，加强与上层次及相关规划的协调，降低基础设施建设的成本（图 8-3-2）。

2.2 规划成果构成

村域规划的规划成果，主要是综合体现以上内容的规划思想，主要由文和图的方式表达。其中经济发展规划的方案多以规划文本的形式表达，内容要能体现出明确具体的行动方案。土地使用的成果表达则可以参考一般城市总体规划的内容，在文本中详细表达土地使用的原则、各类用地的具体用途与构成比例，在图则中表达具体的空间落实方案。与上层次及相关规划的协调则要在文本中详细表达与之协调的各类规划

图 8-3-2　村域建设用地规划图

（资料来源：《广州市花都区花山镇紫西村村庄规划》）

与村域规划的矛盾点，提出具体可行的协调意见策略，并在图则中表达协调的具体的空间落实方案。

3　新村建设规划

3.1　规划目标和意义

新村规划的目标是：解决村落新增户的住宅需求，实现与土地规划的衔接，在提高村民生活环境质量的同时创造具有农村特色的人居环境。

新村规划的意义是：改善村民的人居环境，与周边环境协调，与演变中的生活生产方式协调，与上层次规划协调，促进新村的城乡统筹。

3.2　规划内容

新村建设规划的主要内容如下：

3.2.1　新村规模确定

根据上层次规划的指引和村庄新增户的情况，对新村规模进行计算：

新村总规模（以户为单位）= 拆迁户 + 新分户 + 历史遗留未分户

3.2.2　新村选址

根据上层次规划的指引、村庄原有用地布局的特点和村民的意愿，确定新村的位置和范围。新村选址主要的三种类型是：嵌入型，在旧村原建设用地范围内整理出可用于建设新村的用地范围；外缘型，在旧村建设用地范围附近根据上层次规划指引确定新村的用地范围；集中型，根据上层次规划的指引为不同的村庄选择集中建设的新村用地范围。

3.2.3 住宅选型

确定村民住宅建筑选型、住宅布局和经济技术指标，并在新村建设规划总平面示意图中表达建筑物的布局示意。建筑选型一般包括独户式、联排式、公寓式，通常会根据新村所处的位置、用地情况、上层次规划的指引和村民的意愿共同确定采用的建筑形式。

3.2.4 配套设施建设规划

对公共建筑、道路广场、公共绿地、市政设施等用地进行全面的布局，明确各类用地界线，并针对不同的土地利用方式提出相应的规划建设要求。

3.2.5 风貌协调

对于嵌入型和外缘型的新村，要求在空间布局和建筑风格上均与旧村协调，力求与之形成多样而统一的整体。对于集中型新村，要求在空间布局和建筑风格上与周边环境协调，力求在凸显新村特色的同时与环境和谐。

3.3 规划成果

3.3.1 规划文本内容

（1）新村规模与选址；

（2）规划范围现状条件分析；

（3）规划原则和总体构思；

（4）用地布局；

（5）空间组织和景观特色要求；

（6）道路和绿地系统规划；

（7）各项专业工程规划及管网综合；

（8）竖向规划；

（9）主要技术经济指标，一般应包括以下各项：①总用地面积；②总建筑面积；③住宅建筑总面积、平均层数；④容积率、建筑密度；⑤住宅建筑容积率、建筑密度；⑥绿地率；⑦工程量及投资估算。

3.3.2 规划图则内容

（1）规划选址范围图；

（2）规划地段现状图（1：500~1：2000）；

（3）新村建设总平面图（1：500~1：2000）；

（4）道路交通规划图（1：500~1：2000）；

（5）竖向规划图（1：500~1：2000）；

（6）单项或综合工程管网规划图（1：500~1：2000）；

（7）住宅建筑选型平面、立面、剖面图（1：100~1：200）；

（8）表达规划设计意图的模型或鸟瞰图。

4 旧村整治规划

4.1 规划目标和意义

旧村整治规划的目标是：以村镇规划建设、"三清三改"（清垃圾、清污泥、清乱搭乱建，改水、改路、改厕）和文明村镇创建为重点，以尊重自然态环境、聚落风貌、村庄格局、历史文化为基础，以增加农民收入、提高农民素质和生活质量为根本，整合资源，科学规划，依靠群众，分步实施，整体推进。

旧村整治规划的意义是：改善旧村的人居环境，显现村落与自然结合的环境价值；尊重和保护村落具有历史人文价值的物质和非物质文化；与周边环境协调，与演变中的生活生产方式协调，与上层次规划协调，促进城乡统筹。

4.2 规划内容

旧村整治改造规划的内容主要包括以下6个方面：

4.2.1 自然村发展类型判断

自然村发展包括四种类型：建议搬迁型、控制整治（或发展）型、内涵发展型、外延发展型。

4.2.2 确定旧村整治改造区范围

以村庄已建成区为主体，综合考虑行政边界、地域风俗、地块特点、与周边环境关系等要素确定旧村整治改造区的范围。

4.2.3 用地空间布局调整

（1）通过对村落整体空间布局的梳理，明晰传统村落的空间层级和秩序，整理出公共空间系统；保护传统村落与自然环境形成的良好关系，协调周边环境，尽量保持村落的人文尺度。

（2）通过功能置换，适度调整用地布局，保持不同功能地块之间的合理间隔，或采取必要的防护措施，避免相互干扰。

（3）通过对闲置宅基地和乱搭乱建房屋的清理，梳理出公共服务设施用地、村庄道路用地、公用工程设施用地、公共绿地以及村民活动场所等。

（4）在保证合理的房屋间距及尊重现状用地权属的前提下，明确拆除、保留、新建、改造、置换的建筑，以相关的农村住宅政策为依据调整划定并预留必要的住宅地块。

（5）在充分尊重村民意愿的基础上提出闲置宅基地整理方案。结合地方特色和村规民约，规划住宅组群空间布局，改善村民居住环境。

4.2.4 基础设施的整治和完善

（1）整治村庄道路

主要包括：①确定村庄的出村道路，提出确保畅通的措施；②确定村庄内部道路的走向、宽度；③确定需硬底化的路段和采用的路面材料；④确定需进行绿化以及需安装路灯等设施的路段。

（2）完善公共服务设施

统筹安排小学、托幼、医疗、文体活动场（室）、商业销售点等公共服务设施的类型、位置与规模。自然村可根据实际需要取舍相应的公共服务设施。

（3）完善市政工程设施

主要包括：①确定污水排放方式和整治措施；②确定消防设施布局及消防措施；③确定垃圾收集点、卫生公厕等环卫设施的位置和规模。

4.2.5 塑造村庄风貌

（1）确定重要的公共空间界面，提出修缮对策。

（2）确定优秀传统建筑，划定保护范围，提出使用和修缮的相关对策。

（3）确定需要保护的传统村落要素，如地道、牌坊、古桥、古井、古树名木，提出保护措施。

4.3 规划成果

4.3.1 规划文本内容

（1）旧村现状条件分析；

（2）旧村整治区范围；

（3）旧村整治目标；

（4）旧村整治重点；

（5）旧村用地空间布局调整；

（6）旧村道路系统调整；

（7）旧村公共服务设施与市政设施完善；

（8）各项专业工程规划及管网综合；

（9）竖向规划；

（10）旧村绿地与景观改善；

（11）旧村历史文化保护；

（12）旧村整治措施；

（13）主要技术经济指标，一般应包括以下各项：①旧村整治建筑指标：新增建筑、拆除建筑、整治建筑和控制建筑数量；②旧村近期建设与整治项目投资估算。

4.3.2 规划图则内容（图 8-3-3）

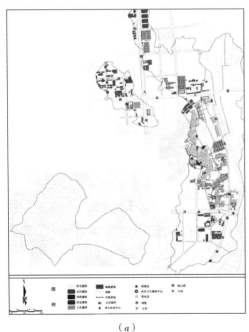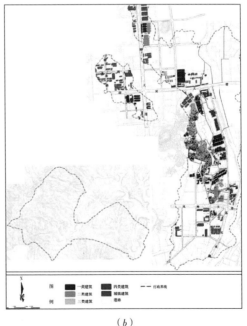

（a）   （b）

图 8-3-3 旧村整治规划相关图纸

（a）旧村建设现状图；（b）旧村建筑质量分析图；

（资料来源：本书编写组自绘）

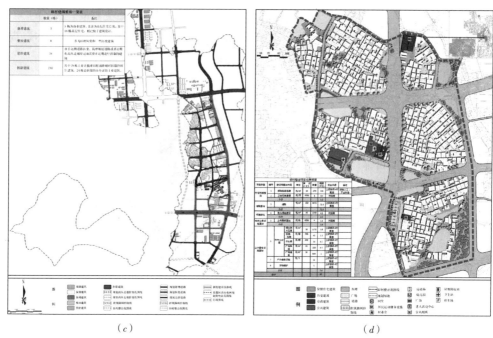

（c）   （d）

图 8-3-3 旧村整治规划相关图纸（续）
（c）旧村整治规划图；（d）旧村整治总平面图
（资料来源：本书编写组自绘）

（1）旧村建设现状图；

（2）旧村建筑质量分析图；

（3）旧村整治规划图；

（4）旧村整治范围位置图；

（5）旧村整治范围现状图（1：500~1：2000）；

（6）旧村整治总平面图（1：500~1：2000）；

（7）旧村整治范围竖向规划图（1：500~1：2000）；

（8）旧村整治范围单项或综合工程管网规划图（1：500~1：2000）；

（9）表达规划设计意图的模型或鸟瞰图。

5 历史文化村落保护规划

历史文化村落是指：保存文物特别丰富并且具有重大历史价值或者革命纪念意义的村庄，由省、自治区、直辖市人民政府核定公布为历史文化村落，并报国务院备案。历史文化村落保护规划是以保护历史文化村落，协调保护与建设发展为目标；以确定保护的原则和内容为重点；以划定保护范围，提出保护措施为主要内容的规划。

5.1 规划原则

历史文化村落的保护需要遵循以下原则：保护历史真实性的原则；保护历史环境的原则；坚持以人为本的原则；坚持永续利用的原则。

5.2　规划内容及方法

历史文化村落保护规划可参考《历史文化名城保护规范》,根据实际情况进行规划。主要内容包括以下几个方面。

5.2.1　现状分析

深入细致的现状调研与对现状的科学分析与评价是历史文化村落保护规划的基础。其主要调查内容除了物质环境以外,还包括村落演变历史、社会经济条件、文化风俗等。

5.2.2　历史文化特色与价值分析

在村落现状调查的基础上,深入分析和评价其历史文化特色与价值,包括自然、人工、人文环境三方面。其中,人工环境特色是指人们创建活动所产生的物质环境所体现的独特风貌;人文环境特色是指环境所体现的人们精神生活的结晶,它反映了居民的社会生活、习俗、生活情趣、文化艺术等方面的特点。

5.2.3　保护对象与范围的确定

规划的保护对象主要有建筑单体(保护建筑、历史建筑)、历史环境要素(公共空间、生态环境)、非物质文化遗产三个方面。

保护层次的划定是历史文化村落保护规划的核心内容之一。根据对原建设部颁布的《城市紫线管理办法》与《历史文化名城保护规范》相关内容的研究,结合实际操作的经验,其保护层次应包括以下方面:保护范围—建设控制地带—环境协调区,即对于历史文化村落而言,应划定保护范围和建设控制地带,

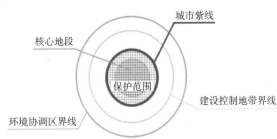

图 8-3-4　历史文化保护区保护层次划分示意图
(资料来源:本书编写组自绘)

其中保护范围对应城市紫线范围,根据实际情况,必要的还可划定环境协调区。其中,建设控制地带是指在保护范围以外允许建设,但应严格控制其建(构)筑物的性质、体量、高度、色彩及形式的区域。环境协调区是在建设控制地带之外,以保护自然地形地貌为主要内容的区域(图 8-3-4)。

5.2.4　规划管理单元规划深化

规划管理单元规划深化是对整个保护区的土地利用进行的规划。在现状的基础上,对用地功能进行调整、整体规划。

5.2.5　历史文化保护区保护规划

历史文化保护区保护规划是针对各风貌要素进行的规划控制。主要有以下几方面内容:

(1)街巷规划与交通组织:保护传统街巷格局,对原有街巷进行保护和风貌复原,同时复原被破坏的街巷空间。

(2)景观风貌控制:包括自然景观和人工景观这两个方面,通过景观核心、景观界面、景观分区这三个层次的控制,实现整体风貌控制。

(3)建筑高度控制:在分别确定建筑高度分区、视线通廊内建筑高度、保护范围

和保护区内建筑高度的基础上，形成历史文化保护区的建筑高度控制规定。

（4）建筑保护与整治方式：首先进行建筑分级，对不同等级的建筑采取不同的整治方式。整治方式包括：修缮、维修改善、保留、改造更新、拆除。

（5）其他风貌要素：如绿化、水系、遗迹、牌坊等，根据实际情况制订保护方式。

5.2.6 重点地段及重要建筑保护与整治设计

重点地段通常是历史文化保护区的重要景观节点，规划对重点地段的街巷立面进行整治，以及绿化配置和环境设计。对重要建筑，进行保护和复原设计。

5.2.7 保护与建设控制图则

保护与建设控制图则是针对规划范围的全部用地进行的规划导控。包括：保护图则、分地块管理图则、分地块建筑保护图则这几部分。

5.2.8 规划实施建议

包括开发策略、管理策略两部分，是针对规划实施提出的具体措施。

6 乡村旅游规划

乡村旅游是指以乡村为背景环境，以各种类型的乡村文化、乡村生活和乡村田园风光为旅游吸引物而进行的新型旅游活动，它兼具观光、度假、休闲、教育多种性质和功能。

6.1 城乡统筹与乡村旅游规划

在城乡一体化的大背景下，乡村旅游作为实现城乡统筹的一个途径，其模式也在不断发展。城乡统筹下的乡村旅游规划模式是在综合经济效益、社会效益和生态效益的基础上，将新农村建设与乡村旅游开发有机地结合起来，最终建立一种具有新农村特征的旅游模式。这种模式实质上是建立在乡村旅游业基础上的农业结构调整方式，是发展经济与资源环境保护并存，经济效益与社会效益、生态环境效益并存，旅游业与农业、其他产业并存的一种综合体。

6.2 规划内容

由于乡村旅游规划的地域范围不尽相同，其规划内容也不尽相同，但是其规划的核心内容是相似的。具体包括以下几个方面：

6.2.1 乡村旅游资源分析和评价

乡村旅游资源包括自然资源和人文资源，概括来说，是指能对旅游者产生吸引力的一切乡村现象和乡村事物。乡村旅游开发必须以乡村旅游资源的分类与综合评价为前提。

乡村旅游资源评价体系分为资源单体评价、资源区域分布评价、开发条件评价和开发功能评价。通过对乡村旅游资源的评价，可以对旅游资源的品位、特质、开发条件等有一全面而客观的认识，从而明确该旅游资源在同类旅游资源或在所处区域中的地位，确定不同旅游资源的开发序位，为指导旅游开发规划等提供科学的判断标准和理论依据。

6.2.2 客源市场分析

乡村旅游的客源市场分析主要包括：旅游者行为特征研究、乡村旅游供求研究、乡村旅游客源市场分析。旅游者行为特征研究是针对城市居民的出游决策行为和出游目的地的研究。乡村旅游供求包括两个方面的内容：一方面是城市居民对乡村旅游的需求，另一方面是乡村在旅游发展中获得的利益。客源市场分析主要是在客源种类细分的基础上，针对客源的流量、流向、空间距离等一系列因素进行的系统分析研究。

6.2.3 产业发展与旅游业的协同发展

在规划过程中，要把旅游规划和其他产业规划有机地结合起来，根据乡村的地域特征和资源状况，合理发展规模化的高科技种植业、养殖业、乡镇企业等产业，利用旅游业带动其他产业，利用其他产业促进旅游业，达到和谐发展的目的。

6.2.4 旅游形象定位与市场营销

乡村旅游形象是旅游者对乡村旅游目的地总体、概括的认识和评价，包括其乡村旅游活动、乡村旅游产品及服务等在其心目中形成的总体、概括的认识和评价。

乡村旅游的形象定位是乡村旅游形象塑造的前提与核心。其定位以旅游资源和客源市场分析为基础，遵循整体性和差异性的原则，反映市场需求，体现乡村自然与文化资源价值。

在旅游形象定位的基础上，确定市场营销方案，规划具体的市场经营方式。通过市场营销规划，稳定现实的目标市场，并开发出潜在的目标市场，使市场规模不断扩大，还可以树立起乡村旅游的总体形象，提高乡村旅游地的知名度，形成乡村旅游地的品牌效应。

6.2.5 旅游产品开发

乡村旅游产品是指在乡村资源的基础上，以满足旅游者（尤其是城市旅游者）各种需求而形成的实物和服务。基于乡村旅游资源定量和定性的评价结果和乡村旅游产品开发原则，其构成分为基本产品和特色产品两个层次的旅游产品体系。

基本产品系是产品结构中的周边产品系列，指项目中的一些在市场中较为常见的旅游产品，这类产品已经有一定或相当的市场开发基础，市场认可度较高，客源稳定可靠，开发风险较小，但同质竞争对手较多，产品特色较不鲜明，对景区的宣传力度贡献较小。

特色产品系是产品结构中的核心产品系列，能体现本地区特定的地理历史条件，增强本景区的可识别性，并且有可能为本区开拓专属旅游新市场，但也面临市场基础小，前期开发投入大，前景待确定，开发风险大的问题。

两系产品的开发有各自相应的职责作用，但又有相互支持发展的可能，最终达到共同促进项目发展的目的。

6.2.6 旅游服务体系建设

通过乡村旅游经营者提供的服务，消费者才能感知到乡村旅游产品的质量，因此，服务体系的完善程度和服务质量的优劣程度在乡村旅游的竞争中有着重要作用。

乡村旅游服务体系的内容主要包括旅游服务设施和旅游基础设施。旅游服务设施规划通常遵循分散与集中相结合的原则，集中型布置在游客中心，分散型布置在各个村落中，具体有医疗文化中心、住宿设施、餐饮设施、商业休闲娱乐设施等。基础设施具体包括道路、停车场等。

第4节 对村镇规划问题的拓展认识

村镇规划在我国垂直的城乡规划体系中处于较下层次的地位，理论发展和实践认识都还有较大的发展空间。目前在村镇规划中，由于乡镇规划是自《城市规划法》起就在我国规划体系中明确的规划类型，乡镇政府也是我国政权组织体系中的重要组成部分，乡镇规划在我国规划体系中的地位相对明确。而相比而言，村庄规划则是在我国《城乡规划法》颁布后才确定了其相应的法定地位，并开始大规模在全国范围内推行。由于制度和技术等方面的原因，其在规划体系中的定位还相对模糊。基于此，本章节提出以下问题，以供读者进一步深入思考。

1 小城镇规划与城乡统筹

小城镇规划的编制技术，无论是体系规划还是主建成区规划，在较多的规划方法层面，都可以参考城市地区的规划编制方法。但其中的不同之处，则是在于如何进一步发挥小城镇在城乡统筹中的作用。

城乡统筹作为一个大的国家战略，其涵盖的内容是多方面的。目前讨论的主要内容是"工业反哺农民，城市支持乡村"。这也就是要求逐步通过税费改革减少农业产业的发展负担，改革户籍制度，改革医疗、教育、社保等福利制度，使其逐步向农村侧重，使农民享受平等的国民待遇。但是在城乡规划层面，城乡统筹显然不是简单地在土地资源的分配上倚重乡镇或村庄。乡村在获得建设用地指标的情况下自然可以获得一定的发展机遇而获微利；但如果因此分散了有限的建设用地资源而使更具有发展潜力的城镇得不到土地上的足够支持，无法壮大自身而对乡镇村庄地区产生良好的带动作用，结果同样对双方无利。

所以在小城镇规划中，需要首先考虑城乡统筹在"城市—乡镇—村庄"各层实现的路径，借助外部性原理等分析各层面在统一的发展策略下的分工合作安排，以使各层面地区能够发挥与其自身功能特点相适应的作用，实现自身和整体的有效发展。

2 村庄规划与城市居住区规划的比较

村委会虽已不是一级独立的政府，但在村域这样一个范围内，依然也复合了生产与生活管理的功能。村庄既拥有土地的所有权，也建立了相应的行政组织，政治经济上皆具有一定的独立性，同时还可能具备较深厚的历史渊源。即这样一个地区，复合了多重的关系。这与一般城市居住小区相比，要复杂许多，直接问题的复合性远超普通的居住区规划。但是，从建设用地空间的规模上看，一般农村居民点人口规模在两千到一万人，建设用地面积在几公顷到几十公顷之间，而且多分散、不连片分布，建设类型单一。这样的规模从城市的视角看，约与一到两个居住小区的规模相当，而且建设开发强度要明显小于城市居住小区，建设规模较小。

3 村庄规划中的"总体规划"和"详细规划"

在村庄这样一个层面上，以传统规划体系看，具备较独立政治经济关系的事实，使村庄规划有开展类似总体规划的必要，而最终必须解决建筑（主要是村民住宅）空间落实问题的要求，使村庄规划又有开展类似修建性详细规划（或是控制性详细规划）研究的必要。但几个层面的规划在一个村庄的范围内重合，确实使得其在传统的以垂直模式建构的规划体系中，定位很难明晰。同时，在村庄这样一个尺度范围内，按传统的技术方法编制总体规划，内容过于庞大（上文近述的村域规划，也已有适当的精简）。而同一地域内的村庄通常具备较多的同质特征，策略研究的层面也通常会得到相近的结论。但没有建立在社会经济规划基础上的物质空间规划，结果更是空中楼阁。

4 村镇规划的技术力量

无论如何在理论层面讨论规划体系问题，要建立的前提认识是村镇地区的规划从业人员的数量和素质现状。我国目前在城乡规划领域人才储备不足，在村镇层面人才缺口尤为突出。这也就决定了对于村镇地区，特别是非镇区的规划管理，难以达到全面覆盖精细管理的程度，另外城乡规划的编制成本也难为大多数乡村地区负担。这些现实问题直接影响着村庄规划在我国规划体系中的定位，是不允许城乡规划理论家无限制空想的。

总而言之，我国城乡规划理论与实践在城市地区优先与长期开展的状况，会使相关学者在面对村镇地区的问题中，采取与在城市地区相同的逻辑。但如果不注意规划研究对象性质和尺度的变化，简单地将城市地区的规划体系移植到村镇地区，将必然产生各种具体的问题。在未来的研究中，要更进一步理解在市场经济体制下的乡镇村庄地区与其他的城乡规划研究对象在政治、经济、社会特征上的异同，进一步构想如何将其共性纳入同一框架考虑，如何将村镇地区的个性在村镇规划中实现更有针对性的体现。

■ 本章小结

本章首先通过对村镇聚落的起源和发展的论述，加深了关于村镇本体的认识，将本章的研究对象确定为城市体系以外的建制镇、乡和村庄。其次，重点讲述了村镇规划的内容与方法，村镇规划总体上可以分为镇规划和乡村规划，从实际操作的角度出发，本章着重介绍了镇的总体规划，乡村规划中的村庄布点规划、村域规划、新村建设规划、旧村整治规划，以及历史文化村落保护规划和乡村旅游规划。最后，针对村镇规划中的若干值得注意的问题进行了探讨。

总而言之，随着《城乡规划法》的颁布，村镇规划对于实现城乡统筹，促进广大乡村地区的发展具有重要的意义。然而，村镇规划在我国垂直的城乡规划体系中处于较下层次的地位，由于制度和技术等方面的原因，其在规划体系中的定位还相对模糊。

因此，在市场经济条件下，我们需要深化对乡镇村庄地区的认识，加强村镇规划的针对性，进一步完善我国的城乡规划体系。

■ 主要参考文献

[1] （美）刘易斯·芒福德.城市发展史：起源、演变和前景 [M].宋俊岭，倪文彦译.北京：中国建筑工业出版社，2005.

[2] 金兆森，张晖.村镇规划 [M].南京：东南大学出版社，2001.

[3] 全国城市规划执业制度管理委员会.城市规划原理 [M].北京:中国计划出版社，2009.

■ 思考题

1. 人类聚落包括了哪些存在形式？村镇规划以其中哪些作为研究对象？

2. 小城镇规划对于实现城乡统筹是如何发挥作用的？

3. 村庄布点规划具有哪些特点？它如何在村镇规划体系中发挥承上启下的作用？

第 9 章 城市交通规划

广义的交通是指人、物、信息的流动。城市规划学中"交通"这个词有两个含义，一个是运输（transportation），一个是交通（traffic）。运输是人、物的空间位移，主要研究客货交通源，目的地，以及人或物空间位移依赖的方式、运价等。它跟城市规划的关系极密切。交通（traffic）主要指人、车、船或飞机的运动状态。本书的"交通"主要指"运输"（transportation）。

城市交通是指城市范围以内人和物的流动，其主体是城市道路上的交通。本章介绍城市交通系统规划的基本原理。

第1节　城市交通规划概论

1　交通与城市

交通工具的使用与城市的发展形态有密切的关系。不同的交通方式对土地的使用有着不同的影响，步行时代形成的都市空间是有机的、紧凑的、混合了不同的使用性质，居住、工作与购物等空间是步行范围可达的，街道合乎人性尺度，且是人们谈话交际的重要场所。之后出现的畜力车虽然提升了速度及载荷货物，但都市空间仍维持着一定程度的紧凑及多样性。在步行和马（畜力）车时代，由于受交通工具的限制，城市规模较小。在有轨电车时代，城市规模相应有了扩展，土地的使用主要沿轨道线路干线方向发展，沿线区域用地密度最高，在这一通道的步行范围内有大量的土地可以利用，因而城市呈现星状发展的形态（图9-1-1）。

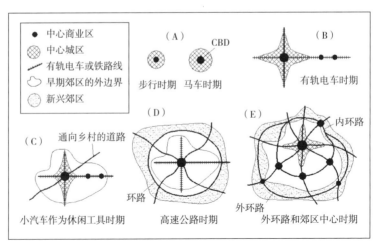

图 9-1-1　交通发展与城市形态演变示意图

（资料来源：徐循初.城市道路与交通 [M].北京：中国建筑工业出版社，2007）

在汽车时代，城市开始大规模地扩展，并进入郊区化的时代，城市用地密度较低，呈松散状态。在高速公路时代，城市人口、工业、商业则扩散到郊区。轨道交通的出现改变了大都市地区的发展形态，使城市沿着轨道交通走廊轴向延伸。20 世纪 20~30 年代是世界轨道交通的黄金时代。尽管当时美国已拥有小汽车近 3000 万辆，但仍有 90% 的通勤交通是依靠轨道交通来完成的。

城市发展从向心集聚到向外扩散是城市为了利用集聚效应而克服其不经济性的一种城市空间布局的自我调整过程。这既使市中心的交通负荷减轻，市中心及外围地区的交通功能日渐分明，也使外移的单位获得了较大的发展空间。这一现象体现了交通与城市两者相互联系、促进与发展的过程。

2　城市交通的分类

交通运输方式和类型很多，主要可作以下分类：

（1）从区域范围来分，有：地区交通（含全国交通、国际交通）、城市交通。

（2）从运输对象来分，有：客运交通、货运交通。

（3）从运输方式来分，有：公路、铁路、水运（内河、湖泊与海运）、航空、管道。

（4）从所涵盖的范围来分，有：综合交通、单项交通。

综合交通涵盖了所有的交通方式，地区综合交通包括：公路交通、轨道交通、水上交通、空中交通及管道交通五种交通。

城市交通是由多种类型的交通方式组合而成的综合交通系统。城市综合交通包括客运交通系统与货运交通系统。客运交通包括公共交通系统——主要有常规公交、出租车、地铁、轻轨、市郊铁路等；自行车交通系统——包括非机动车道（含机非混行车道）和各类非机动车；行人交通系统——行人、人行道、步行街、过街人行设施等。

3　什么是城市交通规划

"城市交通规划"是确定城市交通发展目标与达到该目标的策略与行动的过程。城市交通规划包括城市内部交通规划（简称城市交通规划）与城市对外交通规划。城市交通规划主要由道路交通规划组成；城市对外交通规划包括铁路、公路、航空、水运等交通运输方式规划。

城市交通的发展目标是建立、维护和营运一个能适应交通运输需求的高效、经济、安全和环保的交通系统。

不同城市的交通规划有不同的年限及规划范围要求，一般城市交通规划可分为三个层次：城市交通发展战略规划、城市交通综合网络规划和城市交通近期建设规划。不同层次的交通规划其规划内容不完全相同，但其规划过程是基本一致的。

交通规划过程大致划分为以下六个基本步骤。

3.1　总体设计

总体设计包括确定规划的目标、指导思想、年限、范围，成立交通规划工作的组织机构，编制规划工作大纲。

3.2 交通调查

交通调查是了解现状网络交通信息的必要手段，调查内容因规划层次及规划要求而异，交通调查一般包括：居民出行、车辆出行、道路交通运行、公交运行、出入境交通、停车、吸引点、货运等调查项目。

3.3 现状分析

现状分析以调查数据和相关资料为基础，切实反映城市交通体系的现状特征和存在问题，提出发展思路。现状分析的主要目的在于归纳城市交通存在的关键问题及其症结，分析交通发展内外部制约因素，评价城市交通与经济、资源、环境、城市建设的协调关系，提出城市综合交通体系的发展思路。

3.4 交通需求分析

交通需求分析是预测未来城市居民、车辆及货物在城市内移动及进出城市的信息，以作为制定城市交通规划的依据。

3.5 方案制订

规划师以交通发展需求预测为基础，结合城市地形、地貌和规划的城市空间形态及功能布局，确定城市交通综合网络及其他交通设施的规模及方案，进行城市交通系统的运量与运力的平衡。

交通规划方案一般包括：道路网络系统布局方案；公共交通线网布局方案；轻轨、地铁网布局方案（仅对大城市）；自行车交通网布局方案；步行系统布局方案；公共停车场布局方案；城市对外出入口道路布局方案等。

3.6 方案评价与方案调整

交通规划工作是一项带有政治性的活动，它涉及所有人的利益，对他们有不同程度与不同时间的影响。因此，规划过程中存在并且也需要必要的各种介入和公众参与，从技术与经济等方面对城市交通系统规划设计方案进行评价与方案调整。

4 我国城市交通的发展历程

我国城市交通从 1949 年以来的发展大致可分为三个阶段：

（1）建国初期（1949~1965 年）：在一些重点城市中进行了大规模的基础设施建设，道路条件明显改善，到 1957 年年底，全国城市道路面积与长度分别比 1949 年增加了 71% 和 64%，同期汽车增长缓慢，道路容量大于交通量，城市交通比较畅通，车速稳定。

（2）"文革"时期（1966~1977 年）：城市道路的建设资金比例下降，建设速度缓慢，期间道路面积年均增长率仅为 2%，而城市机动车保有量年均增长率为 6% ~10%，不少大城市交通开始出现拥挤现象。这一时期，由于实行鼓励自行车交通出行的财政补贴政策，自行车迅速发展为城市居民主要的代步工具。

（3）改革开放以后（1978 年至今）：由于城市交通供需严重失调加之历史上城市交通与用地布局不协调，各大中城市普遍出现交通问题，交通堵塞严重，车速普遍下降，公共交通发展滞缓。特别是 1990 年代以来，是机动车增长最快的时期，人、车、路矛盾极为尖锐，公共交通、慢行交通、静态交通需要持续调整优化。虽然大城市开始建设环路、高架路、轨道交通等，但由于需求增长过快，交通改善措施往往只能取得局部和短期效果。

第 2 节　城市交通调查与需求分析

1　交通调查

城市交通调查发端于现代城市交通规划起源地的美国。对城市交通的资料收集与调查、分析，了解交通产生、分布、运行现状及存在的问题为交通规划提供可靠的依据，是制定科学合理的交通规划的不可缺少的环节。一般交通调查要耗费整个交通规划 1/2~2/3 的费用。城市交通调查的内容有两个方面：基础资料收集、交通需求、交通设施与运行现状调查。

居民出行调查是交通调查中一项规模最大的调查，它可以为建立科学合理的交通模型提供基础数据。居民出行调查采用到居民家中访问的方式，问询被访户成员某一特定日的出行次数、目的、出行起讫点等信息。居民出行调查通常采用抽样调查方式，抽样率需根据城市人口规模计算确定。广州市于 1984 年、1998 年、2003 年、2005 年进行了四次交通调查。以居民出行为主的 2005 年的第四次调查从 2004 年 7 月份开始筹备，2005 年 6 正式实施调查，2006 年 7 月份完成调查报告，历时 2 年。广州第四次调查的抽样率为 3%，调查对象涉及居民 8 万户、24 万人，涉及 10 个区、142 个街道、650 个居委，14 所高校，46 家工厂，36 个工地，29 家旅店，10 个车站（机场），动用专业技术人员、调查员等逾 5000 人，回收表格 24.3 万张。

2　交通需求预测

规划是交通运输系统健康发展的龙头，其目的是提出科学地扩充交通运输设施的容量和提高其服务水平的方案，以适应交通运输需求的增长。交通运输需求是生产、生活、休憩活动的一种派生需求且随着经济（生产）、社会和文化生活的发展而不断增长。交通需求的增长要求不断改善交通运输系统的设施，提高其服务水平，以适应发展的需要，否则，便会制约经济、社会的发展。

交通需求预测，就是根据交通系统及其外部系统的过去和现状交通信息预测未来的交通信息，根据历史经验、客观资料和逻辑判断，寻求交通系统的发展规律和未来趋势的过程。

交通规划中要求综合运用交通调查数据、统计数据、相关规划定量指标，建立交通分析模型，形成科学的交通需求分析方法。

传统的交通需求预测是以城市土地利用为基础的"四阶段法"（图 9-2-1），该方法由出行生成、出行分布、交通方式分配以及交通分配等四部分组成。

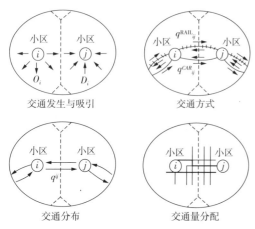

图 9-2-1 交通需求预测四阶段法

（资料来源：邵春福 . 交通规划原理 [M]. 北京：中国铁道出版社，2004 ）

2.1 出行生成

出行生成包括出行发生和出行吸引两部分，指进入和离开每一小区的出行量。计算发生和吸引的方法相同，只是方法中选择的变量可能不同。出行生成的计算方法有两种：交叉分类法、回归法。

2.2 出行分布

出行分布计算就是将出行产生计算中得到的各交通小区的发生量和吸引量利用一定的计算方法转换成交通小区之间的空间 O—D（出行分布）量。常用的出行分布的计算方法有两类：增长系数法与重力模型法。

2.3 交通方式预测模型与方法

交通预测的目的是为交通设施的规划设计提供规模定量的依据，而很多交通设施的直接承载对象是各种交通工具，而不是人或物。因为不同的交通工具的承载率不同，就同一批人员的出行量而言，对交通工具的不同选择结果将会导致不同的车辆出行量，所以明确交通工具的选择，把以人或吨为单位的出行量转化成以交通工具为单位（车、车皮、集装箱等）的出行量是非常必要的。我们把出行者对交通工具的选择叫做"交通方式划分"。交通方式常用预测模型主要有转移曲线模型、非集计模型、回归模型等。

2.4 交通分配

交通分配就是要把交通方式划分阶段所得到的各小区之间的交通分布量分配到将来的交通路网上去，以求取路网中各路段所应承担的交通量，从而为调整方案、确定交通设施规模等服务。常见的交通分配方法有六种：全有全无分配；增量分配；路网能力限制分配；用户平衡分配；随机用户平衡分配；系统优化分配。

交通预测的详细步骤及模型的具体计算可以参看城市交通规划的专业书籍。

第3节 城市客运与货运交通规划

城市交通是组织城市居民工作、出行、休憩、娱乐活动的重要载体。针对人、车、路在城市里的特征，可以通过规划设计建立以下城市交通体系：公交客运体系、轨道交通体系、自行车交通体系、步行交通体系、货运交通体系等。对于不同的城市，交通对城市的影响是不同的，要根据城市的土地使用等具体条件，提出科学的城市交通体系，在此基础上才能制定出一个能够适应现代交通发展的城市交通供给系统。

1 公共交通规划

为了创造居民出行的便利环境同时降低汽车交通量和环境污染，任何城市都应当具备安全、方便、准时和可靠的公共交通。城市公共交通是城市中供公众乘用的、经济方便的各种交通方式的总称，是由公共汽车、电车、轨道交通、出租汽车、轮渡、索道等交通方式组成的客运交通系统。

在进行城市公共交通规划时，首先要根据城市公共交通客流量以及城市规模、用地等条件确定城市公共交通方式组成。在选择公共交通方式时，应使其客运能力与线路上的客运量相适应。各种公共交通方式的单向客运能力参见表9-3-1。

公共交通的路线单向客运能力　　　　　　　　　　　　表 9-3-1

公共交通方式	运送速度（km/h）	发车频率（车次/h）	单向客运能力（千人次/h）
公共汽车	16~25	60~90	8~12
无轨电车	15~20	50~60	8~10
有轨电车	14~18	40~60	10~15
中运量快速轨道交通	20~35	40~60	15~30
大运量快速轨道交通	30~40	20~30	30~60

资料来源：《城市道路交通规划设计规范》（GB 50220—95）表 3.1.7。

中小城市的公共交通主要以常规公交为主，出租汽车作为补充。对于规划人口超过 200 万人的大城市，在规划中应控制预留设置快速轨道交通的用地。

城市公交线网规划的要点是公交线网起讫点、客运枢纽的选取和线网的布设。

公交线路起终点的选取主要考虑交通区客流发生、吸引量，规划的连续性和乘客习惯等因素。公交首末站尽可能布设在大的 OD 发生源点和交通集散点。规划操作中宜根据运营线路的具体分布，在市内均衡设置公交首末站。首末站应按照 1000~1400m² 处的面积留出用地，以供停车和司售人员休息及停放部分车辆之用。有自行车存车换乘的，应另外附加面积。回车场的最小宽度应满足公交车辆最小转弯半径需要。公交首末站的选址宜靠近人口比较集中、客流集散量较大而且周围留有一定空地的位置，如居住区、火车站、码头、公园、文化体育中心等，使大部分乘客处在以该站点为中心的服务半径范围内（通常为 350m），最大距离不超过 700~800m。公交线路站点的设置应符合《城市道路交通规划设计规范》（GB 50220—1995）的要求。

公交枢纽站的主要功能是为城区客流集散与换乘提供服务，并具有部分停车及调度管理功能。公交枢纽站应设置在线路汇集的地方，宜结合交通广场进行统一规划设计。大型枢纽站旁应建足够的公共停车设施，供自行车停放和少量社会客车停放，以便与公交换乘，同时还要考虑出租车的停放和上客的地方。

市内客流集散、换乘量较大地点宜布置客运交通枢纽。城市出入口，如长途汽车站、火车站、港口码头、机场等地点，应设置城市对外交通客运枢纽。郊区或卫星城镇的区域交通重心，是城外区域进城公交的客流吸引点，应设置公交客运枢纽。城市大型公园、大剧场、大型体育场馆、市中心广场等在短时间内有大量人流集散的地点，需设置为特定设施服务的公交客运枢纽。

一般在公交线路起终点和客运枢纽确定后开展公交线网规划工作。对于新城，可采用逐条布设成网法进行公交线网规划。该法根据一个或几个指标，在所有起终点可能配对组成的公交线路中，逐一选择路线效率最大且满足一定规划条件的线路放入公交线路网络中，直到剩余起终点无法形成满足规划条件的公交线路，这时按优劣次序逐条生成的线路就叠加成公交线路初始网，然后再根据客流分配及线路均匀性检验等情况对线路进行优化改进，直至形成最终公交线网。

公共交通线路网密度大小反映居民接近线路的程度，一般要求城市中心区公共交通线路网密度为 3~4km/km²。城市边缘地区公共交通线路网密度为 2~2.5km/km²。

对于旧城，应考虑城市公交线网现状，应首先对现状公交线网进行取舍，从而形成规划公交网的子网，在此基础上再应用逐条布设成网法选择新的公交线路一起构成规划公交线路网。

2　轨道交通规划

城市轨道交通系统是指服务于城市客运交通，通常以电力为动力，轮轨运行方式为特征的车辆或列车与轨道等各种相关设施的总和。城市轨道交通系统的设备包括车辆、车站、线路、列车、控制以及通信信号系统等。城市轨道交通在优化公交线网结构、提升公共交通整体吸引力和引导土地开发利用等方面有着无可比拟的优势，国内各大城市正逐步加快城市轨道交通规划和建设的步伐。

根据轨道交通系统基本技术特征的不同，轨道交通系统主要有市郊铁路、地下铁道、轻轨交通、独轨铁路、城市有轨电车和自动导向交通系统等类型。

城市规划中的轨道交通规划主要指城市轨道交通线网规划。城市轨道交通线网规划的主要任务是：确定城市轨道交通线网的规模和规划布局，提出城市轨道交通设施用地的规划控制要求。

2.1　轨道交通网络结构类型

轨道交通路网的规模与形态虽然各不相同，但其基本结构形态可归结为下面 5 种各具不同运输特性的类型（图 9-3-1）：

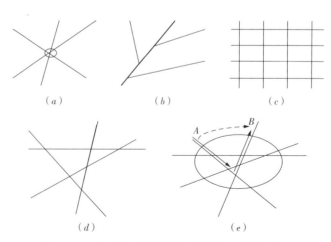

图 9-3-1　轨道交通路网结构形态的五种基本类型
（*a*）星形结构；（*b*）树状结构；（*c*）栅格结构；（*d*）放射网状结构；（*e*）放射—环形网状结构
（资料来源：本书编写组自绘）

（1）星形结构是指路网中所有线路只有一个交点（换乘站）的结构，见图 9-3-1（a）。其唯一的换乘站一般位于市中心的客流集散中心，如布达佩斯地铁系统。这种结构中，所有线路都通达市中心，所有线路间都可以实现直接换乘，使得市中心可达性好；但线路之间换乘必须经过市中心，中心线路多、换乘客流大，换乘站的设计与施工难度也较大，车站建设费用增加。

（2）形同树枝状的树状结构，见图 9-3-1（b）。这种结构连通性差，线路间换乘不便，两条树枝线间至少要换乘 2 次才能实现互通；此外，线路上客流分布不均，同一线路上两个换乘站之间的路段担负着大量的换乘客流，给线路的行车组织带来困难。

（3）形同棋盘的栅格网状结构是指线路（至少 4 条）大多呈平行四边形交叉，所构成的网格多为四边形的路网结构，见图 9-3-1（c）。这种结构的线路在内城区分布比较均匀，连通性好，乘客换乘的选择较多；但这种结构由于没有通达市中心的径向斜线，市郊到市中心的出行不便。

（4）放射网状结构是指线路（至少 3 条）多为径向线且线路交叉所成的网格多为三角形的路网结构，见图 9-3-1（d）。这种结构中，多数线路在市中心区发生三角形交叉，任意两条线路间都可以实现直接换乘，市中心区线路和换乘密集而均匀，网络连通性好，市郊到市中心的出行方便。放射网状结构的缺点是市郊间发生联系时必须到市中心区换乘，导致乘客走弯路。

（5）放射—环形网状结构是在放射网状结构的基础上增加环形线而成的路网结构，常见于一些规模很大的系统，如莫斯科、伦敦、巴黎、东京等。其环线一般与所有径向放射线交叉，见图 9-3-1（e）。这种结构具有放射网状结构的全部优点，同时由于环线与所有径向放射线都能直接换乘，故市郊间、线路间换乘更方便。如图 9-3-1（e）中，从 A 到 B 沿虚箭头线的行程就比沿实箭头线的要短得多。

2.2　线网规模

规模从一个侧面体现系统的服务能力。线网规模常用的指标为：城市轨道交通线网总长度、城市轨道交通线网密度、城市轨道交通线网日客运周转量。线网总长度集中反映了线网的规模，由此可以估算总投资量、总输送能力、总设备需求量、总经营成本、总体效益等，并可据此决定相应的管理体制与运作机制。城市轨道交通网的规模在规划实施期内往往要根据城市发展的需求进行适当调整。相对而言，总长度的调整幅度不应很大，它基本是一个确定的基础数据。

确定城市轨道交通线网规模要采用定量计算和定性分析相结合的方法。轨道交通规模只是一个参考数据，在目前的规划实践中，主要是确定线网长度或线网密度。线网长度或线网密度主要依据交通需求分析以及与其他城市的情况横向类比作出。

2.3　线网布局规划

线网架构的基本要素有三：主要交通走廊、主要客流集散点、线网功能等级。主要客流集散点是在确定轨道交通线路骨架以后确定轨道交通线路具体走向的主要依据。客流集散点按照性质分为交通枢纽、商业服务行政中心、文教设施、体育设施、旅游景点和中小型工业区等。根据城市发展与社会经济活动需要以及线路运量的不同，确定轨道线路的功能、服务水平与等级。

线网方案是城市轨道交通线网规划的主体内容。确定城市轨道交通线网方案需要考虑城市空间结构、土地利用、交通需求、路径通道、城市景观、建设条件以及环境保护等多方面因素的影响。由于涉及的影响因素的复杂性和多样性，线网构架规划必须考察基本的客流集散点、换乘节点和主要的客流起终点的分布；轨道交通走廊的布局；线网的结构形态和对外出口的分布形态。实践中可以城市结构形态和客流需求的特征为基本，充分注意定性分析和定量分析相结合，静态与动态相结合，近期与远景相结合，经多方案比较提出规划方案。

2.4　用地规划

对城市轨道交通设施用地提出规划控制原则与要求，通过预留与控制设施用地，为城市轨道交通建设提供用地条件是用地控制规划的主要任务。用地控制规划内容一般包括：线路、车站、车辆基地、联络线及轨道交通相关设施等。用地控制指标应符合《城市轨道交通技术规范》（GB 50490—2009）、《城市快速轨道交通工程项目建设标准》的规定。

3　自行车交通规划

城市自行车道路主要有三种不同形式：自行车专用路、自行车专用车道、自行车共用车道。自行车道路网规划应由这三种基本形式的道、路组成一个能保证自行车交通连续运行的网络。

自行车专用路一般是为满足全市性主要流量流向上的自行车交通的需要而设置的。建议我国大多数中小城市至少应该设置一两条贯通全城的自行车专用路，作为城市自行车道路系统的骨干。

自行车专用车道系指在道路上单独设置并用分隔带与机动车道分离的供自行车使用的车道，是城市自行车道路系统中的骨干路。

自行车专用车道的宽度一般单向在 4.5~6m 之间，在特别重要的干道上可增到 8m，车道在交叉口附近也可适当放宽。

自行车共用车道系专指自行车与行人或与其他车辆共享的车道。自行车共用车道多指一块板道路上划线（车行道）或不划线的自行车行驶空间，宽度单向 3~4m；也可以是街坊里主要供自行车和行人使用的道路，宽度一般 3~4m。

自行车交通网络规划方法如下：①现状自行车道路网分析。②确定自行车交通规划目标，确定自行车道路网结构和自行车道路类型。③确定自行车道路网布局。在进行网络布局过程中要以自行车交通预测流量、流向为依据，与城市干道网规划布局相适应，结合城市地形、地物，充分利用现状街巷。④以最短路法进行自行车道路网交通量分配，并根据所得路网流量，检验、调整网络布局。⑤确定各级自行车道路的类型、长度，并选定自行车道路交叉口类型，得出最终规划自行车道路网。

4　步行交通规划

步行交通系统主要由步行者，纵向人行道（简称人行道）、横向人行道（简称人行横道）、步行街、集散广场、步行区，人行天桥、人行地道以及居住区的步行系统等组成。

步行空间有益于都市的生机，联合国在 1976 年国际环境日提出的交通自由区理念中确定步行空间有 10 项功能：吸引民众、创造场所感、改善环境、提高安全感、提供宜人的视觉环境、环境保护、增加房地产价值、节省能源、减少车祸、鼓励民众参与。

步行交通规划应根据各地点步行交通的不同特点，分别进行规划。城市步行交通系统规划的基本原则是：保障行人的交通安全和步行交通的连续性，避免无故中断步行系统。人流主要集散地点是步行交通规划的重点。城市中步行人流主要集散地点是市中心区、对外交通车站与公交换乘枢纽和居住区内。

城市中心区步行者步行速度较慢，步行人流密度较大。为适应步行者的活动，可与周围建筑、停车场等结合设置较宽敞的人行道，必要的人行横道、人行天桥和地道，在市中心形成连续的步道系统。历史街区或是建成区街道空间的重塑方式主要由细部设计实现。步行空间的细部设计包括：适当的步行距离、步道宽度、坡度、无障碍空间、挡车柱、公共汽车站候车亭、照明、垃圾箱、路面、座椅、丰富的周边建筑设计等。在城市中心区的濒水地带要考虑规划设置林荫步道，供居民游憩、观览。

城市对外交通车站、码头和公交换乘枢纽，人流量大，对各种交通工具的需求量大，步行交通特征差别大。因此，需要有较大的广场容纳步行人流和停放多种车辆，并就近设置公交站点，提供宽畅、安全、导向明确的步行道路，便于人流迅速疏散。

居住区内居民日常生活的主要交通方式是步行，保障步行活动安全、不受车辆干扰是居住区步行系统规划的基本要求。因此，在居住区规划中应考虑尽量将主要活动场所，如老年活动中心、商业服务设施等用步行系统和绿地系统联系起来，并与机动车道分在两个系统内。居住区内应依据活动行为、地形条件、周边土地使用等步行空间因子决定步行系统各个部分的宽度、纵断面、内部构成等步行空间细部，确保步行空间能达到安全，如人车分离；便利，如内外通达，进出方便，与公交车站、停车场配置良好；舒适便捷，有吸引力的基本条件。

在步行交通规划中，人行横道、人行天桥和地道的设置要求参见《城市道路交通规划设计规范》（GB 50220—1995）的有关规定。

5 货运交通规划

城市货运交通规划主要是根据城市货运交通预测，合理选择货运方式，确定城市货物流通中心及货运车辆场站布局，合理规划城市货运道路。

城市货运方式有道路、铁路、水运、航空和管道运输等。城市货运方式选择应符合节约用地、方便用户、保护环境的要求，并应结合城市自然地理和环境特征，合理选择道路、铁路、水运和管道或其综合运输方式。对各种运输方式的选择应在充分发挥其优势的基础上，经比选后确定，并组织综合运输网，以提高综合运输网络的效益。

5.1 货物流通中心的分类与规划

货物流通中心是组织、转运、调节和管理物流的场所，是集城市货物储存、运输、商贸为一体的重要集散点，是为了加速物资流通而发展起来的新兴运输产业。按其服务范围和性质，可分为地区性货物流通中心、生产性货物流通中心、生活性货物流通中心三种类型。根据其使用特性，货物流通中心可分为：普通货物流通中心、特殊货物流通中心和综合货物流通中心。货运交通规划应组织储、运、销为一体的社会化运输网络，发展货物流通中心。

货物流通中心的规模与分布，应结合城市土地开发利用规划、人口分布和城市布局等因素，综合分析、比选确定。一般大城市货物流通中心规模较大、种类齐全，可采用均衡布设，而中小城市则宜分类适当集中布置。货物流通中心用地总面积不宜大于城市规划用地总面积的2%。大城市货物流通中心的数量一般不宜少于两处，每处用地面积宜为50万~60万 m²。地区性的货物流通中心的数量可少些，生产性和生活性的可多些。中、小城市货物流通中心的数量和规模宜根据实际货运需要确定。这样，可避免由于货物流通中心数量太少或服务内容过于集中而造成货运交通流量分布不合理，出现货运迂回、空驶里程和货运费用增加等现象。

为城市生产服务的货物流通中心，应与工业区结合，可设置在城市主干道附近。原则上应划区供应，其用地规模应根据实际需求量确定，或宜按每处6万~10万 m²估算。其服务半径一般为3~4km，为城市居民生活服务的生活性货物流通中心应在次干道附近设置，用地规模应根据其服务的人口数量计算确定，但每处用地面积不宜大于5万 m²，其服务半径一般为2~3km。

5.2 货运车辆场站规划

建材、燃料、石油、化工原料及制品、钢铁、粮食、农副产品和百货等不同货物的运输要求是不一样的，因而货运车场应按所运货物种类的专业要求分类管理。

不同货物的运输，均有不同的车种与车型要求，要与主要货源点、货物集散点结合，根据就近配车、方便用户、减少空驶的原则，在全市各地分别设置，分散布置货运车场。对于货车数量大、设备复杂、投资大的大型货场及高级保养场，应适当集中设在城市边缘区，以利减少对城市的干扰和污染。

货运车辆场站的规模与布局宜采用大、中、小相结合的原则。大城市宜采用分散布点；中小城市宜采用集中布点。场站选址应靠近主要货源点，并与货物流通中心相结合。

5.3 货运道路网规划

货运车辆比客运车辆重，速度慢，交通量大，噪声振动污染严重，对道路通行能力、城市环境和行车安全影响大，因此，在道路网规划中，要明确划分出货运道路，使主要的货运车辆集中在几条干路上行驶。城市货运道路是城市主干道的组成部分，原则上，应根据主要货流的流量和流向确定各小区之间的主要运输干道，形成初始货运道路网。将货运交通量分配于货运道路网上，根据分配结果检验并调整货运道路网，必要时增设货运道路或设置货运专用车道，在分析比较的基础上确定城市货运道路网规划方案。

为确保生产运输，城市东西向和南北向都应有一条净空不受限制的道路，大型工业区的货运道路，不宜少于两条。大、中城市的重要货源点与集散点之间应有便捷的货运道路，如大型工矿企业、仓储、铁路货场、港口码头等，其上的桥梁、路面荷载等级、道路净空应予保证。运货路线受工业企业、仓库货栈及车站码头等布置的制约。

合理布置或调整发货点和收货点，有助于减少不必要的货运周转量。

货运道路应能满足城市货运交通的要求，以及特殊运输、火灾和环境保护的要求，并与货运流向相结合。大、中城市应考虑大件货物运输的要求，预留大件运输道路，即货运专用车道应满足特大货物（超高、超宽、超长、超重）的运输要求。

城市货运网络规划应与城市的土地使用规划相协调，对不合理的旧城，要逐步改变城内的工业布局，对能耗大、运量多的工厂和部分仓库应迁往城市的远郊区或卫星城。结合城市功能布局，做到车辆、道路、营运、管理及土地使用的综合平衡。合理规划货物运输网络，使之路线分工合理，降低运输成本与外部性。

城市货运干道和货运专用车道的设置标准参照《城市道路交通规划设计规范》（GB 50220—1995）的有关规定。

第 4 节　城市道路系统规划

1　城市道路系统规划

城市道路是指大、中、小城市及大城市的卫星城规划区内的道路及其附属设施，但不包括街坊内部道路。城市道路与公路以城市规划区的边线为分界线。城市道路及其附属设施一般包括各种类型、各种等级的道路、街道、高架道路、人行过街天桥、地道、立体交叉工程、交通广场、停车场以及加油站等设施。

1.1　城市道路分类

我国城市道路分为四类，即城市快速路、城市主干路、城市次干路和城市支路。城市道路的分类、分级主要依据城市规模、功能、设计交通量以及道路所处的地形类别等来进行划分。

城市道路横断面一般由机动车道、非机动车道、人行道、绿带、排水设施及各种管线工程等组成。横断面的类型通常依据车行道的布置来确定。不用分隔带划分车行道的道路横断面称为一块板断面（图 9-4-1）；用分隔带划分车行道为两部分的道路横断面称为两块板断面（图 9-4-2）；用分隔带将车行道划分为三部分的道路横断面称为三块板断面（图 9-4-3）；用分隔带将车行道划分为四部分的道路横断面称为四块板断面（图 9-4-4）。

图 9-4-1　一块板断面

图 9-4-2　两块板断面

（资料来源：周荣沾 . 城市道路设计 [M]. 北京：人民交通出版社，1988）

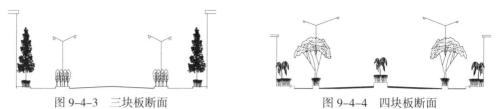

图 9-4-3　三块板断面　　　　　　　　　　图 9-4-4　四块板断面

（资料来源：周荣沽．城市道路设计 [M]．北京：人民交通出版社，1988 ）

城市道路（包括高速公路和一般公路）衔接的原则是：低速让高速；次要让主要；生活性让交通性；适当分离。

1.2　城市干道网类型

城市道路系统是在自然、经济、社会、人文等诸多因素综合作用下为适应城市发展而形成的。在不同的发展背景下，不同城市的道路系统并无统一的发展形态。从形态上，常见的城市干道路网可归纳为四种基本类型：方格网式路网、环形放射式路网、混合式路网、自由式路网。

1.2.1　方格网式路网

方格网式路网，又称棋盘式路网，其突出特点是道路横平竖直或相互平行，纵横交织，形成一个棋盘状网络，将城市用地分割成无数个相似的正方形或长方形。方格网式路网的优点：设计简单；房屋朝向易于处理；城市各处的通达性相同或相近，一定程度上避免或缓解了城市特别是市中心区的交通拥挤。缺点：城市两个对角端点间相距较远，交通长度增大。

1.2.2　环形放射式路网

环形放射状路网在一定程度克服了简单放射状路网任意两地点之间的交通都必须绕经市中心的缺点，有利于市中心区与各分区、郊区，市区外围各区之间的交通联系，但随着环状路的增多，城市用地规模的扩大，市中心的交通压力有增大的倾向，人为造成市中心地区交通拥挤。另外，房屋朝向不易处理，街坊形状不够规则；环形路设计及建设难度加大。国外大城市采用环形放射状路网布局的有伦敦、巴黎、莫斯科等国际名城。

1.2.3　混合式路网

混合式路网是多样的。在一些特大城市和巨型城市的道路系统规划布局实践中，采用了一种内方格、外放射混合式的路网布置，其特点是城市主城区内部采用方格状道路网，外部建设方形或多边形环路，加放射状对角线式直通道路。这种路网避免了将大量车流、人流引入市中心区造成交通拥挤的缺陷，又缩短了城市各端点的交通距离，同时有利于与城市对外公路的联结。

1.2.4　自由式路网

自由式路网一般见于地形复杂地区的城市，如丘陵山区和河网密布地区的城市，例如我国的青岛、重庆等。这类城市在进行道路规划布局时，主要考虑道路的运输通过功能，同时兼顾自然条件，因地制宜组织路网。自由式路网对地形要求较低，适用范围较广；充分体现城市特色。缺点是：占地多，有时建设工程量大；市内任意两点的交通距离增大；建筑朝向不易处理。

城市道路规划中，可以根据城市未来可能的用地结构形态，选择与之相适应的城市道路网结构形式。

地形平坦、集中式布局的大、中城市宜采用方格网加环形放射式路网。对于集中式布局的小城市宜采用方格网式为主的道路网形式。路网规划中，要根据实际情况合理安排干道间距，并处理好城市中心道路交通与商业的关系以及城市过境交通问题。有些受地理条件限制的集中式布局城市，由于地形、现状等条件比较复杂，往往很难采用规则的路网形式，这时应采用自由式路网形式。

组团式城市路网规划中要根据各组团的性质、分布状况确定组团间道路的等级和布置形式。组群式城市路网规划中，中心城与郊区工业区或卫星城之间的道路一般为星形放射式布局，并应根据道路连接区域的性质、规模及交通运输状况确定放射道路的等级。

在实际规划工作中，城市的地形、土地使用、路网现状等条件差别很大，在规划时不可生硬地套用固定形式，而需根据实际条件因地制宜地确定路网形式和布局。

1.3　城市道路网规划的基本原则

1.3.1　满足城市交通运输需求

城市道路是交通运输的通道，规划布局应体现安全、协调、快捷、舒适、经济的主旨，满足城市日益增长的交通运输需要。道路的功能必须同毗邻道路的用地的性质相协调，做到布局合理，尽可能地减少无效交通量并做到交通在道路系统上的均衡分布。道路系统要有利于实现交通分流；道路系统应与城市对外交通有方便的联系。

1.3.2　满足形成城市结构功能的要求

城市道路网决定了城市结构，反之，城市道路网的规划，也取决于城市规模、城市结构及城市功能的布置，两者相互作用、相互影响。城市各级道路应成为划分城市各分区、组团、各类城市用地的分界线。

1.3.3　满足公共空间功能要求

城市道路的选线应有利于组织城市的景观，并与城市绿地系统和主体建筑相配合形成城市的"景观骨架"。城市道路的布局应尽可能使建筑用地取得良好的朝向。道路的走向要有利于通风，又要考虑抗御冬季寒风和台风等灾害性风的正面袭击。

城市道路的公共空间的价值还表现在除采光、日照、通风及景观作用之外，还要为城市公共事业和市政工程管线等设施提供布置空间。

在大城市或特大城市中，地面轨道交通、地下铁道等也往往敷设在城市道路用地内，在市中心或大交叉口的下面也可埋设综合管道等设施。

1.3.4　满足防灾救灾功能要求

部分道路要能起避难场地作用、防火带作用、消防和救援活动用路的作用等。要求在出现地震、火灾等灾害时，在避难场所避难，规划具有一定宽度的道路作为避难道使用。此外，为防止火灾的蔓延，部分道路可以规划为和具有一定耐火程度的构造物连在一起的防火隔离带。

2　城市停车场与加油站规划

城市停车场按服务对象的不同，可分为公共停车场与专用停车场。一般情况下，城市停车场规划是指公共停车场的规划。《城市道路交通规划设计规范》(GB 50220—1995)中将城市公共停车场分为外来机动车公共停车场、市内机动车公共停车场和自行车公共停车场三类。

2.1 机动车公共停车场规划

2.1.1 停车场场址选择

外来机动车公共停车场应设置在城市外环路和城市出入口道路附近。市内机动车公共停车场应靠近主要服务对象设置，一般应设置在以下地点：①对外交通集中地点，如火车站、长途汽车站、港口码头、机场等；②城市客运枢纽、交通广场等车流集散、换乘地点；③主要的文化、体育、商业客流集散点，如公园、体育场馆、影剧院、大型商场等。

在选址时注意停车场不宜布置在主干道旁，最好布置在次干道旁，并便于组织车辆右行。

2.1.2 停车场规模的确定

停车场停车位数可采用弹性出行终点的分布量模型预测。停车场用地面积，按当量小汽车停车位计算，地面停车场每停车位宜为 25~30m²；停车楼和地下停车库建筑面积每停车位宜为 30~35m²。

2.2 非机动车公共停车场规划

2.2.1 停车场场址选择

非机动车公共停车场应靠近服务对象分散多处设置，一般要求停车地点与出行目的地之间距离不宜超过 100m。具体选址除市内机动车公共停车场所等地点外，在城市行政、银行、医院等人流集中地点也应设置非机动车停车场。

2.2.2 停车场的规模

市内非机动车公共停车场停车位数可采用与机动车停车场相同的模型进行计算。每个自行车停车位宜为 1.5~1.8m²。

2.3 城市公共加油站规划

城市公共加油站规划应满足下列要求：①城市公共加油站应布置在城市次干道旁，并附设车辆等候加油的停车道；②城市公共加油站的服务半径宜为 0.9~1.2km；③加油站用地面积参照《城市道路交通规划设计规范》(GB 50220—1995)的有关规定确定；④加油站可采用街角式和路侧港湾式两种平面布置形式。

第5节　对外交通布局规划

城市对外交通系指城市与城市范围以外地区之间采用各种运输方式运送旅客和货物的运输活动，包括铁路、水运、空运和公路等运输方式。对外交通运输是城市形成与发展的重要条件，城市对外交通线路和设施的布局直接影响城市的发展方向、城市布局、城市干道走向、城市环境以及城市的景观，因此，城市对外交通对城市的总体布局有着举足轻重的作用。

1　铁路规划

铁路交通系统主要由线路、站场和附属工程三部分组成。线路是列车所行驶的轨道式通道。站场一方面是货物和旅客出入轨道交通运输系统的交接点或界面，另一方面则是列车进行整备、检查、解体、编组等作业的场所。附属工程包括信号、电力供应和给水排水等交通控制、运营管理和供应的设施。

铁路线路按其用途可分为正线、站线、段管线、岔线及特别用途线等。车站按运输对象的不同，可分为货运站、客运站和客货运站，而按技术作业特性可分为中间站、区段站、编组站。

在城市铁路布局中，站场位置起着主导作用，线路的走向是根据站场与站场、站场与服务地区的联系需要而确定的。铁路站场的位置与数量与城市的性质、规模、总体布局以及铁路运输的性质、流量、方向、自然地形等因素有关。铁路用地要选择在不被山洪、雨雪、沙土等淹没的地段。关于铁路站场用地及线路的要求，可参考铁道部现行铁路工程技术规范的规定。

客运站的位置要方便旅客，提高铁路运输效能，并应与城市的布局有机结合。客运站的服务对象是旅客，为方便旅客，位置要适中，靠近市中心。在中、小城市可以位于市区边缘，大城市则必须深入城市、位于市中心区边缘。

以到发为主的综合性货运站（特别是零担货场），一般应深入市区，接近货源和消费地区；以某几种大宗货物为主的专业性货运站，应接近其供应的工业区、仓库区等大宗货物集散点；在市区外围为本市服务的中转货物装卸站则应设在郊区；接近编组站和水陆联运码头危险品（易爆、易燃、有毒）及有碍卫生（如牲畜货场）的货运站应设在市郊，并有一定的安全隔离地带，还应与其主要使用单位、贮存仓库在城市同一侧，以免造成穿越市区的主要交通。

货运站应与城市道路系统紧密配合：货运站的引入线应与城市干道平行，并尽量采用尽端式布置，以避免与城市交通的互相干扰；在其附近应有相应的市内交通运输站场、设备与停车场。货运站与编组站之间应有便捷的联系。

中间站在铁路网中分布普遍，它是一种客货合一的车站，多采用横列式布置，一般设在小城镇。在城市中的中间站与货场的位置有很密切的关系。为了避免铁路切割城市，最好铁路从城市边缘通过，并将客站与货场均布置在城市一侧，使货场接近于工业、仓库区，而客站位于居住用地的一侧。

铁路用地的总原则是，应避免分割城市或穿越居住区，以免影响城市的发展。城市范围内的铁路建筑和技术设备基本上可归纳为两类。一类是直接与城市生产和生活有密切关系的客、货运设备，如客运站、综合性货运站及货场等，应按照它们的性质分布在城市市区范围内，与居住区及城市中心要有便捷的交通联系；或接近城市中心，或设在城市市区外围而有与城市干道相连接的地区。为工业区和仓库区服务的工业站和地区站一般设在城市外围。另一类是与城市生产与生活没有直接关系的技术设备，如编组站、客车整备场、迂回线等以及其他设备，在满足铁路技术要求以及配合铁路枢纽总体布置的前提下应尽可能布置在离城市外围有相当距离的地方。

2 港口规划

港口是货物和旅客由陆路进入水路运输系统或者由水路运输转向陆路运输的接口。按功能和用途的不同，港口可分为：综合性商港或贸易港、专业港、客运港、渔港、军港、避风港。按设置地点的不同，港口可分为：海港、河口港、河港、运河港、湖港。

在沿海或沿河岸的城市中，海港或河港用地的选择，对于城市布局有很大的影响。港口应选在地质条件良好、冲淤变化小、水流平稳、水域宽阔、有足够长度的深水岸线；陆域有充足的用地，便于仓储和铁路及公路设施的配套建设。港口城市的规划要妥善处理岸线利用、港区布置及城市布局之间的关系，综合考虑船舶航行、货物装卸、库场储存及后方集疏等四个环节的布置。海（河）港港址的选择要涉及海（河）底与海（河）岸的地形、地质构造、水文情况、水位变化等一系列专门问题，应参考有关专业的技术规定。

海（河）港用地与城市其他用地间的相互位置应考虑以下几方面：

（1）港口要有足够的岸线和陆上用地。城市中其他用地不能将港口的陆上用地全部包围而使港口设施得不到发展。同样，居住区与海、河之间也不应该完全被港口用地或铁路支线切断，总之，港口和居住区用地的相互位置应保证两者都有可能得到进一步的发展。

（2）港口旅客码头建设应与区域交通综合考虑。如果可能，客运码头应布局在靠近或毗邻城市中心区，最好与铁路客运站、长途汽车站有方便的市内公共交通联系，并远离集中性或专业性货运作业区。

（3）港口建设与工业布置要紧密结合。为本地服务的货运码头，应接近仓库区和生产、消费地，减少往返运输。大宗散货及转运码头可以配置在城区之外，如近郊区或远郊区，并与铁路和公路干道相衔接。

（4）合理进行岸线分配与作业区布置。易燃货物及带有大量尘土的货物码头和仓库，例如煤炭、水泥、石材、建材等作业区应布置在居住区及其他码头和仓库的下风向、下水向，河港上易污染河流的液体燃料及易燃材料的货物码头，应位于城市河流下游，并与粮食、食品作业区保持一定距离。

（5）港口规划要充分重视交通运输线路的安排和布局。加强水陆联运的组织是关系港口未来运营的重要举措。可以从城市边缘接入铁路专用线，并建设专用进港货运公路干线，以确保水陆衔接紧密，内外联系便捷，各种运输方式运转良好，充分发挥港口的运输功能，同时减少对城市的干扰。

3 机场规划

民用航空港（机场）按其航线性质可分为国际航线机场和国内航线机场。民用机场又可按航线布局分为枢纽机场、干线机场和支线机场。

机场选址必须考虑为今后发展留有余地。大型机场占地要超过 $1000hm^2$，一般机场占地也达 $200\sim500hm^2$。选择机场用地，要考虑城市的发展，应避开城市用地的主要发展方向，既为机场本身的建设留有充足备用地，又不至于成为城市未来发展的障碍。

此外，机场最好不占用优质农田。

机场位置（本书讨论民用机场）必须综合考虑地形、地貌、工程地质、水文、气象条件、噪声干扰、净空限制、城市布局形态等诸多因素，慎重选择。机场用地不应选择在被水淹没的低地及盆地上，场地最好比周围地区高一些，有利于大面积排水。土质以砂质黏土最优，在特殊的情况下，戈壁土壤、石质土壤也可以，但修建时工程量较大。机场所在区域的气象条件（风向、风速、气温）应利于飞机起降，经常有烟雾、阴霾、暴风雨、山谷风、冰雹及其他灾害性天气的地区不宜作为机场用地。机场的位置宜在城市的沿主导风向的两侧为宜。当垂直于飞机运行方向的侧风速度超过最大的容许侧风速度时，飞机起降将出现困难。机场最好布置在城区外，以保证机场周围空域有良好的飞行条件。机场附近不应建造超过机场净空要求的构筑物。按机场级别要求，保证足够用地和净空限制区内没有障碍物。一、二级机场两端净空区，每端总长为 20km，三级机场为 14km，四级机场为 4km，宽度各为 2km。机场与城市距离一般以 10~30km 为好，地形有限制的，机场离城市的距离可以远一些。机场与城市之间应建设快速、便捷的交通运输通道，以减少乘客抵离机场所耗费的时间，这一时间一般最大不超过 60min。机场与城市之间可以设置专用高速公路、轨道交通等，并尽可能靠近现有城市交通干线、供电、供水、通信设施，以利于机场建设时使用现有设施。

4　公路规划

公路是城市与其市域内乡镇联系的道路。根据使用任务、功能和适应的交通量不同，公路分为高速公路、一级公路、二级公路、三级公路、四级公路五个等级。高速公路、一级公路为专供汽车行驶的多车道公路；二级公路、三级公路为供汽车行驶的双车道公路；四级公路为供汽车行驶的双车道或单车道公路。

4.1　公路在市域内的布置

与其他运输方式相比，公路与城市的关系最为密切。公路的布置应有利于城市与市域内各乡、镇间的联系，适应城镇体系发展的规划要求。公路线路在城市中的布置有三种情况，即穿越式、绕过式、混合式。采用哪种布置方式，要根据公路的等级、城市的性质和规模等因素来决定，也与过境交通或入境交通的流量有很大关系。现举几种公路与城市连接的基本方式（图 9-5-1）。

通常公路等级较低、通过城市的车流入境比例较大时，可采用穿越式的布置方式，如图 9-5-1（a），这一布置形式由于分割城市，故只适用于小城市。当城市规模较大或公路等级较高及入城交通量少时，则宜采用绕行式布置形式，可离开城市布置公路，用入城道路联系城市道路，如图 9-5-1（b）。

当城市规模较大，公路入境交通较多时，虽然长途汽车站可设于城市边缘，但其他车辆仍要进入城市；或因城市规模较大，车站设于城市边缘旅客交通不便，希望引入市区。因此，采取城市部分交通干道与公路对外交通连接的方式，但应避免对城市交通密集的地区造成干扰，宜与该区相切而过，不宜深入区内，如图 9-5-1（c）。

更大规模的城市内中心区外围设有城市环路，环路是交通性干道，过境的交通可以利用环路通过城市，而不必穿越市区，如图 9-5-1（d）。

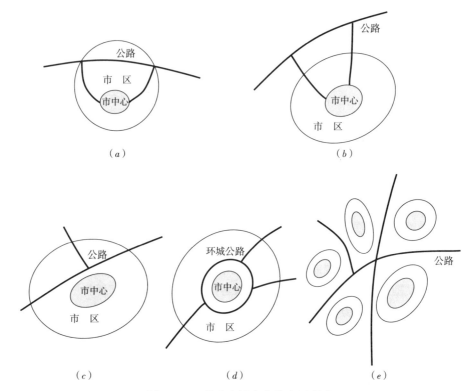

图 9-5-1　公路在城市中的布置形式
（a）穿越式；（b）绕行式；（c）混合式；（d）城市环式；（e）组团式
（资料来源：本书编写组自绘）

组团式结构的城市，过境公路可从组团间通过，与城市道路各成系统，仅在一定的入口处与城市道路连接，如图 9-5-1（e）。

高速公路的布置应远离城市为好，与城市的联系必须采用专用的道路，并采用有控制的互通式立体交叉。

为了减少过境交通进入市区，可在城市道路与对外公路交会的地点设置一些公共服务设施，如车站、修配场（保养站）、加油站、停车场（库）以及旅馆、餐厅、邮局、商店等。这样，既为暂时停留的过境车辆的司机与旅客创造一些便利条件，又可避免不必要的车辆和人流进入市区。

4.2　站场的位置选择

公路汽车站，按其性质可分为客运站、货运站、技术站和混合站。长途汽车站的位置选择是城市规划的一项重要内容，它既要方便使用，与铁路车站、港口码头、机场有较好的联系，便于组织联运；又不能加剧城区内部道路交通的压力，影响城市居民的正常生产与生活。

中小城市，由于人口规模小、交通流量小，如果铁路交通量也不大，公路是对外交通的主要方式时，可以设置一或两个长途客运站，或客货混合站，并在空间上与铁路车站结合布局。

大城市的客运量大、线路方向多、发车频率高、人流密集，集中布局长途汽车站往往不能满足需要，视城市规模大小可以在城市的不同地方设置两个以上通往不同方向的长途汽车站，要求技术站与货运站分开布局。

货运站场的位置选择与货主的位置和货物的性质有关。若是供应城市人民的日常生活用品货运站，则布置在市中心区边缘；若货物的性质对居住区有影响或以中转货物为主，则应布置在仓库区、工业区货物较为集中的地区，亦可设在铁路货运站、货运码头附近，以便组织水陆联运；货运站场的位置选择应注意与城市交通干道的联系。

技术站主要对汽车进行清洗、检修（保养）等工作，它的用地要求较大，且对居住区有一定的干扰，一般将它单独设在市区外围靠近公路线附近，与客、货站有方便的联系，并与居住区有一定的隔离。

■ 本章小结

本章主要介绍了城市交通规划，首先介绍了城市交通与城市交通规划的基本概念，强调了城市与交通之间的紧密联系。

接着，简要介绍了城市交通调查和需求分析。又从公交客运、轨道交通、自行车交通、步行交通、货运交通等各种城市交通体系入手讲述了城市客运与货运交通规划。而后，详细介绍了城市道路系统的规划，其中重点强调了城市道路的分类分级、断面形式，以及道路网规划的主要类型与基本原则。最后，从公路、铁路、机场和港口四个方面阐明了城市对外交通设施的规划布局。

■ 主要参考文献

[1] 文国玮 . 城市交通与道路系统规划 [M]. 北京：清华大学出版社，2007.
[2] 徐循初, 汤宇卿 . 城市道路与交通规划 [M]. 第二版 . 北京: 中国建筑工业出版社，2005.

■ 思考题

1. 试陈述一座你所熟悉的特大城市交通规划的特点。
2. 试分析你所在城市是如何通过调整城市布局来适应城市交通的？
3. 请结合一座城市的自行车交通发展现状，畅谈你对该城市自行车交通规划的看法。
4. 试分析我国当前停车场规划的主要问题。

第10章 城市工程系统规划

城市基础设施包括哪些内容？它在城市的物质生产和人民生活中扮演怎样的角色？如何进行城市各项工程系统的规划？本章将对前面几个问题以及如何进行城市各项工程系统的规划进行简要阐述。

第1节　概　　述

城市工程系统规划属于工程技术范畴，其规划、设计及控制具有逻辑及量化的特征。其具体工作流程，是从现状分析开始，进行负荷预测，并据此进行市政设施的源、场站及管网的规划。

1. 现状资料分析

现状基础资料的收集与分析是城市工程系统规划的基础。根据所收集资料的性质与专业类别，可将其分为自然资料、城市现状与规划资料、专业工程资料等。

2. 源的规划

城市工程系统规划涉及各种支撑城市正常运转的流，比如能源流（电力、燃气、供热）、水流（自来水、污水、雨水）或者信息流（电信）。这些流的源既包括各种流入的源头，比如自来水厂、变电站、燃气站等，也包括控制流流出的源头，比如污水处理场（站）、雨污水受纳水体或者用地源的规划，是城市工程系统规划特别是总体规划中的重要内容。

3. 场站规划

场站规划是指确定城市工程系统中各类市政设施及其用地界限，比如电力设施（发电厂、变电站、开关房）、环卫设施（垃圾转运站、污水泵站）、电信设施（电话局、邮政局）、燃气设施（调压站、储配站）、供热设施（热电厂、锅炉房）的规划容量、占地面积等。

4. 管线规划

城市工程系统规划中管线规划涉及工程管线的走向、管径等管线要素的规划，明确各条管线所占空间位置及相互的空间关系，减少建设中的矛盾。

第2节　给水工程规划

给水工程的作用是集取天然的地表水或地下水，经过一定的处理，使之符合居民生活饮用水及工业生产用水的标准，并用经济合理的输配方法输送到各种用户。给水工程规划的任务，是在满足按照规范计算及要求的水量、水质及水压的前提下，以合理、安全的方式供给城市居民的生活、生产及市政用水。

1　给水工程规划内容

城市给水工程在总体规划阶段的工作内容一般包括：
（1）分析现状给水系统和用水情况。
（2）确定城市用水量定额，预测城市总用水量。
（3）分析水资源条件，合理地选择水源，进行城市水源规划。
（4）确定给水系统的形式、水厂供水能力、水厂位置及用地面积。
（5）布置输水管道及给水干管，估算管径等。
（6）提出近期给水设施建设项目安排。
（7）制订水源保护和水源地卫生防护措施。

2　供水对象

根据供水对象对水量、水质和水压的不同要求，可分为四种用水类型：
（1）生活饮用水。包括居住区居民生活饮用水、工业企业职工生活饮用水、淋浴用水以及公共建筑用水等。
（2）生产用水。包括冷却用水、生产过程用水、食品工业用水、交通运输用水等。由于生产工艺过程的多样性和复杂性，生产用水对水质和水量要求的标准并不统一。
（3）市政用水。包括街道洒水、绿化浇水等。
（4）消防用水。一般是从街道上消火栓和室内消火栓取水。
此外，给水系统本身也耗用一定的水量，包括水厂自身用水量及未预见水量（含管网漏失水量）等。

3　水源规划

3.1　给水水源

给水水源可分为地下水和地表水两大类。

地下水的来源主要是大气降水和地表水向地下的入渗，渗入水量的多寡和降雨量、降雨强度、持续时间、地表径流和地层构造及其透水性有关。地下水有浅层和深层两种，一般而言，地下水由于地层过滤且受地面气候及其他因素的影响较小，因此具有水清、无色、水温变化小、不易受到污染等优点。

地表水源一般有江河水、湖泊及蓄水库水及海水等。地表水受各种地面因素的影响较大，通常表现出与地下水相反的特点，如地表水的浑浊度与水温变化幅度都较大、水易受到污染、季节变化性较强但地表水的矿化度、硬度较低，含铁量及其他物质较少，径流量一般较大，但季节变化性较强。

3.2 水源选择

水源选择是给水工程规划的一项首要任务，应该切实调查研究，综合比较，以满足水量、水质的要求。水源的位置有时会影响到城市其他组成要素的用地位置选择，从而影响总体布局。水源选择的一般原则如下：

（1）水源的水量必须充沛，保证在一般枯水季节不致供水不足。

（2）应尽量取用具有良好水质的水源。城市可选择一个水源，也可以根据不同情况设立几个水源。

（3）布局要紧凑。地形较好的城市，可选择一个或几个水源集中供水，便于统一管理。如果城市的地形复杂，布局分散，宜采取分区供水，或分区供水与集中供水相结合的形式。

（4）在解决当前和近期供水问题的同时，还应考虑如何满足远期对水量、水质的要求。

（5）必须考虑到取水、输水设施的设置方便以及施工及管理等的安全经济。

4 给水工程设施规划

4.1 给水工程系统组成

给水工程按其工作过程，大致可分为取水工程、净水工程和输配水工程（图10-2-1）。

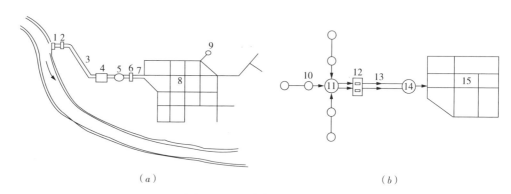

（a）   （b）

图 10-2-1 给水系统示意图

（a）地面水源地给水系统；（b）地下水给水系统

1—取水构筑物；2——一级泵站；3—原水输水管；4—水处理厂；5—清水池；6—二级泵站；7—输水管；8—管网；9—调节构筑物；10—管井群；11—集水池；12—泵站；13—输水管；14—水塔；15—管网

（资料来源：戴慎志.城市工程系统规划[M].第二版.北京：中国建筑工业出版社，2008）

4.1.1 取水工程

取水工程通过选择水源和取水地点，建造适宜的取水构筑物并输往水厂，其主要任务是保证城市用水量。

4.1.2 水处理（净水）工程

对天然水质进行处理，以满足生活饮用水水质标准或工业生产用水水质标准要求。工程设施包括建造给水处理构筑物或设备，将处理后的水送至用户的二级泵站等。

4.1.3　输配水工程

将足够的水量输送和分配到各用水地点，并保证水压和水质。为此需敷设输水管道、配水管网和建造泵站以及水塔、水池等调节构筑物。配水管网可分为干管和支管，前者主要向市区输水，而后者主要将水分配到用户。

4.2　给水系统布置形式

城市给水系统的布置，根据城市用地规划布局、水源性质、当地自然条件、用户对水质要求等不同而有不同形式，主要可分为统一给水系统、分质给水系统及分区给水系统。

（1）在城市规模较小，各用户对水质、水压要求相差不大，地形起伏变化较小和城市中建筑层数差异不大时，可在整个城市采用统一给水系统。

（2）在用户对水质要求存在较大差异时，可考虑分质供水系统，也即取水构筑物从同一水源或不同水源取水，经过不同程度的净化过程，用不同的管道，分别将不同水质的水供给不同用户的给水系统。

（3）在给水区很大、地形高差显著或远距离输送时，则可能考虑分区给水问题，也即根据城市地形特点与水源分布将整个给水系统分为几区，每区有独立的泵站和管网，各区之间有适当的联系，以保证供水可靠和调度灵活。

4.3　水厂的用地选择

给水处理厂厂址的确定是城市给水工程系统规划的一项主要任务，其选择应根据城市总体规划要求综合考虑，并通过技术经济比较后确定。选址过程中一般考虑以下因素：

（1）水厂一般应尽可能地接近用水区，特别是最大量用水区。

（2）水厂应该位于河道的城市上游，取水口尤其应设于居住区和工业区排水出口的上游，并应选择在不受洪水威胁的地方。

（3）取用地下水的水厂，可设在井群附近，尽量靠近最大用水区。井群应按地下水流方向布置在城市上游。

（4）厂址应选择在工程地质条件好，不受洪水威胁，地下水位低，地基承载能力较大，湿陷性等级不高的地方。

（5）水厂应尽量设置在交通方便、输配电线路短的地方。

（6）当水源远离城市时，一般设置将水源厂和净水厂分开。

（7）有条件的地方，应尽量采用重力输水。

第 3 节　排水工程规划

供水日常生活和生产活动中被利用，变成污水之后需要排出。如何才能使得污水安全排出，不对环境造成污染？此外，城市内降水（雨水和冰雪融化水）径流量大，短时间产生的大量积水可能造成城市的洪涝灾害，因此也需要及时排除。

将城市污水、降水有组织地排除与处理的工程设施称为排水系统。

1 排水工程规划内容

城市排水工程在总体规划阶段的工作内容一般包括：

（1）分析现状排水系统运行情况，包括雨污管道敷设、污水处理及城区积水情况。

（2）制订城市污水与降水的排除形式，确定排水体制。

（3）确定排水区界和排水方向，估算城市各种排水量。一般将生活污水量和工业废水量之和称为城市总污水量，而雨水量单独估算。

（4）拟订城市污水、雨水的排除方案，包括旧城区原有排水设施的利用与改造等。

（5）研究城市污水处理与利用的方法及选择污水处理厂位置。

2 排水工程规划的对象

城市排水按其来源，可分为三类，即生活污水、工业废水和降水，排水系统就是解决这三种水的处理与排除。

（1）生活污水：生活污水是指人们日常生活活动中所产生的污水。其来源为住宅、机关场所及工厂生活间等的厕所、厨房、浴室、洗衣房等处排出的水。

（2）工业废水：工业废水是指工业生产过程中产生的废水，来自车间或矿场等地。根据它的污染程度不同，又分为生产废水和生产污水。

（3）降水：降水包括地面上径流的雨水和冰雪融化水，一般较为清洁，但初期雨水的污染一般较为严重。

3 排水系统的构成

城市排水工程系统通常由排水管道（管网）、污水处理系统（污水厂）和出水口组成（图10-3-1）。管道系统是收集和输送废水的设施，包括排水设备、检查井、管渠、

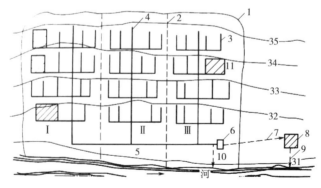

图 10-3-1 城市排水系统结构示意图

1—城市边界；2—排水流域分界线；3—支管；4—干管；5—主干管；6—总泵站；
7—压力管道；8—城市污水厂；9—出水口；10—事故排水口；11—工厂

（资料来源：戴慎志. 城市工程系统规划 [M]. 第二版 . 北京：中国建筑工业出版社，2008）

泵站等。污水处理系统是改善水质和回收利用污水的工厂设施，包括城市及工业企业污水厂（站）中的各种处理物和除害设施。出水口是使废水排入水体并与水体很好地混合的工程设施。

4　排水系统的体制

对生活污水、工业废水和降水采取的排除方式称为排水的体制，按排除的方式可分为分流制和合流制两种类型。

当生活污水、工业废水、降水用两个或两个以上的排水管渠系统来汇集和输送时，称为分流制排水系统。其中汇集生活污水和工业废水的系统称为污水排除系统，汇集和排泄降水的系统称为雨水排除系统。分流制排水系统又分为完全分流制与不完全分流制两种。

将生活污水、工业废水和降水用一个管渠系统汇集输送的称为合流制排水系统。根据污水、废水、雨水混合汇集后的处置方式不同，可分为直排式合流制和截流式合流制两种情况。

5　污水处理厂的位置和用地要求

污水处理厂的作用是对生产或生活污水进行处理，以达到规定的排放标准，使之无害于环境。污水处理厂应布置在排水系统下游方向的尽端，城市规模较大时通常建有几个污水处理厂。选择污水处理厂的用地时，应考虑以下几个问题：

（1）污水处理厂应设在地势较低处，便于城市污水汇流入厂内。其位置应靠近河道，一般布置在城市水体的下游，既便于排除处理后的污水，又不致污染城市附近的水面。

（2）污水处理厂用地的水文地质条件须能满足构筑物的要求，地形宜有一定的坡度，有利于污水、污泥自流。

（3）处理厂应设在城市常年最多风向的下风地带，并与城市居住区边缘保持一定的卫生防护地带。

（4）污水处理厂不宜设在雨季容易被水淹没的低洼之处。

（5）处理厂应有两个供电电源。

（6）选择处理厂厂址时，还要为城市发展和污水厂本身发展留有足够的备用地。

第 4 节　电力工程规划

电能是一种使用方便的优质能源，它是由其他形式的能量（太阳能、风能、水位能、原子能、化学能等）转换而来的二次能源，具有清洁、经济、容易输送和转换等优点。在人们的生产、生活活动中所需的各种形式的能量（机械能、热能、光能、化学能、磁能等）很多都是由电能转换而来，城市现代化程度越高，对电能的需求量就越大。供电系统是现代化城市不可缺少的一项重要公用设施。

1 电力工程系统规划内容

城市电力工程在总体规划阶段的工作内容一般包括：

（1）分析现状供电系统和用电情况。

（2）确定城市供电标准，预测城市供电负荷。

（3）选择城市供电电源，进行城市供电电源规划。

（4）确定城市供电电压等级和层次。

（5）布局城市主电网，确定高压变电设施的数量、容量及位置，进行变电设施布局。

（6）确定高压线路走向及其防护范围。

（7）提出近期电力建设项目安排。

2 城市电源

在城市电力网中，发电厂将各种类型的能量转变为电能，然后经由变电—送电—变电—配电等过程，将电能分配到各个用电场所。在电力系统当中，城市供电电源可分为城市发电厂和接受城外电力系统电能的电源变电所两大类。

2.1 城市发电厂

主要有火电厂、水电厂、核电厂和其他电厂。目前我国城市供电电源以火电厂和水电厂为主，核电厂尚处于发展阶段，其他电厂所占比例很小。能提供城网基本负荷电能的发电厂称为城市主力发电厂。

2.2 电源变电所

为了降低远距离电力输送的输电线损耗和减少输电线的截面，需采用高电压输电。因此，应对发电厂输出的电压（一般为 6~10kV）进行升压，同时为了满足电能用户的需要，需对远距离传送而来的高压进行降压。在城市电力网络中起变换电压、集中和分配电力作用的供电设施称为城市变电所，且一般为降压变电所。城市变电所按其一次电压等级可分为 6 类变电所，即 500kV、330kV、220kV、110kV、66kV、35kV。

电源变电所指位于城网主干送电网上的变电所，主要接受地区电力系统电能并提供城市电源，是地区电力系统的一部分，起转送电能的枢纽变电所作用。目前，大中城市电源变电所的电压等级一般为 500kV、330kV 与 220kV。

3 城市电压等级

电力输送时，城网的标称电压应符合国家电压标准。我国城市电力线路电压等级可分为 500kV、330kV、220kV、110kV、66kV、35kV、10kV 和 380/220V 等 8 类。通常城市的送、配电压如下：

（1）一次送电电压为 500kV、330kV、220kV。

（2）二次送电电压为 110kV、66kV、35kV。

（3）高压配电电压为 10kV。

（4）低压配电电压为 380/220V。

城市电网应尽量简化电压等级，减少变压层次，优化网络结构。电压等级标准的选择应根据当地电力系统的电压等级、负荷容量大小、用电负荷中心距电源的距离等因素进行综合的经济技术分析比较后确定。

4 城市供电电源布置

4.1 火电厂选址要点

在城市中建设的大、中型火电厂与城市规划关系密切，在选址、布置时应考虑以下几个方面：

（1）根据燃料供应、水源、对外交通、地形、水文、地震等条件综合考虑。当发电厂主要是针对城市供电而建设时，发电厂应靠近负荷中心。当所建发电厂为区域性电厂时，一般布置在城市外围。

（2）电厂厂址不应选在地质条件不良的地区，厂址标高一般应高于百年一遇的洪水位。

（3）电厂厂址应有利于高压走廊的预留和布置。电厂输出的电力需要预留高压走廊来敷设电厂的高压出线，在城市规划中需要与电厂厂址选择协同进行。

（4）保证电厂的供水条件及燃料供给。燃料作为火电厂生产电能的原材料，在火电厂选址时，应当了解燃料工业的规划及运输条件，以保证火电厂的燃料供给。

（5）与居住区的位置要适当，保证足够的卫生防护，电厂厂址应选择在长年风向的下风地带，并有一定的防护距离，以尽量减少对居民健康的影响。

（6）在规划上应当考虑电厂扩建的可能性，留有余地。

4.2 城市变电所选址要点

城市变电所按结构形式可分为户外式（全户外式、半户外式）、户内式（常规户内式、小型户内式）、地下式（全地下式、半地下式）、移动式（箱体式、成套式）等四种。对城市变电所规划选址，应符合以下要求：

（1）根据城市总体规划布局、负荷分布及水文地质、环境影响及防洪、抗震要求等因素进行技术比较后，确定城市电源变电所的位置。

（2）靠近负荷中心或电力网络中心，以减少电能和有色金属损耗。

（3）便于各级电压进出线的出入，进出线走廊的宽度应与变电所的位置同时确定。

（4）应有良好的地质条件，不受洪涝浸淹，枢纽变电所要在百年一遇洪水位之上。

（5）应考虑变电所对周围环境和临近工程设施的影响和协调，如：军事设施、通信电台、电信局、飞机场、领（导）航台、国家重点风景旅游区等。

（6）变电所选址宜避开易燃、易爆区和大气严重污秽及严重的盐雾区。为了减少各种污染和腐蚀气体或灰尘对变配电设备的污染和腐蚀，变电所应位于污染源的上风侧。

（7）文通运输方便，但与道路应有一定的间隔，避免建在有剧烈振动的场所。

5 高压线走廊规划

城市电力线路规划必须从整体出发，综合安排。确定电力线路的走向既要节省线路投资、保障居民和建筑物安全，又要与城市规划布局协调。架空电力线路保护区为在计算导线最大风偏和安全距离情况下，架空电力线路两边导线向外侧延伸所形成的两条平行线间的专用通道。高压架空输电线行经的专用通道称为高压线走廊。

城市电力线路及高压走廊规划应遵守以下原则：

（1）根据城市地形、地貌特点和城市道路网规划，沿道路、河渠、绿化带架设。力争路径短捷、顺直，尽量减少同道路、河流、铁路等的交叉，避免跨越建筑物。

（2）规划新建的66kV及其以上的高压架空电力线路不应穿越中心地区或重要的风景旅游区。

（3）高压架空电力线路不应跨越已建或规划的村民区、工厂、车站及其他永久性建筑；尽量避免通过严重污秽区和靠近重要通信线路、广播电视台、导航台、地面卫星站等建筑物，避免对通信的干扰。

（4）高压走廊不应设在易被洪水淹没的地方或地质构造不稳定的地方，在河边敷设线路时，应考虑河水冲刷的影响。

（5）尽量减少线路转弯次数，转弯处电杆结构强度大，造价高。

在城市规划中，若上述原则不能同时满足，应综合考虑各方面的因素，作多方案技术经济比较，选择较合理的方案。

高压电力走廊在城市总体规划时就应确定。要按城市发展远景的电力需求留出必要宽度的电力走廊，并严格控制，制止其他用地及建筑物占用。高压走廊的宽度应根据电压等级、线路数量、高压线杆的高度（防止倒塌）、安全距离、导线的偏离等因素确定。

第5节　通信工程规划

城市通信工程涉及的范围较为广泛，除包括固定电话与邮政通信之外，还包括移动通信、有线电视、微波通信等多种通信方式。由于各种通信方式类型繁多且随着技术的进步而不断发展，在通信工程规划的应用实践当中一般重点规划固定电话及邮政通信的设施布局及管线规划方面。

1 通信工程系统规划内容

城市通信工程在总体规划阶段的工作内容一般包括：

（1）分析现状电信系统情况，预测城市通信需求。

（2）确定城市电信局数量、规模、位置及用地面积。

（3）布置电信主干传输网和通信管道。

（4）提出移动通信发展目标，划分城市微波通道及广播电视台站选址与规模。

（5）提出城市主要邮政设施的规模、布局与服务范围。

（6）提出近期电信设施建设项目安排。

2　城市有线电话规划

城市电话网是本地电话网的主要组成部分，其中心城市的网络结构构成了本地电话网的核心。中心城市电话交换网的级别结构有网状网、分区汇接、全覆盖交换网等。

城市电话网系统规划的内容包括：研究电话局所的分区范围及局所位置、调查研究电话需求量的增长、通信电缆的走向及位置。

电话局所的选址因受用地、经济、地质、环境等因素的影响，应考虑环境安全、服务方便、技术合理和经济实用的原则。在实际勘定局址时，应综合各方面情况统一考虑，一般应注意以下几点要求：

（1）电话局址的环境条件应尽量安静、清洁和无干扰影响。

（2）地质条件要好，电话局址不应临近地层断裂带、流沙层等危险地段。

（3）电话局址的地形应较平坦，避免太大的土方工程。

（4）电话局址应与城市建设规划协调和配合。

（5）应尽量考虑近、远期的结合。

（6）局所位置应尽量接近线路网中心。

3　邮政设施规划

城市邮政设施与城市性质、城市规模、人口规模、经济发展目标、产业结构等因素密切相关。需要在深入研究各城市现状邮政业务量以及与经济社会因素之间相关关系的基础上，根据城市规划确定的人口规模、经济发展目标、产业结构等指标预测城市邮政业务量，以此来确定城市邮政设施的数量及规模。

城市邮政局所的合理布局是方便城市用邮，便于邮件的收集、发运和及时投递的前提条件。邮政局所规划的主要内容包括：

（1）确定近、远期城市邮政局所数量、规模。

（2）划分邮政局所的等级和各级邮政局所的数量。

（3）确定各级邮政局所的面积标准。

（4）进行各级邮政局所的布局。

邮政局所的选址原则包括：

（1）局址应设在闹市区、居民聚集区、文化游览区、公共活动场所、大型工矿企业、大专院校所在地。

（2）局址应交通便利，运输邮件车辆易于出入。

（3）局址应有较平坦地形，地质条件良好。

（4）符合城市规划要求。

第6节　燃气工程规划

　　燃气是一种清洁、优质、使用方便的能源。城市燃气的供应在我们生活及部分生产中的作用十分重要，它是城市公用事业的一部分，是城市建设的一项重要基础设施。实现民用燃料气体化是城市现代化的重要标志之一。

　　城镇燃气是由几种气体组成的混合气体，其中含有可燃气体和不可燃气体。燃气种类较多，主要有天然气、煤制气、油制气、液化石油气等。

1　燃气工程系统规划内容

　　城市燃气工程在总体规划阶段的工作内容一般包括：

（1）现状城市燃气系统和用气情况分析。

（2）预测城市用气量。

（3）根据能源资源情况，选择和确定燃气气源结构以及供气规模。

（4）确定气源厂、储配站、调压站等主要工程设施的规模、数量、用地及位置。

（5）确定输配系统的供气方式、管线压力级制与调峰方式等。

（6）布置城市燃气管网系统。

（7）提出近期燃气设施建设项目安排。

2　燃气输配系统构成

　　城市燃气输配系统是从气源到用户间一系列输送、分配、储存设施和管网的总称。在这个系统中，输配设施主要有储配站、调压站和液化石油气瓶装供应站等，输配管网按压力不同分为高压管网、中压管网和低压管网。进行城市燃气输配管网规划，就是要确定输配设施的规模、位置和用地，选择输配管网的形制，布局输配管网。

　　以人工煤气中低压二级管网系统为例，其结构如图 10-6-1 所示。在该系统中，燃气自气源厂（或天然气长输管线）进入城市燃气储配站（或天然气门站、配气站），经加压（或调压）送入中压输气干管，再由输气干管送入配气管网，最后经箱式调压

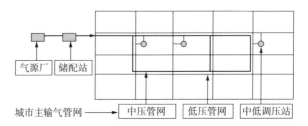

图 10-6-1　人工煤气中低压二级管网系统

（资料来源：戴慎志，城市工程系统规划 [M]，第 2 版，北京：中国建筑工业出版社，2008）

器调至低压后送入户内管道。

3　燃气输配设施布置

3.1　城市燃气厂选址要点

城市燃气厂的选址，一方面要从城市总体规划和气源的合理布局出发，另一方面也要从有利生产、方便运输、保护环境着眼。一般要求如下：

（1）应尽量占用坏地、荒地和低产田，不占或少占好地良田。

（2）在满足保护环境和安全防火要求的条件下，气源厂应尽量靠近燃气的负荷中心。

（3）具有良好的交通条件，尽量靠近铁路、公路或水路运输方便的地方。

（4）厂址标高应高出历年最高洪水位之上。

（5）厂址应位于城市的下风方向，减少污染，并留出必要的卫生防护地带。

（6）厂址应避开油库、桥梁、铁路枢纽站、飞机场等重要战略目标。

（7）结合城市燃气远景发展规划，厂址应留有发展余地。

3.2　燃气储配站

燃气储配站主要有三个功能，一是储存必要的燃气量，以调峰；二是可使多种燃气进行混合，达到适合的热值等燃气质量指标；三是将燃气加压，以保证输配管网内适当的压力。

对于供气规模较小的城市，燃气储配站一般设置一座即可，并可与气源厂合设，对于各供气规模较大、供气范围较广的城市，应根据需要设置两座或两座以上的储配站。厂外储配站的位置一般设在城市与气源厂相对的一侧，在用气高峰时，实现多点向城市供气，一方面保持管网压力的均衡，缩小一个气源点的供气半径，减小管网管径，另一方面也保证了供气的可靠性。

3.3　燃气调压站

调压站在城市燃气管网系统中是起调节压力和稳压作用的设施。调压站根据使用性质、调压作用和建筑形式不同，可以分成各种不同的类型。按使用性质可分为区域调压站、用户调压站和专用调压站；按调压作用可分为高中压调压站和中低压调压站等；按建筑形式可分为地上调压站、地下调压站和露天调压站。

在城市燃气规划中，调压站的布置一般应考虑下列因素：

（1）调压站的作用半径，应视调压器类型、出口压力和燃气负荷的分布、密度等因素经过技术经济比较后确定。

（2）调压站尽量布置在负荷中心，或靠近大用户。

（3）调压站应避开人流量大的地区，并尽量减少对景观环境的影响。

（4）调压站布局时应该保证必要的防护距离。

4　燃气输配管网形制

城市燃气输配管网可以根据整个系统中管网不同压力级制的数量来进行分类，可分为一级管网系统、二级管网系统、三级管网系统和混合管网系统等四类，每一类管网形制都有其优点和缺点，适用于不同类型的城市或地区。以图10-5-1的二级管网系统为例，是指具有两个压力级制的城市地下管网系统，一般是指中压和低压两种压力的管网系统。

第7节　供热工程规划

城市集中供热（又称区域供热）是在城市的某个或几个区域乃至整个城市，利用集中热源向工厂、民用建筑供应热能的一种供热方式，主要由热源、热力管网及热力站等传输系统和热用户三大部分构成。城市集中供热是现代化城市建设的一个组成部分，是城市公用事业的一项重要设施。

1　供热工程系统规划内容

城市供热工程在总体规划阶段的工作内容一般包括：
（1）分析现状城区供热发展水平和供热中存在的问题。
（2）确定城市供热对象，选定各种建筑物的采暖面积热指标，预测城市供热负荷。
（3）划分供热分区，计算各供热分区的热负荷。
（4）选择供热方式，确定热源的种类、供热能力及供热参数。
（5）确定供热设施的分布、数量、规模、位置和用地面积。
（6）确定供热管网系统布局。
（7）提出近期供热设施建设项目安排。

2　供热方式

城市供热方式一般有集中供热和分散供热两种形式。

2.1　集中供热
集中供热是指利用集中锅炉房或热电厂等大型集中热源，通过供热管网，利用热水或蒸汽向城市居民区和工程提供采暖或生产用热。城市集中供热系统是城市重要的基础设施，以燃烧煤作为热源时，集中供热具有燃烧效率高、燃烧烟气便于集中除尘净化等优点，能够较大地取得节约能源、保护大气环境的作用。

2.2　分散供热
分散供热是指小到一家一户，大到不过几幢楼房就有一个热源的供热方式。划分集中供热和分散供热并没有严格的界限，国内不同地区的标准也不相同，一般以单台锅炉不小于10t/h或供热面积不小于10万 m^2 为限。

3　热网系统形式

热网是集中供热系统的主要组成部分，担负热能输送任务。热能系统形式取决于热媒（蒸汽或热水）、热源（热电厂或区域锅炉房等）与热用户的相互位置、供热地区热用户的种类、热负荷大小和性质等。选择热网系统形式应遵循的基本原则是安全供热和经济性。以多热源供热系统为例，其管网结构如图 10-7-1 所示。

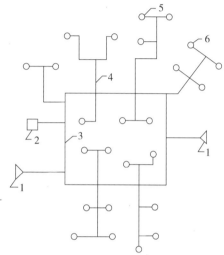

图 10-7-1　多热源供热系统的环状管网示意图
1—热电厂；2—区域锅炉房；3—环状管网；4—支干线；5—分支管线；6—热力站
（资料来源：戴慎志 . 城市工程系统规划 [M]. 第二版 . 北京：中国建筑工业出版社，2008）

4　集中供热热源布置

在热能供应范畴中，凡是将天然或人造的热能形态转化为符合供热系统要求参数的热能设备与装置，统称为热源。供热规划主要以集中供热方式为主，目前采用的热源形式有热电厂、太阳能等。采用最广泛的热源是热电厂和区域锅炉房。

4.1　热电厂

热电厂是生产电能和热能的火电厂，它是在只能发电不能供热的凝汽式电厂的基础上发展起来的。热电厂，利用蒸汽膨胀的功转动汽轮机发电，部分蒸汽由汽轮机中抽出供应城市，通过管道送往用户，蒸汽放出液化潜热后凝结为水，经水管返回热电厂。

在热电厂选址时，一般考虑以下原则：

（1）热电厂应尽量靠近热负荷中心。

（2）热电厂要有方便的水陆交通条件。

（3）热电厂要有良好的供水条件。

（4）热电厂要有妥善排灰的条件。

（5）热电厂要有方便的出线条件。

（6）热电厂要有一定的防护距离。

（7）热电厂的厂址应避开滑坡、溶洞、坍方、断裂等不良地质的地段。

251

4.2 锅炉房

锅炉集中供热比较灵活,它可以是大区域的供热系统锅炉,也可以是小范围的供热系统锅炉,可以根据需要,根据财力、物力选择使用,比较适合我国目前的具体情况。根据供热规模大小,习惯上分为区域锅炉房和小区锅炉房。

锅炉房位置的选择应根据以下要求分析确定:

(1)便于燃料储运和灰渣排除,并宜使人流和煤、灰车流分开。

(2)有利于自然通风和采光。

(3)位于地质条件较好的地区。

(4)有利于减少烟尘和有害气体对居住区和主要环境保护区的影响。

(5)有利于凝结水的回收。

(6)锅炉房位置应根据远期规划在扩建端留有余地。

第8节 城市防灾规划

当前各种自然灾害以及各种人为灾害常有发生,为了营造一个安全健康的生存环境,《城乡规划法》第十七条把防灾减灾等内容作为城市总体规划、镇总体规划的强制性内容。城市防灾规划包括:城市防洪规划、城市防火(消防)规划、城市抗震规划及防空规划等。

1 城市防洪规划

多数城市由于水源、交通等需要傍水而建,河流也是城市存在及发展的必要条件,但城市也往往受到洪水的威胁。上游城市易受山洪暴发的影响,中下游城市则常受洪水泛滥的威胁,或发生涝灾。

城市防洪规划在城市总体规划中属重要项目,其主要内容为:确定城市防洪标准;确定城市防洪工程设施的布局;确定排涝工程的设施。

防洪标准应根据城市的重要性确定,重要的城镇、工业中心、大城市应按100年一遇的洪水位来定标准,并以200年一遇特大值校核。一般城镇,可按20~50年一遇洪水考虑。

2 城市消防规划

城市消防规划是城市规划工作的一部分,包括各等级消防设施,如消防调度指挥中心、消防站等。制定消防规划需要收集有关资料,如易燃、易爆物品的生产及储备,建筑物的耐火等级,消防设施的现状,燃气管道的现状等。

消防设施布局中消防站占地及装备状况可分为三级:

（1）一级消防站：拥有 6~7 辆车辆，占地 3000m²。

（2）二级消防站：拥有 4~5 辆车辆，占地 2500m²。

（3）三级消防站：拥有 3 辆车辆，占地 2000m²。

消防站的责任面积宜为 4~7km²。1.5 万 ~4 万人城镇可设一处消防站。消防站应在接警后 5min 到达出事地点，沿河、沿海港口城市应设水上消防站。

消防站应设置在责任区中心，交通便利，如城市干道的交叉口。消防站应与医院、幼托小学等人流集中的单位保持一定的距离。

3　城市抗震规划

城市的抗震标准即为抗震设防烈度。地震基本烈度指一个地区今后一段时期内，在一般场地条件厂可能遭遇的最大地震烈度。我国工程建设从地震基本烈度 6 度开始设防，抗震设防烈度有 6、7、8、9、10 等级。6 度及 6 度以下的城市一般为非重点抗震防灾城市，6 度地震区内的重要城市与国家重点抗震城市和位于 7 度以上（含 7 度）地区的城市，都必须考虑城市的抗震问题，编制城市抗震防灾规划。

城市抗震设施主要指避震和震时疏散通道及避震疏散场地。对于避震疏散场地的布局有以下要求：

（1）远离火灾、爆炸和热辐射源。

（2）地势较高，不易积水。

（3）内有供水设施或易于设置临时供水设施。

（4）无崩塌、地裂与滑坡危险。

（5）易于铺设临时供电和通信设施。

4　城市人防规划

城市人防规划是城市规划工作的重要内容。在总体规划阶段人防工程规划的内容包括：确定人防系统的组成、主要人防设施的布置以及人防设施建设的标准。

城市人防规划需要确定人防工程的大致总量规模，才能确定人防设施的布局。预测城市人防工程总量首先需要确定城市战时留城人口数，一般说来，战时留城人口数约占城市总人口数的 30% ~40%，按人均 1~1.5m² 的人防工程面积标准，则可推测出城市所需的人防工程面积。

■ 本章小结

城市工程系统是保障城市生存、持续发展的支撑体系。本章简要阐述了除城市交通工程系统规划外的城市给水排水、电力、通信、燃气、供热、防灾等工程系统规划的主要内容与方法。

■ 主要参考文献

[1] 戴慎志. 城市工程系统规划 [M]. 第二版. 北京：中国建筑工业出版社，2008.

[2] 吴志强，李德华. 城市规划原理 [M]. 第四版. 北京：中国建筑工业出版社，2010.

■ 思考题

1. 城市工程系统规划的一般工作流程？不同类型工程系统规划的共同特征？

2. 如何理解城市工程系统规划设施选址与城市用地规划的关系？

第11章 可持续发展与生态城市

什么是生态城市？城市生态系统有哪些问题？如何营造一个作为健康生态系统的生态城市？城市生态规划有哪些方法？本章围绕可持续发展与生态城市这一话题，分四个部分对这几个问题进行了简单阐释，并介绍了国外四个优秀的城市生态规划案例，简单总结了其突出优点以供我们借鉴。

第1节　可持续发展思想

1　寂静的春天

"卡逊小姐，您就是引发这一切的那个小女人了。"一本《寂静的春天》惊醒了整个世界，是现代环保运动的肇始。发表于1962年的《寂静的春天》以一个"一年的大部分时间里都使旅行者感到目悦神怡"的虚设城镇突然被"奇怪的寂静所笼罩"开始，通过充分的科学论证，表明这种由杀虫剂所引发的情况实际上就正在美国的全国各地发生，破坏了从浮游生物到鱼类到鸟类直至人类的生物链，使人患上慢性白血球增多症和各种癌症。作者认为，自负的人类在工业化和现代化中"控制自然"的想法很愚蠢，这个结论就像旷野中的一声呐喊，在全球引起长久的回响。

2　增长的极限

"罗马俱乐部"是一个专门研究世界未来学的学术机构，1972年，最早利用计算机技术对全球经济和生态环境相关数据进行大规模采集分析之后，其成员福罗斯特与米都斯发表了《增长的极限》，提出五个全球性问题：人口爆炸、粮食生产的限制、不可再生资源的消耗、工业化及环境污染。并预测如果世界人口和工业按1900~1970年期间的趋势发展下去，就无法避免在2100年以前发生崩溃，为此提出"零增长"概念，对西方发达国家当时正身处的高增长、高消费的"黄金时代"给予迎头一击，给人类社会的传统发展模式敲响了第一声警钟。

3　设计结合自然

学规划的都知道刘易斯·芒福德，他将《设计结合自然》与《寂静的春天》并列为环保经典著作。《寂静的春天》唤醒人类的环保意识，《设计结合自然》第一次提出现代意义上的生态规划方法，将环保行动贯彻到规划设计领域。

现代科学各学科的细分，某种程度上有利于治学精深，但大自然的问题，生态问题并不会按照人类的学科划分自动归类，让不同学科去解决自己领域的生态问题，很头痛的是恰恰相反，它是一个各学科纠结一起的，异常综合的问题，如何让不同领域的专家坐在一起，共同解决问题？在没有博客和微博的时代，地质学家与植物学家没有机会交流，水文气象学家不会懂社会学，更谈不上规划或设计了。但每个专家，都对特定场地，可以提出自己研究领域内的合理见解：地质学家提出哪里地质条件不适合建设；植物学家指出哪里的植被应被保护；水文专家提醒大家哪里是水源保护地。麦克哈格应用了"千层饼"模式，将各学科专家从各自专业角度出发提出的各种类似上述意见反映在透明纸的图面上，叠加进行综合判断及筛选（图 11-1-1），提出解决方案，从而创立了第一个现代意义上的生态规划方法。

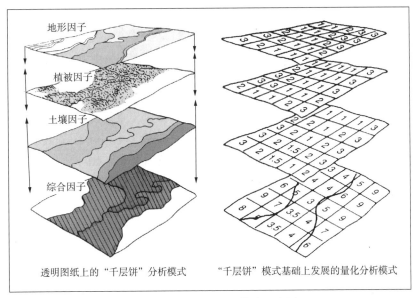

图 11-1-1　"千层饼"模式示意图

（资料来源：本书编写组改绘自 McHarg Layer—cake Model，1981 年）

4　可持续发展思想标志性事件

由《寂静的春天》—《增长的极限》等一系列思想成果的逐步积累，可持续发展的思想才慢慢成形，可持续发展思想的正式提出，是于 1987 年联合国世界环境与发展委员会的研究报告《我们共同的未来》，报告第一次真正科学地论述了可持续发展的概念，即："可持续发展是在满足当代人需求的同时，不损害后代人满足自身需求的能力"。回顾可持续发展思想的演变，期间的标志性事件有：

（1）1962 年，卡逊《寂静的春天》一书发表。

（2）1967 年，麦克哈格发表《设计结合自然》，第一次总结出一套现代意义上的生态规划设计的方法。

（3）1972 年，罗马俱乐部福罗斯特与米都斯发表《增长的极限》。

（4）1972 年，联合国在斯德哥尔摩召开"人类环境会议"，发表了《人类环境宣言》。

（5）1987年，《我们共同的未来》正式提出可持续发展思想。

（6）1992年5月22日——《联合国气候变化框架公约》，是国际社会为全面控制二氧化碳等温室气体排放，以应对全球气候变暖给人类经济和社会带来不利影响的国际公约，也是国际社会在对付全球气候变化问题上进行国际合作的最初框架。

（7）1997年12月11日——《京都议定书》，确定《联合国气候变化框架公约》、发达国家在2008~2012年的减排指标，同时确立了三个实现减排的灵活机制。即：联合履约、排放贸易和清洁发展机制。

（8）2007年10月25日——《全球环境展望：环境与发展》，指出：人类目前的人口与生存方式已经超出了地球环境与资源的承受能力。人类其实不应该把自身所面临的危机割裂开来，分成"环境危机"、"发展危机"、"能源危机"等。事实上，这些都是一个危机，其中包含了气候变化、生物灭绝、人口激增、富人的高消费以及穷人的饥饿贫困等。这些问题在不同程度上相互影响、相互作用，而解决这些问题不仅是各国政府的责任，也是社会各团体、各阶层的共同职责。

（9）2009年12月19日——哥本哈根联合国气候变化大会，会议成果——《哥本哈根协议》，维护了《联合国气候变化框架公约》及其《京都议定书》确立的"共同但有区别的责任"原则，就发达国家实行强制减排和发展中国家采取自主减缓行动作出了安排，并就全球长期目标、资金和技术支持、透明度等焦点问题达成广泛共识。

第2节　作为一个生态系统的城市

1　为什么说城市也是一个生态系统

对照生态系统的概念：一定空间内生物和非生物成分通过物质的循环、能量的流动和信息的交换而相互作用、相互依存所构成的一个生态学功能单位，城市则是生活在其中的人与城市环境相互作用的结构系统，存在高效密集的物质循环、能量流动和信息交换，因而具有生态系统的全部特征，是地球生态系统的特殊子系统。作为生态系统的城市，在全球性生态危机、经济全球化、城市化浪潮三个时代背景下，如何对城市进行生态改造，如何调控城市生态系统使其达到一个健康的状态，是21世纪规划师的主要挑战。将城市视为一个以人为中心的人工生态系统，研究其结构特征、功能运作、存在的问题，是为了在应用上更好地运用生态学原理规划、建设和管理城市，提高资源利用效率，改善系统关系，增加城市活力，以应对上述挑战。

2　城市生态系统的构成与结构

以生态学的角度来看城市生态系统的构成（图11-2-1），它首先由生物系统和非生物系统两大部分构成，相对于生物系统，城市非生物系统的构成层次和组分要复杂

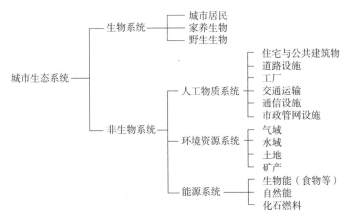

图 11-2-1　城市生态系统的构成

（资料来源：本书编写组改绘自：沈清基. 城市生态与城市环境 [M]. 上海：同
济大学出版社，1998：156）

很多，这也是城市生态系统的一大特征。

作为一个以人为中心的特殊生态系统，城市生态系统的基本结构（图 11-2-2），是由自然亚系统、社会亚系统、经济亚系统等三个亚系统组成的。其中，自然亚系统是整个系统的基础，提供必须的空间及其他物质资源；社会亚系统对系统的运作起主导作用，因为这是一个高度人工化的系统，主要由人来运作调控；经济亚系统是命脉，经济失去了活力，城市必将衰落。从图中还可以看到，每个亚系统都由多个组分构成，三个亚系统互相影响，如社会亚系统、经济亚系统之间通过劳力和产品交换，达到系统平衡，劳力和产品交换不平等，就影响社会和谐。由图中所示，还可以更容易地理解常见的城市生态系统运作失衡的主要原因，往往存在于社会亚系统的人类活动不断干扰自然亚系统，经济亚系统不断从自然亚系统中索取资源，而作为互换，对环境的保护与恢复做得不够，经济亚系统尤其恶劣，在贪婪索取之后，还将废弃物排向自然亚系统。所以城市生态系统的主要矛盾，往往存在于经济亚系统和自然亚系统之间。

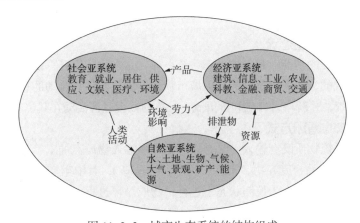

图 11-2-2　城市生态系统的结构组成

（资料来源：本书编写组改绘自：王向荣著. 生态与环境——城市可持续发展与生
态环境调控新论 [M]. 南京：东南大学出版社，2000：214）

259

所谓生态系统的结构，是系统组成要素在一定空间和时间范围内相互联系、相互影响、相互作用的方式和秩序，城市生态系统的结构主要有四种方式（参考文献[13]），某种程度上，城市生态规划就是对城市结构系统的不合理、不完善之处进行调整。以营养结构为例（图11-2-3），城市生态系统的营养结构是一个倒金字塔形，系统内部低级生物为上一级生物提供的食物非常有限，主要依靠外部供应。

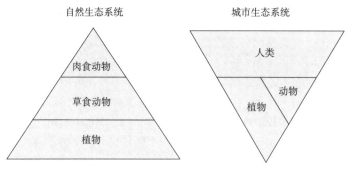

图11-2-3　城市生态系统与自然生态系统的营养结构

（资料来源：本书编写组改绘自：王向荣著.生态与环境——城市可持续发展与生态环境调控新论[M].南京：东南大学出版社，2000：222）

3　城市生态系统的主要特征

在分析了城市生态系统的构成与结构的基础上，我们可以把城市生态系统的主要特征概括为以下几点。

3.1　人是主体

人口的集中与密集是城市生态系统最主要的特点，人在其中不仅是唯一的消费者，而且是整个系统的营运者；城市主要是人工生态系统，其能量和物质运转均在人的控制下进行，居民所处的生物和非生物环境都已经过人工改造，是人类自我驯化的系统。

3.2　人工化的结构

城市的形态结构，主要受人工建筑物及其布局、道路和物质输送系统、土地利用状况等人为因素的影响。

3.3　高强度的生态流

城市生态系统的功能，和其他生态系统一样，是在物质循环、能量流动和信息传递的过程中完成的，或者说实现的。但城市物质、能量、信息流动的总量大大超过原有自然生态系统，并新增人口流和价值流，人类的社会经济活动在其中起决定性作用。

3.4　特殊的循环方式

城市生态系统物质既有输入，又有输出，许多输入物质经加工、利用后又从本系统中输出（包括产品、废弃物、资金、技术、信息等），其中生产性物质远远大于生活性物质，物质循环在人为控制状态下进行；物质循环过程中产生大量废物，没能在系统中降解和循环，不像自然生态系统形成完整的循环。

3.5　复杂的生态关系

在结构组成上，有社会、经济、自然三大亚系统，各亚系统又有各自复杂的构成；系统协调上，存在"人口—资源—经济—环境"四方面复杂关系，生态系统的良性运作，取决于这四方面因素及其各因素内部之间的相互协调。

4 城市生态系统的主要问题

城市生态系统人工化、高强度、循环不完整、生态关系复杂的特征伴随着很大的问题，但同时由于这些特征，人在其中可发挥的主观能动性也较高，这些问题，也就是生态城市建设和调控所要解决的问题，概括起来主要有以下几方面。

4.1 高度的依赖性

城市生态系统所需求的大部分能量和物质，都需要从其他生态系统人为地输入。同时，城市中人类在生产活动和日常生活中所产生的大量废物，由于不能完全在本系统内分解和再利用，必须输送到其他生态系统中去。由此可见，城市生态系统对其他生态系统具有很大的依赖性，因而也是非常脆弱的生态系统。同时，对外的依赖，有可能冲击、干扰甚至破坏外部生态系统，并且最终会影响到城市自身的生存和发展。

4.2 生态循环的不完整性

这一点和上一点有很大关联。城市生态系统物质流在人为控制状态下进行，不像自然生态系统中的运行那么有规律性，并形成完整的循环，而是按照社会经济规律运行，物质的流动和去向不断变化中，物质循环中产生的大量废物大多不能降解后进入物质循环过程，循环利用率很低，大量"三废"还造成环境污染。

4.3 生态关系协调难度大

城市生态系统中，社会亚系统对自然亚系统的活动干扰需要控制；经济亚系统不断向自然亚系统索取资源，并排放污染物，存在尖锐矛盾；社会亚系统与经济亚系统存在着劳力与产品价值是否等价问题，需要协调，否则，都会影响到生态系统的稳定。从"人口—资源—经济—环境"四大因素的关系上，也存在类似问题：保护环境影响短期经济利益，环境建设需要经济投入；人口增长加剧资源紧缺，资源短缺限制城市人口增长；要保持城市生态系统健康，必须理顺和协调这一系列复杂关系，做到"双赢"乃至"多赢"。

5 作为健康生态系统的生态城市

5.1 生态城市

生态城市是一个崭新的概念，是一个经济发展、社会进步、生态保护三者保持高度和谐，技术和自然达到充分融合，城乡环境清洁、优美、舒适，从而能最大限度地发挥人类的创造力、生产力，并促使城镇文明程度不断提高的稳定、协调与永续发展的自然和人工环境复合生态系统。

5.2 生态城市不同于一般城市的特点

能够很好地解决上文所述城市生态系统存在的问题，从而成为健康生态系统的生态城市，应该具备以下 6 个特点。

5.2.1 高效的循环系统

在城市生态系统物质循环中，投入少，产出多，废弃物排放少。考虑输入流（资源形态）和输出流（废物形态）时，通过调整城市产业结构，形成废物循环利用链，使输入和输出对环境的影响最小化，通过合理的生产工艺流程减低消耗，减少污染，利用绿色能源替代不可再生能源。

5.2.2 高效的运输系统

以便捷、高效、节能环保的城市基础设施为支撑骨架，为物流、能源流、信息流、价值流和人流的运动创造便利的条件，形成有序的流程，减少损耗和污染。

5.2.3 整体协调和前瞻性

维护社会、经济、自然三个亚系统的健康，兼顾"人口—资源—经济—环境"的整体利益，做到协调发展，而且还要为未来的可持续发展制定长远规划。

5.2.4 优美的环境

生活环境优美，管理水平先进，城市环境质量高，人均绿地面积大。

5.2.5 天人合一与人文和谐

生态城市的和谐性，不仅反映在人与自然的关系上，人回归自然、贴近自然，自然融于城市，还反映在人与人的关系上，生态城市还应是关心人、陶冶人的"爱的社会"，拥有发达的教育体系和较高的人口素质。

5.2.6 内外系统协调

所谓内外系统指城市生态系统和城市以外的乡村生态系统，生态城市生态平衡建立在区域平衡基础之上，城乡之间形成互惠共生的网络系统。

图 11-2-4 就反映了城市生态学家理查德·瑞杰斯特心目中的一个生态城市的景象。这样的生态城市位于优美的溪谷，布局紧凑，人工环境与自然环境高度融合，每个居民都可以很方便、快捷地到达大自然，拥抱森林。

图 11-2-4　一个设想中的理想生态城

（资料来源：（美）理查德·瑞杰斯特. 生态城市伯克利：为一个健康的未来建设城市 [M].
沈清基，沈贻译. 北京：中国建筑工业出版社，2005）

6 如何建设生态城市

建设生态城市，是一项复杂而系统的巨大工程，不仅要多学科、多部门协作，还需要全民参与，概括起来，需要从四方面着手开展工作：①城市生态规划；②城市生态与环境建设；③城市生态与环境管理；④市民生态意识的唤醒与提高。

这四方面工作又各包含很多项内容，落实到生态规划，具体的分项工作又可以分为八个：①生态土地利用及空间格局规划；②生态能源规划；③生态交通规划；④生态建筑普及与推广；⑤生态产业结构的推广与发展；⑥生态消费规划；⑦生态水循环规划；⑧生态基础设施规划。

第3节 城市生态规划

1 生态规划

生态规划的本质是运用生态学及其衍生科学的原理，综合地、长远地评价、规划和协调人与自然资源开发、利用和转化的关系，提升人与自然之间以及人与人之间的和谐，也可称为天人和谐和人文和谐，从而促进社会经济可持续发展。

指导生态规划的原理不仅来自生态学，例如：物质循环转化与再生、多样性导致稳定性、食物链等原理，也包括由生态学衍生的其他分支学科的原理，例如城市生态学中的城市生态位原理、景观生态学中的景观结构与功能原理。参见"生态学的研究分支、研究方法及几个重要概念"。(参考文献 [14]) 为达至天人和谐和人文和谐，生态规划面临的主要问题也分为两方面：①协调人与自然之间的出现的问题，在城市突出表现为：城市自然生态系统，例如城市绿地、水系，在人为干扰和侵占下的萎缩和减少，以及空间分布的均衡性和合理性被打破；城市经济和社会系统无序膨胀，对自然资源的无限制掠夺和对自然环境的污染，使得自然系统不足以承担人工系统的运行负荷。②协调人与人之间出现的问题，在城市突出表现为：城市自然资源，包括空间资源、生产和生活资源分配的不合理和不均衡；城市社会系统和经济系统之间，劳动力付出和产品分配之间的不平衡。尽管有些学者认为生态规划应该能够同时解决这两方面问题，例如弗雷德里克·斯坦纳提出的以教育和公众参与为核心的生态规划程式(参考文献 [15])，但大多数学者倾向于主要通过空间规划和工程技术手段来解决问题，同时在社区层面引入公众参与。

2 城市生态规划技术方法

针对上述生态规划面临的主要问题，在各个学科的共同努力之下，从不同学科角度出发，生态规划发展出许多方法与技术，都在发展和成熟之中，有从环境生态出发，着力于污染治理的技术方法，如混合整数规划；有从生态安全出发，着力于生态风险防范，乃至野生动植物生态安全保护的技术方法，如生态风险评价法。城市生态规划技术方法也在发展成熟之中，主要分为两大类：①服务于城市形态和土地利用规划的空间型生态技术方法；②服务于节能减排、循环经济、循环产业的工程型生态技术方法。工程型生态技术方法偏于微观，落实到具体设计中生态材料、技术、设备的应用，本节略过。本节所介绍的城市生态规划的技术方法，是偏于宏观，服务于城市规模控制和土地利用规划的空间型生态技术方法。其中有服务于土地利用规划的生态适宜度分析法、生态敏感性分析法、聚类分析法等；有建立在"生态系统健康"（美国生态学家 Aldo Leopold 20 世纪 40 年代提出）概念基础上，通过判断与评价城市生态系统健康程度，为控制城市发展规模和发展方向提供理论依据的城市生态系统健康评价法；有通过分析和评价城市生态系统承载力，从而对城市人口和土地利用提出合理控制的城市生态承载力评价法，又称生态足迹法。

3　生态适宜度分析法

　　生态适宜度分析法是由生态规划先驱麦克哈格首创，主要服务于土地利用规划的生态规划方法，即根据生态环境调查的各种现状资料，按照生态的原则，对某一特定场地进行综合分析，进而评估场地中具体的地块适不适合建设，以及用来建设时，适合哪种土地利用方式，也就是适合安排哪种用地功能，以保证土地得到合适的、符合生态目标的使用。

　　通过相应的评估，确定一块场地适合作为什么用途，其实是规划中一直以来需要解决的问题，以往规划师是通过对场地的区位、交通情况、当地的社会经济发展状况、周边用地的情况、当地政策法规等一系列因素的综合考虑，评价其土地利用的适宜性。而生态适宜度分析则更多地强调尊重场地的自然属性，同时也结合社会因素进行评判。从适宜度分析实例中（表 11-3-1），采用的自然及社会因子，以及赋予不同因子的权重值，我们就可以明确地看到生态适宜性分析法体现出的价值取向。

广州科学城生态适宜度分析所选择的生态因子及各因子权重　　　　表 11-3-1

编号	生态因子	属性分级	评价值	权重
1	坡度	< 5%	5	0.15
		5%~20%	3	
		> 20%	1	
2	地基承载力	承载力大	5	0.10
		承载力中	3	
		承载力小	1	
3	土壤生产性	生产力低	5	0.10
		生产力中	3	
		生产力高	1	

续表

编号	生态因子	属性分级	评价值	权重
4	植被多样性	旱地、无自然植被区	5	0.15
		荒山灌木草丛区	3	
		自然密林、果林	1	
5	土壤渗透性	渗透性小	5	0.10
		渗透性中	3	
		渗透性大	1	
6	地表水	小水塘及无水区	5	0.10
		灌溉渠及大水塘	3	
		支流、溪流及其影响区	1	
7	居民点用地程度	< 5%	5	0.12
		5%~30%	3	
		> 30%	1	
8	景观价值	人文、自然景观价值低	5	0.18
		人文、自然景观价值中	3	
		人文、自然景观价值高	1	

资料来源：黄光宇，陈勇. 生态城市理论与规划设计方法 [M]. 北京：科学出版社，2002.

3.1　生态适宜性分析法的方法与步骤

生态适宜性分析法可以帮助我们确定场地中具体的地块适不适合建设，甚至指导安排具体的用地功能，在分析时，任何一种用地功能都不适宜安排的地块，也就是不适宜建设地块。具体操作步骤如下（图 11-3-1）：

（1）前期调研：根据规划目标和设想提出的可能的土地利用方式，研究各种土地利用方式对用地条件的要求，根据场地特征及可能的土地利用方式，选择若干个生态因子，展开自然及人工生态环境调研。

（2）单因子分析：针对每一种假想的土地利用方式，评价场地中具体地块针对这种土地利用方式的适宜程度，并将适宜程度以量化的形式表示。

（3）多因子叠加分析：将单因子分析结果叠加，得出综合了多种生态因子考量的，场地中具体地块对应某种用地方式的适宜程度的量化结果。

（4）指导规划布局：根据多因子叠加分析得出的直观结论，指导具体的用地安排，探讨可能的规划布局。

3.2　生态适宜性分析法的应用案例

广州科学城位于广州市区东北部，用地面积为 22.74km²，现状主要是未开发的自然丘陵地，拟开发为以高科技产业为主的科学城。前期规划研究中引入生态规划方法，从自然环境、社会经济以及环境质量等生态因素分析评价入手，以自然生态优先为原则，全面分析现状环境中的自然生态特点，进行了特定的土地利用方式（发展用地、居住用地、产业用地、科研用地、绿化用地等）的适宜度分析，帮助确定科学城适宜

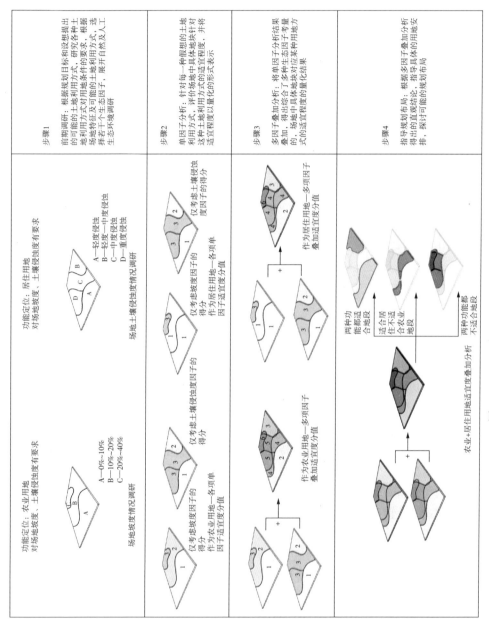

图 11-3-1　生态适宜度分析步骤分解图
（资料来源：本书编写组自绘）

发展用地及方向。

3.2.1　调研生态因子的选择

因为现状主要是生态环境质量较好的自然山林地,因此生态因子的选择以自然因子为主,包括了以下八个方面。

1. 坡度

入选原因:科学城地处丘陵地带,地形起伏较大,坡度是影响建设投资、开发强度的重要控制指标之一。

2. 地基承载力

入选原因:是城市建设必须考虑的主要工程因素之一,和工程建设的经济性高度相关。

3. 土壤生产性

入选原因:是综合反映土地生产力的指标,是划分基本农田保护范围的主要依据。

4. 植被多样性

入选原因:自然生态环境及景观质量的核心指标。按植物的种类、分布和价值进行评价。

5. 土壤渗透性

入选原因:维持地表、地下水循环的必须因素,也是地下水污染敏感性的间接指标。

6. 地表水

入选原因:生命之源,兼具景观、生态、环保价值。

7. 居民点用地程度

入选原因:反映土地利用现状,是人工生态环境调研的核心因素。

8. 景观价值

入选原因:兼具自然和人文特性,是人与自然和谐的主要纽带,分级评价以保留良好景观。

3.2.2　因子叠加分析法的运用

因子叠加分析的加权公式为:

$$S_i = \sum_{K=1}^{n} B_{Ki} W_K$$

各项参数的意义:

式中　i——土地利用方式编号;

K——影响 i 种土地利用方式的生态因子编号;

n——影响 i 种土地利用方式的生态因子总数;

W_K——K 因子对 i 种土地利用方式的权值,且 $W_1+W_2+\cdots+W_K=1$;

B_{Ki}——土地利用方式为 i 时的第 k 个生态因子适宜度评价值;

S_i——土地利用方式为 i 时的综合评价值。

根据表 11–3–1 的评价值分级标准、权重及加权公式,得出的综合评价值(理论上)从 1.0(均不适宜)~5.0(均适宜)变化。综合生态适宜度分为五级,每级含义如下:

1. 很适宜(3.95<SL ≤ 4.79):指土地开发的环境补偿费用低,环境对人工破坏或干扰的调控能力强,自动恢复快。

2. 适宜（3.55<SL ≤ 3.95）：指土地开发的环境补偿费用低，环境对人工破坏或干扰的调控能力较强，自动恢复很快。

3. 基本适宜（3.15<SL ≤ 3.55）：指土地开发的环境补偿费用中等，环境对人工破坏或干扰的调控能力中等，自动恢复慢。

4. 不适宜（2.69< SL ≤ 3.15）：指土地开发的环境补偿费用高，环境对人工破坏或干扰的调控能力弱，自动恢复难。

5. 很不适宜（1.97 ≤ SL ≤ 2.69）：指土地开发的环境补偿费用很高，环境对人工破坏或干扰的调控能力很弱，自动恢复很难。

根据上述分级标准，对综合适宜度叠加结果进行再处理、聚类，划分出五类用地，即最适宜用地、适宜用地、基本适宜用地、不适宜用地和不可用地（图11-3-2），从而建立科学城发展用地适宜度模型。依据科学城发展用地适宜度模型，为土地合理配置、有序开发提供科学依据，使科学城发展形态更趋合理。

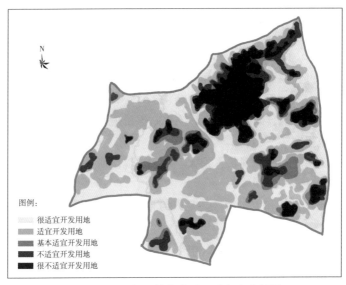

图 11-3-2　广州科学城用地适宜度分析图
（资料来源：黄光宇，陈勇著. 生态城市理论与规划设计方法 [M]. 北京：科学出版社，2002：195）

4　景观格局法

要了解景观格局法，必须掌握两个基本概念：景观格局与景观过程。景观格局是景观元素的空间布局，这些元素一般是指相对均质的一个生态系统，一片水体或森林斑块、农田斑块、建成区等，一种景观元素在特定的景观格局里，相当于一个单一功能区。图11-3-3反映出一个城市化地区，城市景观格局在市域范围内呈现出的整体状况。景观过程指一定时间过程中，物种和人的空间运动，物质（水、土、营养）和能量的流动，干扰过程（如火灾、虫害）的空间扩散等，在此过程中，景观格局也在动态地变化，景观生态学简言之就是研究景观格局和景观过程及其变化的科学。

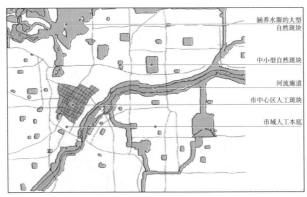

图 11-3-3　城市化地区景观格局示例图

（资料来源：本书编写组自绘）

景观生态规划的理论方法源于景观生态学，景观生态规划的基本方法就是景观格局法，其根本目的就是对景观的格局和过程进行规划调控，规划调控的对象，可以是一个地块、一个城市甚至是某个区域，通过调整其景观格局，使得区内的生态系统达到稳定、高效、可持续的健康状态。景观格局规划通过恢复、重建乃至增加景观斑块及廊道等手段，来调整特定区域原有的景观格局，目的一方面是加强对原有景观格局中一些关键节点、关键部位的维护，例如水源涵养地、野生动植物保护区、生物迁徙通道等；另一方面是形成新的、健康的景观格局，使得区域景观全局中的生态过程在物质流、能量流、信息流上达到高效和稳定。

景观生态学原理复杂艰深，研究中，专家总结出一些具体而明确的，能够指导景观格局规划的原理，分为四部分：①关于斑块的基本原理；②关于边界的原理；③关于廊道和连接度的原理；④关于镶嵌体及整体景观格局的原理。

这四部分又包括 55 小条，这里仅列举一条斑块形状原理：一个能满足多种生态功能需要的斑块的理想形状，应该包含一个较大的核心区和一些能与外界发生相互交流的边缘触须和触角，其形状可用形状系数公式表示（图 11-3-4）。D 值小的圆整形的斑块可以最大限度地减少边缘圈的面积，提高核心区的面积比，使外界的干扰达到尽可能的小，有利于内部物种的生存，却不利于同外界的交流。其余的参见我国景观生态学权威学者邬建国的专著《景观生态学——格局、过程、尺度与等级》一书。

4.1　景观格局规划的途径

基于景观生态学上述原理，景观格局规划就是对景观中的斑块、廊道以及由它们构成的整体格局进行人为的调控，以实现一种较为理想、有利生态健康的景观格局，调控的途径可以针对景观元素，也可以是对整体布局，具体来说，途径有以下三种：

（1）斑块形态控制：通过人为调控斑块的大小、形状、位置等，控制斑块形态。

（2）廊道形态控制：通过人为调控廊道的弯曲度、宽度、连接度等，控制廊道形态。

（3）网络形态控制：通过人为调控景观网络的网眼、节点、孔隙度、边界、环通性等，控制景观网络形态。

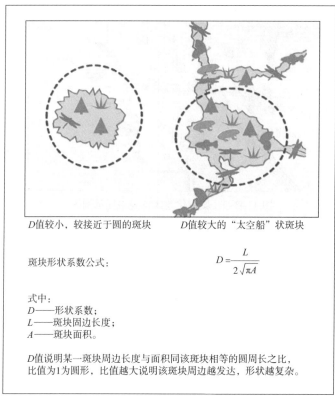

图 11-3-4　根据斑块形状原理"太空船"状斑块是理想的斑块形状
（资料来源：本书编写组自绘）

4.2　最优景观格局

"集聚间有离析"格局被认为是生态学意义上最优的景观格局，由福尔曼提出。它脱胎于生态学家之前提出的"不可替代格局"："保护大型的自然植被斑块，作为水源涵养所必须的自然地；有足够宽的廊道用以保护水系和满足物种空间运动的需要；而在开发区或建成区里有一些小的自然斑块和廊道，用以保证景观的异质性。"这一模式强调应将土地利用分类集聚，并在发展区和建成区内保留小的自然斑块，同时沿主要的自然边界地带分布一些人类活动的"飞地"。这一模式有许多生态优越性，同时又能满足人类活动的一些需要，例如：边界地带的"飞地"可为城市居民提供游息度假和隐居机会；集聚的景观斑块是就业、居住和商业活动的集中区；交通廊道连接建成区和作为生产或资源基地的大型斑块；提供丰富的视觉空间。因此这一模式适应范围很广泛，在城市和乡村都适用（图 11-3-5）。

4.3　景观安全格局

由俞孔坚提出，一个典型的景观安全格局包括五种基本空间和生态元素，即：源、缓冲区、源间连接、辐射道、战略点。构筑安全格局包括三部分工作：

（1）选择、维护特定位置的景观斑块，这些景观斑块是源，即生物流、物质流的源汇之处，例如水源涵养地、重要湿地，这种斑块由于生态意义极其重大，因此除了一般维护之外，还需要建立缓冲区。

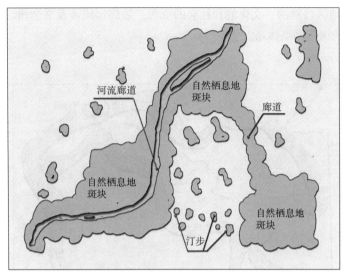

图 11-3-5 福尔曼"最优景观格局模式"示意图
（资料来源：福尔曼 1986 年提出的最优景观格局模式图）

（2）战略关键点的维护，在某些潜在的战略部位，例如廊道交汇点，城市污水向江河的排污点，引入起维护作用的景观斑块。

（3）依托江河水系、森林带、交通线路，在源和重要景观斑块之间建立源间联系廊道和辐射道，形成绿地网络体系（图 11-3-6）。

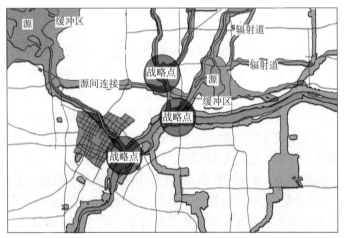

图 11-3-6 景观安全格局示意图
（资料来源：本书编写组自绘）

4.4 景观格局规划应用案例

美国圣路易斯地区的"河流回廊"（The River Ring）（图 11-3-7）规划以城市中的密苏里河、密西西比河、梅勒梅克河、库维尔河为依托，通过建设不同等级的（区域级、城市级、地方级、社区级），相互联结的绿道、步道、公园组织城市水与绿网络，

271

联系圣路易斯地区自然的、文化的和社会的资源，最终形成涉及 2 个州、联系 3 个郡、覆盖 1216mi² 的绿化网络体系。

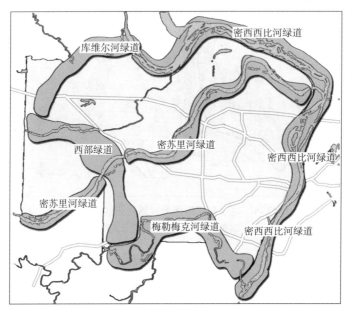

图 11-3-7　美国圣路易斯地区的"河流回廊"（The River Ring）

（资料来源：www.greatrivers.info/Projects/TheRiverRing.aspx）

5　环境容量分析法

环境对人类活动强度的承受能力是有限的，超出这个限度，环境生态系统就会发生质变乃至崩溃。环境容量：是指特定区域内对该区域人类发展规模及各种活动的最大容纳量，又称容量阈值。实际上就是特定区域环境生态系统结构不发生质变，功能不遭受破坏的前提下，所能承受的最大强度的人类社会经济活动水平，是对环境承载力的量化反映。环境容量分析法就是分析特定区域的环境容量，为生态规划控制人口和经济活动强度的具体策略提供科学依据。

环境容量分析的典型方法——生态足迹法：由加拿大生态经济学家威廉及其博士生瓦克纳戈尔于 20 世纪 90 年代初提出。基本思路是以量化的土地面积为生态指标，来衡量环境所承受的负荷的程度，所谓生态足迹是："一只承载着人类与人类所创造的城市、工厂……的巨脚踏在地球上留下的脚印"。当地球所能提供的土地面积再也容纳不下这只巨脚时，生态环境也就失去了平衡（图 11-3-8）。

生态足迹以人类给自然带来的"负荷"作为出发点，将这些"负荷"量化为一组基于土地面积的指标，将人类生产生活和社会发展所必需的各项资源分化成六种不同的资源生产用地：

（1）化石燃料用地，是人类应该留出吸收二氧化碳的土地；

（2）可耕地，从生态角度看是最有生产能力的土地，也是最肥沃的土壤用地；

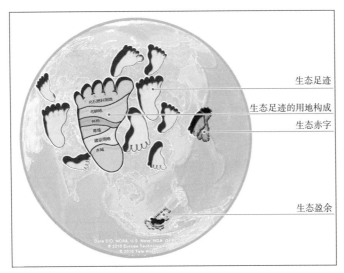

图 11-3-8　"生态足迹"示意图

（资料来源：本书编写组自绘）

（3）林地，包括人工林和天然林；

（4）草场，是人类主要用来饲养牲畜的土地；

（5）建设用地，是指目前人类的定居和道路建设用地；

（6）水域，是地球提供水生物产品的土地。

　　然后把每人所需要的各种用地面积加总，再乘上该地的人口数，所得就是该地区的"生态足迹"。

　　生态足迹公式准确表述为 $EF=N \cdot e_f=N \cdot \sum (aa_i) = \sum r_j A_i = \sum (c_i/p_i)$，其中 EF 为总的生态足迹；N 为人口数；e_f 为人均生态足迹；c_i 为 i 种商品的人均消费量；p_i 为 i 种消费商品的平均生产能力；aa_i 为人均 i 种交易商品折算的生物生产面积，i 为所消费商品和投入的类型；A_i 为第 i 种消费项目折算的人均占有的生物生产面积；r_j 为均衡因子。由上式可知生态足迹是人口数和人均物质消费的一个函数。个人的生态足迹是生产个人所消费的各种商品所需的生物生产土地面积的总和；总的生态足迹是由人均生态足迹乘以人口总数得到。同时应注意的是由于人类利用资源的能力是动态变化的，因而生态足迹也是一个动态变化的指标。

　　由于可耕地、林地、草地、化石燃料土地、建筑用地和水域等的单位面积的生物生产能力差异很大，因此在计算生态足迹的需求时，为了使这几类不同的土地面积和计算结果可以比较和加总，要在这几类不同的土地面积计算结果前分别乘上一个相应的均衡因子，以转化为可比较的生物的生产土地均衡面积。在具体计算一个国家或地区的生态足迹时，各种商品的贸易量也要换算成相应的生物生产土地面积。

　　生态足迹法形象、简洁、有效并具有广泛的可比性，使它成为生态规划应用上的有效手段，可以较好地解决资源利用的抽象性与土地配置之间的沟通矛盾。为防止生态"超载"，通过生态足迹分析，可以知道城市生态容量与生态足迹的现状情况，对于生态规划中土地利用策略、发展方式选择，可以提供一定的指导（图 11-3-9）。

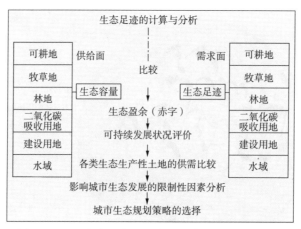

图 11-3-9 "生态足迹"法指导生态规划策略的选择
（资料来源：本书编写组自绘）

第4节 四个优秀的生态城市案例

1 以花园项目带动的区域生态规划

区位：

德国鲁尔地区。

启动时间：

1999年。

起因：

曾是德国的重工业基地，自然空间和城市空间的规划布局当时仅仅考虑工业生产的需求，自然环境破坏严重，旧产业衰落，各城市发展内耗严重、功能重复、相关性差。

方式：

通过举办国际建筑展"埃姆舍尔公园"（IBA Emscher Park）来推动鲁尔地区生态和经济改造。

规划构思：

（1）利用"埃姆舍尔公园"这个跨区域项目把整个鲁尔工业区17个城市连成整体，作为整个鲁尔工业区的公共绿地长廊（图11-4-1）。

（2）从生态角度出发，将800km²用地和17个城市250万居民的生活和工作空间通过埃姆舍尔公园联系在一起。

（3）兼顾宏观和微观的区域规划的概念：在继续维持居住和工业混合现状的前提下，提出七个改造专题：①埃姆舍尔景观公园；②埃姆舍尔系统生态改建；③河道休闲体验空间；④工业遗产景观；⑤"在公园中工作"；⑥住宅改建和现代化（一体化）的城市发展；⑦为社会生活和文化生活提供新内容。实施策略也具体而有实效，例如：通过七条绿化带为该区增加自然景观；有的工业废弃区进行功能转换，以此构建丰富而极具趣味性的游憩空间；以城市公共空间和绿化景观为节点，组织城市生态网络（图

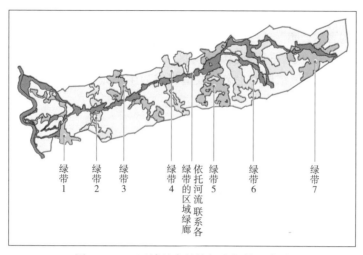

图 11-4-1 区域尺度的埃姆舍尔景观公园

（资料来源：IBA Emscher Park-A Beacon Approach，Dealing with Shrinking Cities in Germany Fakultät Kent State University Urban Design Collaborative）

图 11-4-2 埃姆舍尔城市公共空间和绿化景观节点

（资料来源：IBA Emscher Park-A Beacon Approach，Dealing with Shrinking Cities in Germany Fakultät Kent State University Urban Design Collaborative）

11-4-2）。

亮点分析：

（1）区域中的城市合作：城市之间的紧密联系使城市边界弱化，规划不再局限于单个城市。

（2）区域基础设施建设：通过规划、建设一些交通区位良好的点来减少区域中城市之间的交通流量，提高交通效率；并对于降低能耗、减少建设材料意义重大。

（3）城市景观网络：城市景观网络在为居民活动提供优质空间载体的同时，恢复并创造出良好的自然生态环境。

275

总结及启示：

（1）"埃姆舍尔公园"项目是对既有城市景观以及城市之间的环境的再组织。

（2）应对生态危机，必须重视城市与区域层面的生态规划相结合。

（3）既有人居环境结构的生态化改造将成为生态城市规划设计未来重要的研究方向。

2 社区驱动的哈利法克斯

区位：

位于澳大利亚阿德雷德市，是一个有350~400户居民的混合型社区。

规模：

约24hm²（图11-4-3）。

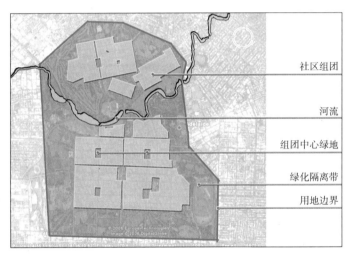

图 11-4-3　哈利法克斯社区平面布局及场地概况

（资料来源：本书编写组自绘）

特点：

不仅涉及城市的物质环境规划，而且还涉及社会与经济结构。

核心概念：

社区驱动——开发由社区控制，社区的规划、设计、建设、管理和维护全过程都由社区居民参与，是一种社区自助性开发方式。"社区驱动"开发程序起步的关键是管理机构——管理组。管理组是通过邀请个人和作为重要组织的代表加入而组建的，由它协调组建土地信托公司、生态开发公司和社区委员会三个组织。

特色理念：

（1）强调艺术与生态结合，认为艺术应与建设和生态开发场地的动作结合起来。艺术应作为建筑与物质环境的一部分，应成为市民生活的一部分。

（2）不排斥在住区引入工业，允许生产目的、过程和产品符合生态开发目标的工业，重视教育及技能培训。

（3）注重销售、管理和社区联系。认为生态开发的销售应合乎生态伦理；管理应反映社区需要；发起者、专业人员等之间持续的社区联系要与生态开发结合起来。所有销售、管理和社区联系应确保合乎生态伦理与平等。

（4）以社区为核心驱动生态规划，社区需求推动生态开发，生态开发满足社区需求。社区应自我管理（图 11-4-4）。

图 11-4-4　融入许多生态理念，居民自建居住组团的设计概念
（资料来源：（西）米格尔·鲁亚诺著.生态城市：60 个优秀案例研究 [M].吕晓惠译.北京：中国电力出版社，2007：87）

（5）在资金来源上，强调生态开发的资金来源也应合乎道德，如应排除来自开采活动方面的资金支持，认为理想的所有资金投入应是本地的。

（6）强化生态教育，在中心图书馆，通过展览、咨询、报告，可方便地知晓城市生态的有关知识，了解生态城市规划、设计和建设进展。它是公共教育场所，同时也创造了教育性的"生态旅游"。

（7）设立生态中心，作为哈利法克斯生态城项目的发源地，同时该项目本身的大量研究也源于此，中心还不断提供有关城市发展中能量交换、环境影响的数据。

（8）强调两手抓：乡村与城市，两手都要硬。乡村地区的土地将被购买或划入整个开发的范围，促进其生态恢复，可作为食物基地、娱乐及城市以外的教育场地。新城每个居民被要求恢复至少 $1hm^2$ 退化的土地，以应对澳大利亚最严重的环境问题——土地荒漠化。

3 公交导向的库里蒂巴

最突出的特色：

从他们提出的口号中清晰反映出来——城市交通不仅是一种运载人的方式，还是指导土地使用和调整经济增长的因素。

最重要的措施：

为实现口号所提出的理念，建筑师出身的市长勒那抢在土地开发商前面，让政府购置了一些交通即将方便的黄金地段，发展经济，解决日益增长的人口与就业问题。例如，1975 年政府购置了西部距市中心 6mi 的一块 16mi^2 的土地，作为库里蒂巴的工业区。随后征招了 500 多家无污染的工业企业，同时，市政府又在工业区附近给低收入者建了住房、学校、医院、购物、文化体育等基础设施。工人居住区靠近工厂，每周节约 20 个小时的上下班往返时间。

强调公交导向的具体措施：

（1）沿着 5 条交通轴线进行高密度线状开发；改造用地内城；以人为本，而非以小汽车为本。并确立了公共交通优先发展的原则；增加公交面积和改进公共交通。

（2）从 1974 年开始，城市设计部门强调的沿着城市主轴放射式开发的思路得以实施。轴线也是公共汽车系统的主要线路，这些轴线在城市中心交汇。城市轴线构成了一体化道路系统的第一个层次；拥有公交优先权的道路把交通汇聚到轴线道路上，而通过城市的支路满足各种地方交通和两侧商业活动的需要，并与工业区连接。

（3）以城市公交线路所在道路为中心，对所有的土地利用和开发密度进行了分区。5 条轴向道路中的 4 条所在地块的容积率为 6，而其他公交线路服务区的容积率为 4，离公交线路越远的地方容积率越低。

（4）城市道路系统提供的高可达性促进了沿交通走廊的集中开发，土地利用规划方法也强化了这种开发。轴线开发使宽阔的交通走廊有足够的空间用作快速公交用路。

（5）城市有 2/3 的市民每天都使用公共汽车，并且做到公共汽车服务无须财政补贴。研究人员估计每年减少的小汽车出行达 2700 万次。

（6）主要设施：路面地铁 "the boarding tube"，其设计灵感来自地铁和轻轨系统，由上下车平台和筒形有机玻璃罩等基本部分组成，平台是架高的，与公共汽车的内部平齐，以便乘客尤其是残疾人乘客更方便地上下车。平台的进出口处还设有小型轮椅升降电梯，解决残疾人上下平台的问题。筒形有机玻璃罩有遮风蔽雨的作用，内设类似地铁常用的票闸，乘客使用预先购买的车票通过票闸，然后再上车（图 11-4-5）。

图 11-4-5　库里蒂巴的"路面地铁"

（资料来源：（西）米格尔·鲁亚诺著.生态城市：60 个优秀案例研究 [M].吕晓惠译.北京：中国电力出版社，2007：87）

4　紧凑城市的案例：山景城

地点：

加利福尼亚。

空间的紧凑利用：

项目用地原为"车轮上的国家"——美国 20 世纪 50~60 年代风行的，服务于开车购物的消费者的大型购物广场，在 $7hm^2$ 的用地上，只有一个购物中心和大型停车场。本着紧凑用地的原则，紧凑城市理论的主要倡导者彼得·卡尔索普将其规划为一个结构紧凑、功能混合、以步行为主的社区。社区里有小型别墅、联排别墅、公寓三类住宅，平均每公顷安排了 55 个居住单元，平均每户用地 $180m^2$（图 11-4-6）。

改造前场地平面　　　　　改造后场地平面

图 11-4-6　山景城改造前与改造后平面

（资料来源：（美）彼得·卡尔索普等著.区域城市——终结蔓延的规划 [M].
叶齐茂，倪晓晖译.北京：中国建筑工业出版社，2007：172-173）

步行交通体系：

以林荫道与步行道形成街道网络，并与超市连接在一起，居民日常生活方便，不须穿越主干道。

社区绿地：

社区绿地均匀散布，为鼓励户外活动，设置了户外演奏厅和儿童活动区。

材料循环利用：

在改造过程中，原来购物广场拆除后留下的碎石被循环利用，作为建筑的基础材料。

紧凑城市的核心理念：

（1）高密度的城市开发：主张采用高密度的城市土地利用开发模式，认为一方面可以在很大程度上遏制城市蔓延，从而保护郊区的开敞空间农村、绿地等免遭开发；另一方面可以有效缩短交通距离，降低人们对小汽车的依赖，鼓励步行和自行车出行，从而降低能源消耗，减少废气排放乃至抑制全球变暖。另外，高密度的城市开发可以在有限的城市范围内容纳更多的城市活动，提高公共服务设施的利用效率，减少城市基础设施建设的投入，符合规模经济的原理。

（2）混合的土地利用：提倡适度混合的城市土地利用，认为将居住用地与工作地、休闲娱乐、公共服务设施用地等混合布局，可以在更短的通勤距离内提供更多的工作，不仅可以降低交通需求，减少能源消耗，而且可以加强人们之间的联系，有利于形成良好的社区文化，创造多样化、充满活力的城市生活（图11-4-7）。

图11-4-7　山景城多样化的社区生活
（资料来源：（美）彼得·卡尔索普等著.区域城市——终结蔓延的规划 [M].叶齐茂，倪晓晖译.北京：中国建筑工业出版社，2007：172-173）

（3）优先发展公共交通：城市的低密度开发使人们的交通需求上升、通勤距离增大，在出行方式上过度依赖小汽车，从而导致汽车尾气排放过多。因此，要优先发展公共交通，创建一个方便、快捷的城市公共交通系统，从而降低对小汽车的依赖，减少尾气排放，改善城市环境。

5　国外生态城市建设的突出优点

5.1　现实的目标
不提"社会经济与生态环境协调发展"等宏大而空洞的目标，而往往是从小处入手，例如订立非常具体的阶段性环境目标：一年内将水的消费量减少10%，建立堆肥容器回收有机垃圾，建设小型渗透处理池等。

5.2　具体的项目
例如德国鲁尔工业区生态规划，利用"埃姆舍尔公园"这个跨区域项目，把整个鲁尔工业区17个城市连成整体，推动区域生态整合。

5.3 群众的参与

例如哈利法克斯生态城所创立的"社区驱动"做法，社区的规划、设计、建设、管理和维护全过程都由社区居民参与。

5.4 突出的重点

例如巴西库里蒂巴的生态规划突出公交导向，德国弗莱堡的重点则落在生态景观建设，包括硬化地面的透水改造、屋顶绿化、河道自然景观的恢复等。

5.5 同步的推进

强调生态建设与城市建设的一体化推进，将生态目标的实现融入到城市建设过程中。例如库里蒂巴将公共交通体系建设与土地的混合利用有机结合，在规划与建设中，两者同步推进。

5.6 法规的保障

在生态规划过程中，配合出台一系列绿色市场制度、绿色产业制度、绿色技术制度等法规保障；尤其是绿色产销制度，包括绿色生产制度、绿色消费制度、绿色贸易制度、绿色包装制度、废物回收利用制度、生态激励制度等，以保障生态规划可以顺利推行。在哈利法克斯项目中，制订这些制度的任务，是由具备丰厚的专业知识、先进的理念和高超的组织能力的非赢利机构——澳大利亚生态城市委员会完成的，成员是来自政界、建筑、森林、采矿和能源组织的专家。

■ 本章小结

本章讲述可持续发展、"低碳"理念在城市规划领域的反映——生态城市的研究情况。首先回顾了可持续发展思想的流变，从最初的《寂静的春天》到最近的哥本哈根会议，这些介绍可以看做背景知识部分；然后，将城市看做一个生态系统，简述了城市生态规划的基础知识和基本理论；本章的核心内容是第 3 节，讲城市生态规划的基本技术方法，介绍了生态适宜度分析法、景观格局法和环境容量分析法，着重点在讲述生态规划如何运用于城市生态功能区划和城市景观格局规划。最后介绍了国外四个优秀的城市生态规划案例，并简单总结了其突出优点以供我们借鉴。

■ 主要参考文献

[1] （美）蕾切尔·卡森.寂静的春天 [M].吕瑞兰，李长生译.上海：上海译文出版社，2008.

[2] （美）丹尼斯·米都斯等.增长的极限——罗马俱乐部关于人类困境的报告 [M].李宝恒译.长春：吉林人民出版社，1997.

[3] （美）I·L·麦克哈格.设计结合自然 [M].芮经纬译.北京：中国建筑工业出版社，1992.

[4] 王向荣.生态与环境——城市可持续发展与生态环境调控新论 [M].南京：东南大学出版社，2000.

[5] （美）理查德·瑞杰斯特.生态城市伯克利：为一个健康的未来建设城市 [M].

沈清基，沈贻译．北京：中国建筑工业出版社，2005.

[6] 黄光宇，陈勇．生态城市理论与规划设计方法 [M].北京：科学出版社，2002.

[7] 邬建国．景观生态学——格局、过程、尺度与等级 [M].北京：高等教育出版社，2007.

[8] 陈勇．哈利法克斯生态城开发模式及规划 [J].国外城市规划，2001（3）.

[9] （西）米格尔·鲁亚诺．生态城市：60 个优秀案例研究 [M].吕晓惠译．北京：中国电力出版社，2007.

[10] （美）彼得·卡尔索普等．区域城市——终结蔓延的规划 [M].叶齐茂，倪晓晖译．北京：中国建筑工业出版社，2007.

[11] （英）迈克·詹克斯等编著．紧缩城市—— 一种可持续发展的城市形态 [M].周玉鹏等译．北京：中国建筑工业出版社，2004.

[12] 北京师范大学环境学院组编．城市生态规划学 [M].北京：北京师范大学出版社，2008.

[13] 沈清基编著．城市生态与城市环境 [M].上海：同济大学出版社，1998.

[14] 骆天庆，王敏等编著．现代生态规划设计的基本理论与方法 [M].北京：中国建筑工业出版社，2008.

[15] （美）弗雷德里克·斯坦纳著．生命的景观——景观规划的生态学途径 [M].周年兴，李小凌，俞孔坚等译．北京：中国建筑工业出版社，2004.

■ 思考题

1. 谈谈城市生态系统的基本结构组成。

2. 谈谈城市生态规划的基本技术方法。

3. 传统场地规划设计前首先要进行基地分析，而目前生态规划中的一种较为成熟的方法是生态适宜度分析，请比较一下两种分析方法的异同。

4. 试述生态规划方法中景观格局法的理论来源和基本思路。

5. 分析一个你所熟悉的城市生态规划案例，谈谈它有哪些成功的经验可供借鉴。

第12章 居住区规划

什么是居住区？居住区规划有哪些理论？居住区规划包括了什么内容？如何才能保证居住区公共服务设施的公平公正？我们如何规划一个规范、合理、经济、健康、优美并有内涵的居住区？通过本章的学习，可以对以上问题有所了解。

第1节　居住区与居住区规划

1　居住区规划及其发展

1.1　什么是居住区规划

1.1.1　什么是居住区

居住区作为城市的重要组成部分，它的产生和发展始终伴随着城市的发展。现代城市居住区规划的产生源于工业革命以来的城市化和由此带来的问题，其目的是追求理想的环境，创建新的家园。

居住区是城市居民定居生活的物质空间形态，是关于各种类型、各种规模居住及其环境的总称。从城乡区域范围来看，可划分为城市居住区、乡村居住区和独立工矿企业和科研基地的居住区。城市居住区是指在城市、镇的范畴内居住空间形态的总称。按照我国《城市居住区规划设计规范》（GB 50180—1993）（2002年版）的划分，城市居住区按居住户数或人口规模可分为城市居住区、居住小区和居住组团。

1.1.2　居住区有哪些类型

居住区类型的划分有多种方式，主要包括城乡区域范围、建设条件和住宅层数等方面。按城乡区域范围不同的划分如下。

1.城市居住区

这类居住区在城市土地使用范围之内，是城市功能用地的有机组成部分。在居住区内一般可只设置主要为居住区服务的公共服务设施。根据具体的用地条件和不同的居住人口规模，居住区可以划分为多种层次。

2.独立工矿企业和科研基地的居住区

这类居住区一般主要是为某一个或几个厂矿企业或重要基地的职工及其家属而建设的，因此居住对象比较单一。该类居住区大多远离城市或城市交通联系不便，具有较大的独立性。因此在居住区内除了需设置一般室内居住区所需要的公共服务设施外，还要设置如食品、豆制品等的加工厂、较齐全的医院等设施。此外，这类居住区的公共服务设施往往还要兼为附近农村服务，因此，这类居住区公共服务设施的项目和定额指标应比市内适当增加。

3. 乡村居住区

主要是位于农村范围的居住用地，如各种规模的村庄，这类住区与农业生产经营具有较为紧密的联系。

按住宅层数的不同又可分为低层居住区、多层居住区、小高层居住区、高层居住区或多种层数混合修建的居住区。不同住宅层数的居住区建设在房地产开发的投资回报、居住区周边外部环境协调以及居住区空间景观塑造方面起着不同的重要作用。

1.1.3　居住区规划

居住区规划是为满足特定居住对象的需要科学合理地创造一个满足日常物质和文化生活需要的安全、卫生、舒适、优美的居住环境。除了布置住宅外，还应当规划布置居民日常生活所需的各类公共服务设施、道路、停车场地、绿地和活动场地、市政工程设施等。

居住区规划必须根据总体规划和近期建设的要求，在控制性详细规划的相关指标要求下，对居住区内各项建设做好综合全面的安排。居住区规划还必须考虑一定时期经济发展水平和居民的文化背景、经济生活水平、生活习惯、物质技术条件以及气候、地形和现状等条件，同时应注意远近结合，可持续发展。

1.2　居住区规划理论与实践

1.2.1　现代居住区规划的历史与发展

进入工业社会后，西方的居住区规划理论经历了从花园城市到邻里单位的发展过程。为克服工业化和城市化带来的弊端，早期空想社会主义者曾力图消灭大型的城镇，取而代之他们所认为的"模范村"。从罗伯特·欧文提出的"新协和村"到霍华德的"田园城市"都尝试了这样一条道路，然而，在资本主义社会里，他们这种想要恢复田园诗画般生活、借以缓和阶级矛盾的尝试一一破灭，尽管如此，这种理想对后来的居住区规划理论仍然产生了不小的影响。

1. 邻里单位

20 世纪 20 年代，美国一些学者开始根据花园城市的设想研究新的居住形态。1929 年，美国建筑师西萨·佩里提出了邻里单位的理论（图 12-1-1）。他认为，城市交通由于汽车的迅速增长对居住环境带来了严重的干扰，而居住区内应拥有足够的生活服务设施，以活跃居民的公共生活，以利于社会交往。他列出了控制居住区内部的车辆交通的六条基本原则：

（1）邻里单位四周为城市道路包围，城市道路不穿过邻里单位内部。

（2）邻里单位内部道路系统应限制外部车辆穿越。一般应采用尽端式，以保持内部的安静、安全和交通量少的居住气氛。

（3）以小学的合理规模为基础控制邻里单位的人口规模，使小学生不必穿过城市道路，一般

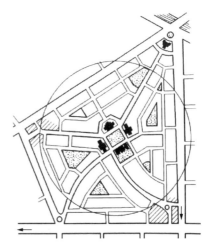

图 12-1-1　邻里单位示意图
（资料来源：惠劼，张倩，王芳.城市居住区规划设计概论 [M].北京：化学工业出版社，2006）

285

邻里单位的规模约 5000 人左右，规模小的 3000~4000 人。

（4）邻里单位的中心建筑是小学校，它与其他的邻里服务设施一起布置在中心公共广场或绿地上。

（5）邻里单位占地约 160 英亩（合 65hm²），每英亩 10 户，保证儿童上学距离不超过半英里（0.8km）。

（6）邻里单位内的小学附近设有商店、教堂、图书馆和公共活动中心。

由此可见，控制居住区内部的车辆交通、保障居民的安全和环境的安宁是邻里单位理论基础的出发点。邻里单位的理论由于美国当时经济萧条而没有实现，但在第二次世界大战后的英国和瑞典等国的新城建设中得到了广泛的应用。

2. 居住街坊

在邻里单位被广泛采用的同时，前苏联等国提出了居住街坊的居住组织形式，其规划原则与邻里单位十分相似。

居住街坊的规划布置，以满足街坊内居民生活居住的基本要求为原则。街坊内除居住建筑外，还设有托儿所、幼儿园、商店等生活服务设施，成人和儿童游憩、运动的场所和绿地。居住街坊的用地面积一般为 2 万 ~10 万 m²。

以街坊作为居住区规划的结构形式由来已久，在古代希腊、罗马和中国的城市都曾存在过，前苏联在 20 世纪 40~50 年代建造的居住区，大量采用了居住街坊的布置形式。

3. 小区规划

在采用邻里单位和居住街坊的居住区组织形式之后不久，各国在居住区规划和建设实践中又进一步总结和提出了居住小区和新村的组织形式。居住小区内应设有一整套居民日常生活需要的公共服务设施，规模一般以设置小学的最小规模为其人口规模下限的依据，以小区公共服务设施最大的服务半径作为控制用地规模上限的依据（图 12-1-2）。

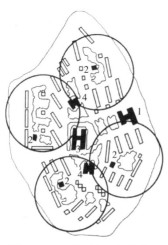

图 12-1-2 典型小区的结构示意图

（资料来源：惠劼，张倩，王芳.城市居住区规划设计概论[M].北京：化学工业出版社，2006）

从 20 世纪 50 年代末以来，居住小区作为构成城市的一个完整的"细胞"，在许多国家的城市建设中得到了蓬勃发展。居住小区的特点如下：

（1）结合地形自由布置；

（2）住宅成组成团，1~2000 个居民构成一个组团，3~5 个组团构成一个小区，人口规模在数千人至万余人；

（3）公共建筑分级布置，一般在住宅组团内部配置托幼机构和基层商店，在小区内部配置学校、商业中心和文化福利中心；

（4）道路分车行和人行两个系统，互不干扰；

（5）扩大公共绿地，点、线、面相结合，互相沟通。

这种以组团为基本单位的组合方式使居住区规划布置具有更多的灵活性，不仅能保证居住生活的方便、安全和宁静，而且有利于城市交通组织，减少城市交通对居民生活的干扰。

4.综合居住区

在工业社会里，城市按功能分区有其必要性。把居住区与有污染的工业区和繁华的商业区分离开，使居民拥有良好的居住环境。然而，随着城市的扩大，居住区作为纯粹的"卧"区带来难以解决的交通问题，人们不得不花费大量的时间和精力在往返的路途上。1977 年，《马丘比丘宪章》中指出："不应把城市作为一系列组成部分拼在一起来考虑，而必须努力去创造一个综合的、多功能的环境"。于是，工作、居住、生活综合区应运而生。

巴黎的拉·德方斯作为世界上第一个城市综合体，是一个新的尝试。拉·德方斯 A 区已建有办公楼 110 万 m^2，有 46000 人在此工作；住宅 17500 套，可容纳 50000 多人居住。拉·德方斯是巴黎城市主轴的延长线，又是综合区的生活活动中心。

5.新城市主义

从第二次世界大战开始，许多美国人为了拥有更加安全、宽松、舒适的住宅环境而大规模迁往郊区。面对"边缘城市主义"的郊区化蔓延导致的一系列城市问题，20 世纪 90 年代以来西方城市发展规划领域出现了"新城市主义"这个新的城市发展规划理念，它主张借鉴第二次世界大战前小城镇规划的优秀传统，塑造具有城镇生活氛围、紧凑的、以人为本的社区，以此取代"郊区化"模式的蔓延，实现社区与城市及周围环境的可持续发展。

在这样的核心思想引导下，"新城市主义"形成了两种主要的发展模式：一种是 Andres Duany 和 Elizabeth Plater-Zyberk 夫妇提出的"传统邻里发展模式"（Traditional Neighborhood Development，TND），他强调城镇内部街坊社区建设理念；另一种是由 Peter Calthorpe 提出的"公交主导发展模式"（Transit-Oriental Development，TOD），他则更加强调城市从整体方面出发的建设理念。二者之间没有本质区别，都体现了"新城市主义"城市建设的紧凑性、适宜步行、多样性、环境友好性、可支付性等原则。

从以上理论中居住区组织形式的演变过程可以看出，居住区组成单位的规模从小到大，内容从简到繁，质量由低到高，而且今后将随着生产和生活方式的改变而继续改变。所有这些模式都以关注公共开放领域为特色，将其视为开发一个成功居住区的基础框架。

1.2.2　现代居住区规划发展趋势

跨入 21 世纪，城市居住区未来发展面临的全球化议题得到普遍关注，其中尤为突出的是：社区思想、可持续发展思想、生态理论和全球信息化。当代城市居住区规划必须适应形势的发展，在理论和时间上不断开拓与创新。

1.社区思想和社区规划

社区通常是指以一定的地理区域为基础的社会群体，有一定的地理区域、一定数量的人口，居民之间有共同的意识和利益并有密切的社会交往。城市规划学科最初没有社区的概念，随着社会对人类居住环境在宽度和深度方面的发展的关注，以及随着规划职业自身在理论及方法论上与相关学科的互补发展，社区的概念和理论被逐渐引入到城市规划和设计之中。社区思想要求传统的居住区不仅需要进一步完善其物质生活支撑系统，更需要建有凝聚力的精神生活空间场所，并体现其社区精神与认同感。

2. 健康住宅和健康居住区

健康住宅和健康居住区概念取代原有的那种从生物的角度出发，把不生病等同于状态良好的观点。它把健康扩展到一个人所能达到的一切过程——在生命层面探索和表达人的潜能的过程，如思想、感情、社会文化、精神经济等诸多方面，因而一个健康的社区在健康的各个不同范畴都能促进其居民实现自我价值。

3. 绿色生态住宅和居住区

生态涵盖的内容很广，对城市居住区来说，目前最为关键的是人与环境的关系。居住区生态系统是在自然生态系统的基础上建立起来的人工生态系统，要处理好这个系统的基本问题就是正确对待人、自然、技术之间的关系。绿色生态住宅和居住区注重人与自然的和谐共生，强调资源和能源的利用，贯彻环境保护原则。

4. 居住区智能化

居住区智能化系统是将现代高科技领域中的产品与技术集成到居住区的一种系统，它由安全防范子系统、管理与监控子系统和通信网络子系统所组成。它是现代高科技的产物，也是建筑结构与信息技术完美结合的产物。

5. 通用居住区与通用环境

随着社会的发展和人类文明的进步，"平等、参与、共享"成为每个社会成员的要求。而通用设计产生的背景，一是人权运动所带来的残疾人问题；二是随着我国步入老龄化社会，老年问题的日益突显。通用设计的最高目标是使环境适合所有的人，设计中需要以使用者为中心和重点，关注与了解不同年龄和生活能力的人的共同生活，体现环境广泛的包容性与适应性。虽然说通用设计并不能一下子将所有人群完全囊括在其设计主体之内，但这是通用设计的理想和努力方向。

1.2.3 我国的居住区建设实践

中国古代城市居住区的基本组织形式经历了从唐代的里坊制，北宋的街巷制到元代的大街——胡同的不同阶段。1840 年鸦片战争至 1949 年新中国成立，城市居民的居住问题一直没有得到解决，住宅建筑混乱无序。20 世纪四五十年代是我国国民经济恢复和第一个五年计划时期，居住区规划和建设受到邻里单位、居住街坊、居住小区规划理论的影响和指导，坚持"有利生产、方便生活"的原则，居住区规划水平迅速提高。20 世纪六七十年代初期因受到体制、自然灾害及国内外不利的政治、经济等因素影响，国家对住宅建设的投资和比重大幅度下降，处于历史低潮。改革开放后城镇住房政策的改革完成了从福利住房体系向社会化住房保障体系的转变，在数量和质量上也有了空前提高，住宅产业现代化成为今后中国住宅发展的总目标，中国住宅建设进入了全面发展的新阶段。跨入 21 世纪，加快住宅建设，提高住宅和人居环境的质量，推动住宅产业的现代化是我国城市居住区建设的重要任务。

2 居住区用地组成规模与规划结构

2.1 居住区的用地组成与规模

2.1.1 居住区用地组成

居住区用地由四部分组成：住宅用地、公共服务设施用地、道路用地及公共绿地。

1. 住宅用地

是指住宅建筑基底占有的用地以及住宅四周的一些空地，其中包括通往住宅建筑入口的宅间路、宅旁绿地和住宅底层的私家院落。

2. 公共服务设施用地

是指居住区内各类公共服务设施建筑物基底占有的用地及为其所使用的场地，包括占用地中的道路、场地和绿地等。公共建筑后退道路红线和用地边界线内的用地均属于公共服务设施用地。

3. 道路用地

是指居住区范围内各级道路的用地，包括道路、回车场、停车场用地以及小广场，但不包括计入住宅建筑用地和公共服务设施用地的道路用地。

4. 公共绿地

是指居住区级、小区级及组团内作为公共使用的绿地，包括居住区级公园、小区级小游园、组团绿地以及其他具有一定规模的公共绿地，其中包括了儿童游戏场地、青少年、成年、老年人的活动和休息场所。

除此以外，还可有与居住区居民密切相关的居住区（街道）工业用地，指工厂建筑基底占地及其专用场地，其中包括专用地中的道路、场地及绿地等，由于各地情况极不相同，故一般不参加居住区用地的平衡。构成居住区用地的四项用地具有一定的比例关系，这一比例关系的合理性是衡量居住区规划设计是否科学、合理、经济的重要指标（表 12-1-1）。

居住区用地平衡控制指标（%）　　　　　　　　　　表 12-1-1

用地构成	居住区	小区	组团
1. 住宅用地 R1	50~60	55~65	70~80
2. 公建用地 R2	15~25	12~22	6~12
3. 道路用地 R3	10~18	9~17	7~12
4. 公共绿地 R4	7.5~18	5~15	3~6
居住区用地 R	100	100	100

资料来源：本书编写组自绘。

2.1.2 居住区的规模如何划分

成套配置居住区级商业、文化、医疗等公共服务设施的经济合理性是影响居住区合理规模（人口规模）的一个重要因素，主要体现在合理的服务半径。所谓合理的服务半径，是指居住区内居民到达居住区级公共服务设施的最大步行距离，一般为800~1000m，在地形起伏的地区还应适当减少。

现代城市交通的发展要求城市干道之间要有合理的间距，以保证城市交通的安全、速度和畅通。因而为城市干道所包围的用地往往是决定居住区用地规模的一个重要条件。城市干道的合理间距一般应在600~1000m之间，城市干道间用地面积一般在36~100hm^{2}左右。

居民行政管理体制是影响居住区规模的另一个因素。目前在对城市旧居住区进行改建规划时，一般都依据街道办事处管辖范围的划分为单位。街道办事处管辖的人口一般以 5 万人为宜，少则 3 万人左右。

根据 2002 年修订的国家标准《城市居住区规划设计规范》（GB 50180—1993）居住区按居住户数或人口规模可分为居住区、小区、组团三级，如表 12-1-2 所示。分级规模基本与公建设置要求一致，如一所小学服务人口为一万人以上，正好与小区级人口规模对应。城市实态中的居住区也包括独立居住小区和独立居住组团，甚至还有邻里、街坊、里弄等居住形式，他们都可泛指居住区。

1. 居住区

不同居住人口规模的居住生活聚居地或特指城市干道或自然分界线所围合，配建有一套完整的、能满足该区居民物质与文化生活所需的公共服务设施的居住生活聚居地。人口规模 30000~50000 人，相当于一个街道办事处的规模。

2. 居住小区

由城市道路、居住区道路或自然界限（河流等）划分的、具有一定规模并不被城市交通干道所穿越的相对完整的地段，小区内设有满足居民日常生活需要的基层服务设施和公共绿地。居住小区的规模为 10000~15000 人，一般是以一个小学的最小规模为其人口规模的下限。

3. 居住组团

居住组团一般称组团，一般被小区道路分隔，其规模相当于一个居委会的规模，一般 300~1000 户，1000~3000 人。

居住区分级控制规模表　　　　　　　　　　　　表 12-1-2

项目	居住区	小区	组团
户数（户）	10000~16000	3000~5000	300~1000
人口（人）	30000~50000	10000~15000	1000~3000

资料来源：本书编写组自绘。

2.2 居住区的规划结构（图 12-1-3）

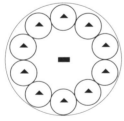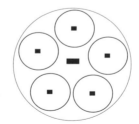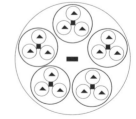

居住区—居住组团　　　　　居住区—居住小区　　　　居住区—居住小区—居住组团

图 12-1-3　规划结构的基本形式

（资料来源：武勇，刘丽，刘华领.居住区规划设计指南及实例评析 [M].北京：机械工业出版社，2008）

2.2.1　以居住小区为规划基本单位来组织居住区

居住小区是由城市道路或城市道路和自然界线（如河流）划分的、具有一定规模的、并不为城市交通干道所穿越的完整地段，区内设有一整套满足居民日常生活需要的基层公共服务设施和机构。以居住小区为规划基本单位组织居住区，不仅能保证居民生活的方便、安全和区内的安静，而且还有利于城市道路的分工和交通的组织，并减少城市道路密度。

2.2.2　以居住组团为基本单位

这种组织方式不划分明确的小区用地范围，居住区直接由若干居住组团组成，也可以说是一种扩大小区的形式。

其规划结构的方式为：居住区—居住组团。居住组团相当于一个居民委员会的规模，一般为 300~1000 户，1000~3000 人。居住组团内一般应设有居委办公室、卫生站、青少年和老年活动室、服务站、小商店（或代销店）、托儿所、儿童或成年人活动休息场地、小块公共绿地、停车场库等，这些项目和内容基本为本居委会居民服务。其他的一些基层公共服务设施则根据不同的特点按服务半径在居住区范围内统一考虑，均衡灵活布置。

2.2.3　以居住组团和居住小区为基本单位

其规划结构方式为：居住区—居住小区—居住组团。居住区由若干个居住小区组成，每个小区由 2~3 个居住组团组成。

居住区的规划结构形式不是一成不变的，随着社会生产的发展、人民生活水平的提高、社会生活组织和生活方式的变化、公共服务设施的不断完善和发展，居住区的规划结构方式也会相应地变化。

除此之外，目前我国一些城镇居住区规划组织结构的形式还有相对独立的组团、居住区—小区—街坊—组团四级结构、居住区—小区—街坊和居住区—街坊群（小区）—组团三级结构以及小区—街坊两级结构等类型。

3　居住区规划的内容及成果包括哪些

3.1　居住区规划的内容

居住区规划的编制应根据新建或改建的不同情况区别对待。居住区规模大小、居民对象、住房的社会经济性质和制度、投资渠道等也都会影响任务的编制。居住区规划的内容一般有以下几个方面：

（1）选择、确定用地位置、范围（包括改建范围）；

（2）确定规模，即确定人口数量（或 / 及户数）和用地的大小；

（3）拟订居住建筑类型、数量、层数、布置方式；

（4）拟订公共服务设施（包括允许设置的生产性建筑）的内容、规模、数量、标准、分布和布置方式；

（5）拟订各级道路的宽度、断面形式、布置方式，对外出入口位置，泊车量和停泊方式；

（6）拟订绿地、活动、休憩等室外场地的数量、分布和布置方式；

（7）拟订有关市政工程设施的规划方案；

（8）拟订各项技术经济指标和造价估算。

3.2　居住区规划的成果

2006 年 4 月 1 日起施行的《城市规划编制办法》规定，居住区应当包括下列内容：

（1）建设条件分析及综合技术经济论证；

（2）建筑、道路和绿地等的空间布局和景观规划设计，布置总平面图；

（3）对住宅、医院、学校和托幼等建筑进行日照分析；

（4）根据交通影响分析，提出交通组织方案和设计；

（5）市政工程管线规划设计和管线综合；

（6）竖向规划设计；

（7）估算工程量、拆迁量和总造价，分析投资效益。

各地在工作实践中，为保障规划的全面实施，在规划图样及说明书方面，应该在《城市规划编制办法》规定的基础上，作必要的实施细化规定。如规划设计图纸应包括：

（1）建设项目规划位置示意图；

（2）规划方案总平面；

（3）交通组织示意图；

（4）绿地景观规划图；

（5）市政管线综合规划图；

（6）竖向规划图；

（7）规划结构分析图；

（8）主要街景立面图；

（9）局部透视效果图；

（10）必要的单体建筑方案示意图；

（11）规划模型。

居住区规划说明书应包括：

（1）项目背景；

（2）规划依据；

（3）现状概述；

（4）规划原则及指导思想；

（5）布局要点；

（6）主要技术经济指标；

（7）实施的政策措施。

第 2 节　居住区的规划设计

1　居住区规划设计应遵守什么原则

居住区规划设计应坚持"以人为本"思想，建立居住区内各用地功能同步运转的正常秩序，以求社会、经济、环境三个效益的综合统一及可持续发展。

1.1　宜居性原则

居住区规划的核心是宜居性原则，要求按照人的居住生活和社会生活需要以及心理、生理特征进行规划设计，创造人性化的空间和文明的居住环境，使居民生活的空间获得归属感和舒适感，使居民生活环境达到方便、舒适、安全、卫生、优美的要求。

1.2　生态原则

尊重保护自然与人文环境，合理开发和利用土地资源，节地、节水、节能、节材，建设人与环境有机融合的可持续发展的居住区。

1.3　效益原则

最大限度地提高居住区规划与建设的综合效益。经济要求居住区的规划与建设应与国民经济发展的水平、居民的生活水平相适应，也就是说在确定住宅的标准，公共建筑的规模，项目等均需考虑当时当地的建设投资及居民的经济状况。同时力争实现更好的环境效益。

1.4　文化原则

要在传承民族和地区传统文化、创建社区文化方面，突出居住区的文化品位，形成强烈的个性，造就社区特征。突出地方性特征，就是反映当地的气候、地理条件特点，居民的生活习惯、建筑材料和历史文脉等因素。在研究地方性的同时既要继承又要创新，强调时代性。

1.5　整体性与多样性原则

将居住区放到城市的层面考虑它的组织结构、布局结构和空间结构的整体性，并从营造生活环境的角度去考虑满足居民各种需要的多样性。

2　住宅及其用地如何规划布置

居住建筑及其群体空间设计是居住区规划设计的主要内容，应综合考虑当地的用地条件、住宅的类型选择、朝向、间距、层数与密度、绿地、群体组合和空间环境等因素。

2.1　住宅建筑的类型及特点

现代住宅按使用对象不同，分为两大类，第一类是供以家庭为居住单位的建筑，一般称为住宅；另一类是供单身人居住的建筑，如学校的学生、工矿企业的单身职工等居住的建筑，一般称为单身宿舍或宿舍。

第一类以套为基本组成单位的住宅建筑主要有表 12-2-1 所示的几种类型。

居住住宅类型（以套为基本组成单位）　　　　　　　表 12-2-1

编号	住宅类型	用地特点
1 2 3	独院式 并联式 联排式	每户一般都有独用院落，层数 1~3 层，占地较多
4 5 6	梯间式 内廊式 外廊式	一般都用于多层和高层，特别是梯间式用得较多
7	内天井式	是第 4、5 类型住宅独立式单元的变化形式，由于增加了内天井，住宅进深加大，对节约用地有利，一般多见于层数较低的多层住宅

续表 ·

编号	住宅类型	用地特点
8	点式（塔式）	是第4类型住宅独立式单元的变化形式，适用于多层和高层住宅，由于体形短而活泼，进深大，故具有布置灵活和能丰富群体空间组合的特点，但有些套型的日照条件可能较差
9	跃廊式	是第5、6类型的变化形式，一般用于高层住宅

注：底层住宅指1~3层住宅；多层指3层以上至8层（地于24m）；而高层住宅为8层以上（超过24m）的住宅。

资料来源：李德华.城市规划原理[M].第三版.北京：中国建筑工业出版社，2001.

2.2 住宅建筑经济和用地经济的关系

2.2.1 住宅层数

在我国小城镇住宅多采用低层，因为低层住宅可采用地方材料，而且结构简单，故造价可低于多层住宅。从住宅用地的经济来分析，提高层数能节约用地，国内外经验都认为6层住宅比较经济，因此得到广泛的应用。我国从20世纪70年代起在一些特大城市开始建造高层住宅，虽然高层住宅造价远高于多层，但是在现在土地紧缺的国情下效果显著。

2.2.2 住宅进深

住宅进深加大，外墙相对缩短。对于采暖地区外墙需要加厚的情况下经济效果更好。住宅进深11m以下，每增加1m，每公顷可增加建筑面积1000m^{2}左右；11m以上效果就不显著了。

2.2.3 住宅长度

住宅长度直接影响建筑造价，因为住宅单元拼接越长，山墙也就越省。住宅长度在30~60m时，每增长10m，每公顷可增加建筑面积700~1000m^{2}左右，在60m以上时效果不显著。根据分析，四单元长住宅比二单元长住宅每平方米居住面积造价省2.5%~3%，采暖费省10%~21%。但住宅长度不宜过长，过长就需要增加伸缩缝和防火墙等，且对通风和抗震也不利。

2.2.4 住宅层高

住宅层高对住宅的投资影响较大，如层高每降低0.1m,能降低造价1%,节约用地2%。但是为了保证住宅室内的舒适要求，住宅起居室、卧室的净高一般不应低于2.5m。

2.2.5 建筑节能

建筑节能是通过降低"建筑能耗"和"使用能耗"的总能耗量而取得的。在寒冷地区，用于房屋采暖的能耗占使用能耗中的大部分。降低采暖能耗是建筑节能中的重点，在建筑设计方面应做到"节能型建筑"。小区节能可采用以下手段，如房屋进深加大、层高降低、南向开窗面积扩大、北向窗户缩小等。

2.3 居住建筑群平面布置基本形式

2.3.1 行列式

建筑按一定朝向和合理间距成排布置的形式。这种布置形式能使绝大多数居室获得良好的日照和通风，是各地广泛采用的一种方式。但如果处理不好，会造成单调、呆板的感觉，容易产生穿越交通的干扰。为了避免以上缺点，在规划布置时常采用山墙错落、单元错开拼接以及用矮墙分隔等手法（图12-2-1）。

布置手法	实例	布置手法	实例
1. 基本形式  山墙错落前后交错 左右交错 左右前后交错	广州石油化工居住区住宅组团 （1976 年） 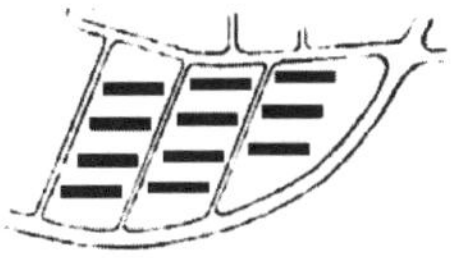	2. 单元错开拼接 不等长拼接	上海天钥龙山新村居住区 住宅组（1976 年） 
	北京龙潭小区住宅组（1964 年） 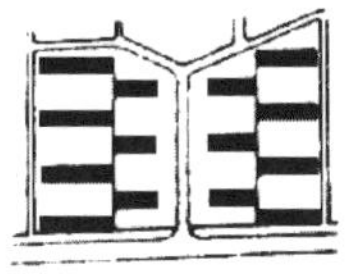	等长拼接 	四川渡口向阳村住宅组 （1975 年） 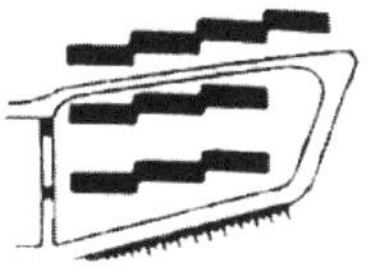
	上海曹杨新村居住区曹阳一村住宅 组（1951 年） 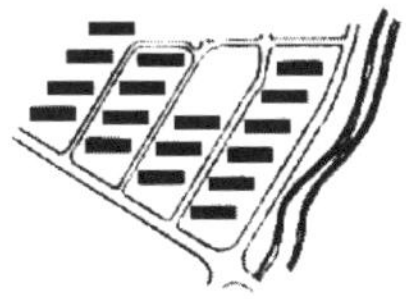	3. 成组改变 	南京梅山钢铁厂居住区住 宅组（1969~1971 年） 
4. 扇形、直线形	德国汉堡荷纳普居住区住宅组 上海凉城新村居住区住宅组 （1989 年）	5. 曲线形 6. 折线形	瑞典斯德哥尔摩法尔斯住 宅组 深圳白沙岭居住区住宅组 （1986 年） 常州红梅西村住宅组 （1991 年）

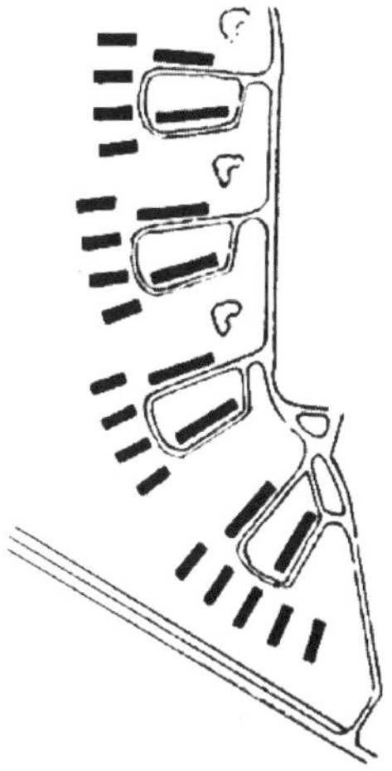

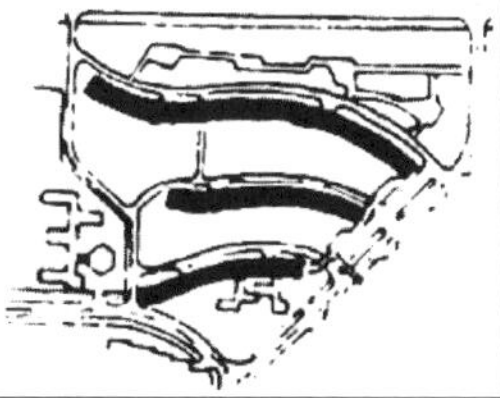

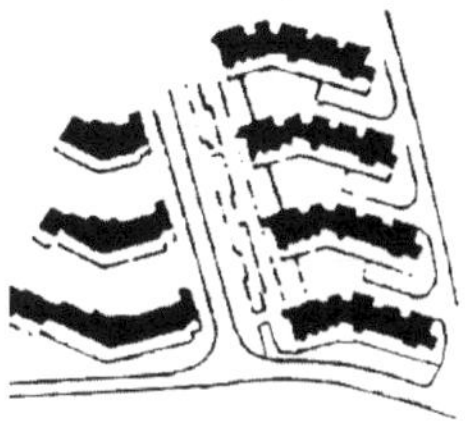

图 12-2-1　行列式布置

（资料来源：李德华. 城市规划原理 [M]. 第三版. 北京：中国建筑工业出版社，2001）

2.3.2 周边式

建筑沿街坊或院落周边布置的形式。这种布置形式形成较为封闭的空间，具有一定的空地面积，便于组织公共绿化休息园地，组成的院落比较完整，对于寒冷及多风沙地区，可阻挡风沙及减少院内积雪。周边布置的形式还有利于节约用地，提高居住建筑面积密度。但是这种布置形式有相当一部分居室的朝向较差，因此对于炎热地区很难适应，有的还采用转角建筑单元，使结构、施工较为复杂，不利于抗震，造价也会增加。另外对于地形起伏较大的地区也会造成较大的土石方工程（图 12-2-2）。

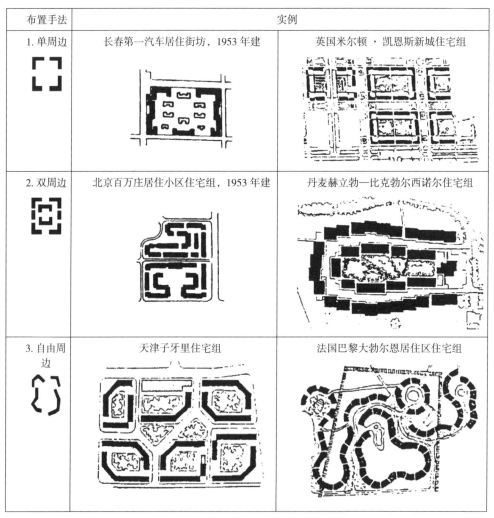

布置手法	实例	
1. 单周边	长春第一汽车居住街坊，1953 年建	英国米尔顿·凯恩斯新城住宅组
2. 双周边	北京百万庄居住小区住宅组，1953 年建	丹麦赫立勃—比克勃尔西诺尔住宅组
3. 自由周边	天津子牙里住宅组	法国巴黎大勃尔恩居住区住宅组

图 12-2-2　周边式布置

（资料来源：李德华.城市规划原理[M].第三版.北京：中国建筑工业出版社，2001）

2.3.3 混合式

为以上两种形式的结合，最常见的往往以行列式为主，以少量住宅或公共建筑沿道路或院落周边布置，以形成半开敞式院落（图 12-2-3）。

布置手法	实例
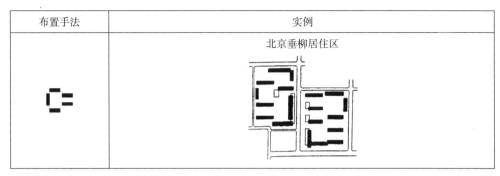	北京垂柳居住区

图 12-2-3 混合式布置

（资料来源：李德华.城市规划原理[M].第三版.北京：中国建筑工业出版社，2001）

2.3.4 自由式

建筑结合地形，在照顾日照、通风等要求的前提下，成组自由灵活地布置。

以上四种基本布置形式并不包括住宅建筑布置的所有形式，而且也不可能一一列举所有的形式。任何一种形式都是在特定的条件下产生的，在进行规划布置时，应避免以形式出发，应根据具体情况，因地制宜地创造不同的布置形式（图 12-2-4）。

布置手法	实例
散立	重庆华一坡住宅组 
曲线形	法国鲍尔尼居住小区局部 
曲尺形 	瑞典斯德哥尔摩捏布霍夫居住区的一个小区 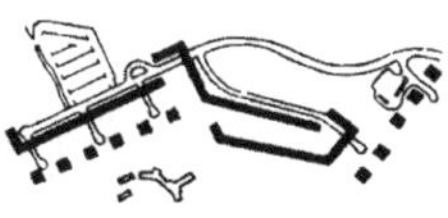
点群形	巴黎勃菲兹芳泰乃·奥克斯露斯小区相关禾木苑住宅组 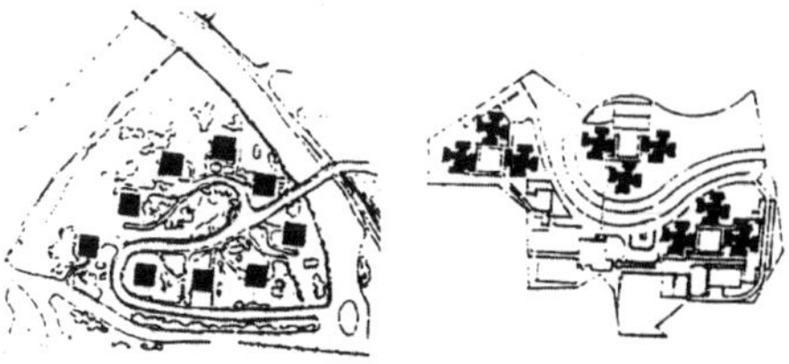

图 12-2-4 自由式布置

（资料来源：李德华.城市规划原理[M].第三版.北京：中国建筑工业出版社，2001）

2.4 居住建筑群体组合应注意的问题

2.4.1 日照间距

住宅日照标准是用来控制日照是否满足户内居住条件的技术标准，是按照在某一规定的时日住宅底层房间获得满窗口连续日照时间不低于某一规定的时间来控制的。住宅群体争取日照和减少西晒的规划设计措施主要通过建筑的不同组合方式以及利用地形和绿化等手段。在山地还可利用南向坡地缩小日照间距。

在日照间距中根据住宅的朝向方位，又分标准日照间距和不同方位日照间距。标准日照间距是指当地正南向住宅，满足日照标准的正面间距。当住宅正面偏离正南方向时，其日照间距为不同方位日照间距，计算时以标准日照间距进行折减换算。标准日照间距的计算，一般以农历冬至日正午太阳能照射到住宅底层窗台的高度为依据，计算方法如下：

$$D=（H-H_1）/\tan h$$

式中　h——冬至日正午该地区的太阳高度角；

　　　H——前排房屋檐口至地面的高度；

　　　H_1——后排房屋的窗台至地面的高度。

在实际应用中，常将 D 换算成 H 的比值（即日照间距系数），如 $1:1.2$（$1:0.8$）等，以便根据不同建筑高度算出相同地区、相同条件下的建筑日照间距（图 12-2-5）。

除了日照因素外，通风、采光、消防以及视线干扰、管线埋设等也是影响建筑间距的重要因素。

2.4.2 朝向

住宅建筑的朝向是指主要居室的朝向。在南方炎热地区，除了争取冬季日照外，还要着重夏季防止西晒和有利于通风；在北方

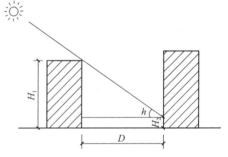

图 12-2-5　标准日照间距的计算方法
（资料来源：惠劼，张倩，王芳.城市居住区规划设计概论 [M]. 北京：化学工业出版社，2006）

寒冷地区，夏季西晒不是主要问题，而是在冬季获得必要的日照，所以住宅居室避免朝北。我国部分地区的建筑适宜朝向范围见表 12-2-2。

我国部分地区建筑朝向　　　　　　　　　　　表 12-2-2

地区	最佳朝向	适宜朝向	不宜朝向
北京地区	正南至南偏东 30° 以内	南偏东 45° 范围以内、南偏西 35° 范围以内	北偏西 30° ~60°
上海地区	正南至南偏东 15°	南偏东 30°、南偏西 15°	北、西北
石家庄地区	南偏东 15°	南至南偏东 30°	西
太原地区	南偏东 15°	南偏东至东	西北
呼和浩特地区	南至南偏东、南至南偏西	东南、西南	北、西北
哈尔滨地区	南偏东 15° ~20°	南至南偏东 15° 至南偏西 15°	西北、北

续表

地区	最佳朝向	适宜朝向	不宜朝向
长春地区	南偏东 30°、南偏西 10°	南偏东 45°、南偏西 45°	北、东北、西北
沈阳地区	南、南偏东 20°	南偏东 45°、南偏西 45°	东北、东至西北、西
济南地区	南、南偏东 10°~15°	南偏东 30°	西偏北 5°~10°
南京地区	南、南偏东 5°~10°	南偏东 25°、南偏西 10°	西、北
合肥地区	南偏东 15°	南偏东 15°、南偏西 5°	西
杭州地区	南、南偏东 15°	南、南偏东 30°	北、西
福州地区	南偏东 10°~15°	南偏东 20° 以内	西
郑州地区	南偏东 15°	南偏东 25°	西北
武汉地区	南偏西 15°	南偏西 15°	西、西北
长沙地区	南偏东 9° 左右	南	西、西北
广州地区	南偏东 15°、南偏西 5°	南偏东 22°33′、南偏西 5° 至西	
南宁地区	南、南偏东 15°	南偏东 15°~25°、南偏西 20°	东、西
西安地区	南偏东 10°	南偏东 30° 至南偏西 30°	西、西北
银川地区	南至南偏西 30°	南偏东 34°、南偏西 20°	西、北
西宁地区	南至南偏西 30°	南偏东 30° 至南偏西 30°	北、西北
乌鲁木齐地区	南偏东 40°、南偏西 30°	东南、东、西	北、西北
成都地区	南偏东 45° 至南偏西 15°	南偏东 45° 至东偏北 30°	西、北
昆明地区	南偏东 25°~50°	东至南至西	北偏东 35° 至北偏西 35°
拉萨地区	南偏东 10°、南偏西 5°	南偏东 15°、南偏西 10°	西、北
厦门地区	南偏东 5°~10°	南偏东 22°30′、南偏西 10°	南偏西 25°、西偏北 30°
重庆地区	南、南偏东 10°	南偏东 15°、南偏西 5°、北	东、西
旅大地区	南、南偏西 15°	南偏东 45° 至南偏西至西	北、西北、东北
青岛地区	南、南偏东 5°~15°	南偏东 15° 至南偏西 15°	西、北
桂林地区	南偏东 10°、南偏西 5°	南偏东 22°30′、南偏西 20°	

资料来源：惠劼，张倩，王芳. 城市居住区规划设计概论 [M]. 北京：化学工业出版社，2006.

2.4.3　通风

我国大部分地区夏、冬两季的主导风向大致相反，因而在解决居住区的通风、防风要求时，一般不至于矛盾。提高住宅群体的自然通风效果的规划设计措施主要是妥善安排城市和居住区的规划布局，进行建筑群体的不同组合，以及充分地利用地形和绿化等条件（图 12-2-6、图 12-2-7）。

与建筑自然通风效果相关的因素有：①建筑的高度、进深、长度、外形和迎风方位；②建筑群体的间距、排列组合方式和迎风方位；③住宅区的合理选址以及住宅区道路、绿地、水面的合理布局。成片成丛的绿化布置可以阻挡或引导气流，改变建筑组群气流流动的状况。

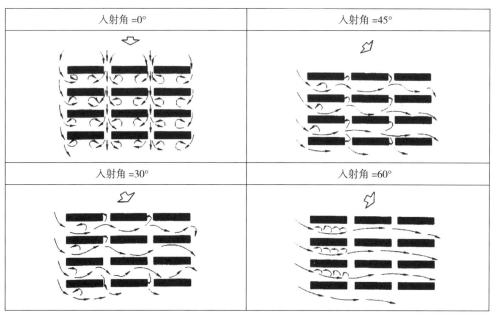

图 12-2-6　不同风向入射角对建筑气流影响

（资料来源：惠劼，张倩，王芳. 城市居住区规划设计概论 [M]. 北京：化学工业出版社，2006）

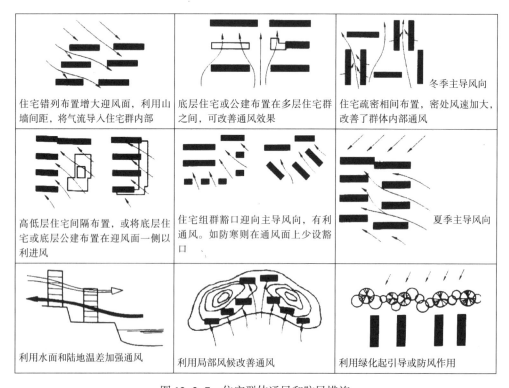

图 12-2-7　住宅群体通风和防风措施

（资料来源：惠劼，张倩，王芳. 城市居住区规划设计概论 [M]. 北京：化学工业出版社，2006）

2.4.4 噪声的防治

居住区的噪声主要来自三个方面：交通噪声、人群活动噪声和工业生产噪声。防治噪声最根本的办法是控制声源，如在工业生产中改进设备，降低噪声强度；在城市交通方面，主要是改进交通工具。此外，通过城市和居住区总体的合理布局、建筑群体的不同组合及利用绿化和地形等条件，亦有利于防止噪声。

3 居住区公共服务设施及其用地的规划布置

3.1 居住区公共设施配置的目的和作用是什么

根据原建设部颁布的《城市居住区规划设计规范》（GB 50180—1993）（2002 年版），居住区公共设施（也称配套公建）的内涵是由居住区层面提供的、为住宅提供配套服务的公共建筑，必须与居住人口规模相对应，并应与住宅同步规划、同步建设和同时投入使用。

居住区公共设施与城市公共设施的根本区别在于与住宅"同步配建"的建设特征以及与住宅空间融为一体的空间特征两方面。此外，两类公共服务设施在建设方式和产权特征方面也有较显著的不同，居住区公共服务设施中的许多项目具有住宅区共有产权的特征。

按照国家城市用地分类标准，居住小区及小区以下级公共服务设施用地包含在居住用地 R 大类的 R12 或 R22 小类中；而居住区及居住区以上级的城市公共服务设施一般具有独立的用地，属于 C 类。

居住区公共服务设施主要是满足居民基本的物质和精神生活方面的需要，主要为本区居民服务，其总体水平综合反映了居民对物质生活的客观需要和精神生活的追求，也体现了社会对人的关怀程度，是城市生活文明程度的反映。

3.2 城市居住区公共设施管理的技术准则

1993 年国家建委编制了《城市居住区规划设计规范》（GB 50180—1993），明确了居住区公共设施的分类和量化标准，为居住区配套设施的建设提供了依据和执行标准。规范经 2002 年修编后使用至今。下文中的"国标"即指《城市居住区规划设计规范》（GB 50180—1993）（2002 年版）。

3.2.1 城市居住区公共服务设施标准的体系建构

城市居住区公共服务设施标准的指标体系涉及以下几个控制要素：

设置级别：反映设施对应的服务人口规模等级，国标中分为居住区、居住小区、居住组团三级；

设施类别：根据各项设施满足居民生活需求的功能类型，将其划分为教育、医疗、文体等大类，便于规划布局协调及管理控制；

设施项目：在指标体系中往往会明确规定该配置哪些公共设施，以及各项设施的占地面积、建筑面积下限、具体的设置要求（如场地出入口、设置楼层、兼容性、日照间距控制等），同时对此项设施是属于指令性的"必设"项目或是指导性的"宜设"项目给出明确的规定。

3.2.2 城市居住区公共服务设施标准的指标细则

1. 对应居住人口的分级控制

国标的人口规模分为居住区、居住小区和居住组团三级。

居住区：3~5万人，达到此人口规模的社区应具备一整套完善的日常生活需要的公共服务设施；居住小区：1~1.5万人，对应一所小学的服务人口，达到此规模的社区应具备一套基本生活需要的公共服务设施；组团：300~1000户，即1000~3000人，对应居委会管辖人口，达到此规模的社区要有一套基层生活需要的公共服务设施。

2. 对应功能类型的设施分类

设施的分类与居民日常需求的功能直接对应。

国标将居住区公共设施分为教育、医疗卫生、文化体育、金融邮电、社区服务、行政管理及其他、市政公用和商业服务等八类。各大城市标准的分类也基本与国标吻合。

3. 对应居住需求的项目设置及规模控制

1）教育类设施

教育类设施包括高中、初中、小学和幼儿园。

作为各类设施中占地规模最大的一类设施，教育设施设置标准的重点是根据服务人口确定各级学校的基本规模（班数、座位数）和对应的用地面积。由于中小学校对于外围交通条件、体育场地的设置以及教学区的日照和间距有明确的规定，除提供足够面积的用地外，还需要考虑用地的区位和形状，以保证教学建筑和各类运动场地的合理布局。

2）医疗卫生类设施

国标及各城市标准中的"医疗卫生"类设施均包括综合医院、社区卫生服务中心（门诊部）和卫生站（社区健康服务中心）三级。综合医院应在20万人口左右的居住地区级统筹安排，在分区规划阶段明确建设用地。居住区级的社区卫生服务中心和居住小区级的卫生站不需要独立占地，但宜设于建筑首层或至少保证首层有相当部分的使用面积。

3）文化体育类设施

文化体育类设施包括居住区级的文化活动中心、体育中心和居住小区级的文化活动站、居民健身设施。文体设施扩展应符合社会发展趋势和居民需求的方向，应在各级居住开发中根据居住人口保证定额配置。居住区级文体设施建议以综合体形式集中设置，形成综合文体活动中心，并结合地域特点选择建筑形式和场地类型，以提高服务质量。

4）社区服务及行政管理类设施

国标中分为"社区服务"和"行政管理"两类设置的设施可合并设置。"社区服务类"设施包括必设的社区服务中心（含老年人服务中心）、物业管理和居委会、治安联防站，以及宜设的养老院、残疾人托养所和托老所。从使用对象上分别针对全体社区居民和老年人、残疾人等弱势群体，见表12-2-3。"行政管理类"设施包括街道办事处、派出所、市政管理机构和其他管理用房。

老年人服务设施综合比较 表 12-2-3

项目	功能	服务性质	类别	对象
敬老院、福利院	社会福利救助	无偿服务	社区服务类	救助孤寡、残疾老人
养老院、老年公寓	长期照顾（全托服务）	收费服务		付费老人
托老所	临时照管（日托服务）	收费服务		
老年人服务中心、老年人服务站点	康复保健、咨询、日常生活服务、文娱	社区共有		全体老人
老年人活动中心	文体休闲活动	社区共有	文化体育类	

资料来源：《城市居住区规划设计规范》（GB 50180—1993）（2002 年版）。

5）金融邮电类设施

国标中金融邮电类设施包括银行、储蓄所、电信支局和邮电所。

6）市政公用类设施

市政公用类设施项目较多，总结起来可分为几类：一类是水、电、燃气、供暖等专营行业的设备空间，包括高压水泵房、变电室、开闭所、路灯配电室、燃气调压站、燃料供应站、供热站等；一类是环卫设施，包括垃圾转运站和垃圾收集点；一类是交通设施，包括公交首末站、居民停车场库和居民存车处；此外还包括消防站和公共厕所。

7）商业服务设施

国标对于商业设施的规定包括食品店、百货店、药店、书店、餐饮、便民店、市场和其他第三产业设施。这种对商业业态的规定已落后于时代。在市场的作用下，商业会根据市场的需求进行配置，政府没有必要也没有可能进行强制性干预。

8）对应服务人口的总量控制

居住区公共服务设施的总量以每千居民所需的建筑和用地面积，即千人指标作为控制标准。千人指标体现的是公共设施总量与居住人口的对应关系。根据户均人口和户均建筑面积，可以得出公共设施总量与住宅开发建筑面积的对应关系，从而将公共服务设施基于服务人口的本质属性表达为与开发量相关联的控制标准。

国标各类设施千人指标如表 12-2-4 所示。

国标千人指标 表 12-2-4

类别	居住区		居住小区		组团	
	建筑面积	用地面积	建筑面积	用地面积	建筑面积	用地面积
总指标	1668~3293	2172~5559	968~2397	1091~3835	362~856	488~1058
教育	600~1200	1000~2400	330~1200	700~2400	160~400	300~500
医疗卫生	78~198	138~378	38~98	78~228	6~12	12~40
文化体育	125~245	225~645	45~75	65~105	18~24	40~60
社区服务行政管理	105~560	113~740	59~292	76~328	19~32	16~28
邮政与市政公用	60~180	95~410	46~162	72~174	9~10	20~30
商业服务	700~910	600~940	450~570	100~600	150~370	100~400

注：表中居住区指标含小区和组团指标，小区指标含组团指标。

资料来源：《城市居住区规划设计规范》（GB 50180—1993）（2002 年版）。

3.3 公共设施如何规划布置

3.3.1 规划布置的基本要求

公共设施的布置应满足合理的服务半径要求。一般认为：居住区级公共设施为 800~1000m；居住小区级公共设施为 400~500m；居住生活单元级公共设施为 150~200m。

公共设施应设在交通比较方便，人流量比较集中的地段，可结合只供上下班的路线进行考虑。

如为独立的工矿居住区或地处市郊的居住区，则应在考虑附近地区和农村使用方便的同时，保持居住区内部的安宁。

各级公共服务中心宜与相应的公共绿地相邻布置，或靠近河湖水面等一些能较好体现城市建筑面貌的地段以取得良好的空间效果。利用公共服务设施本身富有特点的造型形成居住区内各级公共中心，创造居住区多元化和多层次的公共空间。

3.3.2 规划布置方式

居住区公共建筑规划布置的方式基本上可分为两种，即按二级或三级布置。

第一级（居住区级）公共建筑项目主要包括一些专业性的商业服务设施和影剧院、俱乐部、图书馆、医院、街道办事处、派出所、房管所、邮电、银行等为全区居民服务的机构。

第二级（居住小区级）内容主要包括综合商店、小吃店、幼托、小学等。

第三级（居住组团级）内容主要包括居委会、卫生站、青少年活动室、退休工人活动室、服务站、小商店等。

第二级和第三级的公共服务设施都是居民日常必需的，通称为基层公共建筑，这些公共建筑可以如上述分成二级，也可不分。

3.3.3 公共设施规划体系的实施建议

首先，在分区规划或地区控制性规划层面，应按人口要求及服务半径明确地区需配套建设的公共服务设施，着重研究需区域统筹的居住地区级设施和居住区级需要独立占地的公益性设施。然后，在控制性详细规划层面，应确定占地规模较大的居住区级和小区级设施（小学、九年一贯制学校），明确其建设形式（即以独立占地或居住地块内部配建的形式）、建设位置、规模以及相应的规划设计要求；并对居住开发地块提出规划设计要点，调控其他小区级和组团级公建配套设施。最后，在修建性详细规划层次，应在规划设计中落实小区级公共服务设施，并实现组团级公共服务设施的各项内容和标准。

4　居住区道路和交通的规划布置

4.1　居住区道路如何分级

居住区内的道路除满足居民区日常生活方面的交通活动需要，还要考虑通行一些市政公共车辆的需要，如清除垃圾、递送邮件等，同时也要满足铺设各种工程管线的需要。此外，还要考虑一些特殊情况，如供救护、消防和搬运家具等车辆的通行。根据功能要求和居住区规模的大小，居住区道路一般可分为三级或者四级。

（1）第一级：居住区级道路——居住区的主要道路，用以解决居住区内外交通的联系，道路线宽度一般为 20~30m。

（2）第二级：居住小区级道路——居住区的次要道路，用以解决居住区内部的交通联系。道路红线宽度一般为 10~14m，车行道宽度一般为 6~9m，人行道宽度一般为 1.5~2m。

（3）第三级：住宅组团级道路——居住区内的支路，用以解决住宅组团的内外交通联系。道路红线宽度一般为 8~10m，车行道宽度一般为 3~5m。

（4）第四级：宅间小路——通向各户或各单元门前的小路，一般宽度不小于 2.5m。

此外，在居住区内还可有专供步行的林荫步道或锻炼跑道，其宽度根据规划设计的要求而定。

4.2　居住区道路规划设计的基本要求

（1）居住区内部道路主要为本居住区服务。居住区道路系统应根据功能要求进行分级。为了保证居住区内居民的安全和安宁，不应有过境交通穿越居住区，特别是居住小区。同时，不宜有过多的车道出口通向城市交通干道。机动车道对外出入口间距应小于 150m，也可用平行于城市交通干道的地方性通道来解决居住区通向城市交通干道出口过多的矛盾。

（2）道路走向要便于职工上下班，尽量减少反向交通。住宅与最近的公共交通站之间的距离不宜大于 500m。

（3）应充分利用和结合地形，如尽可能结合自然分水线和汇水线，以利雨水排除。在南方多河地区，道路宜与河流平行或垂直布置，以减少桥梁和涵洞的投资。在丘陵地区则应注意减少土石方工程量，以节约投资。

（4）在进行旧居住区改建时，应充分利用原有道路和工程设施。

（5）车行道一般应通至住宅建筑的入口处，建筑物外墙面与人行道边缘的距离应不小于 1.5m，与车行道边缘的距离不小于 3m。

（6）小区内主要道路至少应有两个出入口；居住区内主要道路至少应有两个方向与外围道路相连；眼见建筑物长度超过 150m 时，应设不小于 4m×4m 的消防车通道。人形出入口间距不宜超过 80m，当建筑物长度超过 80m 时，应在底层加设人行通道；居住区内尽端式道路长度不宜超过 120m，在尽端应设不小于 12m×12m 的回车场地。

（7）如车道宽度为单车道时，则每隔 150m 左右应设置车辆互让处。

（8）道路宽度应考虑工程管线的合理敷设。

（9）道路的线形、断面等应与整个居住区规划结构和建筑群体的布置有机地结合。

（10）应考虑为残疾人设计无障碍通道。目前我国残疾人占总人口的 4.7%，老年人也达到总人口的 10% 左右。为此，居住区内有必要在商业服务中心、文化娱乐中心、老年人活动站及老年公寓等主要地段设置无障碍通行设施。无障碍交通规划设计的主要依据是满足轮椅和盲人的出行需要，具体技术规定详见《为方便残疾人使用的城市道路和建筑设计规范》（JGJ 50—1988）。

4.3　居住区道路系统的基本形式

居住区内道路交通系统组织可分为"人车分行"的道路系统、"人车混行"的道路系统和"人车局部分行"的道路系统三种形式。

4.3.1 人车分行

人车分行是由车行和步行两套独立的道路系统组成的。1933年，在美国新泽西州的雷德朋小镇规划中首次采用并实施。这种人车分行的道路系统较好地解决了私人小汽车和人行的矛盾，之后，在私人小汽车较多的国家和地区便广为使用，并称为"雷德朋"系统。

4.3.2 人车混行

人车混行在私人小汽车数量不多的国家和地区比较实用，特别对一些居民以自行车和公共交通出行为主的城市更为适用，我国目前大多数城市基本都采用这种形式。

4.3.3 人车局部分行

人车局部分行是在人车混行的道路系统基础上，在居住区局部采用人车分行的方式，如设立托幼以及小学的专用步行道。

4.4 居住区道路规划设计的经济性

道路的造价占居住区室外工程造价的比重比较大，因此在规划设计中，在满足使用要求的前提下，应考虑如何缩短单位面积的道路的长度和道路面积。道路的经济性一般用道路线的密度（道路长度/hm^2）和道路面积密度（道路面积/hm^2）（%）来表示。

居住小区或街坊面积增大时，单位面积的坊外道路长度及面积造价均有显著下降；小区和街坊形状的影响也很大，正方形的较长方形的经济。

居住小区和街坊的面积的大小对单位面积的坊内道路长度、面积和造价影响不大，而道路网形式和布置手法对指标影响较大，如采用尽端式道路均匀布置，则指标显著下降。

4.5 居住区停车系统的规划设计

居住区停车系统的规划设计是指如何安排各类交通工具的存放，一般应以方便、经济、安全为原则，采用集中与分散相结合的布置方式，并根据居住区的不同情况可采用室外、室内、半地下或地下等多种存车方式。

4.5.1 自行车存车设施的规划

我国是自行车的使用大国，自行车是许多人的主要交通工具，停放时分为分散停放和集中停放。分散停放大多在各住户单元门口或各住户地下储藏室。集中停放一般设置专用的停车场地集中存放，按照每辆车占地（含通道）1.4~1.8m^{2}计算。目前出现的一些专门为自行车提供的停车设备，可以令车抬高前轮放置，甚至有双层停车装置，都有效节约了场地的占用空间。

自行车停车方式应以出入方便为原则。自行车停车场原则上不设在交叉路口附近，出入口不应少于两个，宽度不小于2.5m。

4.5.2 小汽车停车设施的规划

居住区机动停车场（位）的规划布置应该根据整个居住区或小区的整体道路交通组织规划来安排，以方便、经济、安全为规划原则，有分散于住宅组团中或绿地中的停车库或露天停车场，也有集中于独立地段的大中型停车场或停车库。

居住区机动车停车设施一般采用集中与分散相结合的规划方式。集中的停车库

（场）一般设于居住区或小区的主要出入口或服务中心周围，以方便购物并限制外来车辆进入居住区或小区；分散的停车库（位）一般设于住宅组团内或组团外围，靠近组团出入口以方便使用，同时应注意设置步行路与住宅出入口及区内步行系统相联系，以创造良好的居住环境。

居住小区的停车设施一般有集中或分散式停车库、集中或分散式停车场、路边分散式停车位和分散式私人停车房几种形式。在底层花园式居住区中，较多采用分散式的私人停车位（房）或路边停车位；在多层住宅为主的居住区内多采用分散式的停车场或停车库；在高层住宅为主的居住区中或大型公建周围，较多采用集中式停车场或停车库。居住区内的公共活动中心、集贸市场和人流较多的公共建筑，必须相应配置公共停车场（库），并应符合相关规定。配建停车场（库）应就近设置，并宜采用地下或多层车库。

《城市居住区规划设计规范》（GB 50180—1993）（2002 年版）中规定居住区内停车场设置的一般要求有：居民汽车停车率不应小于 10%；居住区内地面停车率不宜超过 10%。地面停车率是指居民汽车的地面停车位数量和居住户数的比率（%）。停车场（库）的布局应考虑使用方便，服务半径不宜超过 150m。

5　居住区绿地系统规划

近年来随着城市化进程的加快，我国居住区的开发与建设迅速发展。居住区绿地已成为城市中分布最广、最为居民所经常使用的环境空间。居民的生活质量不再局限于住宅的档次与质量，他们对户外环境质量的要求逐渐提高。

5.1　居住区绿地有什么功能

5.1.1　绿地的生态功能

绿色植物可以净化空气。绿色植物通过光合作用，能吸收二氧化碳，放出氧气，通常 $1hm^2$ 阔叶林每天消耗二氧化碳 1t，放出 0.73t 氧气。如果按一个成年人每天约呼出二氧化碳 0.9kg，吸入 0.75kg 氧气计算，则平均每人需城市绿地 $10m^2$。同时绿地具有净化水体和净化土壤的作用。

5.1.2　绿地的心理功能

植物对人类有着一定的心理功能。随着科学的发展，人们不断深化对这一功能的认识。绿色的光线可以激发人们的生理活力，使人们在心理上感到平静；绿色使人感到舒适，能调节人的神经系统；同时绿色植物能吸收强光中对眼睛有害的紫外线，可使眼睛减轻和消除疲劳。

5.1.3　绿地的物理功能

绿地具有改善小气候的作用：一般情况下，夏季树荫下的空气温度比露天的空气温度低 3~4℃，在草地上的空气温度比沥青地面的空气温度要低 2~3℃；在一般情况下，绿化可起到一定的防噪声功能，如 9m 宽的乔、灌木混合绿带可减少 9dB；在地震区域的城市，城市绿地能有效地成为防灾避难场所。

5.1.4　绿地的景观功能

绿地植物既是现在城市园林建设的主体，又具有美化环境的作用。植物给予人们的美感效应，是通过植物固有的色彩、姿态、风韵等个性特色和群体景观效应所体现出来的。

5.1.5 绿地的使用功能

为居民提供优美的绿化环境，有助于消除疲劳、振奋精神，为居民提供户外活动场地，创造游憩、交往、运动等场地。

5.2 居住区绿地系统的组成和标准

5.2.1 居住区绿地的组成

（1）公共绿地。指居住区级、小区级及街坊内的公共使用绿地，居住区区级公园、小区级小游园、组团级组团绿地，以及儿童游戏场地和其他的块状、带状公共绿地。

（2）公共建筑或公用设施附属绿地。指居住区内各类公共建筑和公用设施周围的环境绿地。如区内的学校、幼托机构、医院、门诊所、锅炉房等用地内的绿地。

（3）宅旁和庭院地。指住宅四周及建筑物本身的绿化。

（4）街道绿地。指居住区内各种道路红线以内的绿地。

5.2.2 居住区绿地的指标

居住区绿地的标准是用公共绿地指标和绿地率来衡量的。根据 2006 年版《居住区环境景观设计导则》，居住区内的公共绿地，应根据居住区不同的规划组织结构类型，设置相应的中心公共绿地，包括居住区公园（居住区级）、小游园（小区级）和组团绿地（组团级），以及儿童游戏场和其他的块状、带状公共绿地等，并应符合规定，如表 12-2-5 所示。

居住区各级中心公共绿地设置规定　　　　　表 12-2-5

中心绿地名称	设置内容	要求	最小规模（hm^2）	最大服务半径（m）
居住区公园	花木草坪、花坛水面、凉亭雕塑、小卖茶座、老幼设施、停车场地和铺装地面等	园内布局应有明确的功能划分	1.0	800~1000
小游园	花木草坪、花坛水面、雕塑、儿童设施和铺装地面等	园内布局应有一定的功能划分	0.4	400~500
组团绿地	花木草坪、桌椅、简易儿童设施等	灵活布局	0.04	

注：1. 居住区公共绿地至少有一边与相应级别的道路相邻。

2. 应满足不少于 1/3 的绿地面积在标准日照阴影范围之外。

3. 块状、带状公共绿地同时应满足宽度不小于 8m，面积不小于 400m² 的要求。

资料来源：武勇，刘丽，刘华领. 居住区规划设计指南及实例评析 [M]. 北京：机械工业出版社，2008.

居住区内人均公共绿地指标：组团不少于 0.5m²/ 人；小区（含组团）不少于 1m²/ 人；居住区（含小区和组团）不少于 1.5m²/ 人。

居住区内绿地率指标：新区建设不应低于 30%，旧区改造不宜低于 25%，种植成活率不低于 98%。

5.2.3 居住区绿地规划的基本要求

（1）根据居住区的功能组织和居民对绿地的使用要求采取集中与分散，重点与一般，及点、线、面相结合的原则，以形成完整统一的居住区绿地系统，并与城市总的绿地系统相协调。

（2）尽可能利用劣地、坡地、洼地进行绿化，以节约用地。对建设用地中原有的绿化、湖河水面等自然条件要充分利用。

（3）应注意美化居住环境的要求。

（4）居住区绿化是面广量大的绿化工程，不应追求名贵的花木树种，应以价廉、易管、易长为原则，绿化可以草地为主，树径不宜过小，宜在 10cm 以上，在居住区的重要地段可少量种植一些形态优美，具有色、香和地方特色的花木或大树，使整个居住区的绿化环境能保持四季常青的景色。

5.3　居住区公共绿地的规划布置

5.3.1　公共绿地

根据居民的使用要求、居住区的用地条件以及所处的自然环境等因素，居住区公共绿地可采用二级或三级的布置方式。另外，还可结合文化商业服务中心和人流过往比较集中的地段设置小花园或街头小游园。点、线、面相结合，有机地分布在居住区环境之中，形成完整的绿化系统。

5.3.2　公共建筑或公用设施附属绿地

附属绿地的规划布置首先应满足本身的功能需要，同时应结合周围环境的要求。例如幼儿园周围的绿化布置，东侧的树丛对住宅起了防止西晒和阻隔噪声的作用，西边的树丛则分隔了幼儿园院落与相邻公共绿地的空间。此外，还可利用专用绿地作为分隔住宅组群空间的重要手段，并与居住区公共绿地有机地组成居住区绿地系统。

5.3.3　宅旁和庭院绿地

居住区内住宅四旁的绿化用地有着相当大的面积。宅旁绿地主要满足居民休息、幼儿活动及安排杂务等需要。宅旁绿地的布置方式随居民建筑的类型、层数、间距及建筑组合形式等的不同而异。在住宅四旁还由于向阳、背阳和住宅平面组成的情况不同应有不同的布置。如低层联立式住宅，宅前用地可以划分成院落，由住户自行布置，院落可围以绿篱、栅栏或矮墙；多层住宅的前后绿地可以组成公共绿化空间，由于住宅间距较大，空间比较开敞，一般作为公共活动的场所。

平面绿化与立体绿化相结合，立体绿化的视觉效果非常引人注目，在搞好平面绿化的同时，也应加强立体绿化，如对院墙、屋顶平台、阳台的绿化，棚架绿化以及篱笆与栅栏绿化等。立体绿化可选用地锦、爬藤类及垂挂植物。

5.3.4　街道绿化

街道绿化是普遍绿化的一种防护方式。它对居住区的通风、调节气温、减少交通噪声以及美化街景等有良好的作用，且占地少，遮荫效果好，管理方便。居住区道路绿化的布置要根据道路的断面组成、走向和地上地下管线敷设的情况而定。居住区主要道路和职工上下班必经之路的两侧应绿树成荫，这对南方炎热地区尤为重要。一些次要通道就不一定两边都种植行道树，有的小路甚至可以断续灵活地栽种。在道路靠近住宅时，要注意数目对住宅通风、日照和采光的影响。行道树带宽一般不应小于 1.5m。树池的最小尺寸为 1.2m×1.2m。在道路交叉口的视距三角形内，不应栽植高大乔木、灌木，以免妨碍驾驶员的视线。

6 居住区竖向规划

无论是平原地区还是丘陵山区的城市，做好居住区的竖向规划即控制高程规划是十分重要的，因为它关系到地面水的顺利排出、车辆的顺利通行、建筑物的合理布置及洪涝的顺畅排出等。合理的竖向规划还应表现在动用最小的土方工程量，可以起到降低工程投资、保护自然植被、减少土壤被侵蚀的积极效果。

竖向规划设计一般应做到以下工作：现状调查，整理现状地形图，了解建筑、道路及各市政管线的竖向规划设计规范或标准，协调用地规划方案，编制竖向规划方案，计算土石方工程量及投资估算等。竖向规划的成果大致是：规划范围内的规划设计等高线、各规划路口轴线交点的控制高程、各规划建筑（构筑）物的设计高程、用地内绝对最高和最低点的高程点，在地形复杂的地段还宜增加场地剖面图。

6.1 居住区用地的适宜坡度是多大

表12-2-6中的下限值是为了满足排水要求的最小坡度确定的。当地面坡度超过8%时，行人上下步行困难，必须整理地形，以台阶式来缓解坡度造成的消极影响。

各种场地的适用坡度　　　　　　　　　　　表 12-2-6

场地名称		适宜坡度（%）
密实性地面和广场		0.3~3.0
广场兼停车场		0.2~0.5
室外场地	儿童游戏场	0.3~2.5
	运动场	0.2~0.5
	杂用场地	0.3~2.9
绿地		0.5~1.0
湿陷性黄土地面		0.5~7.0

资料来源：笔者根据相关资料整理自绘。

6.2 竖向规划原则

6.2.1 保护现有地貌景观

竖向规划应充分利用现状地形资源，尽量在原有的地形结构基础上进行调整，摒弃"推平头"的简单做法（表12-2-7）。

坡地坡度分级及住宅布置方式　　　　　　　表 12-2-7

坡地类型	坡度	布置方式
平坡地	< 3%	基本上是平地，道路及房屋布置均很自由，但需注意排水
缓坡地	3%~10%	住宅区内车道可纵横自由布置，不需要梯级，住宅群体布置不受地形的影响
中坡地	10%~25%	住宅区内需要梯级，车道不宜垂直等高线布置，住宅群布置受一定限制
陡坡地	25%~50%	住宅区内车道需与等高线成较小锐角布置，住宅布置及设计受到较大限制
急坡地	50%~100%	车道上升困难，需曲折盘旋而上，梯道需与等高线成斜角布置，住宅设计需作特别处理

资料来源：本书编写组自绘。

6.2.2 协调道路系统布局

居住区内道路的线形和走向受地势起伏影响。在地形变化较大的地区，一般要求建筑的长边尽量顺着等高线布置。

6.2.3 协调管线埋设要求

竖向规划设计方案要建立在对现状水系周密调查的基础上，一般在山区或丘陵地带，必须根据居住区所在地域的地面排水系统，确定居住区内规划排水体系，以确保建设地区地面水的排除和安全排洪。市政管线与地形高低关系密切，力求与道路一样顺坡定线。

6.3 土方平衡

在实际情况下，竖向规划设计难以达到就地"土方平衡"。在地势低洼地区，为防止居住区内积水，一般应把地面填高，或考虑就地挖人工湖面，以增加改造地面的填方量；在地形崎岖地区，应结合建筑设计整理地面，但切忌一律推平的做法。

第3节 居住区规划的技术经济指标

居住区是城市的重要组成部分，在用地上、建设量上都占有绝对高的比重，因此研究和分析居住区规划和建设的经济性对充分发挥投资效果，提高城市土地的利用效益都具有十分重要的意义。居住区规划的技术经济分析，一般包括用地分析、技术经济指标的比较及造价估算等几个方面。

1 用地平衡表

用地平衡表的作用是对土地使用现状进行分析，作为调整用地和制定规划的依据之一。通过多方案比较，检验设计方案用地分配的经济性和合理性。用地平衡表是审批居住区规划设计方案的依据之一。

1.1 用地平衡表的内容（表12-3-1）

居住区用地平衡表 　　　　　　　　　　　　　　表 12-3-1

项目	面积（hm^2）	所占比例（%）	人均面积（m^2/人）
一、居住区用地（R）	▲	100	▲
1. 住宅用地（R01）	▲	▲	▲
2. 公建用地（R02）	▲	▲	▲
3. 道路用地（R03）	▲	▲	▲
4. 公共绿地（R04）	▲	▲	▲

项目	面积（hm²）	所占比例（%）	人均面积（m²/人）
二、其他用地（E）	△	—	—
居住区规划总用地	△	—	—

注：▲为参与居住区用地平衡的项目，△为不参与居住区用地平衡的项目。其中其他用地是指在居住区范围内不属于居住区的用地，如市级以上的公共建筑，工厂或单位的用地，以及不适用于建筑的用地。

资料来源：武勇，刘丽，刘华领. 居住区规划设计指南及实例评析 [M]. 北京：机械工业出版社，2008.

1.2 各项用地界限划分如何确定

根据我国《城市居住区规划设计规范》（GB 50180—1993）（2002 年版）的规定，各项用地的界限划分和计算遵照以下标准。

1.2.1 居住区用地范围的确定

居住区以城市干道或公路为界时，则以道路红线为界，如是居住区干道时，以道路中心线为界；与其他用地相邻时，以用地边界线为界；与天然障碍物或人工障碍物相毗邻时，以障碍物地点边线为界；居住区内的非居住用地或居住区级以上的公共建筑用地应该扣除。

1.2.2 住宅用地范围的确定

以居住区内部道路红线为界，宅前宅后小路属于住宅用地；如住宅与公共绿地相邻，没有道路或其他明确界限时，通常在住宅的边长以住宅的 1/2 高度计算，住宅的两侧一般按 3~6m 计算；与公共服务设施相邻的，以公共服务设施的用地边界为界；如公共服务设施无明确边界时，则按住宅的要求进行计算。

1.2.3 公共服务设施范围的确定

有明确用地界限的公共服务设施按基地界限划定，无明确界限的公共服务设施，可按建筑物基底占土地及建筑四周实际所需利用的土地划定界限。

1.2.4 住宅底层为公共服务设施时用地范围的确定

当公共服务设施在住宅建筑底层时，将其建筑基地与建筑物周围用地按住宅和公共服务设施项目各占面积的比例分摊，并分别计入住宅用地或公共服务设施用地内；当公共服务设施突出于上部住宅或占有专门场地与院落时，突出部分的建筑基底、因公共服务设施需要后退红线的用地及专用场地的面积均应计入公共服务设施用地内。

1.2.5 道路用地范围的确定

城市道路一般不计入居住区的道路用地，居住区道路作为居住区用地界线时，以道路红线的一半计算；小区道路和住宅组团道路按道路路面宽度计算，其中包括人行便道；公共停车场、回车场以设计的占地面积计入道路用地，宅前宅后小路不计入道路用地；公共服务设施用地界限外的人行道和车行道均按道路用地计算，属于公共服务设施专用的道路不计入道路用地。

1.2.6 公共绿地范围的确定

公共绿地指规划中确定的居住区公园、小区公园、住宅组团绿地，不包括住宅日照间距之间的绿地、公共服务设施所属绿地和非居住区范围内的绿地。

2　技术经济指标

2.1　组成内容（表 12-3-2）

居住区的技术经济指标表　　　　表 12-3-2

项目	居住户数	居住人数	总建筑面积	住宅建筑面积	平均层数	住宅建筑净密度	住宅建筑面积毛密度	住宅建筑面积净密度	人口净密度	人口毛密度	容积率	每公顷土地开发费（测算）	单方综合投资（测算）
单位	户	人	万 m²	万 m²	层	%	m²/hm²	m²/hm²	人/hm²	人/hm²		万元	万元

资料来源：李德华.城市规划原理 [M].第三版.北京：中国建筑工业出版社，2001：460.

2.2　主要技术经济指标

2.2.1　住宅平均层数

住宅平均层数是指各种住宅层数的平均值，计算公式如下：

$$住宅平均层数=\frac{住宅总建筑面积}{住宅基地总面积}$$

【例】某小区住宅建筑分别为 3 层、7 层、20 层，建筑面积分别为：27000m²、63000m²、160000m²，求该小区住宅平均层数。

【解】住宅总建筑面积 =27000+63000+160000=250000m²

住宅基地总面积 =270000/3+63000/7+160000/20=26000m²

平均层数 =250000/26 000 ≈ 9.6 层

2.2.2　住宅建筑净密度

$$住宅建筑净密度=\frac{住宅建筑基地总面积}{住宅总用地面积}$$

2.2.3　总建筑密度

$$总建筑密度=\frac{总建筑基地面积}{居住区总用地面积}$$

2.2.4　住宅建筑面积毛密度

$$住宅建筑面积毛密度=\frac{住宅总建筑面积}{居住区总用地面积}$$

2.2.5　住宅建筑面积净密度

$$住宅建筑面积净密度=\frac{住宅总面积}{住宅用地总面积}$$

2.2.6　人口毛密度

$$人口毛密度=\frac{规划总人口}{居住区用地总面积}$$

2.2.7 人口净密度

$$人口净密度 = \frac{规划总人口}{住宅用地总面积}$$

2.2.8 容积率（建筑面积密度）

$$容积率 = \frac{总建筑面积}{居住区总用地面积}$$

2.2.9 住宅用地指标

住宅用地指标决定于四个因素：

（1）住宅居住面积定额；

（2）住宅居住面积密度；

（3）住宅建筑密度；

（4）平均层数。

2.3 造价估算

居住区的造价主要包括地价、建筑造价、室外市政设施、绿地工程和外部环境设施造价等。此外，勘察、设计、监理、营销策划、广告、利息以及各种相关的税费也都属成本之内。居住区总造价的综合指标一般以每平方米居住建筑面积的综合造价为主要指标。

土地地价对居住区总造价起着决定性的作用。在我国大陆地区虽然不存在土地买卖，但在市场经济体制下实行土地的有偿使用，特别是实行城市土地批租政策以来，土地的应用价值也随之起着越来越大的作用；随着城市建设项目的不断加大，城市土地的有限资源越来越显得紧张，因而价值陡增。

建造造价包括住宅与配套公共服务设施的造价，住宅造价一般与住宅层数密切相关，一般不设置电梯的多层住宅的造价只有高层住宅造价的1/2；虽然高层住宅造价高于多层住宅，但高层住宅能节约用地，提高土地利用效益，减少室外市政设施投资及征地拆迁等费用。

室外市政设施工程和外部环境设施费用是指居住区内的各种管线和设施，如给水排水、供电、供暖、燃气、电信等管线与设施以及绿化种植、道路铺砌、环境设施小品等。

3 居住区规划建设的定额指标

居住区定额指标是城市规划和建设的定额指标的重要组成内容，这些定额指标的制定也是国家一项重要的技术经济政策。居住区规划的定额指标一般包括用地、建筑面积、造价等内容。

居住区用地的指标是指居住区的总用地和各类用地的分项指标，按平均每个居民多少平方米计算。

建筑面积的定额指标主要是指住宅和居住区内各类配套的公共服务设施的建筑面积，按平均每人居住面积进行计算。市场经济体制下，住宅套型大小的规定也将逐渐面向市场。但是，作为特殊商品的住宅，基于土地节约和社会公平等方面的原则，国家对住宅建筑面积指标提出相应的规定，以控制奢华和浪费等市场无序，确保城市住房建设的健康、可持续发展。

我国实行土地有偿使用制度，对居住区的综合造价影响较大，加上建设费用各地标准水平不一，参差甚大。因此，住宅建筑的造价指标受市场影响大。

■ 本章小结

本章居住区规划从居住区的基本概念入手，回顾了居住区规划理论发展过程，并回顾了我国的居住区规划发展特点，由此引出了居住区规划设计的六大核心内容：用地功能布局、住宅布局、公共服务设施的规划布置、道路交通的规划布置、绿地系统的规划布置以及竖向设计。最后再介绍了居住区规划的技术经济指标，从而对居住区规划从基础理论到规划设计到技术经济方面有了系统的认识。

■ 主要参考文献

[1] 陈双，贺文. 城市规划概论 [M]. 北京：科学出版社，2009.

[2] 曹型荣，高毅存. 城市规划使用指南 [M]. 北京：机械工业出版社，2009.

[3] 惠劼，张倩，王芳. 城市居住区规划设计概论 [M]. 北京：化学工业出版社，2006.

[4] 武勇，刘丽，刘华领. 居住区规划设计指南及实例评析 [M]. 北京：机械工业出版社，2008.

[5] 李德华. 城市规划原理 [M]. 第三版. 北京：中国建筑工业出版社，2001.

[6] 同济大学建筑与城市规划学院. 城市资料集 第七分册 城市居住区规划 [M]. 北京：中国建筑工业出版社，2006.

■ 思考题

1. 结合实例谈谈居住区规划结构的基本形式。
2. 如何确定居住区公共服务设施的配置规模与布局方式？
3. 居住区各技术经济指标的定义及其相互关系是什么？

第13章 城市设计

第1节　什么是城市设计

　　城市设计是场所创造的艺术，它着重要解决的是城市公共空间的设计与管理的问题。城市设计有着悠久的历史传统，现代城市设计的概念是从西方城市美化运动起源的，并随着第二次世界大战后城市建设的实践探索在西方崛起。一般来说，城市设计被认为是建筑学、城市规划与景观建筑之间的交叉学科，而且逐渐与城市经济学、城市社会学、环境心理学、人类学、市政工程、公共管理等知识产生了密切的联系。城市设计与城市规划、交通、建筑设计、经济学、社会学、景观设计和工程技术等相关专业相互影响与帮助。英国建筑与建成环境委员会（Commission for Architecture and the Built Environment）曾对城市设计进行过比较准确的诠释：

　　"城市设计是为人民创造场所的艺术，这包括了对场所的作用方式、社区安全、城市形象等问题的考虑。它关注人与场所之间、人的活动与城市形态之间、自然与人工环境之间的关系，以及保证城乡的成功发展。"

　　本章针对城市公共空间的设计与管理，对城市设计进行简明的介绍，主要围绕着"城市设计的目标是什么？""城市设计有什么基本原则？""城市设计有几种类型？""城市设计与周边学科有什么关系？""城市设计如何实施？"等几个问题展开。

第2节　城市设计的目标是什么

　　既然城市设计关心的是城市公共空间的设计与管理，那么，它的目标是什么？其实，在近百年来的实践中，城市设计的主流目标受到经济技术、政治因素、地方文化特色、人类对环境理解的变化而不断变化。这些目标指导着具体设计活动的发展方向，它的历史演进反映出人们对城市设计的理解的变化。

　　具体来说，在 20 世纪初，美国的城市美化运动运用欧洲巴洛克的美学原则来设计城市街道布局和公共投资项目，反映了美国精英阶级对欧洲文化的再探源。二战前后，现代主义建筑和追求高效私人交通给英美带来了城市环境危机。美国联邦政府 20 世纪 50 年代大规模推倒重建的旧城重建运动，更是体现了当时过分追求快捷的私人交通而忽视了城市生活功能的设计理念。20 世纪 60 年代的英美，以简·雅各布斯（Jane Jacobs）、凯文·林奇（Kevin Lynch）、Gorden Cullen 等人为代表，开始批判赤裸裸的城市重建运动，提倡以自下而上的方式来理解人对环境的认知，提倡欧洲传统的街区生活形态，从根本上扭转了对城市设计的思考方式。

　　20 世纪 70、80 年代开始，英美学者积极地从环境行为学和环境心理学出发，归纳了城市设计的概念，开始大规模使用城市设计导则来指导城市建设，其目标包括步行环境的保护、建立积极的公共空间、创造宜人的景观和控制重要的建筑元素等。20世纪 90 年代后，以新城市主义运动为标志，城市设计进入了以后现代主义为主流的实践，它提倡功能混合使用、以公交为导向进行城市开发、营造街区文化、提高街坊的通达性等设计原则，对原有的老城中心区进行街区的修补。近年来，由于可持续发展概念渐渐纳入西方的政府议事日程，可持续发展的城市设计概念也在日益提升，如通过优化社区结构而鼓励公交出勤、优化结构而减少能耗、建立功能混合使用的社区等。

简单来说，西方城市设计的内容和目标经历了由纯美学品位到环境行为学原理和可持续发展议题的过渡。从狭义上说，现在的城市设计的目标是明确的。首先，它需要通过对物质环境的设计来达到社会公平。著名社会学家大卫·哈维（David Harvey）说过，物质形态规划设计的宗旨，是应能维护道德和社会秩序，它的设计应当对所有人在某种程度上都具有公平的意义。其次，它需要为市民和游客提供活动和审美的机会。最后，它需要保障在被设计的空间里活动的人们感觉舒适（如场所微气候的调节、提高场所的安全感等）。

第 3 节　城市设计有什么基本原则

现代城市设计有了追求社会公平、获得活动与审美的支持、使人感觉舒适等目标，那实现这些目标有什么具体的原则和手段呢？要解决这个问题，必须理解城市设计所关心的核心内容——公共领域，它支撑着一系列活动的建立。它不仅包括公共所有的和为公众服务的设施，还包括了相关的社会要素（如特定人群的收入、社会属性等），这些设施和要素对公共空间的性质进行了限定，并在视觉上和活动上对公共空间产生影响。一般来说，活动的建立包括三个核心元素：一种持续（或循环）的行为模式、一个背景环境（建筑布局模式）和一段时间周期。其中，背景环境通常包括建筑物的首层、外表面和其他实物元素，以及构成建筑内部的表面和构筑物。背景环境对活动的发生必须具有支持功能，虽然最终会发生的活动取决于人们的秉性、动机、知识和能力。当代城市设计的设计对象主要就是这个背景环境，以求引导和支撑人的活动。

经过一个世纪的实践演进，目前城市设计领域最关注的依然是城市公共领域的物质形态特征，并以务实的方式，通过改变或塑造这些特征来建立一个较为理想的背景环境，进而解决城市的社会、经济、环境等方面的问题。从实际工作层面上看，这些物质形态特征是由街道、广场和其他开放空间决定的，并且根据它们是如何被周边的界面和造型元素所围合而决定的。这涉及城市设计的范式，或者叫原则。

很多书籍都提到了各种城市设计的原则。其中，以英国 2000 年出版的《城市设计纲要》（Urban Design Compendium）一书较为全面和明确，并最能体现当代城市设计的精髓。这些原则可以作为各种城市设计项目的思考出发点，它们是：创造人性化的场所、丰富现有的建成环境、建立连接的路径、结合景观进行设计、建立混合的功能与形态、进行合理的投资管理、创造适应性强的设计等。本节根据城市设计的程序习惯，有选择性地介绍其中最核心的内容。

1 如何建立连接的路径

城市空间应该是容易到达的，并要在视觉层面与其周边的环境相结合。这需要对各种交通方式进行综合考虑，如步行、自行车、公交和小汽车交通等。城市形态对这些交通方式和其舒适度有非常关键的影响，其中包括街道的渗透性、可达性，也包括城市街区的组织方式，以及微观上的残疾人无障碍设施的提供等。

街道模式是城市街区以及在它们之间的公共空间或活动的通道。街区限定了空间，它限定了重要的城市设计品质——渗透性。其意思是一个建成环境的穿越路线或在其中的路线的可选择程度。渗透性可以是视觉的渗透性，指看到穿越环境线路的程度；也可以是实体的渗透性，指实际能够穿越空间环境的方便程度。后者可以解释为可达性。

城市街区结构的布局和配置对于决定交通模式以及设定各种开发指标都很重要。那么，便捷的联系路径需要怎样的城市街区模式来支持呢？首先，它是一个公共空间的网络。一般来说，小街区的尺度经常因为具有城市活力、渗透性、视觉区位和可识别性等优点而被提倡。一片拥有小街区的地段可以提供更多的路线选择，比起街区较大的地段，它们一般会形成更有渗透性的环境（图13-3-1）。同时，街区的尺度可以由土地使用的要求（如办公、居住、购物、工业等）和当地的发展经验来确定。通常，规模小和类型复杂的街区通常在城市中心，越靠近城市外围，街区就越大，内容越单一。

对公共空间网络结构形式的推崇，也导致城市街区设计偏好的改变。许多当前出色的城市设计方案是根据城市街区来限定空间的，而不是让单栋建筑出现在空间中。

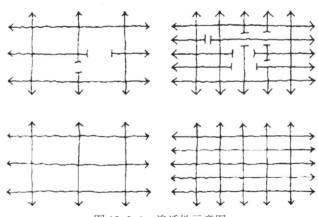

图13-3-1 渗透性示意图

交织得很好的网络可以使人们在网格中以不同的方式从一个地方到达另一个地方，而粗糙的网格则只能提供较少的路线选择方式。如果网格被切断或出现尽端路，渗透性就会减弱。

（资料来源：Carmona，Tiesdell，et al，2003）

街区的尺度可以由当地的环境来决定，根据周边的城市肌理，可以合理推敲出工作地块的街区形式（图 13-3-2）。

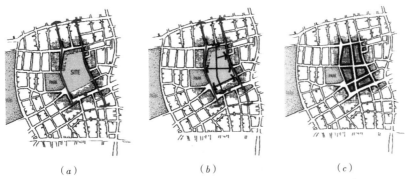

图 13-3-2　通过周边的城市肌理来推敲工作地块的街区形式
（ a ）思考地块与周边主路可能的连接；（ b ）融合周边社区、街道的适于步行的路径；
（ c ）翻译成地块切分模式，以建筑围合空间
（资料来源：EP and HC 2000）

　　城市环境的易达性还可以通过另一个角度来考察，就是看它是否削减了某些社会人群诸如残障人士、妇女、老人以及无小汽车者、步行者或公交车使用者们的选择机会。特别是，要对场所出入口进行认真详细的设计，让包括残障人士在内的所有使用者都容易地使用。所以，弱势群体的需要应该被视为设计过程的一个有机考虑因素。

2　如何营造场所

　　场所营造是城市设计的核心。人们喜欢使用的场所，都有安全、舒适、多样化和有吸引力等特点。这些场所还需要有特色、提供多样化的选择和娱乐。这些充满活力的场所通常为市民提供聚会、街道玩耍和观察环境的空间。要创造有人性化、有吸引力的场所，首先要懂得人是如何认知城市空间的，其次要知道空间是如何被界定的，再次要理解城市的两种重要公共空间——广场与街道。

2.1　城市空间的认知

　　人们是如何认知城市的？美国著名的城市设计学者凯文·林奇对城市的外部空间的认知（也叫城市意象）作了重要贡献。他通过详尽的街头调研，总结了五个关键的城市形态要素，同时这些要素对城市公共环境质量的塑造有着重要的作用。

2.1.1　路径

　　观察者的行动通道（街道、公交线、运河等）。路径通常是城市意象的主导因素，其他的因素都沿着它分布并和它相关联。路径在城市意象中的重要性源于几点，包括被经常使用、拥有特别的空间品质和立面特征、反映城市特色、引人注目等，或是由于它们在城市形态中的特殊位置。

2.1.2　边界

　　是线性要素。与路径不同，它通常是两个区域间的界限或连续部分的线形。最明显的边界是在视觉上引人注目，在形式上连续而且通常难以穿越。边界对公共空间的

活动提供支持，对公共空间的质量有重要的决定作用。

2.1.3 区域

是城市里较为大型的部分。观察者在心理上有"进入"其中的感觉。它拥有比较连续的城市肌理、空间形式、细节、象征意义和用途等方面的特征。

2.1.4 节点

是观察者能够进入的关键性地点，以及观察者的集中焦点。节点也许是连接点，或者是特定用途或形态特征的主题中心。节点中的行为模式的连接和变化非常重要。起支配作用的节点往往既是"集结点"又是"连接点"，它既有功能也有形态的意义。

2.1.5 地标

是观察者的外部参照点。与它们的背景相比，地标有清楚的形式和显著的空间位置，对观察者来说更容易辨认，可以使城市的可识别性提高。

这些要素结合起来，为城市提供全面的意象：区域由节点构成，由边界限定，被路径渗透，地标则以有规律的重叠和穿透散落其间。这些要素的灵活运用，是一个城市设计项目成功的必要条件（图 13-3-3）。

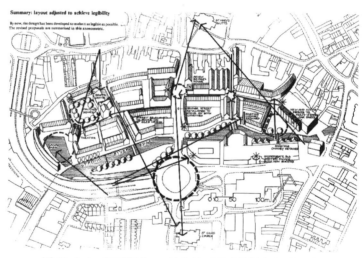

图 13-3-3　运用凯文·林奇的五要素的城市设计方案
（资料来源：Bentley，Alcock，et al，1985）

2.2　公共空间的界定

公共空间的界定方式影响着它的质量。那么，公共空间应该如何被界定呢？在欧洲传统的空间里，建筑通常一栋紧挨一栋，与街道齐平，以建筑的正立面形成开放空间（街道或广场）的界面。建筑的公共空间界面传达了建筑的身份和特征。在建筑自身完整的同时，它的立面也是"街道"和"城市街区"等系统的组成部分。在现代主义的"功能主义"理念里，建筑内部空间的便利是外部形态的主要决定因素。在更大的尺度上——基于在城市内提供更健康的生活条件、美学偏好和容纳小汽车的理念——现代主义的城市空间倾向于在建筑群周边自由流动，而不是包含于其中（图 13-3-4）。

学者们因此把户外空间分为"积极"空间和"消极"空间。其中，积极空间是相对围合的户外空间，有明确和独特的形状。而消极空间是无形状的，没有被界面很好地围合的空间。当一些建筑物或城市街区以一种有组织的方式聚集在一起时，就可以创造出"积极的"空间。根据欧洲的传统街坊形态研究，围合感是公共空间的最重要品质，越是围合强的空间，其效果越积极。创造空间围合感的最直接方法就是将建筑组织在一个中心空间的中间，以建筑的正立面组成一道墙来围合中心空间。无论是街道还是广场，适当的围合、渗透都是对空间质量提升的重要办法。

图 13-3-4　欧洲传统街区（上）与现代主义街区（下）的区别：城市肌理的尊重程度与公共空间的围合程度的差异

（资料来源：Carmona, Tiesdell, et al, 2003）

2.3　广场与街道

广场与街道是日常生活中最常见的公共空间。城市设计中可以如何提高广场与街道的空间质量呢？

广场是因应于城市功能上的要求而设置的，是供人们生活、休闲的空间。城市广场通常是城市居民社会生活的中心，广场上可进行集会、交通集散、居民游览休憩、商业服务及文化宣传等活动。广场旁一般都布置着城市中重要的建筑物，广场上布置设施和绿地，能集中体现城市空间环境面貌。广场的空间质量也遵循着空间围合的原则。一般来说，围合程度越高的广场，其空间形式就越积极。当然，广场在被围合的同时，应该在适当的地方打开一些能与周边环境相交换的通道，以增加广场的可达性；广场同时需要被赋予一定的功能与象征意义，这可以通过设置相关的标志物或特殊的界面建筑来实现（图 13-3-5）。

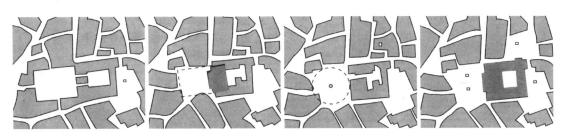

被围合的广场　　　　有主导建筑的广场　　　　有垂直核心的广场　　　　成组构成的广场

图 13-3-5　形式各样的被围合的城市广场

（资料来源：Carmona, Tiesdell, et al, 2003）

与广场相类似，城市设计提倡的道路或街道应该是社交空间和城市的连接元素，而不是分割元素。街道对公众生活质量有很大的提升作用。不能把街道只当成是"高效率运动的通道"（如现代主义时期）或者"美学的视觉因素"（如城市美化时期），城市设计应该重新发现街道的社会作用，作为连接体将分散的城市各个领域缝合在一起，或者有时渗透其间。

街道与道路有明显的区别，后者的首要目的是为机动交通提供通道。街道的形式可以根据它两边的街墙的质量来分析：视觉上的动态与静态，围合与开放，长与短，宽与窄，直与曲，以及建筑处理的正式与非正式形式。街道的品质通常取决于周边建筑对它的围合度与街道空间的高宽比。根据经验，宜人的街道的高宽比一般在1：2~1：3之间（图13-3-6）：

（1）1：4的街道，视野中天空宽度大约是街墙高度的三倍，需要增加其他环境设施来增强围合感（图13-3-6a）；

（2）1：2的街道，视野中天空宽度与街墙高度相当，增强了三维空间的围合感（图13-3-6b）；

（3）若街墙的高度等于街道的宽度，会严重限制天空视野（图13-3-6c）；

（4）如果周边建筑的高度超过空间宽度，会产生阴森的感觉（图13-3-6d）。

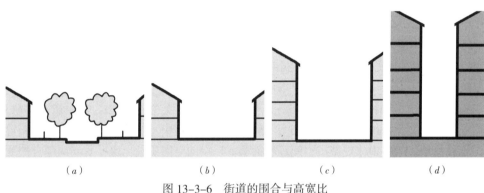

（a）　　　　　　（b）　　　　　　（c）　　　　　　（d）

图13-3-6　街道的围合与高宽比

（资料来源：Carmona, Tiesdell, et al, 2003）

2.4　场所感

场所，是由个人或群体与空间的相互关系产生的。其中，物质环境、人的行为和场所意义组成了场所特性的三个基本要素。场所感是从生活经验中提炼出来的有意义的本质中心（如澳门大三巴教堂广场、威尼斯圣马可广场等），是每个个体进入某个特定场所的感觉，表达对集体或场所的归属感。前面提到的三个要素同时也是产生场所感的重要元素。

那么，如何提高一个公共空间的场所感呢？首先，场所是一个公共空间，它遵循着公共空间的围合原则。其围合度越高，场所感相对来说就越强。同时，公共空间周边的土地使用、建筑底层的用途为该场所提供了活动支持，这是一个公共空间聚集人气、增强场所感的关键。成功的公共空间是以人气旺盛为特点的。公共空间本来就是一个自由的环境：人们必须使用它们，但也可以选择到其他的地方。如果空间要变得有人气和有活力，就必须在一个有吸引力和安全的环境中能提供人们想要的东西。再次，是给场所赋予一定的意义。这种意义可以通过环境元素来产生，如建立可识别性强的地标；也可以通过对历史文化的挖掘来增强其文化内涵（图13-3-7）。

图 13-3-7　意大利威尼斯圣马可广场
（资料来源：Microsoft Virtual Earth）

3　如何建立有趣的、有活力的城市空间

有趣的、方便的空间可以满足各种不同使用者的需求。这些包括了功能混合使用、不同的空间形态混合和开发强度混合。足够的人群和活动密度常常被认为是有活力的先决条件，也是创造与维持可行的混合使用的先决条件。雅各布斯列出了在城市的街道与区域中产生"丰富的多样性"所不可缺少的四种条件（雅各布斯，1961 年）：

（1）该地区……必须提供超过一种的主要功能，超过两种或以上就更好；

（2）大多数的街区必须较短，也就是街道多、转角频繁；

（3）该地区必须混合了不同楼龄与状况的建筑；

（4）无论作为什么用途，都必须有足够密度的集中人群。

同时，空间形态的混合，为公共空间增添了视觉的趣味性，它通常与人们对城市环境的体验相结合。这种体验是一个包含了运动和时间的动态活动，穿越空间的动感体验成为了城市设计视觉维度的重要部分。环境以一种动态的、显现的、随着时间而展现的形式被阅读。Gordon Cullen 设想了"序列视景"的概念（图 13-3-8）。他提出，体验是一系列反射或发现中典型的一种，伴随着对比、戏剧性所激发的愉悦和趣味。为了增强能立刻展现的"既有景色"，还有一种不同的"突现景色"的暗示。正如可以感觉到身处某个特定的地点一样，也可以强烈地感觉到四周或者外部有着其他场所。他认为城市环境可以从一个运动中的人的视角来设计，对于这个人来说"整个城市变成了一种可塑性的体验，一个经历压力和真空的旅行，一个开敞和围合、收缩和释放的序列。"（Cullen，1961 年）他的"序列景观"的研究，对于创造城市环境的趣味性起了很大的作用。

以上讲述的是设计成功的公共空间的重要条件。实际上，好的公共空间更应该是"共鸣的"——也就是被设计与管理成服务于使用者的需求："舒适"、"放松"、"对环境的被动参与"、"对环境的主动参与"和"发现"。好的场所经常能满足多个目的（Carmona，Tiesdell，et al，2003）：

325

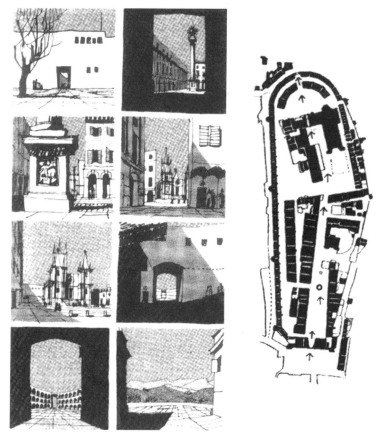

图 13-3-8　Cullen 的"城镇景观"序列视景研究
（资料来源：Cullen，1961）

（1）舒适是成功的公共空间的首要条件。对人们停留在一个公共空间中的时间长短与该空间的舒适性而言，后者会决定前者，而前者则是后者的一个标尺。

（2）对环境的被动参与不但可以带来一种放松的感觉，它也牵涉到"对不期而遇的场景的需要"。被动参与的主要形式也许是人们的观望。最常用的休憩空间一般临近步行流线，这样观察者可以在观望人群时避免与行人目光接触。

（3）主动参与涉及对场所以及场所中的人的一种更直接的体验。

（4）"发现"代表了对新奇景象与愉快经历的期望，它依赖于多样性与变化，可能来自时间的流逝与时机的轮回，也可能来自公共空间的管理和活力。

（5）穿越公共空间的运动是城市体验的核心，是产生生活与活动的一个重要因素，这就关系到理想路径、对活动的欣赏、在空间中的穿越运动。

除此以外，城市设计应该尊重并拓展现有的建成环境，以使得该地区的历史文脉得以延续。同时，应结合环境景观进行设计，提高公共空间的品质。这包括对小尺度的细部进行设计，通过布置街道家具、改变装饰、绿化庭园，适应并改变既有的环境。其次，要利用各种手段改善公共空间的微气候。利用建筑形态的构成，防止主要步行空间的强风的形成，以形成舒适度高的步行环境，把风的作用最小化，并注意建筑物的朝向与遮阳设施的设计。

第4节　城市设计有几种类型

城市设计的类型可以有多种分类方式。根据程序类型，城市设计可分：总体式城市设计、总体发包式城市设计、逐段顺序式城市设计、嵌入式城市设计；根据开发性质，可分：开发型城市设计（如城市新区）、保育型城市设计（如历史街区改造）、社区型城市设计（如社区更新项目）；按产品类型，可分：街道设计、广场设计、城市中心区城市设计、城市空间轴线设计、滨水区城市设计、城市增加亮点项目（钟塔、纪念碑、雕塑）等。这些分类的项目互有交叉。为了让读者对各种类型的城市设计都有所了解，本节以程序类型分类为主线对各类城市设计进行介绍，并辅以不同产品类型的城市设计实例。

1　总体式城市设计

总体式城市设计，是指城市设计师是从头到尾地执行方案的开发方的成员。总体式城市设计是一个庞大的建筑和景观建筑的混合体。一个团队作为一个独立单位掌握着总体开发和设计权。基础设施和建筑物作为一个整体由团队设计。许多设计细节而后由交通工程师、建筑师和景观建筑师完成，但他们同时是团队的组成部分。总体式城市设计多为开发型城市设计，其目的在于维护城市环境整体性的公共利益，提高市民生活的空间环境品质。这类设计的实施通常是在政府组织架构的管理、审议中实现的。

世界各地已经有很多重要的城市设计项目，完全符合总体式城市设计这一类别。从新城市到城市辖区再到广场和其他城市开放空间的设计。巴西的首都巴西利亚是这类城市设计中最知名的一例。巴西的新首都巴西利亚的方案特点是两大轴线。一个是主轴，含有首都的综合建筑群；另一个是弧形轴线，覆盖居住区和服务区。作为国家的象征，政府辖区精心塑造的品质令人印象深刻。然而，城市里缺少日常生活的空间，没有可供闲逛的街道。它的街道不是生活的延续，而是大街区的边缘，是为机动车而设计的。总体式城市设计这类案例还有华盛顿中心区的城市设计，英国新城开发建设，巴黎拉·德方斯地区城市设计和开发建设等。

2　总体发包式城市设计

总体发包式城市设计，指城市设计方拿出总体规划并设定参数，几个开发商据此对整体项目的各个组成部分施工。很多城市开发、再开发的项目面积非常大，单个开发商没有足够的资金独立运行。这就需要一个设计顾问团体针对整体开发提出一个概念性的方案。该方案的分项目随即发包给不同的开发商及其专业设计人员，以着手筹集资金和进行设计。为了确保原来概念性方案的重要设计意图，每块分项开发项目必须根据任务书进行设计建设。美国最早的新城市主义新城——海滨城（Seaside）就是这种开发模式（图 13-4-1）。

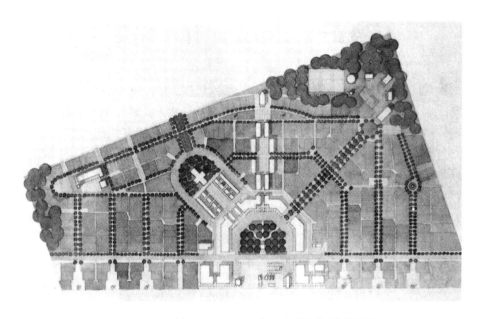

图 13-4-1 美国海滨城
（资料来源：Katz，1994）

3 逐段顺序式城市设计

逐段顺序式城市设计，指为了引导开发方向，对城市辖区实行通则式的政策，对各潜在的开发地块进行引导。逐段顺序式城市设计不是基于某个场地或建筑，其过程包括首先为一个地区设定一些目标，然后为达到这些目标拟定开发和设计政策。目标的创建是高度理想化的政治行为。一旦目标被确定，下一步就是为了达到此目标而设立软硬兼施的奖励和控制机制。这些城市辖区有既有建成环境，一般跟保育型城市设计相等同。这类城市设计通常与具有历史文脉和场所意义的城市地段相关，它强调城市物质环境建设的内涵和品质方面，而非仅仅是一般房地产开发，只注重外表量的增加和改变。

美国 1960 年代末的遗产保存运动，使得各地的地方政府均顺应民意要求，将编列历史古迹、建设城市标志物、划定历史地段作为城市建设和城市设计的基本空间策略。"可持续发展"的意义已经涵盖了历史文化的可持续性。当今世界各国普遍重视的旧城更新改造和历史地段保护就属此类城市设计。主要成功案例包括，美国纽约南街港（South Street Seaport，1983 年）及华盛顿联合车站（Union Station，1986~1988 年）更新改造、日本横滨马车道街区城市设计、法国巴黎的拉维莱特公园更新改造设计、日本京都产宁坂（三年坂）—清水寺历史地段城市设计、南京明城墙历史地段保护性城市设计等。

这种开发模式最知名的例子，应该是纽约 20 世纪 60 和 70 年代的剧院区的建设。开发商由于在指定的地点建设指定的设施而得到奖励。在剧院区，当时纽约政府设立的目标是在百老汇一带建设一些新剧院，以挽救该区的剧院文化，而开发商可以借此机会增加建筑面积。后来，许多城市已经实行了类似的程序，为辖区的低收入人群贡献托儿所、住宅、公共空间等公益性项目，而最终得到容积率奖励（图 13-4-2）。

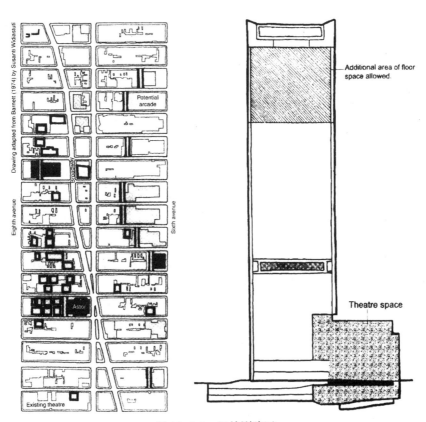

图 13-4-2　纽约剧院区
（资料来源：巴奈特，1974）

4 嵌入式城市设计

嵌入式城市设计，指在城市中创建某种基础设施，以增强该地区的空间环境质量。嵌入式城市设计适用于为了达到某种促进效应的基础设施项目的设计和施工。有两种类型的嵌入式城市设计项目。第一种类型通常涉及城市辖区或郊区的基础设施结构，以及将场地出售给能将建筑物嵌入其中的独立开发商。第二种类型涉及把基础设施嵌入原有城市建设，以提高它的城市环境品质。

纽约第五大道是世界上最大的购物街之一。对这个行政区规划的目标，是为了获得全天候充满活力的环境，并保证第五大道沿街大型百货商店的收益。这些商店的选址策略，使得较小的店铺销售范围广泛的零售货物具有经济可行性。面向街道的商店连成一线，时而被很少量的广场、银行和办公大楼的入口打断，提供了一个理想的购物和浏览商店橱窗的环境。最终，百老汇至今仍是一个充满生机和活力的剧院区和购物区。

城市基础设施的广义解释是一个城市与另一个城市及其建筑学本质的视觉差异，可以把它看成是私有和公有公共领域的所有组成部分。以这种观点来看，街道、交通设施、学校和公共机构（图书馆、博物馆等）都是城市基础设施的组成部分，甚至包括部分的历史文化遗产（图 13-4-3）。

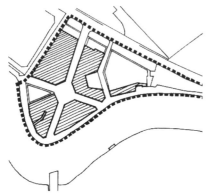

克拉克码头位于新加坡河边，占据五个街区，距离中心商业区约 1km。这里是连栋的商铺，约两三层高，底层商铺、上面居住。该码头的 60 个仓库已经改造成 200 多个商店、餐馆、酒吧等，是新加坡滨水复兴工程的组成部分。1989 年，新加坡重建局对该码头授予了历史保护区的称号，并对该地区的改造定性为要建立"与历史相应"的活动。这些功能包括一个旅馆，一些娱乐、零售、文化设施。新加坡都市重建局于1992 年开始修建滨水人行道，连接各个码头。项目最终包括历史建筑的修复、新建建筑物的嵌入和整个场地的步行化。建筑物的外立面和屋顶设计保持原样，但气氛却完全不同。它现在是一个高档市场、零售、食品和饮料中心——一个夜生活区。

图 13-4-3 新加坡克拉克码头
（资料来源：Lang, 2005）

有很多基础设施设计的问题直接关系到城市设计。城市的步行系统就是其中之一，它为行人提供适宜、安全的步行环境。人车分流有垂直分流和水平分流两种，两者在世界上的实践很多，最后的成果也各不相同。其中，水平分流最典型的例子是步行街的建立，封闭部分机动车道，以吸引人们使用沿街商业。垂直分流比较多见的是架设步行天桥（明尼阿波利斯的过街天桥系统、香港的空中步行系统），也有些例子把车行系统放到人行系统之下（如英国的伯明翰中心区、巴黎的拉·德方斯）。

同时，通过公共交通体系的改善来提升城市公共空间质量的案例也不在少数。其中，斯特拉夫堡的城市轨道交通系统与公共空间结合建设就是其中的成功例子之一（图 13-4-4）。从 1990 年至今的十年里，斯特拉夫堡开展了一项广泛的城市更新工程，城市生活、自行车使用者和公共交通都得到了相当大的改善。与此同时，市中心的汽车业明显地减少了。线形的公共空间政策导致了一条精致的电车线路，也促进了沿线广场、街道和道路的整修工作。该市同时实施了一项改善城市中心和周边地区的公共空间的多元化方案，以改善步行环境。改建工程的前提是保证城市的整体性，城市各处均采用了同样的材料、色彩和街头家具。沿轻轨线最重要的公共空间都进行了精心处理。建设这样一条 12.6km 长的电车线路为市中心和外围的公共空间的改进开辟了一条道路。在公共空间和交通方面的整治取得了巨大的成绩，2000 年 11 月落成的电车线路使得轨道交通的长度翻了一番。

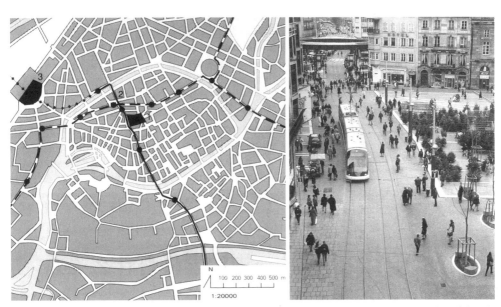

左图：市中心及其周边部分地区。图中标出的新的轻轨电车线路和车站是城市空间改造的起点，其中，实线表示的是 A 线，部分从火车站底下穿过；虚线是 B 线。图上标出了改造的广场的位置：1—克雷伯广场；2—铁人广场；3—车站广场。右图：克雷伯广场。

图 13-4-4　斯特拉夫堡——公共空间和公共交通相结合的策略

（资料来源：Gehl and Gemzoe，2001）

嵌入式城市设计还包括了城市的"亮点工程"，如钟塔、纪念碑、雕塑等。这些亮点工程的其中一个重要目的是通过它的建设，激活该点与其周边的公共空间，使该地区成为人流集中的地方（图 13-4-5），或带动整个城市或区域的环境品质的提升。

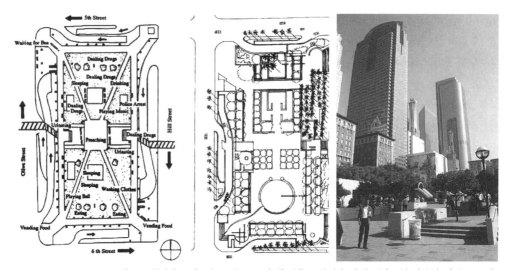

1951 年，该广场的地下建立了停车场，但到 20 世纪 80 年代后期，该广场成为无家可归者的栖身之地，贫困者和毒品瘾君子闲荡的去所（左图）。广场年久失修，其周边的地铁终点大厦、信托大厦、豪华酒店、音乐堂、图书馆等似乎跟该广场没有发生任何关系。1994 年，市中心管理协会提供了 1450 万美元，目标是把该区建成一个具有广泛吸引力的开放空间。其实施方案（中图）包括了喷泉、水池、雕塑庭院、露天剧场、具有洛杉矶特征的长椅等。广场后来变成了一个适合聚会的大众场所（右图）。

图 13-4-5　美国加州潘兴广场

（资料来源：Lang，2005）

综合以上的各种案例，可以看出，实际成功的城市设计项目有其共通点：

（1）处理好局部和整体的关系，协调各方利益而不仅被业主意志和纯粹的经济原则所左右；

（2）处理好城市建筑物和构筑物的形式、风格、色彩、尺度、空间组织及其与城市的结构、空间肌理、组织的协调共生关系；

（3）以人为本，根据城市设计的原则，灵活运用各种城市设计的手法，集中精力营造公共空间的场所氛围。

第 5 节　城市设计与周边学科有什么关系

1　城市设计与城市规划

传统的城市规划关注土地使用的各方面问题，及相关的政策问题。如果规划的目的是塑造城市的未来，其产品将会是书面政策的形式。更多的时候，城市规划是对土地的利用性质、开发强度作出相应的规定，但对建筑环境进行控制的法规不可能全面顾及。城市设计作为一项特殊专业活动而得到发展的原因之一，就是由于城市规划对环境质量一直比较忽视。当城市规划的调控对象是物质层面的设计时，城市设计和城市规划就会发生重叠。当这些规划与城市的三维视觉相关，并与获得该视觉的方法相关时，它与城市设计发生重叠。

　　新加坡的规划编制体系是一个很好的城市规划与城市设计结合的例子（图 13-5-1）。新加坡在概念规划（concept plan，带有战略性城市设计意图）的基础上制定总体规划（master plan），并指导区划（zoning，带容积率）的制定。全国分为 55 个分区，基本实现规划全覆盖，并定期进行讨论和检讨修正。每个辖区具有一套自己的设计目标、建设规程和用于每个开发项目的设计任务书。在这个框架之下，还有特殊地段详细控制规划（special & detailed controls plans，公园水体规划，住宅用地规划，建筑高度规划，街廓、城市设计、历史保护规划，活动规划）。审批开发项目时，利用区划图则和开发申请进行控制。新加坡的城市质量基本上是由这些地段的详细控制规划来保证的。更精确地说，新加坡的城市规划是在城市设计框架之下展开的。

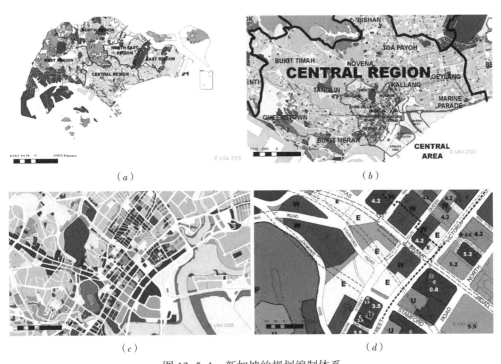

（a）　　　　　　　　　　　　　　　　（b）

（c）　　　　　　　　　　　　　　　　（d）

图 13-5-1　新加坡的规划编制体系
（a）新加坡概念规划；（b）中心区域辖区规划；（c）辖区土地利用规划；（d）地块开发详细控制
（资料来源：新加坡都市重建局，2010 年）

2　城市设计与建筑学

　　曾任纽约总城市设计师的巴奈特（J.Barnett）有句名言，"设计城市，而不是设计建筑"（Designing Cities without Designing Building）。

　　城市设计与建筑设计在规模、尺度和层次上有所不同，所以它们是一种"松弛的限定，限定的松弛"的相互关系。城市设计通过导则为建筑提供空间形体的三度轮廓、大致的政策框架和由外到内的约束条件。一般来说，导则中的定性成分多于定量成分，其作用在于避免最差建筑的产生，即保证最基本的形态空间质量，而不是保证最好的建筑设计。这种约束和被约束的关系在今天尤为重要，因为建筑设计问题一定程度上就是城市设计的问题，"触一发而动全身"，尤其是大型公共建筑，已经不能只是以常规建筑学自身规律探讨和解决问题，只有从城市的层面去认识才有可能。

但城市设计的这种外部限定和约束只是设计的导引，并非是为了取代建筑设计，也并非只是定量地去表述规范和教条，相反，它具有相当大的灵活性和弹性，也就是一种"松弛的限定"。在此前提下，建筑师仍然可以发挥自己的想象力和创造力。例如，加拿大首都委员会为开发设计议会山建筑群制定的一系列城市设计的政策框架和技术准则，以及建筑师应承担的责任等内容，具有相对的弹性。而事实证明，建筑师仍可做出多种形体设计的建筑方案。

同时，所有的建筑物都会影响它周边的环境，但很多建筑师很少留意其作品对公共领域的影响。大部分建筑物代表私人利益多于公众利益，因为建筑师只对建筑的委托方（私人利益的代表）负责。只有通过执行设计任务书，才能迫使建筑师解决与公众利益相关的问题。

当建筑设计涉及以下议题时，我们可以认为它是一项城市设计：

（1）当建筑物对其建筑背景表现出某种尊重——围合公共空间、注意建筑首层的用途、注重与周边建筑的协调；

（2）当一座建筑起到了促进城市发展的作用；

（3）社区或城市中基础设施与单个多用途建筑能很好地结合；

（4）许多建筑组成的一个建筑群——大规模建筑项目。

3　城市设计与景观建筑学

景观建筑学与城市设计的核心区别在于是否有对空间围合的元素形成设计的组成部分，或者只关注建筑之间的地表部分。第一种是城市设计；后者属于景观建筑的范围。如果景观建筑拓宽其关注点，而能包容建筑物的三维世界，则有资格声称它本身就是城市设计。

第6节　城市设计如何实施

现代城市设计出现了两种不同的成果取向：一为过程取向或政策取向，二为工程取向。地段级设计基本以工程——产品作为取向，而城市级设计，则基本上是政策取向，它注重的是驾驭、管理城市的空间开发方向和技术性政策准则，所以要将其产品影响反馈到具体的设计产品中，就需要较长时间。一般来说，规模越大，涉及因素越多，就越难驾驭，越趋向于过程——政策型设计。根据国内外城市设计实施操作的经验，城市设计成果主要包括政策法令、设计规划、设计导则等。

美国学者瓦可·乔治从过程论的观点，把城市设计形象地描述为"二次订单设计"，即"城市设计师仅是间接地负责生产建造建筑形态和空间，很少具体设计要建设的产品，往往是热衷于设计决策环境，其他设计师的设计决策都是在城市设计师确定的决策环境下进行的。"（图 13-6-1）可见，城市设计是设计了一个有效的导控过程而非设计出具体产品。其设计成果内容一般应由三部分组成：一是对设计环境的研究与设计目标的确定，二是对设计意向的描述和设计导则的编制，三是对控制方法和实施机制的建构（乔治，1997 年）。

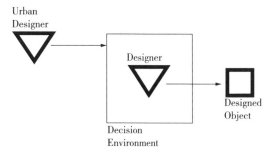

图 13-6-1　城市设计是"二次订单设计"
（资料来源：乔治，1997 年）

1　城市设计政策与法令

设计政策是城市设计的主要成果之一。它既包括设计实施、维护管理及投资程序中的规章条例，也是为整个设计过程服务的一个行动框架和对社会经济背景的一种响应。同时它又是保证城市设计从图纸文件转向现实的设计策略，它主要体现在有关城市设计目标、构思、空间结构、原则、条例等内容的总体描述中。

2　城市设计方案

由于这种成果可以直接诉诸人的视觉，所以它是最常见的，也是通常使用最多的城市设计成果形式。在我国当前的实践中，为了与现行的城市规划体制相衔接配套，有些城市设计案例与控制性详细规划进行了有机结合，并增加了定量控制的内容，但作为城市设计，其量的确定仍然是以人为中心，并且是以三度空间结构和城市景观的描述为依据的。

这种"终端式"总图成果在战后初期一度非常盛行，1960 年代以后逐渐衰微，因为它过于刚性，无法应对本质上是动态演进的城市形态这样一个事实。不过，用城市设计规划来表达未来城市空间可能出现的形体还是具有积极的现实意义的。日本横滨港湾地区城市设计，美国费城和旧金山城区城市设计，以及我国组织开展的深圳市中心区城市设计、上海市中心区和静安寺地区城市设计等均有三度空间形体的成果内容和图示表述。

3　城市设计导则

由于城市设计以公共利益作为设计目标，因此为了控制不同的机构和民间开发者的城市开发活动，在开发设计的评价和审查时，就必须以遵循城市设计导则为标准。比如 1970 年，旧金山城市设计计划在实施中遇到了一些困难，若不将计划翻译成特殊的设计导则，就难以保证城市环境在微观层次上的质量，于是，1982 年该市制定了中心区设计导则。它不仅包括形体项目，而且还有一套引申出来、包括七部分的附录，及进一步的解释导则。

导则的内容不仅有地段范围的特定性，而且还有侧重某要素（如层高、密度、天际线等）的准则。例如，美国"新纽约城的研究报告"就制定了一种能使广场和街景优化的设计导则，它用红利补偿方法，鼓励建筑设计留出外部公共空间。具体做法是，每留出 $1m^2$ 的外部空间，就允许建筑物在规定区域多建 $10m^2$ 的建筑面积。

从导则表达性质上讲，又有两类：一种是规定性的，另一种是实施性的。规定性的导则是设计者必须遵守的限制框架，如在某地段规定建筑的容积率、建筑密度、建筑高度、建筑退线等硬性指标。实施性导则不同，它为设计者提供的是各种变换措施、标准以及计算方法，所以它不再说容积率是多少，而是指定这一地段设计中开放空间和环境所需要的阳光量，以及建筑物和开放空间所需的基础设施容量，至于建筑容量、高度等则不限定。实施性导则的优点在于把标准化的量度应用于所有的设计地段，但并不要求对该地段产生标准的三维空间形态，因此形式是多变的，与规定性导则相比，它更富有对设计创造潜能的鼓励。

从技术上讲，完善的城市设计导则应包括导则的用途和目标、较小的和次要的问题分类、应用可行性和范例，这四方面不可偏废。同时导则是跨学科共同研究得出的成果，它具有相当的开放性和覆盖面，否则设计导则就会与传统封闭式规划控制手段的城市设计如出一辙。

■ 本章小结

本章立足于城市设计的相关理论和方法，对城市设计进行简单的介绍。首先对城市设计的定义与其核心内容进行简析，再从历史演进角度探讨了现代城市设计的目标，并对当代城市设计关注的设计原则进行解释，以建立初步的城市设计概念。该章同时对时下典型的城市设计类型结合实例进行介绍，接着讲述城市设计与其周边三个重要学科的关系，并简述城市设计的实施途径，以加深读者对城市设计的理解。

■ 主要参考文献

[1] Barnett J.Urban Design as Public Policy： Practical Methods for Improving Cities[M]. New York：Architectural Record，1974.

[2] Barton H.，ed.Sustainable Communities： the Potential for Eco-neighbourhoods [M]. London：Earthscan，1999.

[3] Bentley I.，A.Alcock，et al.Responsive Environments[M].Oxford：Architectural Press，1985.

[4] Carmona M.，S.Tiesdell，et al.Public Places-Urban Spaces： The Dimension of Urban Design[M].Oxford：Architectural Press，2003.

[5] Cullen G.Concise Townscape[M].Oxford：Architectural Press，1961.

[6] EP and HC.Urban Design Compendium[M].London：English Partnerships，2000.

[7] Gehl J.，L.Gemzoe.New City Spaces[M].Copenhagen：The Danish Architectural Press，2001.

[8] George R.V.A Procedural Explanation for Contemporary Urban Design[J].Journal of Urban Design，1997，2（2）.

[9] Jacobs J.The Death and Life of Great American Cities[M].New York：Vintage，1961.

[10] Katz P.The New Urbanism： Towards an Architecture of Community[M].New York：McGraw-Hill，Inc.，1994.

[11] Lang J.Urban Design： A Typology of Procedures and Products[M].Oxford：Architectural Press，2005.

[12] Punter J.Design Guidelines in American Cities： A Review of Design Policies and Guidance in Five West Coast Cities [M].Liverpool：Liverpool University Press，1999.

[13] 王建国 . 城市设计 [M]. 南京：东南大学出版社，2005.

[14] 吴志强，李德华 . 城市规划原理 [M]. 第四版 . 北京：中国建筑工业出版社，2010.

[15] 邓昭华 . 国际视野中的中国城市设计控制 [J]. 国际城市规划，2008，23（4）.

■ 思考题

1. 请指出成功的城市设计的基本原则。
2. 请列出影响城市公共空间质量和品质的要素。
3. 结合自己的专业，谈谈该专业与城市设计之间的关系。
4. 请描述城市设计是如何实施的。

第14章 城市遗产保护与城市更新

第1节　文化维度的城市

1　城市文化遗产的世代传承

1.1　什么是城市文化遗产

城市既是人类文明的载体，也是人们精神的家园。人类文明在世代的文化创造和积累中不断发展和进步，在各个历史时期，人类社会的发明创造不仅帮助人们适应不断变化的环境，而且将人类社会带入更高层次的文明，使人们过上更加健康舒适的生活。当人们适应了新的生活和工作方式，那些幸存下来的物质和非物质的内容就成为人类的文化遗产。

一座城市各个时期的文化遗产记录着她的沧桑岁月，寄托着国家、民族和人民的普遍情感，是城市文明发展的见证。城市的生命与性格、历史与记忆就存在于城市的每一寸肌理、每一方土地、每一座建筑、每一条街巷、每一片城市空间。在城市化过程中，越来越多的人进入城市，分享城市的文明成果并参与到城市文明的传承和创造之中。在这个过程之中，城市文化遗产成为公众的共同财富。

2005年国务院《关于加强文化遗产保护的通知》指出：文化遗产包括物质文化遗产和非物质文化遗产。物质文化遗产是具有历史、艺术、科学价值的文物，包括古遗址、古墓葬、古建筑、古窟寺、石刻、壁画、近代现代重要史迹及代表性建筑等不可移动文物；以及在建筑式样或与环境景色结合方面具有突出普遍价值的历史文化名城（街区、村镇）。非物质文化遗产是指各种以非物质形态存在的，与群众生活密切相关、时代相承的传统文化表现形式，包括口头传统、传统表演艺术、民俗活动和礼仪与节庆、有关自然界和宇宙的民间传统知识和实践、传统手工艺技能等以及与上述传统文化表现形式相关的文化空间。

世界上的任何事物最终消失是必然的，而其存在是相对的。《国际古迹保护与修复宪章》提出要保护"能够见证某种文明、某种有意义的发展或某种历史事件的城市或乡村环境"，其中不仅包括伟大的艺术品，也包括那些"由于时光流逝而获得文化意义的在过去比较不重要的作品"。

专栏：大遗址

大遗址是指那些规模大、遗产价值突出、分布在大面积地区的文化遗址，包括：旧石器时期古人类遗址；新石器时期大型聚落遗址；大型古代城市遗址（如唐长安城遗址）；大型建筑群和园林遗址；大型石窟寺和石刻遗址；大型军事、水利、交通工程遗址（如灵渠）；大型古代手工业遗址；古代帝王陵寝与大型墓葬群（如包括明十三陵、清东陵、清西陵等在内的明清皇家陵寝）等。国际上的一些大遗址，如意大利的庞贝、赫库兰尼姆和托雷安农齐亚塔考古区（Archaeological Areas of Pompeii, Herculaneum and Torre Annunziata）；柬埔寨的吴哥窟（Angkor）；我国的古代高句丽王国王城及王陵等都被列入世界文化遗产名录。

大遗址在当代往往面临着城市扩张蚕食占压、公路铁路等基础设施建设、风雨剥蚀、地质灾害、文物盗掘、生物侵害等问题。大遗址不只面积特别大，而且往往有人居住，并从事着农业或其他生产活动，且多与城乡建设关系密切。它们的规模特点决定了对其保护和利用是与周边地区经济发展、社会生活和环境保护直接关联的，城市环境之中的大遗址可以结合绿地系统规划为大型遗址公园，而远离现代城市的大遗址应注重周边环境的整体保护，保持那苍茫的群山、辽阔的水面、一望无际的农田原野等历史形成的环境景观。对大遗址的保护要综合考虑保护与居住者的生产、生活，协调多方面的利益关系，在保护过程中还应使得当地居民受惠。

专栏：线形文化遗产

作为国际遗产保护领域近年来提出的新概念，线形文化遗产（Lineal Cultural Heritages）是指拥有特殊文化资源集合的线状或带形区域内的物质和非物质文化遗产族群，它是从文化线路（Cultural Routes）概念衍生拓展而来。文化线路的本质是与一定历史时期相联系的人类交往和迁移的路线，包括该路线上的城镇、村庄、建筑、道路、码头、桥梁、驿站等文化元素，也包括山脉陆地河流植被等自然元素，它带来各个不同文化社区之间的交流和影响，促进人们互相活动以及商品、思想、知识和价值观的多维持续的交流和传播。线形文化遗产和与之相近似的遗产廊道（Heritage Corridors）、文化廊道（Cultural Corridors）、历史路径（Historic Pathway）概念都强调空间、时间和文化因素、强调线状的各个文化遗产节点共同构成的文化功能。

尽管有些线形文化遗产现在通常意义上的道路形式已不存在，但其沿线的非物质要素却保留至今，其存在的真实性和整体价值仍可通过沿线各族群的相貌特征、体态基因、生活习惯、传统技艺、宗教信仰、礼仪风俗、语言、音乐、艺术等方面来展现。

我国拥有丰富的线形文化遗产资源，长城、丝绸之路（中国段）、大运河等都进入了世界文化遗产或其预备名录。其中丝绸之路是世界上规模最大的线形文化遗产，它起始于汉，大体完成于隋唐，宋代以后又有新发展，历经 2000 余年，是世界上最长的经济商贸之路、文化交融之路和科技交流之路。我国境内的丝绸之路主要有三条路线：从长安、洛阳经河西走廊至西域的"沙漠丝绸之路"；从新疆伊犁、哈密经额尔济纳、呼和浩特、大同、张北、赤峰、朝阳、辽阳，经过朝鲜至日本的"草原丝绸之路"；和以对外港口为基点的"海上丝绸之路"。

随着区域人口的增长、开放空间的丧失、城市的扩张蔓延和现代高速路网的建设，很多线形文化遗产被切割、毁弃。即使其中的某些节点被列入文物保护单位名录，但是它们也可能变成与文化线路原有环境和脉络脱节的"散落的明珠"。

1.2　文化遗产保护的基本原则

文化遗产保护应该遵循原真性、完整性、可持续性三个原则。

文物古迹和历史环境不仅提供直观的外表和建筑形式的信息，同时是我们认识历史和科学的信息，这样才能充分理解文化遗产的价值。原真性不只是完整"原状"的真实，而是体现历史延续和变迁的真实"原状"。有了对原真性原则的理解，我们才能正确判断一些文物古迹的修缮、文物古迹的重建以及仿古建筑和景区这三种行为的不同价值（图 14-1-1）。

图 14-1-1　意大利古城锡耶纳（Siena）受到严格保护的天际线
（资料来源：本书编写组拍摄）

任何历史遗存均与其周围的环境同时存在，失去了原有环境，就会影响对其历史信息的正确理解。从这一意义上讲，完整性也可以说是描述场所、建筑或活动与其原型相比较的相对完善的概念。遗憾的是我国多年来只有一些主要的纪念性建筑得以保护和修缮，而其周边环境则被忽视了。周边环境一旦遭到削弱，纪念物的许多特征将会丧失，文物古迹的历史价值或纪念意义也将在一定程度上受损。1964 年的《威尼斯宪章》明确了原真性和完整性对文化遗产保护的意义，提出"将文化遗产真实地、完整地传下去是我们的责任"。

可持续性原则要求我们认识到遗产保护的长期性和连续性。文化遗产作为人类共同的财富，随着时间的推移其价值会越来越高，人们对其价值的认识在不断更新，为了降低文化遗产和历史环境衰败的速度，我们需要一个可持续的、动态的保护过程。

1.3　文化遗产保护的意义

文化遗产是人类历史发展的见证，它可以再现昨天、前朝甚至远古的历史风貌，代表着一些独特的创造成就和人文价值。由于战争、自然力和人为的干扰破坏，文化遗产面临不断消失的威胁，加上文化遗产自身不可再生的特质，其资源的稀缺性日益凸显。城市规划应该格外珍惜不可再生的历史文化遗产的保护，因为我们每一代人都有分享文化遗产的权利，同时也要承担保护文化遗产并将其传之于后世的历史责任，使我们和后代都能够通过文化遗产与历史和祖先进行情感和理智的交流，吸取智慧和力量。

2　与时俱进的保护观念

2.1　各国文化遗产保护观的发展

城市规划界对于文化遗产保护的认识是一个逐渐明晰和发展的过程。从最初保护文物建筑单体，到保护历史地段、历史文化名城；从保护名胜古迹和纪念性建筑物到保护一般的传统建筑、乡土建筑，特别是近年来国际社会对于文化遗产保护的理论探讨继续深化，保护实践也不断发展，提出了"大遗址"、"产业遗产"、"文化线路"、"文化景观"等新概念。

随着保护观念的发展，保护的范围越来越广泛，内容越来越丰富，与城乡发展和居民的生活密切相关。以日本为例，现行的《文物保护法》是 1950 年颁布的，起初的规定是将有价值的文物古迹由中央政府指定为"国宝"或"重要文化财产"，1966年颁布《古都保存法》确定要保护古都的"历史环境风貌"，1975 年修订《文物保护法》，将保护范围扩大，增加了保护"传统建（构）筑物群"的内容。到 1996 年，改变保护方式，调动地方政府的积极性，规定除中央政府指定以外，地方政府也可以提出保护的名单，报文部省批准，形成了对文物古迹的"登录制度"，将保护的对象、保护的责任人都扩大了。2004 年再次扩大保护对象，增加了"文化景观"的保护，不只保护有形的物质文化遗产，还要保护非物质文化遗产，特别关注了物质遗存之间的文化联系。

在法国，在 1913 年颁布了《历史建筑保护法》，1943 年立法规定在"历史建筑"周围 500m 半径的范围内采取保护措施，1962 年颁布的《马尔罗法》将保护的对象从历史建筑扩大到了"历史地区"，到 1983 年，又提出"建筑、城市、风景遗产保护区"的新概念，再次扩大保护范围，包括了城市中更多的有历史价值的地区和有历史意义的自然景观地区。1985 年设立"历史艺术城市和地区"的称号，由地方政府提出，中央政府认可，调动了地方政府保护的积极性。

美国的情况和欧洲不太一样。美国自 1872 年有了第一个"国家公园"（National Park），现今的国家公园共有 390 个，其中自然风景类型的有 54 处，如黄石、大峡谷。国家公园也包括了许多文物古迹，如印第安人的遗址、自由女神像等。自 1980 年代，设立了新的保护模式，叫"国家遗产区"（National Heritage Areas），保护那些有历史意义但仍有人居住的地区。它的特点是当地的居民参与保护运动，他们可以继续生产生活，保持并延续当地的文化传统。这里土地不像"国家公园"那样由联邦政府购买，而是保持权属不变，国家命名后有资金补助，地方政府承担保护管理的责任，他们积极发展旅游，增加地方收入，同时抵制不合理的开发，保障"国家遗产区"的可持续发展。

第二次世界大战以后，在从事文化遗产保护的国际组织中，保护理念和实施方法也有很大发展。自 1964 年国际古迹遗址理事会公布了《威尼斯宪章》之后，保护的对象从文物古迹扩大到了历史地区，又通过了《内罗毕建议》和《华盛顿宪章》。1987 年的《华盛顿宪章》认为，历史地区的价值在于"地段和街道的格局和空间形式，建筑物和绿化、旷地的空间关系"，关注的是地段的整体环境。在世界文化遗产的保护类型上，在 1990 年代增加了"文化景观"，它是指"自然与人类创造力的共同结晶，反映区域的独特的文化内涵，特别是出于社会、文化、宗教上的要求，并受环境影响与环境共同构成的独特景观"。21 世纪初又提出"文化线路"的新概念（表 14-1-1）。

保护文化遗产的国际公约、宪章及其他文献 表 14-1-1

年代	联合国教科文组织公约	联合国教科文组织建议	国际古迹遗址理事会大会采纳的宪章	其他文献
1950 年代及以前	《武装冲突情况下文化遗产保护公约》(《海牙公约》, 1954 年)	《关于适用于考古发掘的国际原则的建议》(1956 年)	《历史性纪念物修复雅典宪章》(《雅典宪章》, 历史性纪念物建筑师及技师国际协会, 1931 年)	《都市计划大纲》(《雅典宪章》, 1933 年) 《欧洲文化公约》(1955 年)
1960 年代	—	《关于保护景观和遗址的风貌与特征的建议》(1962 年) 《关于保护受到公共工程和私人工程危害的文化财产的建议》(1968 年)	《国际古迹保护与修复宪章》(《威尼斯宪章》, 1964 年)	《保护考古遗产的欧洲公约》(1969 年)
1970 年代	《保护世界文化和自然遗产的公约》(1972 年)	《关于在国家一级保护文化和自然遗产的建议》(1972 年) 《关于历史地区的保护及其当代作用的建议》(《内罗毕建议》, 1976 年) 《保护可移动文化财产的建议》(1978 年)	《文化旅游宪章》(1976 年)	《人类环境宣言》(1972 年) 《建筑遗产欧洲宪章》(1975 年) 《阿姆斯特丹宣言》(1975 年) 《人类住区温哥华宣言(人居Ⅰ)》(1976 年) 《马丘比丘宪章》(1977 年)
1980 年代	—	《保护传统文化和民俗的建议》(1989 年)	《佛罗伦萨宪章(历史园林与景观)》(1981 年) 《保护历史城镇与街区宪章》(《华盛顿宪章》, 1987 年)	《欧洲建筑遗产保护条约》(1985 年) 《我们共同的未来》(1987 年)
1990 年代	—	《世界文化遗产公约实施指南》(1997 年)	《考古遗产保护和管理宪章》(1990 年) 《水下文化遗产保护和管理宪章》(1999 年) 《国际文化旅游宪章》(第 8 版)(1999 年) 《保护历史性木结构的原则》(1999 年) 《关于乡土建筑遗产的宪章》(1999 年)	《艾恩德霍文声明(DOCOMOMO)》(1990 年) 《二十一世纪议程》(1992 年) 《关于原真性的奈良文件》(《奈良文件》, 1994 年) 《我们创造的多样性》(1995 年) 《伊斯坦布尔宣言(人居Ⅱ)》(1996 年) 《北京宪章》(1999 年)
2000 年以来	《保护非物质文化遗产公约》(2003 年) 《保护和促进文化表达形式多样性公约》(2005 年)	《世界文化多样性宣言》(2001 年) 《会安协议》(2001 年) 《关于世界遗产的布达佩斯宣言》(2002 年) 《非洲世界遗产与可持续发展》(2002 年) 《世界文化遗产公约实施指南(修订)》(2004 年) 《保护历史性城市景观宣言》(2005 年)	《关于建筑遗产的分析、保护和结构修复的原则》(2003 年) 《关于壁画保护和修复的原则》(2003 年) 《关于文化遗产地解释的宪章》(2004 年) 《关于历史建筑、古遗址和历史地区周边环境的保护的西安宣言》(2005 年)	《欧洲风景条约》(2000 年) 《东盟保护文化遗产宣言(ASEAN)》(2000 年) 《中国文物古迹保护准则》(2002 年) 《关于产业遗址的下塔吉尔宪章(TICCIH)》(2003 年) 《维也纳备忘录》(2005 年)

资料来源:张松编.城市文化遗产保护的国际宪章与国内法规选编 [M].上海:同济大学出版社,2007:21-22.

专栏：另一份《雅典宪章》

在国际现代建筑协会（CIAM）通过著名的《雅典宪章》前两年，"第一届历史性纪念物建筑师及技师国际会议"于 1931 年 10 月在雅典召开，来自 23 个国家的 120 名代表就保护科学及原理、管理与法规措施、古迹的审美意义、修复技术和材料、古迹的老化等问题进行了讨论，在此会议上通过的七项决议被概括为《关于历史性纪念物修复的雅典宪章》，又称为《修复宪章》(Carta del Restauro)。该宪章倡议创立一个"定期、持久的维护体系来有计划地保护建筑"；对于风格性的修复持否定态度："由于坍塌或破坏而必须进行修复时，应该尊重过去的历史和艺术作品，不排斥任何一个特定时期的风格"；宪章认为建筑物的使用有利于延续建筑的寿命，但使用功能必须以尊重建筑的历史和艺术特征为前提。该宪章是关于文化遗产保护的第一份重要国际文献，也是后来的《威尼斯宪章》和《华盛顿宪章》的基础，而"历史性纪念物建筑师及技师国际协会（ICOM）"也就是国际古迹遗址理事会（ICOMOS）的前身。

2.2　当前文化遗产保护的新趋势

（1）保护要素方面，从单一要素发展到对文化遗产和自然遗产相互作用形成的"混合遗产"和"文化景观"的保护。

（2）保护类型方面，从静态遗产的保护到动态和仍在使用的"活的遗产"的保护。

（3）空间尺度方面，从单点的保护到大遗址和线形文化遗产的保护。

（4）时间尺度方面，从古代文物和近代史迹的保护到 20 世纪遗产和当代遗产的保护。

（5）保护性质方面，从重要史迹和代表性建筑的保护到反映普通民众生活的传统民居、乡土建筑、工业遗产、农业遗产等的保护。

（6）保护形态方面，从物质要素的保护到非物质文化遗产的保护，以及物质要素和非物质要素结合的"文化空间"的保护。

3　我国文化遗产保护的历程

3.1　1949 年以前的遗产保护

我国现代意义上的文物保护立法始于 20 世纪初，清光绪三十二年（1906 年）清政府民政部拟定《保存古物推广办法》，光绪三十四年（1908 年）颁布的《城镇乡地方自治章程》将"保存古迹"列入城镇乡的自治事宜。民国五年（1916 年）北洋政府内务部颁布《为切实保存前代文物古迹致各省民政长训令》和《保存古物暂行办法》五条。民国十七年（1928 年）南京国民政府内务部颁布《名胜古迹古物保存条例》，同年设立"中央古物保存委员会"。民国十九年（1930 年）国民政府颁布《古物保存法》，次年又颁布了《古物保存法细则》。

3.2　1949 年以后的遗产保护

中华人民共和国成立后，中央人民政府通过颁布法令法规进行文物古迹的保护。

1961 年国务院发布《文物保护管理暂行条例》和《国务院关于进一步加强文物保护和管理工作的通知》，同时还公布了第一批 180 处全国重点文物保护单位。1963 年颁布了《文物保护单位保护管理暂行条例》、《关于革命纪念建筑、历史纪念建筑、古建筑石窟寺修缮管理办法》。之后的十年文化大革命摧毁了刚刚建立起来的文物保护制度，"破四旧"等运动造成文化遗产广泛的人为破坏。

改革开放以来，《中华人民共和国文物保护法》（1982 年通过，1991 年、2003 年修订）奠定了我国现行文化遗产保护的法律基础。近年来涉及文化遗产保护的《城乡规划法》（2008 年）、《历史文化名城名镇名村保护条例》（2008 年）、《城市紫线管理办法》（2004 年）、《长城保护条例》（2006 年）、《全国重点文物保护单位保护规划编制审批办法》（2005 年）、《全国重点文物保护单位保护规划编制要求》（2005 年）、《历史文化名城保护规划规范》（2005 年）等法律法规和规范相继出台，很多省（市、自治区）和城市也制定了历史文化遗产保护的地方性法规。

此外，在我国台湾地区也建立了以《文化资产保存法》（1982 年颁布，后经多次修订）为基础的法规体系。

4 我国城市文化遗产保护体系

城市文化遗产是整个历史文化遗产体系的组成部分，我国在近 30 年逐步建立了由"历史城市—历史地段—文物古迹"三个层次组成的城市文化遗产保护体系（图 14-1-2）。

历史城市层面：保存文物特别丰富并且具有重大历史价值或革命纪念意义的城市，由国务院核定公布为历史文化名城。除了 116 座（截至 2011 年）国家公布的历史文化名城外，一些省区还曾公布过省级历史文化名城。历史文化名城和其他城镇中历史范围清楚、格局和风貌保存较为完整的需要保护控制的地区称为历史城区（Historic Urban Area）。

历史地段层面：国务院在 1986 年公布第二批历史文化名城时，提出了"历史文化保护区"的概念，次年建设部在转发《黄山市屯溪老街历史文化保护区保护管理暂行办法》的通知中指出历史文化保护区是我国文化遗产的重要组成部分，是保护单体文物、历史文化保护区、历史文化名城这一完整体系之中不可缺少的一个层次。自此各地纷纷划定历史文化保护区（或街区），在历史文化名城和文物古迹之间建立了历史地段层面的保护制度。现在，保存文物历史特别丰富并且具有重大历史价值或者革命纪念意义的城镇、街道、村庄，由省、自治区、直辖市人民政府公布为历史文化街区、村镇。

文物古迹是人类在历史上创造或人类活动遗留的具有价值的不可移动的实物遗存，包括地面与地下的古文化遗址、古墓葬、古建筑、石窟寺、石刻、近现代史迹及纪念建筑等。其中具有重大历史、艺术、科学价值的，根据其价值大小分别确定为全国重点文物保护单位，或省级或市县级文物保护单位。

那些具有一定历史、艺术、科学价值的，反映城市历史风貌和地方特色的建（构）筑物，应被认定为历史建筑（以前也曾被称为优秀历史建筑、优秀近现代建筑等），但被核定为各级文物保护单位和不可移动文物的建筑通常不应再认定为历史建筑。历史

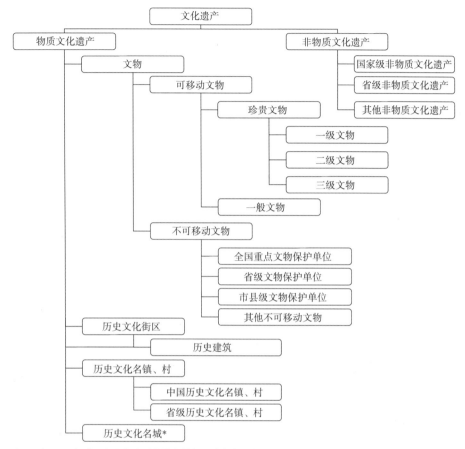

注：* 在 2008 年《历史文化名城名镇名村保护条例》公布实施之前，有些省还公布过省级历史文化名城。

图 14-1-2　中国文化遗产体系框图

（资料来源：本书编写小组根据国家相关法规和规定整理）

建筑的价值不如文物建筑，但是数量众多，而且往往是形成历史文化街区、名镇、名村历史风貌的主体，所以也要加以保护，对于它们的保护主要是不改变外观特征，但内部不像文物那样不能改变原状，而允许根据时代进步和功能变化进行维修和改善。

城市紫线：是指国家历史文化名城内的历史文化街区和省、自治区、直辖市人民政府公布的历史文化街区的保护范围界线，以及历史文化街区外经县级以上人民政府公布保护的历史建筑的保护范围界线。

专栏：产业遗产

工业革命以来，制造业在技术、经济、环境和社会生活等方面引起的变化影响了全世界广泛的人口及地球上所有的生命形式。产业遗产（Industrial Heritage）见证了这一深刻变革，是全人类的宝贵财富，值得研究和保护。根据《关于产业遗产的下塔吉尔宪章》（2003 年），产业遗产是指有历史的、科技的、社会的或建筑的价值的工业文明的遗存，包括建筑、机械、车间工厂、选矿和冶炼的矿场矿区、货栈仓库、能源生产、输送和利用的场所、运输及基础设施，以及与工业相关的社会活动场所。产业遗址应该被视为城市文化遗产的有机组成部分，最重要的产业遗址的完整性和原真性应得到保护。由于产业遗址的特征，适当的改造和再利用并赋予其新的功能通常是可以接受的，这往往比大拆大建更加节约资源能源，新的功能利用应尊重原有的材料、生产活动方式和流程。处于衰败地区的产业遗址的保护和再利用应与区域规划、产业布局的调整和经济振兴政策协调起来。

专栏：非物质文化遗产

根据联合国教科文组织《保护非物质文化遗产公约》的定义，非物质文化遗产指"被各群体、团体、有时为个人视为其文化遗产的各种实践、表演、表现形式、知识和技能以及有关的工具、实物、工艺品和文化场所"，非物质文化遗产包括：口头传说和表述（也包括作为非物质文化遗产媒介的语言）；表演艺术；社会风俗、礼仪、节庆；有关自然界和宇宙的知识和实践；传统的手工艺技能。

出于对文化遗产的整体环境的保护，非物质文化遗产与有形的文化遗产往往互相关联。城乡规划之中除了要保护物质遗存实物及其环境之外，还应对"文化空间"予以特别关注，这些"传统的或民间的文化表达方式有规律进行的地方或一系列地方"兼具空间性、时间性和文化性。要保护这些特殊文化的存在空间，维持社区文化的生存环境，通过扶持引导，使当地的礼仪、习俗等传统文化能够继续保持在生活方式之中继续传承和发扬。

第2节 历史文化名城的保护

1 历史文化名城及其类型

1.1 我国的历史文化名城

改革开放后的1980年代初，随着经济建设的发展，城市建设过程中忽视历史文化遗迹的保护，致使部分城市格局和历史风貌受到损害。在这种形势下，1981年国家基本建设委员会、国家文物事业管理局和国家城市建设总局，向国务院上报了《关于保护我国历史文化名城的请示》，提出了将北京等24个有重大历史价值和革命意义的城市作为国家第一批历史文化名城。1982年2月国务院下发了《国务院批转国家基本建设委员会等部门关于保护我国历史文化名城的请示的通知》，公布了24座城市为第一批国家历史文化名城，这标志着我国历史文化名城保护进入了有计划、成体系保护的阶段。

第一批国家历史文化名城通过开展调查研究、编制保护规划和采取保护措施等各项工作，带动了其他城市在发展建设中注意历史文化遗产的保护和城市特色的延续。考虑到当时城乡经济十分活跃，各项建设和旅游业发展很快，在现代化建设中应切实保护好优秀的历史文化遗产，加强精神文明建设，国务院于 1986 年 12 月下发了《国务院批转建设部、文化部关于请公布第二批国家历史文化名城名单报告的通知》，公布了上海等 38 座城市（县）为第二批国家历史文化名城。在国务院批转的报告中，提出了在审定历史文化名城时应掌握的三条标准，其中重要的一条是，作为国家历史文化名城，其现状格局和风貌应保留着具有历史特色、能代表城市传统风貌的街区。同时提出了对于文物古迹比较集中，或能较完整地体现出某一历史时期传统风貌和民族地方特色的街区、建筑群、小镇、村寨等，地方人民政府可核定公布为"历史文化保护区"。对于这类地区，要着重风貌和特色的整体性保护。

两批国家历史文化名城的公布，对制止"建设性破坏"、保护城市传统风貌等起到了重要作用。考虑到我国地域辽阔、历史悠久，除了前两批 62 座国家历史文化名城外，还有一些城市历史遗存丰富，具有重要的历史文化价值及革命纪念意义；同时针对前两批名城中出现的在建设时存在违反城市规划、片面追求近期经济利益的现象，国务院于 1994 年 1 月下发了《国务院批转建设部、国家文物局关于审批第三批国家历史文化名城和加强保护管理的请示的通知》，公布了正定县等 37 个市（县）为国家历史文化名城。在这三批 99 座国家历史文化名城公布之后，从 2001 年至 2011 年，又有山海关等 18 个市（县、区）陆续被公布为国家历史文化名城，使国家历史文化名城的数量增加到 116 座（表 14-2-1）。

国家历史文化名城分布情况　　　　　表 14-2-1

序号	所在省、自治区、直辖市	第一批公布（1982年2月）	第二批公布（1986年12月）	第三批公布（1994年1月）	2001年以来公布	小计
1	北京	北京	—			1
2	天津	—	天津	—		1
3	河北	承德	保定	正定、邯郸	山海关	5
4	山西	大同	平遥	祁县、新绛、代县	太原	6
5	内蒙古		呼和浩特			1
6	辽宁		沈阳			1
7	吉林	—	—	吉林、集安		2
8	黑龙江			哈尔滨		1
9	上海	—	上海	—		1
10	江苏	南京、扬州、苏州	镇江、常熟、淮安、徐州	—	无锡、南通、宜兴	10
11	浙江	杭州、绍兴	宁波	衢州、临海	金华、嘉兴	7
12	安徽	—	亳州、寿县、歙县	—	安庆、绩溪	5
13	福建	泉州	福州、漳州	长汀	—	4
14	江西	景德镇	南昌	赣州		3
15	山东	曲阜	济南	青岛、聊城、邹城、临淄	泰安、蓬莱	8
16	河南	洛阳、开封	安阳、南阳、商丘	郑州、浚县	濮阳	8

序号	所在省、自治区、直辖市	第一批公布（1982年2月）	第二批公布（1986年12月）	第三批公布（1994年1月）	2001年以来公布	小计
17	湖北	江陵	武汉、襄樊	钟祥、随州	—	5
18	湖南	长沙	—	岳阳	凤凰	3
19	广东	广州	潮州	佛山、肇庆、梅州、海康	中山	7
20	海南	—		琼山	海口（琼山并入）	1
21	广西	桂林	—	柳州	北海	3
22	四川	成都	阆中、宜宾、自贡	都江堰、乐山、泸州	—	7
23	重庆	—	重庆	—	—	1
24	贵州	遵义	镇远			2
25	云南	昆明、大理	丽江	建水、巍山		5
26	西藏	拉萨	日喀则	江孜		3
27	陕西	西安、延安	榆林、韩城	咸阳、汉中		6
28	甘肃	—	敦煌、武威、张掖	天水		4
29	青海	—		同仁		1
30	宁夏	—	银川	—	—	1
31	新疆	—	喀什		吐鲁番、特克斯	3
32	全国合计	24	38	37	18	116*

注：＊琼山市已并入海口市，因此合计总数时不再重复计算。

资料来源：本书编写组根据相关公告和通知整理。

1.2 历史文化名城的类型

我国的历史文化名城根据形成历史、自然和人文地理以及它们的城市物质要素和功能结构等方面进行对比分析，分为七大类型：

（1）古都型，以都城时代的历史遗存物、古都的风貌为特点的城市，如北京、西安、开封等。

（2）传统风貌型，保留了某一时期或几个历史时期积淀下来的完整的建筑群体的城市，如平遥、韩城、镇远等。

（3）风景名胜型，自然环境往往对城市特色的形成起着决定性的作用，这些城市由于建筑与山水环境的叠加而显示出其鲜明的个性特征，如桂林、承德、大理等。

（4）地方及民族特色型，位于民族地区的城镇由于地域差异、文化环境、历史变迁的影响，而显示出不同的地方特色或独自的个性特征，民族风情、地方文化、地域特色已构成城市风貌的主体，如拉萨、泉州、吐鲁番等。

（5）近现代史迹型，以反映历史的某一事件或某个阶段的建筑物或建筑群为其显著特色的城市，如上海、天津、南通等。

（6）特殊职能型，城市中的某种职能在历史上有极突出的地位，并且在某种程度上成为这些城市的特征，如佛山（陶瓷和冶铁）、景德镇（陶瓷）、自贡（井盐）等。

（7）一般史迹型，以分散在全城各处的文物古迹作为历史传统体现的主要方式的城市，如长沙、襄樊、吉林等。

2　历史文化名城保护的现状问题

2.1　历史格局被破坏

由于不从城市整体布局上研究问题，不注意新区的开发建设对旧城的疏解作用，而试图在人口密度已经过高的历史城区内拓宽道路、兴建高层建筑来解决交通、环境居住方面的问题，在建设中忽视了新的建设与保护历史文化遗存的关系，对历史文化名城的格局和风貌造成了严重损害。

2.2　历史城区居住环境恶化

长期以来一些地方未对历史城区进行定期的全面维护，使得历史城区内的人口密度过大，基础设施落后。大多数历史城区由于建造年代较早，市政基础设施条件差、建筑年久失修，加上居民搭建的一些临时建筑，使得这些地区的居住环境相对较差。又由于长期缺乏专项保护资金，导致这类地区的建筑处于一种任其自然破败的状况。但若交给开发商进行建设改造，由于商业利益的驱使，其结果往往是毁坏了有价值的真实历史遗存。

2.3　不注意对文物古迹周围历史环境的保护

一些名城在古迹周围进行破坏性建设，或通过不正确的方式对古迹周围的历史环境进行整治，致使历史文化遗存的历史环境遭到破坏，使古迹的历史文化整体价值大为降低。

2.4　拆毁了一些尚未列入保护等级的遗迹

有些古文化遗迹、近代代表性建筑、名人故居等，原本应及时发现和保护，由于种种原因发现较晚或还未被发现，或发现不报告，加之有的地方没有认识到这些遗存的价值，或明知故犯，导致这些遗迹被损坏，造成难以挽回的损失。

2.5　建造了一批毫无历史文化价值的假古董

一些名城不注意保护真实的历史遗存，却花费大量资金修建假古董，致使仿古唐城、宋城、明清一条街等在一段时间内呈泛滥趋势。

3　历史文化名城的保护内容和措施

3.1　历史文化名城保护的原则

城市是有成千上万人生活和工作的有机体，不可能像博物馆一样原封不动。城市的经济要发展，设施要改善，生活水平要提高，要实现现代化，这是城市基本功能的要求。因此历史文化名城保护并不是要保护城市的全部，它的保护范围、内容、要求要通过保护规划来予以确定。英国人比喻说："城市就像一本厚厚的历史书，每一代都不要把前代所书写的精华部分抹去，同时不要忘记写上当代最有代表性的内容"。处理好保护与发展的关系，既要使城市的文化遗产得以保护，又要促进城市经济社会的发展，不断改善居民的生活和工作环境。

《历史文化名城保护规划规范》规定的保护原则是：

（1）保护历史真实载体的原则；

（2）保护历史环境的原则；

（3）合理利用、永续利用的原则。

3.2　历史文化名城保护的内容

历史文化名城保护的内容包括：历史文化名城的格局和风貌；与历史文化密切相关的自然地貌、水系、风景名胜、古树名木；反映历史风貌的建筑群、街区、村镇；各级文物保护单位；民俗精华、传统工艺、传统文化等。

佛山历史文化名城保护规划案例

佛山市地处富饶的珠江三角洲腹地，地扼西、北两江之要冲，良好的自然环境、发达的农业使佛山的商品经济得到快速发展，并从唐宋时起逐步发展成为岭南的大都会。明中叶至清代，佛山的手工业和工商业进入隆盛时期，与景德镇、朱仙镇、汉口镇并称为"天下四大镇"（图14-2-1）。

佛山城市的历史文化价值：①广府文化的集中代表；②古代特殊职能城镇（冶铁和陶瓷）的代表；③近代工商业名城的代表、岭南商业中心；④岭南水乡和基塘农业的代表。

佛山历史城区的保护：①在历史城区与新城区之间，以成片桑林间隔，为历史城区提供清晰的范围，彰显"树下的佛山老城"，具体位置大致沿着环绕佛山古镇，但后来因各种原因已经干涸或者被改建成道路的河涌，这也是没有城墙的佛山在历史上为对抗黄萧养起义而修建的大栅栏的位置；②基于保护，形成主题性的七个历史文化街区；③结合重要的文物古迹建立街区的中心和地标；④历史文化街区之间建立以绿化和公共场所为标志的多线联系方式；⑤结合历史城区周边道路设置的入口节点，建立历史城区与新中心区的联系；⑥针对历史城区的建筑形制、色彩、材料、高度等指引（图14-2-2、图14-2-3）。

图14-2-1　佛山市域历史文化保护规划图
（资料来源：华南理工大学建筑历史文化研究中心，广州市城市规划勘测设计研究院.佛山历史文化名城保护规划[Z]）

图14-2-2　佛山历史城区保护规划结构图
（资料来源：华南理工大学建筑历史文化研究中心，广州市城市规划勘测设计研究院.佛山历史文化名城保护规划[Z]）

图 14-2-3　佛山历史城区保护规划总图
（资料来源：华南理工大学建筑历史文化研究中心，广州市城市规划勘测
设计研究院 . 佛山历史文化名城保护规划 [Z]）

佛山历史城区的交通规划

为减轻交通压力，减少机动车穿行，创造良好的步行环境和游览环境，同时满足消防通道、居民生活和现代城市发展要求，必须从城市整体层次上组织、完善城市道路系统，如图 14-2-4 所示为佛山历史城区的交通规划：①由汾江路、文华路、文昌路、季华路构成交通截流环，截流城市过境交通，避免穿越历史城区。②为满足历史城区内居民生活需要以及解决毗邻地段的交通需求，由市东路—同济路—祖庙路—松风路等构成历史城区的外围机动车交通保护壳，布置公交线路等。③历史城区内道路原则上不再拓宽，可适当组织单行线，优化交叉口，提高道路利用效率。

3.3　高度控制

历史文化名城保护规划必须控制历史城区内的建筑高度。

在分别确定历史城区建筑高度分区、视

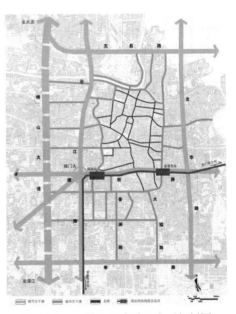

图 14-2-4　佛山历史城区交通规划图
（资料来源：华南理工大学建筑历史文化研究中心，广州市城市规划勘测设计研究院 . 佛山历史文化名城保护规划 [Z]）

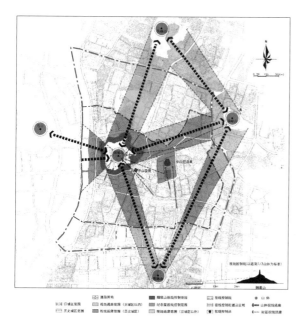

图 14-2-5 中山市历史城区视线通廊和建筑高度控制
（资料来源：中山市规划设计院，华南理工大学建筑历史文化
研究中心．中山市历史文化保护规划 [Z]）

线通廊内建筑高度、保护范围和保护区内建筑高度的基础上，应制定历史城区的建筑高度控制规定。对历史风貌保存完好的历史文化名城应确定更为严格的历史城区的整体建筑高度控制规定。视线通廊内的建筑应以观景点可视范围的视线分析为依据，规定高度控制要求。视线通廊应包括观景点与景观对象相互之间的通视空间及景观对象周围的环境（图 14-2-5）。

3.4 历史城区的道路交通规划

历史城区道路系统要保持或延续原有道路格局；对富有特色的街巷，应保持原有的空间尺度。历史城区道路网密度指标可在国家标准规定的上限范围内选取，道路宽度可在国家标准规定的下限范围内选取。城市最高等级道路和机动车交通流量很大的道路不宜穿越历史城区。

历史城区的交通组织应以疏解交通为主，宜将穿越交通、转换交通布局在历史城区外围。历史城区应鼓励采用公共交通，道路系统应能满足自行车和行人出行，并根据实际需要相应设置自行车和行人专用道及步行区。道路桥梁、轨道交通、公交客运枢纽、社会停车场、公交场站、机动车加油站等交通设施的形式应满足历史城区历史风貌要求；历史城区内不宜设置高架道路、大型立交桥、高架轨道、货运枢纽；历史城区内的社会停车场宜设置为地下停车场，也可在条件允许时采取路边停车方式。

历史城区道路网格局的保护，主要是保护步行街道系统。在很长历史时期内，步行是城市最主要的交通方式，历史城区一般也都是步行的尺度。传统街道系统富于艺术情调并适合人的尺度，但是与现代机动车交通可能有矛盾。在历史城区应十分尊重原有道路网格局，不应为了机动车的便捷而随意拓宽道路。而应该采取限制机动车交通、单行线或步行街等方式。即使必要的拓宽改造，其断面形式及拓宽尺度应充分考虑历史街道的原有空间特征。

3.5 历史城区的市政工程规划

历史城区内应完善市政管线和设施。当市政管线和设施按常规设置与文物古迹、历史建筑及历史环境要素的保护发生矛盾时，应在满足保护要求的前提下采取工程技术措施加以解决。

历史城区内不得布置生产、贮存易燃易爆、有毒有害危险物品的工厂和仓库。历史城区内不得保留或设置二、三类工业，不宜保留或设置一类工业，并应对现有工业企业的调整或搬迁提出要求。当历史城区外的污染源对历史城区造成大气、水体、噪声等污染时，应进行治理、调整或搬迁。

历史城区内市政管线和设施的设置应符合下列要求：

（1）历史城区内不应新建水厂、污水处理厂、枢纽变电站，不宜设置大型市政基础设施，不宜设置取水构筑物。

（2）排水体制在与城市排水系统相衔接的基础上，可采用分流制或截流式合流制。

（3）历史城区内不得保留污水处理厂、固体废弃物处理厂。

（4）历史城区内不宜保留枢纽变电站，变电站、开闭所、配电所应采用户内型。

（5）历史城区内不应保留或新设置燃气输气、输油管线和贮气、贮油设施，不宜设置高压燃气管线和配气站。中低压燃气调压设施宜采用箱式等小体量调压装置。

（6）市政管线宜采取地下敷设方式。当多种市政管线采取下地敷设时，因地下空间狭小导致管线间、管线与建（构）筑物间净距不能满足常规要求时，应采取工程处理措施以满足管线的安全、检修等条件。

（7）对历史城区内的通信、广播、电视等无线电发射、接收装置的高度和外观应与历史文化名城的整体风貌相协调。

（8）历史城区防洪堤坝工程设施应与自然环境和历史环境协调，保持滨水特色，重视历史上防洪构筑物、码头等的保护与利用。

第3节　历史文化名镇（村、街区）的保护

1　历史文化名镇（村、街区）的设定

1.1　历史文化名镇（村）的评定标准

1.1.1　历史价值

在一定历史时期内对推动某一地区或全省乃至全国的政治、经济和文化发展起过重要作用，具有地区、全省或全国范围的影响，或系当地水陆交通中心，成为闻名遐迩的客流、货流、物流集散地；在一定历史时期内建设过重大工程，并对保障当地人民生命财产安全、保护和改善生态环境有过显著效益且延续至今；在革命历史上发生过重大事件，或曾为革命政权机关驻地而闻名于世；历史上发生过抗击外来侵略或经历过改变战局的重大战役，以及曾为著名战役军事指挥机关驻地；著名历史人物出生地，或者为全国杰出政治、经济、文化、军事人物生活和工作过的地方；能体现传统聚落的选址和规划布局经典理论，或反映经典营造法式和精湛的建造技艺；或能集中反映某一地区特色和风情、民族特色传统建造技术。

1.1.2　风貌特色

现存的地上、地下历史文化实物遗存和非物质文化遗产比较丰富和集中，能较完整地反映某一历史时期的传统风貌、地方特色、民族风情，具有较高的历史、文化、艺术和科学价值，街区或村镇建成历史在清代以前，现存有民国以前建造或在中国革命历史中有重大影响的成片历史传统建筑群、纪念物、遗址等，传统风貌与格局保持完好。

1.1.3　原状保存程度

街区或村镇内街道、村巷历史传统建筑群、建筑物及其建筑细部乃至周边环境基本上原貌保存完好；或因年代久远，原街道、村巷建筑群、建筑物及其周边环境虽曾倒塌破坏，但已按原貌整修恢复；或原街道、村巷建筑群及其周边环境虽部分倒塌破坏，但"骨架"尚存，部分建筑细部亦保存完好，依据保存实物的结构、构造和样式可以整体修复原貌。

1.1.4　现状具有一定规模

街区、镇的现存历史传统建筑的建筑面积须在 5000m^2 以上，村的现存历史传统建筑的建筑面积须在 2500m^2 以上。

1.2　历史文化街区的评定标准

历史地段是城镇中具有历史意义的大小地区，包括城镇的古老中心区或其他保存着历史风貌的地区，一般来说，对历史文化街区有以下要求：

（1）有比较完整的历史风貌；

（2）构成历史风貌的历史建筑和历史环境要素基本上是历史存留的原物；

（3）用地面积不小于 1hm^2；

（4）街区内文物古迹和历史建筑的用地面积宜达到保护区内建筑总用地的 60% 以上。

2　历史文化街区的保护内容和措施

历史文化街区需要保护的是：

（1）地段和街道的格局和空间形式；

（2）建筑物和绿化、空地的空间关系；

（3）历史建筑的内外面貌，包括体量、形式、建筑风格、材料、色彩、建筑装饰等；

（4）地段与周围环境的关系，包括与自然和人工环境的关系；

（5）地段的历史功能和作用。

保护规划对历史文化街区内需要保护的建（构）筑物应按照表 14-3-1 分类逐项统计。

历史文化街区保护建（构）筑物调查统计表　　　　表 14-3-1

—	序号	名称或地址	建造年代	结构材料	建筑层数	使用功能	建筑面积（m^2）	用地面积（m^2）	备注
文物保护单位	●	●	●	●	●	●	●	●	○
保护建筑	●	●	●	●	●	●	●	●	○
历史建筑	●	●	○	●	●	●	○	○	○

注：1. ●为必填项目，○为选填项目。
　　2. 备注中可说明该类别的历史概况和现存状况。

历史文化街区内的所有建（构）筑物和历史环境要素应按表 14-3-2 进行保护和整治。

历史文化街区建（构）筑物保护与整治方式表　　　　表 14-3-2

分类	文物保护单位	保护建筑	历史建筑	一般建（构）筑物 *	
				与历史风貌无冲突	与历史风貌有冲突
保护与整治方式	修缮	修缮	维修、改善	保留	整修、改造、拆除

注：*"一般建（构）筑物"是指除了文物保护单位、保护建筑和历史建筑以外的所有新旧建筑。

　　保护（Conservation）：对保护项目及其环境所进行的科学的调查、勘测、鉴定、登录、修缮、改善等活动。

　　修缮（Preservation）：对文物古迹的保护方式，包括日常保养、防护加固、现状整修、重点修复等。

　　维修（Refurbishment）：对历史建筑和历史环境要素所进行的不改变外观特征的加固和保护性复原活动。

　　改善（Improvement）：对历史建筑所进行的不改变外观特征，调整完善内部布局及设施的建设活动。

　　整修（Repair）：对与历史风貌有冲突的建（构）筑物和环境要素进行的改建活动。

　　整治（Rehabilitation）：为体现历史文化名城和历史文化街区风貌完整性所进行的各项治理活动。

　　历史文化街区和历史文化名镇（村）内的历史建筑不得拆除！

　　祖庙东华里历史文化街区案例

　　根据建筑所蕴涵的历史、科学、文化价值，结合建成年代、结构形式、外观风貌和层数等因素分析，将街区内的建筑分为以下四类，并制定分类保护整治措施（图14-3-1）：

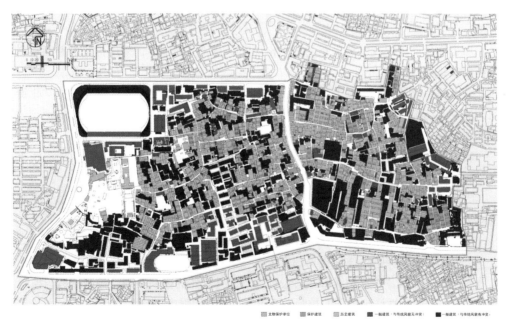

图 14-3-1　佛山市祖庙东华里历史文化街区建筑分类评价与整治图
（资料来源：华南理工大学建筑历史文化研究中心．佛山市祖庙东华里历史文化街区详细规划 [Z]）

（1）文物建筑和保护建筑应按照（参照）文物保护法进行保护和修缮，应尽量提高其利用的公益性。

（2）历史建筑和历史环境要素应在不改变外观特征的前提下，调整完善内部布局及设施，增加使用功能上的多样性，以适应当代商业和居住的需要，并展示街区的历史风貌；对于建筑结构尚好，但不适应现代生活需要的建筑，可以保持原有建筑结构不动，对建筑内部加以调整改造，配备市政设施，改善居民生活质量。

（3）与传统风貌无冲突的建筑在保留原有肌理和尺度的前提下，对其外观及内部结构和空间可进行适当改造或重建，使其有利于承载佛山特色传统商业和非物质文化遗产；对建筑质量较好，外观与传统风貌无冲突的，可以继续保留，维持现状。加强建筑外部的广告、招牌等的管制，不得影响传统建筑风貌。各类店铺装修提倡保持传统风格。

（4）与传统风貌相冲突的建筑应该创造条件改造或拆除，将其作为城市商业或居住区的公共空间使用。拆除前应征求文物部门及相关管理部门意见，对拆除建筑进行严格确认后方可进行。拆除后应根据其周围环境的特点对其原有风貌进行修复，原则上不得新建其他建筑。街区内部的小规模渐进式更新则应在城市设计导则指引下进行，新建居住建筑宜参考"三间两廊"和"竹筒屋"等传统民居形式，建筑高度应控制在12m以下，面宽每开间应控制在3~5m，建筑的风格应考虑与传统的岭南民居风格相一致，建筑色彩以白、灰、青三种颜色为主。对街区内的电话亭、报刊亭、消防设施、公共厕所、变电房及垃圾桶等公共建筑和设施也应进行相应的外观整饬。

街区肌理是指建筑体量的聚集方式，质地是指城市街道、建筑物和开放空间等模式的组合。拆毁历史街区和历史建筑再新建仿古一条街的做法不是保护，也与历史文化遗产保护原则格格不入。因为历史文化名城是以保护真正的历史遗存为特点的，新建的仿古一条街没有历史信息，却给人造成错觉，会起到以假乱真、真假难辨的恶劣效果。

历史文化街区应在保持道路的历史格局和空间尺度基础上，采用传统的路面材料及铺砌方式进行整修。

从道路系统及交通组织上应避免大量机动车交通穿越历史文化街区。历史文化街区内的交通结构应以满足自行车及步行交通为主。根据保护的需要，可划定机动车禁行区。

历史文化街区内道路的断面、宽度、线形参数、消防通道的设置等均应考虑历史风貌的要求。

历史文化街区内不应新设大型停车场和广场，不应设置高架道路、立交桥、高架轨道、客运货运枢纽、公交场站等交通设施，禁设加油站。

历史文化街区内的街道应采用历史上的原有名称。

历史文化街区保护性详细规划确定了总体景观控制要求，并提出了整体风貌、重点地段、开敞空间、建筑贴线等城市设计构想，其具体的控制原则、控制指标与控制要求都落实到控制性详细规划的控制性要求和土地使用强度指标上。

将整个街区以传统街巷为界分为22个地块，研究确定每个地块的保护要点、保护和更新目标，最终在每个地块形成由3张图则组成的控制图则体系：

图 14-3-2　基于保护的城市设计控制图则

（资料来源：华南理工大学建筑历史文化研究中心 . 佛山市祖庙东华里历史文化街区详细规划 [Z]）

图则 A 主要起衔接控制性详细规划的作用，控制道路红线位置、地块划分界线、地块面积、用地性质、建筑密度、建筑限高、绿地率、绿化覆盖率、配建停车位及公共配套设施；与常规控制性详细规划和规划管理相衔接，使得保护性详细规划可以纳入规划管理体系发挥作用（图 14-3-2 左）。

图则 B 针对需要保护的物质实体对象，对地块内现有各类建（构）筑物、地面铺装以及主要植物设定规划控制，该图则注重具体要素的保护，在价值评价基础上，具体到每幢建筑的保留、改造整饬与拆除（图 14-3-2 中）。

图则 C 是承载历史精神的城市公共空间设计导则，包括对传统街巷肌理、街巷空间、绿地广场等空间要素的控制导则，以及消防通道、地块出入口等功能要素，落实到每个地块（图 14-3-2 右）。

3　历史文化街区的市政工程规划

历史文化街区不应设置大型市政基础设施，小型市政基础设施应采用户内式或适当隐蔽，其外观和色彩应与所在街区的历史风貌相协调。

历史文化街区内的所有市政管线应采取地下敷设方式。当市政管线布设受到空间限制时，应采取共同沟、增加管线强度、加强管线保护等措施，并对所采取的措施进行技术论证后确定管线净距。

历史文化街区应设立社区消防组织，并配备小型、适用的消防设施和装备。在不能满足消防通道要求的街巷内，应设置水池、水缸、砂池、灭火器及消火栓箱等小型、简易消防设施及装备。在历史文化街区外围宜设置环通的消防通道。

4　历史文化街区的振兴

城市历史文化街区的振兴不可避免地包含两个互相对立的过程：即振兴与保护，前者力求适应城市经济结构的变化，而后者则试图限制变化，以保护历史建筑和街区的特征。实际上街区物质形态的变化是不可避免的，同时这种改变也会成为历史的一部分。因此历史街区的规划要以审慎而恰当的方式来管理其变化的过程，在允许必要的变化的同时保护相关历史特征。对历史街区的变化进行管理就需要有控制措施，为

359

确保其有效性，要充分理解规划设计的"过程"和"结果"，才能编制出合适的导则和控制措施。

场所精神是一个城市历史街区最重要的美学特质，应当予以保持。因此街区场所精神的连续性及其发展是城市历史文化街区设计时最重要的着眼点。当必须在历史地段进行新的开发时，应该更好地尊重、补充并提高城市形象、建筑特征或地段的个性。

历史街区的振兴常常以开展引人注目的环境干预开始。物质环境的改善是针对公共领域的改善，通常由政府机构资助，街区呈现出的积极形象可以鼓励公众的信心，继而吸引私人投资和居民的持续投入改善环境。

物质环境的振兴可以使街区恢复有效的功能。成功复兴的街区是一个维护良好而且生机勃勃的地方，经过修复和整治，老建筑上的尘垢被清除，街道得以改善，街区展现出的良好形象使之成为对游客、投资者和居民有吸引力的地方。

专栏：文化遗产与旅游

从最宽泛的意义上说，自然和文化遗产属于所有人，因此每个人都有权利和责任理解、欣赏和保护其普遍价值。《国际文化旅游宪章》（第8版，于1999年在墨西哥被国际古迹遗址理事会第十二次大会采纳）为旅游和文化遗产之间的动态关系提供了一套原则和指南。国际和国内旅游作为文化交流的最重要途径之一，能够获得沧桑世事和不同社会当代生活的体验，日益成为自然和文化遗产保护的积极力量，但是管理不善或过度的旅游开发也有可能对遗产和东道主社区造成负面的影响。

对于文化遗产的保护应方便东道主社区和游客以平等和可负担的方式去理解和领略遗产的价值。遗产保护和旅游规划应该带给游客一段有价值的、满意的和愉悦的经历，应该向游客提供高质量的信息，以确保游客清楚地理解遗产的重要特征，使他们能够以恰当的方式享受旅游；旅游者应该能够以自己希望的速度和方式游览古迹遗址，可能需要设计特殊的交通路线以便尽量减少对古迹完整性、实际构造和文化特征的影响；应该在不破坏古迹的显著特征和生态特点的基础上提供恰当的设施，保障游客的安全、舒适；要尊重有精神意义的古迹、活动和传统的神圣性，鼓励游客尊重东道主社区的价值和生活方式，成为受欢迎的游客。东道主社区和原住民应该参与到保护遗产和旅游规划之中，旅游和保护活动都应使当地居民受益。

第4节 文物古迹的保护与利用

1 文物古迹的价值

文物古迹必须具有历史的真实性，借用文物古迹或历史名称新建的仿古景观和建筑不属于文物古迹。

保护是指为了保存文物古迹及其历史环境进行的全部活动。保护的目的是真实、全面地保存并延续其历史信息和全部价值。

文物古迹的根本价值是其自身的价值，包括历史价值、艺术价值和科学价值。对文物价值的认识不是一次完成的，而是随着社会发展，人们科学文化水平的不断提高而不断深化的。因此要坚持"不改变文物原状"的原则，将文物古迹传之于后代，使他们有可能认识那些我们现在限于技术和观念还认识不到的价值。

编制文物保护单位保护规划必须首先进行文物古迹的专项评估，包括：

（1）价值评估：评估文物保护单位的文物价值（包括历史价值、艺术价值和科学价值）和社会文化价值（对社会、文化、经济的影响作用）。

（2）现状评估：评估文物保护单位及其环境现存状况的真实性、完整性、延续性。真实性评估主要内容为现存各类工程干扰情况；完整性评估主要内容为保护区划状况、文物残损状况以及病害类型；延续性评估主要内容为破坏速度与破坏因素等。

（3）管理评估：评估文物保护单位的管理状况，包括"四有"建档情况、管理措施现状（保护级别公布、政府文件、管理机构、管理规章）、管理设备、技能与人才队伍以及历年保护工作的重要事件等相关工作评价。

（4）利用评估：评估文物保护单位的利用状况，包括社会教育效益、旅游经济效益、开放容量情况、交通与服务设施的配置与使用情况、展示设施的使用情况等。

上述四项评估结论最终应进行综合归纳，提炼出现存主要问题或主要破坏因素。

2　保护原则

2.1　不改变文物原状的原则

不改变文物原状的原则是文物保护最重要的原则，它包括保存现状和恢复原状两方面内容。

必须保存现状的对象有：

（1）古遗址，特别是尚留有较多人类活动遗迹的地面遗存。

（2）文物古迹群体的布局。

（3）文物古迹群中不同时期有价值的各个单体。

（4）文物古迹中不同时期有价值的各种构件和工艺手法。

（5）独立的和附属于建筑的艺术品的现存状态。

（6）经过重大自然灾害后遗留下来的有研究价值的残损状态。

（7）在重大历史事件中被损坏后有纪念价值的残损状态。

（8）没有重大变化的历史环境。

文物古迹的原状主要有以下几种状态：

（1）实施保护工程以前的状态。

（2）历史上经过修缮、改建、重建后留存的有价值的状况，以及能够体现重要历史因素的残毁状态。

（3）局部坍塌、掩埋、变形、错置、支撑，但仍保留原构件和原有结构形制，经过修整后恢复的状态。

（4）文物古迹价值中所包含的原有环境状态。

（5）由于长期无人管理而出现的污渍痕迹、荒芜堆积等，不属于文物古迹原状。

可以恢复原状的是：

（1）坍塌、掩埋、污损、荒芜以前的状态。

（2）变形、错置、支撑以前的状态。

（3）有实物遗存足以证明为原状的少量的缺失部分。

（4）虽无实物遗存，但经过科学考证和同期同类实物比较，可以确认为原状的少量缺失的和改变过的构件。

（5）经鉴别论证，去除后代修缮中无保留价值的部分，恢复到一定历史时期的状态。

（6）能够体现文物古迹价值的历史环境。

2.2 原址保护的原则

虽然现在建筑整体迁移的技术已有进步，但文物古迹必须原址保护。作为特例的文物迁建和重建都必须具有充分的理由并履行严格的报批程序，决不允许仅为了旅游观光而实施此类工程。

专栏：美国的开发权转移制度（Transferable Development Right，TDR）

开发权转移的目的在于将出于城市文化遗产保护等理由的限制性开发地带的开发项目集中到预期发展的地带。在高强度开发的城市中心区，经济利益会驱使业主最大限度地进行开发建设，而基于文化遗产保护的容积率限制会造成对业主行使开发权的限制，开发权转移将这部分不能实现的开发权卖给相邻或受鼓励开发的地区。开发权转移不仅维护了文物和历史建筑业主的开发权利，也为文物和历史建筑的保护提供了保护和维护资金。需要注意的是，由于法律制度环境的差异，开发权转移并不能在国内直接运用。

---

3 保护区划

保护范围是指文物本体及周边一定范围实施重点保护的区域。保护范围应根据文物类别、规模、内容及周围环境的历史和现实情况合理划定，并在文物本体之外保持一定的安全距离，以确保文物保护单位的真实性和完整性。

文物保护单位的建设控制地带是指在保护范围之外，为了保护文物保护单位的安全、环境和历史风貌而需要对建设项目加以限制的区域。

当历史文化街区的保护区与文物保护单位或保护建筑的建设控制地带出现重叠时，应服从保护区的规划控制要求。当文物保护单位或保护建筑的保护范围与历史文化街区出现重叠时，应服从文物保护单位或保护建筑的保护范围的规划控制要求。

各类保护区划必须明确四至边界，注明占地规模，制定管理规定（图14-4-1）。

在考古调查、勘探工作尚未全面展开的情况下，编制保护规划应当分析文物分布

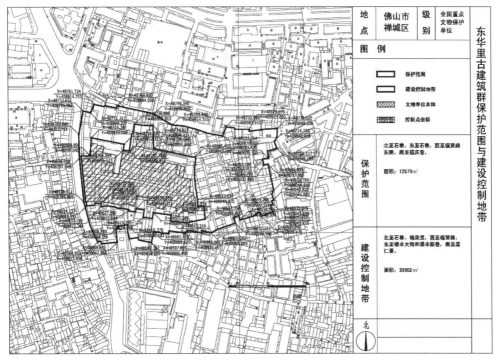

图 14-4-1　文物保护单位的保护区划图
（资料来源：华南理工大学东方建筑文化研究所）

的密集区、可能分布密集区和可能分布区，以此确定文物保护单位的分布范围、重点保护对象和不同的区划等级或类别。

4　保护规划的主要内容

文物保护单位保护规划需在搜集研究下列基础资料的基础上进行：

（1）符合国家勘察、测量规定的测绘图（包括各个时期的航拍、地形地貌图等）。

（2）历史文献资料和相关的地理、地震、气候、环境、水文等资料；必要时，应由专业部门提供专项评估报告。

（3）文物调查、勘探、发掘的相关资料和报告。

（4）历年保护措施的实施情况与监测记录。

（5）文物保护单位及其周边环境的现状图文资料。

（6）文物保护单位所在地当前的社会、文化、经济、交通、人口、地理、气候、水文、地质等基础资料和城乡建设发展的相关规划文件。

（7）文物展示、服务设施情况，历年游客人数与收费统计等。

（8）机构、经费、人员编制、政府管理文件等。

（9）其他相关资料。

文物保护单位保护规划一般应当包括下列主要内容：

（1）评估文物保护单位的价值、重要性及其环境影响、社会与人文影响；

（2）评估文物本体及其环境的保存、保护、管理和利用现状，分析主要破坏因素；

（3）明确规划原则、性质、目标、重点和保护对象等；

（4）划分保护范围与建设控制地带，提出管理规定；

（5）制定保护措施，包括保护工程和保护技术要求；

（6）制定相关的环境治理和生态保护措施；

（7）提出其他相关领域规划的要求；

（8）划定功能分区，限定利用功能；

（9）制定开放计划，核定游客容量控制指标，确定展示项目、路线组织和必要的服务设施；

（10）说明规划范围内拟建项目的必要性，编制选址策划，提出建筑功能设定、规模测算和建筑设计的规划要求；

（11）提出管理建议，确定日常养护和监测内容，考虑社区参与计划；

（12）编制规划分期、实施重点与投资估算，提出实施保障。

文化遗产的科学展示和永续利用，是遗产保护的重要课题。展示利用的核心问题是最大限度地保存文化遗产的真实历史信息。保存真实历史信息的重要意义在于把那些我们尚不认识、不理解的信息完整地留给后人，让他们去发掘和收获，这才是保存历史信息的最大价值。现在普遍存在的问题是，一些规划师、建筑师执意要发挥自己的创造性，忽视历史信息的保存，不研究遗产及其环境的历史状况，不去研究它们所携带的历史信息，从而也不认识其信息价值，设计中美化了环境，丢掉了历史信息，甚至曲解了历史。

5 历史建筑的利用

除了对文物保护单位按文物保护法的规定进行保护外，对城市中其他需要保护建筑的确定，应该以是否保持城市空间景观的连续性和逻辑性，是否具有潜在的历史、文化、建筑和艺术方面的价值为目标。

5.1 历史建筑利用的原则

历史建筑的利用应该遵循保护与利用相结合的原则，应尽可能保持原功能，并与恢复周围地段活力相结合。合理利用文物建筑应在严格保护与控制下进行，不论采用何种利用方式，均应体现保护优先的原则。合理利用应在文物保护单位或历史建筑保护规划的指导下进行。

5.2 历史建筑的利用

5.2.1 继续原有的用途

这是最有利于文物建筑保护的利用方式。国外的绝大多数宗教建筑、部分政府行政办公建筑和我国的古典园林都属于这一类型。由于悠久的历史和与之相关联的宗教典故，使得它们比新建的同类建筑具有更大的吸引力，如欧洲的教堂、我国苏州的古典园林、北京的颐和园、圆明园等。图14-4-2所示为意大利古城费拉拉的城墙公园。

5.2.2 改变原有的用途

作为博物馆使用：这是使用方式中最普遍，也是使其发挥效益的最好的使用方式

图 14-4-2　意大利古城费拉拉（Ferrara）的城墙公园
（资料来源：意大利费拉拉大学城市区域与环境研究中心（CRUTA））

之一。如我国北京的故宫博物院和同里镇的历史陈列馆等。作为学校、图书馆等文化设施使用：欧洲历史城市的很多学校、图书馆和政府办公楼都是利用历史建筑改建而成的。作为旅游设施使用：对保护等级较低的文物，可以作为旅馆、餐馆、公园及开放的旅游景点使用。

5.2.3　留作城市的景观标志

有些文物保护单位或历史建筑，由于各种原因而不能或不宜继续具有具体的用途，但它却代表了城市发展历史中重要的阶段或事件，代表了某一时期的建筑艺术或技术成就。对这类文物应该维护其既有状况，保留作为城市的景观标志，以时刻让人们感受到城市发展的历史脉络，也可以作为纪念、凭吊、观光的场所（图 14-4-3）。

图 14-4-3　作为城市景观标志的大三巴牌坊（中国 · 澳门）
（资料来源：本书编写组拍摄）

专栏：纽约两个火车站建筑的不同命运

纽约宾州车站竣工于 1910 年，是古典复兴建筑的精品。1960 年代初期，在当

图 14-4-4　美国纽约中央车站
（资料来源：本书编写组拍摄）

时城市更新和地产升温的影响下，业主决定拆除车站主体，以便新建一座体量庞大的多功能现代建筑，这引起了历史学家、建筑师、城市规划师和部分市民的强烈抗议，但是当时的美国并无法律限制私人业主对历史建筑的破坏，因此 1964 年该车站被拆除。宾州车站的拆除引起了媒体的广泛抨击，对美国历史建筑保护的影响深远，它所反映的文化遗产保护与私人开发权之间的矛盾最终通过纽约中央车站保护案例得以解决。

同宾州车站一样，中央车站（图 14-4-4）也是纽约的历史地标，业主也想拆除后新建 55 层的办公大楼，在该方案被纽约地标委员会否决后，官司一直打到美国最高法院，最终中央车站得以保存下来。最高法院的历史性判词认为地标委员会将中央车站指定为历史建筑并否决加盖高层并没有禁止"经济上的所有有效使用"。它依然可以继续作为车站使用，并且开发权可以转移，因此不构成法律意义上的征收，也无须补偿。这个裁决是最高法院首次对历史建筑保护案例的直接判决，赋予了地方政府对历史建筑再开发进行限制的权力，确立了历史保护区划条例的合法性。中央车站在 1990 年代经过修复，现已成为纽约市珍贵的历史遗产。

第 5 节　遗产保护与城市更新

1　城市发展与老化衰退

城市从诞生起，就总是在不断变化之中。城市受到内外各种压力和动力的影响进行调整，或扩张，或衰退。随着城市的发展，某些地区会因为过时而需要更新，这种过时可能是物质和结构性的过时（建筑陈旧破损）、功能性的过时（缺乏市政设施或足够停车位）、形象过时、"法律上的"或"官方的"过时（不再符合新的功能标准，达不到允许修建的容积率上限）、区位的过时（因为区位条件的变化而不再适合原有的功能）等。

城市经济活动的变化和人口流动不断对城市土地利用和建筑使用提出新的要求。所以城市更新是一种物质实体的变化，是一种将城市中已经不适合现代城市社会生活的地区作必要、有计划的改建，是土地使用和建筑物使用功能或使用强度的变化，它是影响城市的经济和社会力量带来的必然后果。

2　欧美城市更新的经验教训

2.1　对清除贫民窟重建方式的反思

西方现代主义城市规划自诞生以来，就一直推崇以大规模改造来解决城市问题。特别是第二次世界大战以后，为了疗治战争创伤并解决紧迫的住房问题，西方各国曾普遍把以大规模改造为主要特征的"城市更新"运动作为解决城市问题和提高居民居住水平的基本途径。该运动从一开始就受到以形体规划为核心的现代主义城市规划和建筑理论的深刻影响，把城市看做一个静止的事物，寄希望于宏大的形体规划蓝图，以实现理想的城市模式。

19世纪末到1920年代，城市更新主要采取清除贫民窟、整治城市环境、重建住宅等方式。1927年伦敦成立大伦敦规划委员会，1930年公布《住宅法》，从此城市更新与改变城市空间的混乱布局结合起来。第二次世界大战以后，随着西方国家大城市中心区的人口和工业向郊区转移，原来的市中心开始衰败——税收下降、房屋和基础设施失修、就业岗位减少、治安和环境恶化，导致中心区经济的衰退和生机活力的消失。美国率先提出的振兴内城（inner city）经济的城市更新计划就是为了预防和消除这种种弊端。1970年代，人们认识到纯物质性更新的不足，城市更新还涉及经济、社会、文化、政治等多种因素，需要多目标的全面复兴。到了1990年代，对于人的尊重、对历史的尊重、对自然环境的尊重等人文因素在城市更新之中的地位越来越重要。城市更新的目标一步步走向更深更高的层次，城市更新的方法也从单一的物质规划发展为多目标综合性的社会经济规划。旧城居住区的改造目标变得越来越多样化，从单一的提高居住水平转变为包括振兴城市经济、提高环境质量、保护历史文化遗产、维护传统社区生活、解决社会问题（增加就业、减少犯罪……）等多重目标的复合。

在第二次世界大战之后的城市重建中，推倒重建在很长时间内都被认为是解决住房短缺提高居住水平的最行之有效的方法，但是经过多年的实践和反思，这种模式受到越来越多的怀疑和越来越强烈的反对。

1950~1960年代西方城市更新运动的实践表明，大规模改造无论在解决居民住房问题，还是在改善城市环境方面都没有取得成功，反而给许多历史性城市留下不少难以挽回的巨大破坏，加剧了历史城区的衰退现象。城市更新运动后来还被许多学者称作是继第二次世界大战以来对城市的"第二次破坏"。正如简·雅各布斯所指出的，大规模推土机式的清除贫民窟的重建运动，其背后的思想基础是现代主义的机械思维，认为通过物质手段（如以一种新的、好的建筑形式和功能替代旧的、差的建筑形式和功能）能够解决城市贫民的居住环境恶劣等问题，但是城市的复杂问题不可能通过单一的物质手段解决，大规模的重建反而可能影响到中低收入居民的生活质量。越来越多的人注意到被清除地区的社区生活，尤其是那些已经存在很长时间，人们联系紧密，有着丰富的社会生活，但是这种社区生活和内在结构在清除计划之中却被无情摧毁，关注和维持原有社区成为今后旧城居住区更新需要特别注意的问题。

过分追求理性、庄严而否认城市日常生活所需要的流动和连续的空间，往往把那些巨大的住区、超尺度的街道、纪念碑式的建筑强加在城市的历史中心，切断了城市的历史渊源和人文生气。有鉴于此，雅各布斯在《美国大城市的死与生》中提出的城市更新原则是增加城市人口的多样性、密度和活力，营造能够聚集各种人群和活动的空间，并列出了一个生机勃勃的城市在形态上的四个要点：用途混合，小街区密路网，高建筑密度以及不同年代、环境和用途的建筑物并存。

最初的清除计划主要是针对一些质量较差的住宅，但是在以后的许多城市里，由于拆除重建计划常以经济成本收益来衡量，拆除范围不断扩大，一些质量还不错的历史建筑也被列入清除计划。在强大的市场压力下，低收入市民被迫离开市中心，而中产阶级填补并占据了较好的城市资源的现象也值得关注。

人们日益认识到市中心那些原先看起来没什么保留价值，被认为是代表贫穷阴暗生活的旧居住区的历史意义。例如英国许多组织严密的维多利亚时期的街道，和街道两侧肩并肩排列的两层楼房，街角有商店和酒馆，有时还会夹杂着些不规则的街道小厂，变成了孤零零的经过"规划"的高层或多层住宅，还有四周风声呼呼的商业区，在这样的规划中，街道的概念已经消失了。不幸的是类似的情形也在中国的一些旧城区发生。

专栏：绅士化（中产阶级化）（Gentrification）

绅士化是破败而又过时的历史街区振兴过程中的一种必然结果。一旦街区开始复兴，其建筑和资产价值就会上升并吸引那些愿意支付较高租金的客户，于是历史街区通常出现人口置换并日益绅士化。这一现象造就了一个侵占低收入地区的中产阶层，他们由学者、艺术家、专业设计师和典型的单身贵族或无子女的夫妇等那些向往着生活在充满邻里情趣的城市氛围中的人群组成。

2.2　西方国家现代城市更新运动的总结

纵观西方国家现代城市更新运动的演变，可见以下规律和趋势：

（1）城市更新政策的重点从大量贫民窟的清理转向社区邻里环境的综合整治和社区邻里活力的恢复振兴。

（2）城市更新规划由单纯的物质环境改善规划转向社会规划、经济规划和物质环境规划相结合的综合性更新规划，城市更新工作发展成为制定各种不可分割的政策纲领。

（3）城市更新方法从急剧的外科手术式的推倒重建转向小规模、分阶段和适时的审慎渐进式改善，更强调城市更新是一个连续不断的过程。

（4）为了维护公共利益，不能把旧城更新，尤其是具有一定历史价值的历史地段的改造完全推向市场，这已成为人们的共识。政府的角色是通过直接投资、制定法规和政策引导私人投资、鼓励居民参与等多种形式，在旧城更新中形成多元化、多规模（趋向于越来越小型化）的投资开发局面。

3　中国的城市更新

3.1　中国的城市更新的回顾

解放初期：治理城市环境和改善居住条件，之后"充分利用、逐步改造"过分强调利用旧城，一再降低城市建设标准，压缩所谓"非生产性建设"，城市住宅和市政公用设施降低质量和临时凑合以节省投资，也为后来旧城改造留下隐患。

"文革"十年，城市建设和更新无人管理，到处见缝插针，乱拆乱建，绿地和历史文化遗产遭到侵蚀和破坏，造成城市布局混乱，环境低劣。

改革开放以后，城市更新更以空前规模和速度展开。经济利益驱动，利益主体多元化，投资渠道多元化，但同时规划的控制也不断完善。

3.2　当前城市更新面临的问题

中国的城市发展面临着多重困境：既有历史遗留的沉重负担——包括土地利用效率低下、住房拥挤和房屋破旧、基础设施不足和滞后、历史风貌和景观特色丧失等，又有发展过程中新产生的问题——包括居民外迁带来的社区解体、高强度开发导致的居住环境恶化和基础设施超负荷、工业外迁导致的污染转移和通勤不便、历史文化保护意识淡薄造成的建设性破坏等；既有发展中国家的典型问题，又有发达国家在其工业化城市化过程中曾遇到过的某些现象。这就决定了中国城市更新的长期性、复杂性和艰巨性。

中国城市老城区的普遍空间特点是：土地利用的混合性、空间的致密性和高效率。但是在旧城更新改造规划时盲目套用宽大而稀疏的道路网，盲目拓宽若干主干道、建高架桥立交桥和地下隧道，导致道路网密度降低，造成旧城区原有的致密街巷网的瓦解，个别主街拓宽后，忽略了支路和末梢小巷的整治，大量小街巷随着成片开发而灭失。双向分隔的主干道和快速路成了不可逾越的鸿沟，很多传统街巷因无法穿越主干路而逐步萎缩，老城区的空间致密性随之丧失。

拓宽的道路必然要求沿线高强度商业开发以收回成本，这使得旧城区主要道路同时承担穿越性交通和生活性道路的功能，两种性质的叠加使旧城区交通集中在几条主要道路上，同时市政基础设施也面临更大压力。大量背街小巷因为无利可图，居住条件和市政基础设施迟迟得不到改善。

旧城改造导致历史城区肌理消失，历史城区迅速碎片化。市场化的旧城改造则由于开发商挑肥拣瘦，往往只有主要道路被拓宽，沿线"焕然一新"，但历史上质量最好的沿街历史建筑被拆，而大量街区内部依然凋敝。而且每一轮旧城改造都是避重就轻，导致真正需要得到改善的困难地段依然存在。

4　城市更新与遗产保护

4.1　城市更新的方式

城市更新的方式可分为再开发、整治改善及保护三种。再开发或重建，是将城市土地上的建筑予以拆除，并对土地进行与城市发展相适应的新的合理使用。整治改善是对建筑物的全部或一部分予以改造或更新设施，使其能够继续适用。保护是对仍适合于继续使用的建筑，通过修缮、修整等活动，使其继续保持或改善现有的使用状况。

4.2　小规模渐进性更新

对小规模整治方式的探索始于对大规模改造的批判。美国学者芒福德对大规模改造规划曾有过深刻的批判："把城市的生活内容从属于城市的外表形式，这是典型的巴洛克思想方法。但是，它造成的经济上的耗费几乎与社会损失一样高昂。""大街必须笔直，不能转弯，也不能为了保护一所珍贵的古建筑或一棵稀有的古树而使大街的宽度稍稍减少几英尺。"著名学者雅各布斯更是大规模改造的激烈反对者，1980年她在国际城市设计会议上指出："大规模计划只能使建筑师们血液澎湃，使政客、地产商们血液澎湃，而广大群众则总是成为牺牲品。"

而小规模渐进式的更新以其灵活性、便于筹措资金和发挥当地居民的积极性、能够做到对于文化遗产的细心呵护而日益受到重视，成为国际上进行城市更新的主流。

4.3 以旅游和文化产业为先导的振兴

为了振兴城市历史地段，许多城市正在努力开辟新的城市功能。其中一项重要的功能就是旅游和与之相关的各种文化活动，这通常意味着地区的经济结构需要大规模的重构。利用一个地区的历史特征、周围环境和场所感，旅游业通常通过导入新的功能来克服街区的过时形象。在振兴过程中必须把历史文化遗产、传统和场所感与当代的经济需求、政治和社会状况相结合。这种城市更新既需要旅游景点，又需要适宜的基础设施，包括会议、展览、艺术、博物馆、休闲活动等。旅游业和文化产业往往并不能提供保护历史文化遗产所需的全部资金，通过旅游和文化产业带动振兴之后的主要经济收益将从交通、住宿、餐饮和零售业获得。

4.4 从城市更新到城市复兴

城市复兴所能够提供的远远超过了对市民生活条件的物质改善，它还能够维护社区生活和加强社会团结。

城市复兴（Urban Regeneration）的提出，源于因郊区化而产生的中心城区吸引力下降、人口和就业外迁以及因后工业化产生结构调整而导致传统工业地区的衰落，意在重新恢复衰落地区的吸引力和活力。城市复兴强调在新的社会经济条件下，促使地方和社区在经济和社会方面具有自我发展、自我更新的含义。

城市复兴政策的目标通常是为城市中心区或旧区带来新的活力，发展能够为治愈城市创伤提供支持的新的社会、政治或经济组织。包括：应该通过经济增长中的障碍、减少失业率，使社区和居民从依赖转变为相对独立，促进现有商业的繁荣；通过打破贫穷的怪圈，激发贫穷地区人民的潜力，使社会中的每个人对能影响他们的事物有更多的参与决策权力，并能够抓住城市复兴带来的经济机会；实行有助于提高人们居住满意度和更宽广的政府目标的可持续发展。为此，需要创造更多的参与机会，创建更多平等的社区。这时的城市规划也更强调公众的参与和主导以及自下而上的更新方式。

伴随着城市的升级和转型，工业遗产区、城市滨水区、码头仓储区、外迁之后的原铁路站场区等也将成为城市复兴规划重点考虑的区域。而一个好的城市复兴规划，需要市民、行政部门、开发商和专业人士的共同努力。

■ 本章小结

本章首先阐述了城市文化遗产保护的基本原则和意义，介绍了国内外城市文化遗产保护观念和保护体系不断发展和完善的过程。然后结合我国现行的保护体系，分别讲述了历史文化名城、历史文化名镇、名村、历史文化街区、文物古迹的价值评定、保护要点和保护规划的主要内容。最后，对于与遗产保护密切相关的城市更新问题，分析了欧美的经验教训和我国当前面临的更新的特殊性问题，介绍了城市更新的可行方式。

■ 主要参考文献

[1]（美）刘易斯 · 芒福德 . 城市文化 [M]. 北京：中国建筑工业出版社，2009.

[2] 张松 . 城市文化遗产保护国际宪章与国内法规选编 [M]. 上海：同济大学出版社，2007.

[3] 费尔登 · 贝纳德，朱卡 · 朱可托 . 世界文化遗产地管理指南 [M]. 上海：同济大学出版社，2008.

[4] 单霁翔 . 从"功能城市"走向"文化城市" [M]. 天津：天津大学出版社，2007.

[5] 单霁翔 . 从"文物保护"走向"文化遗产保护" [M]. 天津：天津大学出版社，2008.

[6] 阳建强，吴明伟 . 现代城市更新 [M]. 南京：东南大学出版社，1999.

[7]（加）简 · 雅各布斯 . 美国大城市的死与生 [M]. 金衡山译 . 南京: 译林出版社，2005.

[8] 史蒂文 · 蒂耶斯德尔，蒂姆 · 希思 . 城市历史街区的复兴 [M]. 北京：中国建筑工业出版社，2006.

[9] 吴志强，李德华 . 城市规划原理 [M]. 第四版 . 北京：中国建筑工业出版社，2010.

[10] 王军 . 城记 [M]. 北京：生活 · 读书 · 新知三联书店，2003.

[11] 国际古迹遗址理事会中国国家委员会制定 . 中国文物古迹保护准则 [S/OL].http：// www.getty.edu/conservation/publications/pdf_publications/china_prin_1chinese.pdf.

■ 思考题

1. 为什么要保护历史文化遗产？近年来遗产保护理念有何新趋势？

2. 如何理解文化遗产保护的原真性原则？

3. 历史文化名城、历史文化街区和文物古迹的保护有何不同？

4. 开发旅游对文化遗产保护有何利弊？

5. 结合实例，谈谈城市遗产保护和城市更新的关系。

第15章 英美规划体系简介

规划体系是城市规划的核心内容，也是值得进一步了解的内容。本章节阐述了英美国家的两种规划体系，读者通过了解这两种不同的规划体系，可以和我们国家的规划体系作比较研究，然后汲取前者的经验，来不断改进和完善我们的规划体系。一个好的规划体系对于规划设计以及规划实施及其管理来说非常重要。这些内容值得对规划感兴趣的读者进一步地拓展研究。

第1节 美国规划体系简介

1 美国规划制度背景

1.1 土地制度、产权观与宪法保护

在崇尚自由、个人主义和市场经济的美国，城市规划是在最大限度保护个人财产权的前提下，维护社会经济活动正常运作所必需的、基本的公共利益。以区划为核心的美国城市规划制度，其实质是对于私有财产，尤其是中产阶级私有财产的保护。可以说，正是区划体系，将宪法中抽象的保护私有财产的理念，通过限制私有土地使用的形式进一步具体地落实下来。20世纪20年代以来，区划之所以能在美国各地得以广泛推广的主要原因，不仅在于当时住房制度改革、城市美化运动的推动等，使得对社会性、公共利益的认识得到全社会的认可，更重要的是，区划通过排他性的土地利用限制，发挥了维持和提高住宅与土地等私有财产价值的作用，因此得到广泛的支持和推崇。

1.2 地方行政财政制度

美国地方制度中突出的特征就是高度的地方自治。在地方自治的制度框架下，以州为单位的地方政府拥有独立的立法、行政和司法的权力，在城市规划管理中，各地方的法律制度和管理方式、标准也根据地方的各自条件而决定，联邦政府对城市规划管理的指导和干预十分有限和间接。在地方财政制度方面，地方税以固定资产税为主要税源，由于城市规划管理极大地影响着固定资产的价值，因此成为城市政府保证收入的重要工具之一。但是，从实践效果来看，对于个人权利的过度保护和个体自由的过度尊重，在制度的运行中实际演化成为对于有产者利益的保护，从而导致了贫富差距的加大和城市社会空间隔离问题的恶化。从这一角度看，作为现代城市规划核心内容的区划制（zoning）之所以从20世纪20年代开始能在美国各地得以广泛推广，其本质的意义在于区划制在维持和提高住宅和土地等私有财产价值方面的重要作用。完全的地方自治使得城市治理过于强调地方性，不仅在于城市规划方面过于富有地方色彩，而且由于地方治理的分裂而使得城市政策的区域性协调和宏观调控难以进行，城

市规划应有的协调土地开发、引导城市发展方向与远期目标的功能难以实现。从这一角度来看，美国地方政府在城市规划管理中的职能发挥，在较大程度上受到自身社会环境条件的影响。

2 美国城市规划法规体系

2.1 法律体系的结构和内容

美国在高度地方分权的体制下，没有城市规划的国家法律，城市规划的法律体系主要由州以下的地方自治体层面的法律构成，以州的标准授权法和地方的立法为主。州的标准授权法中仅对规划行政提出最低限度的要求，且不具有法律约束效力，规划的内容、形式，乃至是否制定城市规划等问题，均由地方立法自行决定，因此，地方立法在规划的法律体系中具有绝对的主导权。从框架特点和内容看，以实用性为主，缺乏专业法律的系统性和连贯性，重视程序性规定，缺少规划内容的规范性规划，各地方的规划法律各具特色是美国规划法律体系的主要特点。同时，由于美国城市规划的实施主要依靠区划制，没有独立的开发许可制度，所以其规划法律的功能和内容就更集中于规划本身。

2.2 规划立法机构的职能

在美国采取议会和规划委员会的双重立法决策机制，议会作为法定的民意代表机构和立法机构，具有最终的裁决权；同时为了避免政治斗争对行政的干扰，提高决策效率和公平性，作为专业性准立法机构，规划委员会成为独立于政治之外的规划决策体制，在专业领域内具有最终裁决权。通过议会和规划委员会之间相互制衡关系的建立，使得专业立法的民主性和专业性，效率与公平之间具备了基本的平衡关系。

2.3 司法机构的作用

在美国，独立的司法权力是有效制衡与监督立法和行政权力的重要保障。另一方面，出于尊重民意代表机构的传统，美国的司法机构很少对立法机构的决定和议会明确通过的条例发出不同的声音。因为法院认为政策制定和审议是立法机构的职责范围，在与规划有关的诉讼案件中，司法机构更多关注的是宪法中关于人权、财产权保障等有关的公民权益保障问题，如果法院认为规划有违反宪法或地方法律等的不当之处，可以判决规划无效。司法机构所拥有的权力对地方政府在城市规划管理方面的任意性和自由裁量权，起着极为重要的制约作用。

3 美国城市规划行政体系

美国城市规划行政体系的突出特点包括：

（1）高度的地方自治保证了城市规划管理作为地方事务，地方政府拥有最大限度的自主权；中央政府、州政府对于城市规划事务的干预和指导较为有限，主要通过资金扶持或金融税收等方式进行间接、灵活的引导。

（2）在地方层面上，规划行政管理的自由裁量权较为有限。这一特点首先体现在，法律明确规定了规划行政部门仅有的政策执行的权力和职能，而不参与政策的制定，与此同时，规划行政行为受到来自立法机构——议会和准立法机构——规划委员会的严格监督。规划行政人员不仅需要向市政府负责，同时也需要积极地向议会负责。

（3）规划决策与规划行政中广泛深入的公众参与，促进了政策信息的公开和管理程序的透明，通过法律的参与权利保障和制度化的决策参与程序，以规划公示、听证会、市民投票表决等多样化的公众参与形式，使得规划行政部门在行使权力中的行为和过程都受到社会公众的严密监督。

从规划决策程序来看，作为立法机构的议会和准立法机构的规划委员会，是美国规划决策程序的主体。从主体间的关系来看，规划委员会的独立运行机制及其拥有的最终决策权，最大限度地避免了政治对规划决策的影响；但另一方面，法律也规定，获得议会半数以上支持的条件下也可推翻规划委员会的决定，而且规划委员会的最终决策权仍受到地方议会预算决策的制约。因此，美国的城市规划决策程序实际上是建立在议会和规划委员会之间相互制约平衡的关系基础上的。

4 美国城市规划编制体系

美国城市规划体系由城市综合规划、区划、土地细分管理和场址审查规划组成。

4.1 综合规划

从法律体系角度讲，城市综合规划在法律上并没有确定的地位，但一般都在相应的法规文件中规定了城市政府在进行政府公共开发、建设公共设施或市政设施时，必须按照综合规划所确定的空间和时间来进行，也规定了编制区划条例必须以综合规划为依据。从城市规划实施的角度讲，基本上是有两方面的内容来加以保证的，一是通过政府公共投资来引导土地开发，二是政府依据综合规划制定年度预算。调查显示，综合规划文本通常是城市政府在确定政府年度预算过程中被作为优先考虑的因素（Henry，1987 年），而且规划部门对城市年度预算的制定具有重要的作用。而联邦政府的各项资助也必须是与综合规划相符合，才会发放其资金的。在该项内容中以基础设施改进计划为典型。

4.2 区划（Zoning）

在美国，区划是一种控制土地使用的地方法规和进行规划管理的技术手段，同时也是一种对城市未来发展的展望，美国区划的发展是法律体系完善先于规划思想和方法的完善（表 15-1-1）。

区划是美国城市中进行开发控制的重要依据，因此，对于规划实施而言，区划与城市规划之间的关系就成为一个重要的问题。只有将城市规划的内容全面而具体地转译为区划的内容，城市规划才有可能得到实施。

美国区划对开发管制的弹性体现在两个方面：

（1）每一种区划的分类以最高限或最低限的形式，统一规定了开发强度的控制指标。只要不超出限制范围，开发者可以自由定量，审批者无权干涉。

（2）如果开发者认为目前的区划分类不适合自己的拟建项目，可通过法定程序（含公开听证），根据自己的需要选择适用的分类，提出变更分类的申请；如获批准，则按照所批准分类的法定控制标准进行建设。因此，规划审批的工作只集中在一个很简

美国"区划法"的产生和发展 表 15-1-1

发展过程	年代	城市发展因素变化			效果
城市建设无序阶段	1900~1915 年	钢结构的出现	高层建筑出现	工商业的发展迅猛，高层建筑开始蔓延	居住环境质量恶化。公共利益无法保证
		电梯技术发展			
		经济迅速发展	对建筑空间、城市空间的需求增加		
		能源交通技术的进步		城市空间的迅速膨胀	

发展过程	年代	"区划法"内容变化			效果
区划的产生和发展阶段	1914~1916 年	纽约市立法部门修改《纽约章程》，制定了一系列的控制指标	地块控制指标	使用性质	经过近十几年的探索，美国区划的内容基本确定，其法律地位也得到了保证
				庭院面积	
			建筑控制指标	建筑高度	
				建筑体量	
				建筑位置	
	1916 年	纽约市通过《区划条例》	是美国历史上第一个区划，实现了用法律控制土地使用的革命		
	1920 年	纽约市区划法得到纽约州最高法院的认可	美国历史上第一个区划成为法律		
	1922 年	纽约发表《标准区划许可证法案》	成为全美 50 个州制定区划法案的蓝本		
	1922 年	通过案例"Village of Euclid v, Ambler"	美国最高法院宣布合理的区划是合乎宪法的，确立区划在美国的法律地位		
	1926 年	美国大多数城市编制通过了《区划条例》			
	1954 年	"Parker"案例	美最高法院的裁决再次确认政府有权管理私人土地，人们完全接受了区划法是合法的公共政策的工具		
完善和推广阶段	1945~	管理技术的发展	奖励性区划	鼓励设置城市公共空间和绿地	控制指标更为完善，控制手段更为灵活，控制思想更富有人性，有利于城市特色地区的保存以及城市空间环境的创造
			规划的单元开发（PUD）	使地方区划法对住宅市场的不断变化有更强的适应力	
			开发权的转让（TDR）	虽然还有争议，但为区划体系引入一个定量控制手段	
			特殊的区划区	由于许多邻里各具特色，所以这种手段应运而生	
		控制指标的完善	容积率（FAR）的提出	纽约市的新区划法首次采用容积率，把土地使用控制和使用强度融为一体	
			空地率		
			天空曝光面		
			作业标准		
		控制思想的发展	控制观念的转变	由控制"什么不该发生"的消极控制方式转向反映"确定什么应该去做"的积极引导	
			城市设计思想的纳入	林肯广场区、第五大街区等就在其区划中成功贯彻城市设计思想	

资料来源：本书编写组自绘。

单的问题上——是否同意变更分类？规划审批者既无必要，也无权力对控制指标进行"案例式"调整。由此可见，区划的弹性体现在了分类变更的权利上。

美国对区划变更的审批不是由一个部门包揽，而一般是由规划委员会、市议会、区划上诉委员会三个部门共同管理的。三者审批区划申请的共同依据是总体规划，在运作机制上带有行政、立法、执法三权分立的色彩。规划委员会将审批投票结果提交当地立法机构。立法机构可能批准，也可能否决委员会的决定。如果批准，则由有关部门对区划地图文本进行修改和记录存档。从法理上讲，对法律进行任何一点修改（如区划分类的变更、地块的合并、使用强度的变化等），都是一次小小的立法过程，应由立法机构给予重新的批准和认可，这才符合法制化的原则。

4.3 土地细分管理

土地细分（subdivision）是一种对土地地块划分的法律过程，主要是将大的地块划分成尺寸较小的建设地块，以满足地块产权转让的需要。在美国，这个过程通常得到了非常细致的控制。在建设地块可以出售之前，或者土地的所有者在对地面设施进行改进之前，必须先获得市政当局对地产权的土地范围批准。根据相应的法规，在地产权的地图上至少要表示出街道、地块的边界和公共设施的通行权（easements for utilities）。此外还会规定在建设地块出售或建设许可得到批准之前必须进行怎样的改进。这样，社区就可以要求地产的所有者在地块内建设街道，并在符合宽度、安全和建设质量标准的基础上，以适当的方式与城市的街道系统相联系。同样，也可以要求地产的开发者提供给水、排水等设施以符合社区的标准。土地细分的要求通常还会规定地产开发者必须向社区贡献出一定量的土地（或者为替代这种贡献而需支付的款项）以作为社区建设学校、娱乐设施或社区设施所需。土地细分控制也考虑其他基础设施的可供应范围，比如给水和排水、消防设施的可获得性以及诸如公园、学校、路灯等的服务设施的供应范围等。

4.4 场址规划审查

场址规划审查（site plan review）通常用来保证区划条例中的各项标准在重要的开发项目中得到贯彻。需要进行场址规划审查的项目在各个城市是不同的，一般由地方政府决定。在新泽西州中部的西温索尔（West Windsor）市，除了联立式独户住宅及其附属设施的建设以外的所有开发都需经过场址规划审查。而位于同一个州、执行同一部州授权法的泽西市（Jersey）则只审查较少的项目，在该市中，只审查 10 户以上的住宅建筑或基地面积在 10000ft^2 以上（通常限于密集的建成区）或者扩建面积在原有建筑面积 50% 以上的建设项目。在有的城市，场址规划审查是作为获得建设许可过程中的一个组成部分，因此其主要内容也就更多地涉及建设工程标准的审批。

5 美国的开发控制

5.1 开发控制的对象

美国法律规定任何建筑物的新建、改建、扩建、拆除都必须向政府有关部门申请施工许可，否则便是违法行为。有条件使用以及特殊许可在各个州都有不同的规定。

5.1.1　有条件使用

有条件使用就是指这种用途在区划中是被允许的，但只有在经过规划委员会对申请进行审议之后才可以实施。在规划委员会会议上将举行公众听证，在公众听证中通知相邻地块有关本地块新的使用用途，听取相邻地块的观点和意见。

5.1.2　特例许可

特例许可一般包括"用途特例许可"和"标准特例许可"两种。所谓用途特例许可是指在不进行区划变更的条件下对不符合区划规定的土地使用类型的开发进行许可，而标准特例许可是指对不符合区划规定的开发指标的开发进行许可。从理论上讲，特例许可的法律依据是当土地所有者按照区划条例要求进行开发具有一定困难时，为其免除困难而使用的一种灵活的规划管理方法，这种困难必须是与该地块本身相关的因素。例如地块形状造成利用不便，确实存在困难的情况下允许免除建筑后退等的要求。

5.2　许可类型

开发许可证制度主要包括土地使用许可、区划许可、开发选址许可和施工许可等，其中区划法、区划和开发许可证制度的有机结合是美国城市规划实施管理的突出特征。

5.2.1　土地使用许可

美国的城市土地主要分为三大类：居住用地、工业用地和商业用地。按照这三类用地划分城市功能区，严格控制在确定的功能区内建造其他用途的建筑。

5.2.2　规划管理许可

主要对重要建筑物的外形、层高、体量、风格等进行控制。美国的土地使用、建筑规划高度重视公众要求，一个新的建设项目，不仅要举行包括设计师与业主参加的听证会，而且要将规划方案在媒体上公告 2 个月，广泛征求各方面的意见，然后才能实施。

5.2.3　其他许可

包括建筑规范许可、卫生管理许可、供水许可、环境保护许可、消防许可、机械和能源管理许可和历史文化古迹保护许可等，其中建筑规范许可主要审查建设项目建筑设计是否完全符合建筑管理法规、技术标准和技术规范，设计图纸是否经过政府或政府授权人员认可；卫生管理许可主要审查排水、污水、废水、通风管线、卫生间等卫生设施。

5.3　开发控制程序

5.3.1　咨询

充分发挥咨询公司、建筑设计公司和承包商等中介机构的作用，允许他们提供与建设工程有关的项目开发、规划、设计、项目管理、施工管理、业主代理、法律等咨询服务。

5.3.2　审批

由一个专项许可的综合部门，对专项许可进行收集、协调并作出最终许可，不存在过多部门分割。如纽约市为简化审批手续，提高行政效率，从 1998 年开始，在建设项目符合土地利用规划的条件下，将交通、环保、消防、古建筑保护和残疾人设施的审批权限集中交给纽约市房屋建筑局。

充分发挥注册建筑师和工程师的作用，将其签署的文件作为设计方案报批和竣工验收的依据。

5.3.3 监管

对建设项目的施工监管十分严格，在建设项目施工期间先后五次到现场进行检查。首先是开工验线，其次是施工过程中的工程检验；第三是对建筑材料进行检查；第四是对抗震设施的检查；最后是竣工验收。对于像伯克利这样的小城市，这些工作都由一个部门完成，但对于像旧金山等大城市，则分别由规划、市政、房管和抗震四个不同的部门完成。

5.4 其他制度

5.4.1 开发权转移

开发权利转移（Transfer of Development Rights，TDR），为区划体系引入了一种定量控制的手段，它的实行对于保留城市中的自然地形、名胜古迹以及其他具有保留价值的场所起到了积极作用，并使之具有经济的可行性。土地开发权转移主要是基于纽约市历史建筑的保护而提出的。它指的是对于城市范围内的任何一块土地，地主可将其土地尚未开发利用之"权利"转移至一定范围之内的其他地块，但需要符合区划的规定。开发权利转移的例子包括空权转移以及通过转移发展权利保护农田。这种转换可以是自愿的，如农场主可以选择在农场上以每25英亩一个单元的密度进行建设，或者转换开发权利到其他能获得更高建筑密度的地区进行建设。这种转换系统的目的与区划奖励很相似，是鼓励但不是强迫达成一些想要达成的社会目标（比如农田保护等）。另外，转换也可以是强制性的，当受到保护的公共财产不可替代时，开发权利转换计划可以是一种强制性避免建设活动影响公共财产的机制。

5.4.2 区划奖励

区划奖励在一定程度上可以描述为开发确定性和规划行政量裁之间的关系。区划奖励相当于用社会需要的公共物品的开发权利与广泛使用的区划法定开发权利之间的交易。

5.4.3 基础设施改进计划

基础设施改进计划（Capital Improvements Programming，CIP）是一种联系长期性物质规划和城市年度开支预算的方式，它清晰地指出了未来几年中城市投资建设的方向。因此，私人开发商和政府可以更好地计划他们的投资，从而保证规划对城市建设和发展的引导。基础设施改进计划一般在两个层次上展开：每4年编一份5年计划，第一年构成了下一财年度的支出，并且，该计划每年要进行审核以调整项目的序列，以适应计划间段中由于财政资源或城市需求方面发生变化的需要。基础设施改进计划的基础是一种财政支出，主要针对城市的物质设施，如道路、排水管、停车场（库）和城市中其他设施的改建等。这些类型的项目都是高成本，也是长久性的。由于这些资金主要来自于较长期的借贷，城市就要承担相应的负担，因此，就要根据城市每年可承受的债务水平来作出决定。由于物质设施在其建成之后通常都要长期地运行并且难以轻易改变，这就要考虑每个项目的支出和规划的可获得结果，即需要评估其成本和效益。因此对于规划部门而言，在城市综合规划的基础上分析城市财政资源是一项非常重要的基础性工作。

基础设施改进计划的基本目标是为每一个时期确定一系列的项目，这些项目一旦建成就需要对未来的所有时期提供最大的产出。为了实现这样的目标，基础设施改进计划包括许多重要的任务，这些任务要融合进引导资本支出的各种计划。此外，基础设施改进计划所考虑的设施和项目必须来自于城市政府不同的职能部门和机构：如道路部门、公园部门、教育部门等。每个机构都会有它们自己的项目计划，并且认为这些项目计划能够促进城市的改良。但城市不可能同时来实施这些项目计划，也有可能这些项目之间相互分散而难以达到较好的效益。此外，很可能有些项目需要在另一些项目之前建设，如道路优先于城市中心改建等。这就导致了对每一个建议的项目计划的两种决定：①相对于其他项目的重要性；②相对于其他项目的序列。规划部门在作出这样的判断的基础上，经过协调来具体确定各类项目实施的时间表和资金的分配。

第 2 节　英国规划体系简介

1　英国规划制度背景

在英国，由于长久以来的多种土地产权形式的存在，使得进入近代以后的英国并未建立起以绝对的土地私有为中心的土地制度，而是形成了各种产权形式共存的平等多样化的产权体系。另一方面，从历史早期就已建立的经济、社会生活中的公共意识及其社会传统，更使得英国在近代之后的法律制度建设中，不仅强调私人产权保护，避免公权侵犯私权，同时也强调了社会责任、义务的共同承担与经济利益的共同分享。建立在这样的产权观和特有的土地制度基础之上，英国近代城市规划制度从形成的初期开始，就成为限制土地开发权的重要制度工具，突出体现了把土地利用放在社会义务之上的基本制度理念和核心价值取向。

英国作为地方自治的起源国家，地方自治的传统根植于其多元化的社会结构和人文环境之中。虽然地方政府在对地方事务的治理中拥有较多的裁量权，有权根据地方的特点和条件进行独立的决策和管理，但在尊重权威和保守传统的社会环境下，中央政府保持了对地方政府的强力干预和控制。与崇尚个人自由的美国不同，作为英国社会的传统之一，在重视公共权力的观念基础上，社会对于政府干预市场行为和社会事务的接受度较高，这一因素对战后英国福利型资本主义国家政策的形成和城市规划制度的建立，具有极为重要的意义；这一意义尤其体现在政府通过城市规划制度的建立而对个人财产权进行的高度控制，以及在长期的经济衰退时期政府通过规划制度的调整而对城市开发的大规模的直接干预等方面。

2　英国城市规划体系概况

英国的城市规划体系分为三个相对独立而又互相制约的分支体系：规划立法体系、开发规划编制体系、开发控制体系。城市开发控制体系是城市规划三个体系中的核心

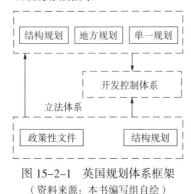

图 15-2-1 英国规划体系框架
（资料来源：本书编写组自绘）

内容，也是最为复杂的一个分支体系。

立法体系为开发规划编制以及开控制提供法律基础，开发规划编制为开发控制提供主要依据，如图 15-2-1 所示。

3 英国城市规划立法体系

英国的规划立法体系相当复杂，除由议会颁布的《城乡规划法》外，还不定期地颁布有关城乡规划的规则、通告、条例、指令及有关规划指导书的政策性文件。以《城乡规划法》为核心的法律性文件是开发控制的法律基础，而各种政策性文件成为开发控制中"实质性因素"的重要依据，对开发控制起着间接作用。

3.1 《城乡规划法》

英国现行的核心法是 1990 年的《城乡规划法》。共有 15 个部分，其中第三部分为开发控制，内容包括：开发的定义；规划许可的要求；开发规则；规划许可申请；申请的公示；申请的决策；事务大臣在规划申请和决策中的权力；简化规划区；企业区计划；默认规划许可；规划许可的时效（其中包括针对延滞开发超出许可证时效而发出的中止通告）；规划许可的撤回和修改（包括遇到反对和同意时的程序）；向规划上诉委员投诉的权利；其他开发控制手段（包括中止开发的权力和就土地开发达成的协议等）。

英国的《城乡规划法》是面向开发控制的，不仅对开发控制实施的机构、对象、赔偿等作出详尽的规定，同时也对特别控制（第八部分）、法定机构的开发活动（第十一部分）、皇家领地的开发活动（第十三部分）作出规定，其中值得关注的是第四、五、六部分，配合开发控制的不确定性以及自由裁量权的运用而制定的赔偿性法律。这些条款充分保障了开发控制的权力以及实施这些权力中的公平性。

3.2 从属法规

从属法规主要是开发规则，包括《一般许可开发规则》、《用途分类规则》和《专项开发规则（DO）》。另外，也包括从不同侧面对行政开发许可的程序作了具体规定的法律。如，《一般开发程序条例》将法律所设定的适当程序适用于开发行政许可过程之中，将行使开发行政许可裁量权的依据、标准、条件、决策过程和选择结果予以公开，并相应导入公众参与机制。

3.3 相关法、专项法

在城市与区域开发领域，还有较多其他的相关法律，对城市规划和管理起着相应的影响作用。其中较为重要的有《城市开发法》（1952 年）《住宅法》《新城法》（1946 年）、《国家公园和乡村公共通道法》（1949 年）、《办公和工业发展控制法》（1965 年）和《内城法》（1978 年）等。《城市开发法》是针对各地疏散城市人口、调整各地人口空间布局而制定的法律，《新城法》是为促进各地新城的开发而制定的法律，《住宅法》、《内城法》等也都是根据各时期地方城市开发中出现的具体问题和规划管理的需要而制定的法律，《地方政府法》则对地方行政体制和规划行政体制的调整起到了重要的作用。

3.4 政策性文件

针对实际生活中各种不同的特殊问题，出于公共利益的考虑，英国把社会普遍接受的标准转化为多层次多目标的通告（Circulars）、规划政策综述（PPSs）、区域规划指引（RPGs）。中央政府正是通过各种

图 15-2-2 政策性文件与开发许可的关系
（资料来源：本书编写组自绘）

政策性文件，达到对地方开发控制决策的渗透，同时也使开发控制具有高度灵活性，适应不断变化的经济、社会环境（图 15-2-2）。

4 英国规划机构及其职能

英格兰的规划行政系统分为中央—郡—区—教区四级。地方自治制度保证了城市政府在规划行政方面拥有较大的自主权，但另一方面，中央主管部门通过制定法律法规、政策、执行标准等形式，对地方政府的规划行政进行强力干预、直接指导和严密监督。在城市层面，议会在规划决策和实施管理中都发挥着极为重要的作用，规划管理的主要决策都有议会作出。对于英国的规划行政部门来说，不仅需要向上级——市政府以及立法机构——议会负责，还需要对作为技术主管的上级——中央政府的主管部门负责。但实际上，规划行政部门在实施管理过程中拥有较大的自由裁量权，可以根据地方特点和实际条件决定规划控制的具体标准和形式（图 15-2-3）。

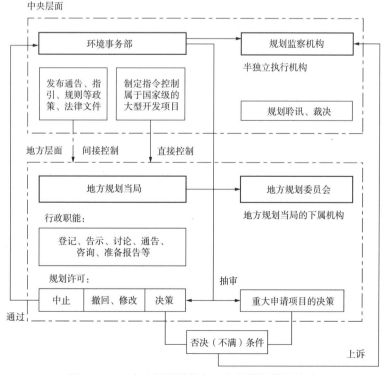

图 15-2-3 中央规划机构与地方规划机构的关系
（资料来源：本书编写组自绘）

5 英国的开发规划

5.1 英国开发规划的发展历史

回顾英国开发规划的发展历史，经历了区划形式的开发计划——结构规划和地方详细规划分离——战略型政策与行动规划结合的历程，总的趋势是规划的形式越来越适应动态的发展，而规划的内容则涵盖了综合目标的空间政策。

20 世纪前 50 年，英国采取的是区划的手段去控制土地，这种僵化的方式在 1947 年规划体系中被废除，开发规划与开发控制正式分离。在战后百废待兴的情形下，开发规划的内容依然是关注于土地利用，然而由于它过于追求细节和精确性，在面对战后城市急速发展而带来的各种问题时，规划依然是跟不上发展的需求。1968 年规划体系改革，包括规划内容和规划层次都作出了实质性的变革。结构规划主要解决战略层面的问题，其内容不再固守于详细的土地分配，而是从广泛的社会经济目标出发制定土地利用政策。地方详细规划则是对结构规划的深化，它反映国家政策和区域政策对该地区土地利用的影响，并且提出新开发项目的位置以及可能的类型。针对准备开发的地块，还会制定更详细的地区行动规划。事实上，无论何种层次的规划类型，它们都已从控制性的图则转化为综合性的开发规划，区别在于区域范围以及政策的深度。规划文本围绕广泛的城市发展目标阐述规划政策，规划图纸则是反映具体政策在空间上的转译。图纸上的图例既表达了不同片区的政策目标，也表达了不同类型、不同开发程度的用地政策。详细规划针对具体开发项目的控制范围会有明确的划分，但这并不直接构成规划许可。而土地分类以政策描述的形式替代用地性质分类表，可以充分体现政策概括的灵活性、针对性和全面性，并且政策会不断检讨更新以适应社会环境的变化。

但这种全覆盖式的地方规划也有很多问题：首先，整个规划体系过于复杂。除了要考虑国家和区域的规划指引，还要服从结构规划的规划政策。如果上面层次的政策改变了，那么地方规划原有的相关部分就失效了，这导致人们无所适从。其次，规划太冗长。地方规划要控制地区开发所涉及的所有问题，试图对每块发展用地作出开发控制。因此规划变得冗长、僵硬，成了控制开发的一套规范，而不是为指导开发制定出清晰的战略。因为地方规划覆盖整个规划区域，一旦涉及一些开发意向有争议的地块往往迟延不决，影响到整个规划的完成。编制规划常常需耗时五年甚至十年才能完成。结果是规划反而起着阻止开发的作用，为此规划体系不断受到批评，并酝酿了开发规划的第三次改革。

5.2 开发规划体系的改革趋势

为了强化城市规划战略性政策的指导作用，加强区域间的协调，减少规划的编制时间，提高规划的灵活性，以应对未来发展的不确定性和偶然性，英国政府在 2001 年年底出台了咨询报告（绿皮书）《实现一个根本性的改变》（Delivering a Fundamental Change）。这份报告正式提出修改城市规划体系的建议，并广泛征求意见。"绿皮书"提出的修改方案主要是取消现有的三种规划模式，即结构规划、地方规划和单一开发规划，并引入两种新的规划形式，即区域空间战略和地方开发大纲。

区域空间战略将：

（1）清晰地描绘出该区域在政策实施末期的空间展望，并且显示出它是如何实现可持续发展的目标的。

（2）为实现以上的展望，提供一个简明的空间战略，定义其主要的目标，以一个核心图表描绘出来，并且清晰地强调其政策。

（3）与其他区域性大纲和政策保持一致，包括区域可持续发展大纲以及区域文化、经济和住房战略。

（4）突出区域的特征。尤其是如何把国家政策和区域具体的环境相结合。

（5）虽然要突出地方性但不能在用地的布局上过于具体，其精度不能超过地方开发大纲的程度。

地方开发大纲的目的在于使地方政府能灵活地应对当地环境变化和明确社区参与的方式。它将由一组文件组成，所表达的地方空间政策与社会政策保持一致，同时也与区域空间战略基本一致。部分核心的文件将通过法定程序进行咨询和讨论，并具有法定地位。在开发控制中，这些文件中的政策将首要考虑。另外，地方开发大纲也包括了不具法定地位的文件，如辅助性的规划指引。它们可能是关于特定主题的基本设计说明或者为局部地区所作的非正式的地区综合规划、场地开发概要等。这些无法定地位的文件可以通过简化的程序被采用，但它们在具体的开发控制决策时将处于次要地位，能否被考虑将取决于辅助性的规划文件与地方开发大纲中的法定部分以及区域空间战略是否保持一致。

地方规划机构负责编制地方开发大纲，各地也可以合作制定一个联合地方开发大纲（为了更好地规划或共享资源）或者经郡政府认可共同制定他们的地方开发大纲。郡政府依然要负责制定矿物和废物的规划，并且要为它属下的地区准备矿物和废物开发大纲（图 15-2-4）。

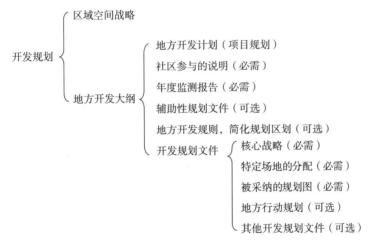

图 15-2-4　新开发规划体系构成
（资料来源：本书编写组自绘）

5.3 辅助性规划类型

由于英国的开发规划是以政策性的内容为主，针对具体地段或特定议题的开发仍需要大量辅助性的规划指引（Supplementary Planning Guidance，SPG）相配合，将政策的原则进一步落实到开发项目，并且也为政府官员在讨论开发申请时提供更充分详尽的依据。辅助性的规划指引属于非法定规划类型，但仍然要经过公众审查。不同地区根据需要可以选择相应的专题，例如生物多样性的保护、景观特征等，相关的政策要素将会在开发控制中加以考虑。在城市设计领域它主要表现为开发概要（development brief）和设计指引（design guide）的形式。

6 英国的开发控制

6.1 开发控制的对象

6.1.1 需要规划许可

在英国，对于任何一块土地的开发都要得到规划的许可。1990 年的《城乡规划法》中对"开发"的定义是"在地面、地上、地底所开展的建设、工程、采矿等活动；或对建筑和土地进行用途的物质性转变。"

6.1.2 不需要规划许可

一些行为则不在"开发"定义内，例如内部的改建、没有真正影响到主要街道的沿街扩建、交通部门对道路状况的改善、对市政设施的检修、房屋内建造娱乐设施如游泳池等以及对于农业用地和森林的使用等，这部分土地占英国所有土地的 90% 以上。此外，一些由中央大臣指令实施的行为也可以排除在"开发"以外。英国的开发控制对于很多细节性的方面则是只给出一个普遍都适用的准则，比如《一般开发规则》（General Permitted Development Order，GPDO）及《用途分类规则》（The Use Classes Order，UCO）。

在某些特殊的案例中，是否要得到规划许可完全是由地方规划当局来界定的，这样做有助于判断开发建设活动是否处于开发控制能够处理的范围内，有利于建设活动的顺利进行。

6.2 开发控制的方式

6.2.1 通则式开发控制

在 1990 年的《城乡规划法》中，以下情况可获得规划许可：

（1）通过向地方规划机构提交申请；

（2）通过开发规则；

（3）通过简化规划区或企业区的方案，类似于美国的区划。

后两种也称为"通则式控制"（Universal Control）。

6.2.2 案例式规划许可

除了开发规则中已规定的自由许可开发外，其余的开发都要经地方规划机构许可同意，通常所有许可都是有条件许可。另外，地方规划当局通常会在开发建设前与开发商签订协议。规划条件与规划协议是英国目前在规划许可中最常用的两种手段。

1. 规划条件

由于申请规划许可一般都缺乏细节，地方规划当局作出的许可通常都是有条件许可。规划许可附件条件可以提高环境质量，加速建设速度，增加规划的弹性，同时为公众广泛地参与到规划中来提供条件。有条件的批准规划许可也是对开发商完善开发计划能力的考验。

2. 规划协议

在开发控制中地方规划机构除了附加规划条件外，还可能会与开发者就规划得益（planning gain）或规划义务（planning obligation）达成协议（agreement），否则不授予规划许可。

6.3 规划许可的程序

6.3.1 申请前的讨论

大部分规划申请都要与地方规划机构进行预申请讨论。这对于地方规划机构来说是非常重要的，通过这种形式他们能知道申请是否达到和符合他们的要求以便将过程中的贻误减到最少。

6.3.2 提出申请

申请的类型有两种：

纲要申请（out–line planning application）；

详细申请（detailed planning application）。

6.3.3 项目审核

一旦申请者向地方规划当局提出正式申请，地方规划当局要对其进行审核。但这种审查仅仅是审查其材料是否齐全，对于材料中的内容是否属实则没有过多的关注。

6.3.4 民意调查

民意调查包括公示（publicity）、通告（notification）。这些程序根据开发申请的类型而有所不同。

6.3.5 其他部门的同意

许多规划申请都需要获得其他部门和机构的同意，特别是要符合建筑物条例（building regulations）的规定，为了提供更高效和优质的服务，地方规划当局将提供详细的顾问名单，并将这些内容整合为"一站式服务"（One–stop shop approach）。

6.3.6 详细报告

根据咨询的反馈意见、相关的国家和地方政策、以前的决策以及现场调研，规划官员会作出一份报告递交给规划委员会，其中包含了推荐的决策。

6.3.7 商讨

在进行最终的决议以前，申请者和地方规划当局可能要进行进一步商讨，以确定提出的双方都可以接受的申请。

6.3.8 审批

规划官员最终完成其报告，并有可能自身作出一个决策、报告并同时提交给规划委员会，规划委员会通常会依据规划官员的态度批准或否决一个申请。

6.3.9 反馈

地方规划当局将规划决策以书面的形式反馈给申请者，并附有规划许可的批准条件，同时对决策进行注册。

6.4 开发控制的运行程序

6.4.1 决策前的谈判

由于开发控制的依据缺乏绝对的确定性，协商和讨价还价成为开发控制过程的关键程序。在一些复杂的、综合性的项目中，申请方与规划局官员会举行更多次的谈判。

6.4.2 规划许可的决策

英国开发控制最大的特征是开发控制与开发规划脱离，在进行开发控制的决策时，开发规划不一定是唯一考虑的因素，地方规划当局在对规划申请进行决议时并不会依靠固定的程式进行判断。那些在决策时要考虑到的因素通常称为实质因素（material considerations）。

6.4.3 规划许可的撤回、修改、中止

由于发展中的不确定因素很多，已发出的规划许可很可能因现实条件的转变而需要调整或撤回，从另外一个角度体现了英国开发控制的灵活性。

6.4.4 规划许可中的公众参与

公众参与已成为整个规划许可过程当中不可或缺的一环。在英国的开发控制中，公众参与是贯彻始终的，从提出申请前的邻里告知，到提出申请后的公示，再到申请审批过程中的公众咨询，以及审批后的公众讨论。

6.4.5 规划许可的监督

英国1990年《城乡规划法》第77条规定：事务大臣可以作出指示要求某类项目需要规划许可或抽审地方的规划申请。确保地方政府的规划管理工作与环境事务大臣的规划政策一致。

6.4.6 强制执行

强制执行是开发控制的保障环节，如果出现不受管理的开发，公众对开发控制过程的接受度就会破坏。因此，允许地方规划机构在严重的损害产生前，要及时地干预。执行处罚的目的在于将那些违规的建设控制住，并对已经建成的建筑进行有效的控制。

6.4.7 规划上诉

在规划申请被否决或一些无法容忍的附加条件或地方规划当局不作决议以及强制执行的情况下，如果申请者不服，可以在6个月内提出上诉。目的在于防止地方规划当局不合理的决策，维护个人的合法权益。

■ 本章小结

尽管美英两国对于国家的概念、对产权的观念以及由此扩展开来对规划体系建构的理解有着较大的差异，但均不能回避城市规划的本质问题——如何处理未来的不确定性，如何在规划决策中适当运用自由裁量权，以及如何使规划体系更加有效。

自20世纪起，当开发控制与新出现的土地利用规划联系起来后，世界各国基本形成了两种不同类型的规划体系，它们可以各自描述为控制性（regulatory）体系和自由裁量式（discretionary）体系。这两套规划体系共同面对一样的城市增长和开发，但

它们对法律的角色、行政的方式以及规则的本质有不同的理解。

英国采用的自由裁量式体系是建立在案例法和实用主义（pragmatism）传统上的，对于预先定义整个行为是抱有怀疑的，它认为在决定个别的规划许可之前不可能预测所有的情况。在自由裁量的体系中，规划和开发控制的决策没有绝对的关系，最终决策也许是依赖别的因素而非规划。规划是政策的预测而不是政策的结果，开发控制可以在正式规划缺位的情况下存在，调用基于被公认的规划政策标准。自由裁量具有灵活性的优势，但同时也有潜在的困境：它可能会导致决策者超越正式的政策文件，而依赖个人的决策偏好。自由裁量体系也意味着要高度信任决策者，他们也许是政治家，也许是规划的专业者。在这类体系中明显地缺少确定性。

控制性体系的国家大多是发展了一套行政法，或有一个成文宪法去定义基本权利。在这样的体系中，规划控制不得不清晰地定义作为土地所有者的个人权利以及对这些权利的精确限制，美国便是采用的这种规划控制体系。什么是预先允许的开发行为，都在法定的规划中明确表述，直到决策制定的那一刻，这些权利都是受到保护的。因此在控制性的体系中，规划申请的决策不如在自由裁量体系中重要，原则上他们只是确认预定的开发是否与规划中的规则相一致。相反，规划是相当重要的，因为它包含了所有的标准去判断规划申请，但这也意味着开发控制在缺少规划的情况下变得十分困难。由于法律赋予了权利清晰的定义，因此对规划决策的挑战以及救济权利都是通过法庭解决。

无论是控制性或自由裁量式的规划体系，都面临一个问题，就是规划决策的标准应该怎样制定。控制性体系在保护个人权利的要求以及追求确定性的愿望下，更倾向于用条例（rules）的形式（如密度、容积率等）对开发许可提供一个可测量的限定。自由裁量体系更喜欢用可广泛解释的原则去保证它们的灵活性，如"宜人性"一词。然而，两种方式都有它们的局限。固定的限制会过于僵硬，而广泛解释的政策会使政策制定者和申请者都缺乏针对特定案例的标准。也许更具价值的比较是分析在何种情况下适用哪一种方式。一些目标可能要用具体的数据来限制，另一些目标的评价可能需要采用等级标准或绩效标准的形式。

事实上，这两个体系都在互相参考对方的优点进行完善，但最终汲取的经验都是融合在自身的体系背景中。例如英国寻求的确定性是立足于其行政法的背景，通过细致、公开的程序传达过程的确定性。尽管它也参考了美国的区划手段，引入了简化规划区和企业区计划等区划类型，但在具体实施中，区划传达的结果确定性依然摆脱不了讨价还价的协商过程。也许英国的开发控制特征已造就了开发者的态度，只要确定开发项目能获得许可，缺少绝对的确定性在开发者看来是优势更甚于劣势。为此，英国的开发控制在程序设计上十分公开地让开发者选择在哪个阶段进行协商和提交申请，协商的目的是为了在开发可能发生的情况下，最优化规划条件。在英国的规划体系中，开发者追求的确定性是确保他们通过协商选择最优的决策，而规划机构则是通过一系列公开透明的约束机制和责任机制确保规划实施的结果不会背离公众利益。美国的地方规划行政机构则在开发许可中通过灵活运用开发协议、特例许可、任意审查等方式，对控制标准和控制内容进行适当的调整，提高了规划实施的灵活性和针对性，也使得规划行政部门的自由裁量权得到了实质性的扩大。

■ 主要参考文献

[1] Barry Culling Worth.Planning in the USA：Policies，Issues and Processes[M]. London：Routledge，1997：56.

[2] 孙施文．美国的城市规划体系 [J]. 城市规划，1999（7）．

[3] 孙施文．美国城市规划的实施 [J]. 国外城市规划，1999（4）．

[4] 张苏梅．顾朝林．深圳法定图则的几点思考——中、美法定层次规划比较研究 [J]. 城市规划，2008（4）．

[5] 王郁．国际视野下的城市规划管理制度——基于治理理论的比较研究 [M]. 北京：中国建筑工业出版社，2009.

[6] 郝娟．西欧城市规划理论与实践 [M]. 天津：天津大学出版社，1997.

[7] Keith Thomas.Development Control–Principles and Practice[M].London：Routledge Press，1997.

[8] 唐子来．英国城市规划核心法的历史演进过程 [J]. 国外城市规划，2000（1）．

[9] 戚冬瑾．英国城市规划体系的经验与启示 [D]. 广州：华南理工大学硕士论文，2006.

[10] 顾翠红，魏清泉．英国城市开发规划管理的行政自由裁量模式研究 [J]. 世界地理研究，2006（12）．

[11] 唐子来．英国的城市规划体系 [J]. 城市规划，1999（8）．

[12] Philip Booth.Controlling Development—Certainty and Discretion in Europe，the USA and Hong Kong[M].UCL Press，1996.

[13] 郝娟．英国土地规划法规体系中的民主监督制度 [J]. 国外城市规划，1996（1）．

[14] 于立．规划警察：英国制度的借鉴 [J]. 国际城市规划，2007（2）．

[15] 张险峰．英国城市规划警察制度的新发展 [J]. 国外城市规划，2006（3）．

[16] Town and Country Planning Act 1990[S/OL].http：//www.Opsi.gov.uk.

[17] Barry Culling Worth.Vincent Nadin.Town and Country Planning in the UK[M]. Thirteenth Edition.London：Routledge Press，2003.

[18] 周剑云，戚冬瑾．谈开发规则在物业纠纷中的前置作用——英国开发控制的经验借鉴 [J]. 国际城市规划，2008（2）．

[19] The Town and Country Planning（Simplified Planning Zones）Regulations[Z]，1992.

[20] 张俊．英国的规划得益制度及其借鉴 [J]. 城市规划，2005（3）．

[21] Deputy Prime Minister and Secretary of State for the Environment，Transport and the Regions.The One Stop Shop Approach to Development Consent[Z].http：//www.Opsi. gov.uk.

[22] Professor Stephen Crow CB.The Planning System as a Control System[M].Cardiff university，2001：10.

[23] Davies.Edwards and Rowley[J].Local Planning in Practice，1983.

[24] 周剑云，戚冬瑾．从"阳光权"案件反思政府与法院的角色定位 [J]. 城市规划，2007（5）．

[25] 郑文武，魏清泉. 提倡设立城市规划的刑事责任制 [J]. 城市规划，2007（3）.

[26] 郝娟. 英国开发控制中的强制执行体系 [J]. 国外城市规划，1995（2）.

[27] 郝娟. 英国城市规划法规体系 [J]. 城市规划汇刊，1994（4）.

[28] 许菁芸，赵民. 英国的"规划指引"及其对我国城市规划管理的借鉴意义 [J].
     国外城市规划，2005（6）.

[29] 马星. 城市规划的政策形态 [D]. 广州：华南理工大学硕士论文，2007.

■ 思考题

1. 英国规划体系主要通过哪些途径对行政自由裁量权进行监督？
2. 美国的开发控制除了传统区划外，有哪些新的手段？

后 记

　　百花吐艳离不开爱的奉献；硕果累累离不开心的浇灌。作为多年奋斗在城市规划教学一线的人民教师，最大的愿望莫过于通过辛勤的研究与教学，使年轻的学子学到知识、掌握真理，这也是我们编写这本《城乡规划导论》最大的动力源泉。

　　我们华南理工大学建筑学院和交通学院组织了一个阵容强大的编写小组。王世福教授、周剑云教授、刘玉亭副教授、魏立华副教授、俞礼军副教授、许自力博士、张智敏讲师、刘晖博士、戚冬瑾讲师、黄铎博士、叶红讲师、邓昭华博士、魏成博士、费彦讲师、董蔚博士都在各自负责的章节中付出了极大的精力与热情，并及时融入了各自在学术研究中的最新成果。

　　同时，年轻的研究生们积极投入到编写工作中，尤其是李冕、窦飞宇、朵朵、兰潇、刘垚等同学，在资料查阅、稿件整理和文字校对等方面都投入了大量的时间与精力，作出了巨大的贡献。

　　经历了近两年的辛勤劳动，进行了无数次的讨论与改进，终于将付梓印刷。

　　特别要感谢的是中国建筑工业出版社的杨虹编辑及所有同仁们，本书的及时出版离不开她们的不懈努力！

汤黎明

2011 年 8 月于华南理工大学